Projektmanagement für technische Projekte

Roland Felkai · Arndt Beiderwieden

Projektmanagement für technische Projekte

Ein Leitfaden für Studium und Beruf

3., überarbeitete und erweiterte Auflage

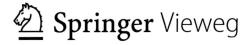 Springer Vieweg

Roland Felkai
Arndt Beiderwieden
Bremen, Deutschland

ISBN 978-3-658-10751-2   ISBN 978-3-658-10752-9 (eBook)
DOI 10.1007/978-3-658-10752-9

Die Deutsche Nationalbibliothek verzeichnet diese Publikation in der Deutschen Nationalbibliografie;
detaillierte bibliografische Daten sind im Internet über http://dnb.d-nb.de abrufbar.

Springer Vieweg

Lektorat: Thomas Zipsner

Gedruckt auf säurefreiem und chlorfrei gebleichtem Papier.

Springer Fachmedien Wiesbaden GmbH ist Teil der Fachverlagsgruppe Springer Science+Business Media
(www.springer.com)

Geleitwort

Der Personenkreis in projektorientierten Arbeitsformen wird immer größer, Projektmanagement entwickelt sich zu einem weit verbreiteten Führungskonzept. Ein Indikator für die PM-Anwendungen in Industrie, Dienstleistung, öffentlichen Verwaltungen und Forschungsinstituten ist die zunehmende Zahl zertifizierter Projektmanager mit gestuftem Qualifikationsniveau – Zertifizierungen, wie sie vom internationalen Berufsverband IPMA bzw. dessen deutscher Organisation GPM erfolgreich angeboten werden.

Das von den Autoren Roland Felkai und Arndt Beiderwieden vorgelegte Buch „Projektmanagement für technische Projekte – Ein prozessorientierter Leitfaden für die Praxis" bietet eine besonders gelungene Hilfe für Praktiker mit Weiterbildungsinteresse, für Projektleiter und ihr Team, für Linienführungskräfte in der Kooperation mit Projektleitern, für Berater in der PM-Einführung bei Kunden und für Studenten, die sich frühzeitig PM-Schlüsselqualifikationen aneignen wollen.

Wesentliche Eigenheiten dieses Buches sind: Aus der Praxis für die Praxis, Gliederung nach Prozessen von Projektinfrastruktur bis Projektabschluss, klare Definitionen (lexikonartig, DIN-basiert), gute Methodenerläuterungen, anschauliche Anwendungen und viele Arbeitshilfen (Formulare, Checklisten, Dokumentenmuster, Berichtsbeispiele etc.). Diese Werkzeuge können in der Projektarbeit unmittelbar eingesetzt oder auch für ein firmeneigenes PM-Handbuch angepasst werden.

Dem sehr gelungenen Lehr- und Lernbuch wünsche ich einen schnellen Erfolg, einen breiten Nutzerkreis und viele Auflagen.

Prof. Dr. Dr. h.c. Sebastian Dworatschek, Universität Bremen, Senior-Assessor der GPM (Deutsche Gesellschaft für Projektmanagement) – IPMA (International Project Management Association), September 2010

Vorwort

Um Projekte erfolgreich zu realisieren, reicht eine gute Fachkompetenz allein nicht aus: Von der Berechnung der Träger bis zur Abnahme der fertigen Brücke ist es noch ein weiter Weg. Auf diesem Weg sind bewährte Prozesse und Werkzeuge des Projektmanagements ein entscheidender Erfolgsfaktor. Diese sind Gegenstand dieses Buches und werden in zwei Teilen vorgestellt:

In **Teil I** wird der Leser Schritt für Schritt durch alle wichtigen Managementprozesse eines technischen Projekts geführt – von der Einrichtung der Projektinfrastruktur bis zur Erfahrungssicherung bei Projektabschluss. Dabei wird konkret beschrieben, was zu tun ist und hilfreiche Managementwerkzeuge (Checklisten, Formulare usw.) vorgestellt. Anschließend werden ausgewählte Aspekte an dem realen Praxisprojekt „NAFAB" veranschaulicht. Ziel dieses Projekts war die Entwicklung einer Anlage zur Vermessung der Präzision von Satellitenantennen. Die fertige Anlage wurde später vom US-amerikanischen National Bureau of Standards als beste Anlage der Welt für diesen Zweck bezeichnet.

In **Teil II** werden überfachliche Managementkompetenzen („Soft-Skills") beschrieben. Dabei handelt es sich um effektive Techniken des Besprechungsmanagements, des Teammanagements, des Präsentierens sowie des Umgangs mit anderen Kulturen. Auch dazu werden entsprechende Werkzeuge empfohlen.

Bitte beachten Sie beim Lesen des Buches:

- Um den Lesefluss zu erleichtern, wurde nur die männliche Schreibweise („der Projektleiter") gewählt. Selbstverständlich gelten alle Ausführungen ebenso für alle Projektmanagerinnen.
- Alle vorgestellten Managementwerkzeuge (Checklisten, Formulare usw.) stehen kostenlos auf der Website des Verlags zum Download bereit.

Wir freuen uns über Anregungen und Kritik, die Sie uns jederzeit über die Adresse „info@beiderwieden-projektmanagement.de" zukommen lassen können.

An dieser Stelle möchten wir uns ganz herzlich bedanken bei Herrn Rainer Läpple und Herrn Hans-Jürgen Steiner (EADS Astrium GmbH) für ihre wertvollen Anregungen, bei Herrn Matthias Klein, Frau Gaby Hustedt und Frau Carola Schrötke für ihre Unterstützung sowie insbesondere bei Herrn Thomas Zipsner vom Springer Vieweg Verlag für das Lektorat und die konstruktive Zusammenarbeit.

Bremen, Mai 2015   Roland Felkai
                                                                                        Arndt Beiderwieden

Inhaltsverzeichnis

Teil I
Schritt für Schritt durch das Projekt

Zeitliche Übersicht über den Projektverlauf

1

© Springer Fachmedien Wiesbaden 2015

3

R. Felkai, A. Beiderwieden, *Projektmanagement für technische Projekte*,
DOI 10.1007/978-3-658-10752-9_1

	Vor-Projekt-phase	Initialisierungs-phase	Ausschreibung

1 Einrichten einer Projektinfrastruktur

2 Analysieren und Formulieren von Projektzielen

3 Analysieren der Durchführbarkeit

4 Bilden eines Teams
   Angebotsteam
   Projektteam

5 Erstellen eines Angebots

6 Entwickeln eines technischen Lösungskonzepts

7 Erstellen eines Entwicklungskonzepts

8 Erstellen eines Verifikationskonzepts

9 Planen des Projekts
   Produktstrukturplan (Produktbaum)
   Projektstrukturplan, Arbeitspaketbeschreibungen
   Zeit-, Ressourcen- und Kostenplan

10 Verhandeln und Abschließen des Projektvertrags

11 Managen der Realisierung

12 Abschließen des Projekts

Grobe Ausführung

Detailausführung

Laufende Anpassung

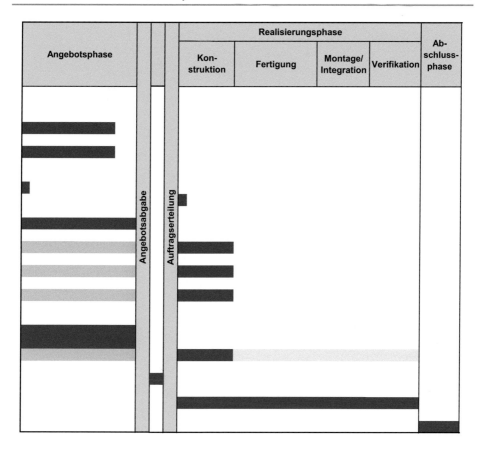

Einrichten einer Projektinfrastruktur 2

2.1 Vorüberlegungen

Der Erfolg von Projekten hängt in erheblichem Maße davon ab, ob die Voraussetzungen für professionelle Projektarbeit geschaffen worden sind. Dabei handelt es sich überwiegend um einmalige Maßnahmen der Einrichtung einer professionellen Projektinfrastruktur im Sinne einer Projektarbeitsumgebung, auf die in den einzelnen Projekten zurückgegriffen werden kann. Diese Projektinfrastruktur bleibt als dauerhaft angelegtes „Gerüst" projektübergreifend bestehen und wird bestenfalls mit geringfügigem Aufwand an die einzelnen Projekte angepasst. Sie ist vergleichbar einem Straßennetz, auf dem zukünftig verschiedene Fahrzeuge (Projekte) fahren können. Ist sie einmal eingerichtet, unterstützt sie das Team, entlastet die Projektleitung und beugt damit einer Vielzahl „hausgemachter" Probleme vor, die nicht selten Ursache für das Scheitern von Projekten sind. Dazu sind zunächst folgende Fragen projektübergreifend zu beantworten:

- Was genau verstehen wir unter einem Projekt?
- Wie binden wir Projekte in unser Unternehmen ein?
- Welche Vorgehensmodelle wenden wir an?
- Wie stellen wir sicher, dass alle Informationen rechtzeitig am rechten Ort vorliegen?
- Welche Dokumente bzw. Dokumentarten setzen wir ein und wie verwalten wir sie?
- Welche Verhaltensregeln gelten für unser Projektteam?
- Wie stellen wir sicher, dass die Qualität unserer Projektarbeit nicht dem Zufall überlassen bleibt?

In den nachfolgenden Abschnitten werden diese Fragen systematisch beantwortet und entsprechende Arbeitsschritte, Prozesse und Werkzeuge (Instrumente) vorgestellt.

© Springer Fachmedien Wiesbaden 2015
R. Felkai, A. Beiderwieden, *Projektmanagement für technische Projekte*,
DOI 10.1007/978-3-658-10752-9_2

2.2   Was ist zu tun?

2.2.1   Verständigen auf notwendige Projektmerkmale

Auf einem unserer Vorträge zum Thema „Projektmanagement" in Hamburg vor rund fünf-
zig mittelständischen Unternehmern, die nach eigener Aussage diverse Projekte leiteten,
wurde unter anderem die Frage diskutiert, wann man überhaupt von einem Projekt sprechen könne. Dabei war das Publikum mehrheitlich der Meinung, jede Aufgabe sei ein
Projekt. Doch leitet der Konstrukteur, der die Aufgabe übertragen bekommt, einige Zeichnungen anzufertigen, ein Projekt – und wird damit zum Projektleiter? Die Anfertigung der
Zeichnungen ist eine respektable Aufgabe, doch sicherlich kein Projekt. Aber wie sieht es
in folgendem Beispiel aus:

*Beispiel: Zwei Mitarbeiter eines Handwerksbetriebs mit 26 Angestellten erhalten den
Auftrag, innerhalb von drei Wochen eine Weihnachtsfeier zu organisieren. Sie denken darüber nach, wer der „Projektleiter" sein soll und wie das Projektmanagement ausgestaltet
werden solle.*

Den beiden Mitarbeitern im vorangehenden Beispiel wäre mit einer einfachen To-
do-Liste sicherlich besser weitergeholfen, als mit der Einrichtung eines regulären Projektmanagements, welches von Natur aus als Überbau des eigentlichen Projekts mit viel
Aufwand verbunden ist. Doch ab wann darf man von einem Projekt sprechen? Nach unserer Erfahrung stellen sich nicht nur Berufsanfänger, sondern auch viele praxiserprobte
Unternehmer diese Frage. Entsprechend gibt es in der Praxis abweichende Auffassungen
darüber, was ein Projekt ist. Stellen Sie doch auch einmal Ihren Kollegen die Frage, was
sie unter einem „Projekt" verstehen – Sie werden vermutlich unterschiedliche Antworten
erhalten.

Wenn aber Art und Wesen eines Projekts undeutlich bleiben, wie soll dann das Projektmanagement aussehen? Ab wann sollte es eingerichtet werden? Welche Elemente sollten
dazugehören, und welche nicht? Wie sollten die Strukturen, Prozesse, Instrumente und
Methoden ausgestaltet sein? Dieser Frage hat sich auch das deutsche Institut für Normung
angenommen:

2.2.1.1   Der Projektbegriff nach DIN 69901-5

Gemäß DIN 69901-5 ist ein Projekt definiert als ein „Vorhaben, das im Wesentlichen
durch Einmaligkeit der Bedingungen in ihrer Gesamtheit gekennzeichnet ist – BEISPIEL
Zielvorgabe, zeitliche, finanzielle personelle oder andere Begrenzungen, projektspezifische Organisation."[1] Diese sehr verdichtete Definition, die für alle Arten von Projekt
ausgelegt ist, bringt wesentliche Projektmerkmale auf den Punkt und schließt durch die
bewusst gewählte Relativierung „BEISPIEL" Ausnahmefälle mit ein, die wegen der Viel-

---

[1] DIN Deutsches Institut für Normung (2009, DIN-Taschenbuch 472).

falt möglicher Projekte zu berücksichtigen sind[2]. Gleichwohl ist diese Definition in vielen Zweifelsfällen undeutlich und unvollständig, wie im Folgenden gezeigt werden soll.

2.2.1.2 Notwendige Projektmerkmale

In der Literatur werden weitere Projektmerkmale genannt und zum Teil kontrovers diskutiert. In einer umfassenden Literaturzusammenstellung stellt Madauss 16 bedeutende Definitionen (einschließlich der Definition der DIN 69901) gegenüber und filtert 13 typische Projektmerkmale heraus[3]. In enger Anlehnung an diese Auswahl schlagen wir vor, nachfolgende 11 Projektmerkmale als notwendige Voraussetzungen für das Vorliegen eines Projekts zu betrachten:

Projektmerkmal Nr. 1: Zeitliche Befristung/klar definierter Anfangs- und Endzeitpunkt
Unbefristet angelegte Prozesse können keine Projekte sein. Üblicherweise wird dem Auftragnehmer ein Endtermin vorgegeben, der Anfangstermin wird dann im Rahmen der Projektplanung ermittelt. Ebenso kann ein Anfangszeitpunkt vorgegeben und entsprechend der Endtermin berechnet werden (vgl. Abschn. 10.2.4).

Projektmerkmal Nr. 2: Eindeutige Zielsetzung/Aufgabenstellung
Dieses Projektmerkmal ist von äußerster Wichtigkeit. Die Formulierung von eindeutigen Projektzielen und ihre Konkretisierung in detaillierten Anforderungskatalogen ist der Dreh- und Angelpunkt eines jeden technischen Projekts und wird in Kap. 3 ausführlich behandelt.

Projektmerkmal Nr. 3: Eindeutige Zuordnung der Verantwortungsbereiche
Im Rahmen der Projektplanung werden diese Verantwortungsbereiche präzise definiert und personell zugeordnet (Abschn. 10.2.3).

Projektmerkmal Nr. 4: Einmaliger (azyklischer) Ablauf/Einmaligkeit
Sofern Vorhaben mehrfach stattfinden (z. B. die alljährliche Durchführung eines „Tages der offenen Tür") erübrigen sich typische Projektmanagementaufgaben wie etwa die systematische Entwicklung einer Projektplanung. Dabei ist diese „Einmaligkeit" gemäß DIN 69901-5 auf die „Bedingungen in ihrer Gesamtheit" und nicht auf einzelne Teilaspekte zu beziehen.

Projektmerkmal Nr. 5: Vorgegebener finanzieller Rahmen und begrenzte Ressourcen
Die DIN 69901-5 spricht in diesem Zusammenhang von „finanziellen, personellen oder anderen Begrenzungen". Die erforderlichen Ressourcen bzw. Projektkosten können mithilfe der Projektplanung ermittelt werden (Abschn. 10.2.5 und 10.2.6).

---

[2] Vgl. Schelle (2008).
[3] Vgl. Madauss (2000).

Projektmerkmal Nr. 6: Komplexität
In technischen Projekten verschmelzen die Komplexität des technischen Systems und die Komplexität des erforderlichen Managements zu einem hochkomplexen System. Entsprechend ist systemtheoretisches Denken erforderlich. Schelle lehnt jedoch das Kriterium „Komplexität" mit der Begründung ab, dass diese nicht messbar sei[4]. Auch wenn wir Schelle in diesem Punkt zustimmen, glauben wir, dass es für den Betrieb im Zweifelsfalle von erheblichem Nutzen ist, den Grad der Komplexität eines Vorhabens durch erfahrene Fachleute einschätzen zu lassen. Der Bewältigung der Komplexität von Projekten trägt Kap. 8 in besonderem Maße Rechnung.

Projektmerkmal Nr. 7: Interdisziplinärer Charakter der Aufgabenstellung
Madauss weist darauf hin, dass die allermeisten Projekte einen interdisziplinären Charakter haben.[5] Dieses Merkmal wirft allerdings die Frage auf, wo genau die Grenzen einer Disziplin verlaufen. Auf Grund des rasanten technischen Fortschritts nimmt die Anzahl hochspezialisierter Disziplinen kontinuierlich zu, ein interdisziplinärer „Charakter" kann aus Sicht der Autoren bei jedem modernen technischen Entwicklungsvorhaben unterstellt werden.

Projektmerkmal Nr. 8: Relative Neuartigkeit
Routineaufträge und geringfügige Weiterentwicklungen bestehender Produkte sind in diesem Sinne also nicht als Projekte zu interpretieren. Technische Innovationen verlangen die Entwicklung eines Lösungskonzepts. Dieser Prozess wird in Kap. 7 beschrieben.

Projektmerkmal Nr. 9: Projektspezifische Organisation
Dieses Projektmerkmal wird in der DIN 69901-5 explizit aufgeführt. Varianten der Einbettung von Projekten in die Unternehmensorganisation werden in Abschn. 2.2.2 beschrieben.

Projektmerkmal Nr. 10: Arbeitsteilung
Dieses Kriterium ist in der Definition der DIN 69901-5 nicht vorgesehen. Damit könnte ein Projekt im Extremfall von einer einzigen Person abgewickelt werden – das aber ist mit dem Projektgedanken unvereinbar. Schelle bemängelt zu Recht, dass dieses Merkmal in der DIN schlicht vergessen wurde und macht unter Verweis auf Rüsberg darauf aufmerksam, dass an einem Projekt stets mehrere Menschen, Arbeitsgruppen oder andere Organisationen beteiligt sind.[6] Die Zusammenstellung eines Angebotsteams bzw. Projektteams ist Gegenstand von Kap. 5.

---

[4] Vgl. ebd., Schelle et al. (2005).
[5] Vgl. Madauss (2000).
[6] Schelle et al. (2005).

Projektmerkmal Nr. 11: Unsicherheit und Risiko
Projekte sind naturgemäß mit Unsicherheiten und Risiken behaftet, welche sich logisch aus den vorangehenden Projektmerkmalen ableitete lassen. Die Unsicherheiten und Risiken, die mit der Durchführung eines Projekts verbunden sind, werden in Kap. 4 systematisch analysiert.

2.2.1.3   Fazit für technische Projekte

Nicht jede Aufgabe ist ein Projekt, auch wenn der Titel des „Projektleiters" für viele Führungskräfte mit einem Prestigegewinn verbunden ist. Um Missverständnisse zu vermeiden: Die Autoren zollen den anspruchsvollen Aufgaben und technischen Meisterleistungen, die nach dieser strengen Definition keine Projekte sind, ihren unverminderten Respekt.

Dennoch sei dem Praktiker im Betrieb empfohlen, ein technisches Vorhaben immer nur dann als Projekt einzuordnen, wenn die oben erläuterten 11 Projektmerkmale – mehr oder weniger ausgeprägt – gemeinsam vorliegen. Nur dann können Prozesse, Methoden und Instrumente des Projektmanagements als abgestimmtes System ihre großen Stärken entfalten. Und nur dann lohnt sich der erhebliche Aufwand.

Natürlich kann sich jeder bei Bedarf einzelne Elemente des Projektmanagements (z. B. Planungstechniken, Checklisten, Formulare usw.) auch für ganz andere Vorhaben herauspicken. Doch wer eine Säge, einen Hobel und einen Hammer verwendet, ist deswegen noch kein Tischler. Der qualifizierte Projektmanager muss das ganze „Projektmanagement-Handwerk" mit all seinen Prozessen, Methoden und Werkzeugen beherrschen.

2.2.2   Integrieren von Projekten in die Unternehmensorganisation

In Abschn. 2.2.1 wurde die „projektspezifische Organisation" als verbindliches Projektmerkmal auch im Sinne der DIN 69901-5 verlangt. Grundsätzlich sind drei Projektorganisationsformen zu unterscheiden:

- Stabs-Projektorganisation (Projektkoordination)
- Reine Projektorganisation (Autonome Projektkoordination)
- Matrix-Projektorganisation.

Um Wesen und Vor- wie Nachteile dieser drei Varianten besser nachvollziehen zu können, sollen zunächst relevante betriebswirtschaftliche Grundlagen zu Leitungssystemen in einem kurzen Exkurs vorgestellt werden:

2.2.2.1   Exkurs: Leitungssysteme

Leitungssysteme sind hierarchische Beziehungsgefüge einer Organisation, die Auskunft über die Weisungsbefugnisse der Stellen (bzw. Abteilungen, Bereiche, Instanzen) untereinander geben. Die Summe aller Unter-, Gleich- und Überordnungsverhältnisse bringt die Hierarchie der Organisation zum Ausdruck und wird üblicherweise in einem Organigramm grafisch dargestellt. Folgende Grundformen von Leitungssystemen werden unterschieden:

Einliniensystem

Im Einliniensystem kann jede Stelle nur Anweisungen von einer unmittelbar vorgesetzten Stelle erhalten (Abb. 2.1). Von der Leitung bis zur untersten Stelle lässt sich eine eindeutige „Linie" ziehen. Die Zusammenarbeit gleichrangiger Stellen erfolgt über eine gemeinsame übergeordnete Stelle. Dem Vorteil übersichtlicher und eindeutiger Verantwortungsbereiche steht der Nachteil langer Dienstwege gegenüber, da jede Angelegenheit grundsätzlich von der übergeordneten Stelle genehmigt werden muss.

Stabliniensystem

Das Stabliniensystem (Abb. 2.2) stellt eine Weiterentwicklung des Liniensystems dar, das einerseits die Einheitlichkeit der Weisungsbefugnis beibehält und gleichzeitig der Anforderung der fortschreitenden Arbeitsteilung gerecht wird, indem beratende bzw. unterstützende „Stabsstellen" (z. B. Rechtsabteilung, EDV-Abteilung) eingerichtet werden. Diese Stabsstellen haben keinerlei Weisungsbefugnis und sind einer Leitungsstelle (häufig der Geschäftsführung) untergeordnet.

Mehrliniensystem

Sofern mehrere Stellen einer Stelle gegenüber weisungsbefugt sind, spricht man von einer Mehrlinienorganisation (Abb. 2.3). Diese hat gegenüber dem schwerfälligen Einliniensystem den Vorteil, dass sich Dienst- bzw. Informationswege verkürzen. Dafür aber überschneiden sich nun Kompetenzbereiche, der Mitarbeiter muss mehreren Herren dienen.

Abb. 2.1 Einliniensystem

Abb. 2.2 Stabliniensystem

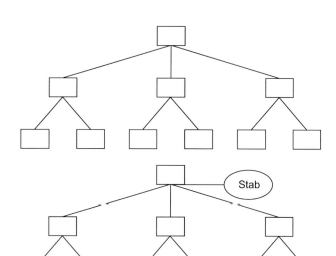

Abb. 2.3 Mehrliniensystem

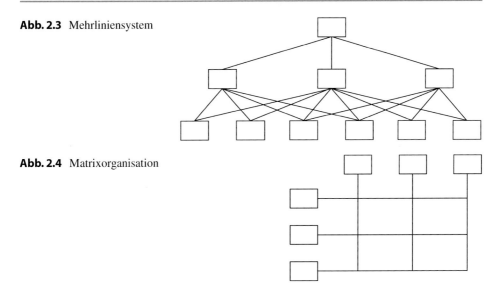

Abb. 2.4 Matrixorganisation

Matrixorganisation

Die Matrixorganisation stellt eine Sonderform des Mehrliniensystems dar, bei der jede Stelle stets zwei gleichberechtigten Stellen untergeordnet ist. Dabei werden durchgehend zwei Leitungskriterien miteinander kombiniert, so dass eine Matrix entsteht (Abb. 2.4). In der Regel wird zum einen funktional (z. B. Einkauf, Fertigung, Vertrieb) und zum anderen objektorientiert (z. B. Waschmaschinen, Kühlschränke, Elektroherde) untergliedert. Der Hauptvorteil dieser Organisationsform liegt in der optimalen Nutzung der Ressourcen. Jedoch ist eine kontinuierliche Abstimmung der Fachabteilungen erforderlich, die ein hohes Maß an Teamfähigkeit verlangt.

2.2.2.2   Varianten der Projektorganisation
Stabs-Projektorganisation
Die Stabs-Projektorganisation (auch: Projektkoordination, Einflussprojektorganisation, Abb. 2.5) ist eine Variante des Stabliniensystems. Der Projektleiter (besser: Projektkoordinator) verfügt dabei über keine Entscheidungs- und Weisungsbefugnisse, sondert koordiniert die Mitarbeiter in den einzelnen Fachabteilungen, die aber dort verbleiben und gegenüber den Leitern ihrer Fachabteilungen weisungsbefugt sind. Er kann lediglich für die Qualität seiner Informationen und Beratung verantwortlich gemacht werden, die Verantwortung für den Projekterfolg trägt er nicht, denn alle Entscheidungsbefugnisse bleiben in der Linie.

Vorteile

- Die Einrichtung einer Stabs-Projektorganisation ist mit geringem organisatorischem Aufwand verbunden und daher rasch und kostenminimal vollzogen.
- Auf Erfordernisse der Linie kann stets flexibel reagiert werden.

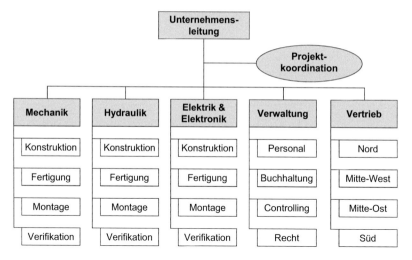

Abb. 2.5 Stabs-Projektorganisation (Projektkoordination)

Nachteile

- Die Entscheidungswege sind lang, Entscheidungsprozesse entsprechend schwerfällig.
- Das Projekt hat keine weisungsbefugte „Lobby", es steht bei Interessenkonflikten mit der Linie naturgemäß zurück.

Bedeutung für technische Projekte

Die Stabs-Projektorganisation wird vielfach bei Projekten gewählt, bei denen Einfluss auf viele Bereiche des Unternehmens genommen werden müssen (z. B. Organisationsprojekten Einführung einer unternehmenseinheitlichen Software oder eines Qualitätsmanagementsystems).[7] Die Stabs-Projektorganisation ist bei technischen Entwicklungsprojekten eher selten anzutreffen.

Reine Projektorganisation

Bei der reinen Projektorganisation (auch: autonome Projektorganisation, Abb. 2.6) wird für jedes Projekt eine eigenständige Organisationseinheit eingerichtet. Die Projektmitarbeiter werden für den gesamten Projektzeitraum (ggf. mit Abstufungen) aus ihrer ursprünglichen Fachabteilung abgezogen und dieser „autonomen" Projekt-Organisationseinheit zugeordnet. Der Projektleiter hat darin die alleinige Weisungs- und Entscheidungsbefugnis und trägt entsprechend die Verantwortung für den Projekterfolg. Lediglich in Fragen der Personalbeschaffung und -rückführung muss er sich mit der Linie abstimmen.

---

[7] Schelle et al. (2005).

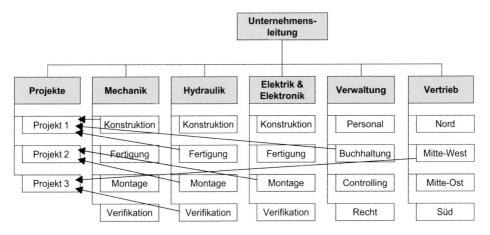

Abb. 2.6 Reine Projektorganisation

Vorteile

- Die autonome Position (ungeteilte Führungsbefugnis und Verantwortung) des Projekt-leiters fördert die Erreichung der Projektziele.
- Die Projektmitarbeiter können sich ausschließlich auf ihre Projektarbeit konzentrieren und werden nicht durch die Linie mit andern Aufgaben abgelenkt.

Nachteile

- Die ausschließliche Abordnung der Projektmitarbeiter in das Projekt verursacht hohe Personalkosten – insbesondere auf Grund der Leerlaufzeiten.
- Die Projektmitarbeiter verlieren durch die längere Abordnung menschlich und fachlich den Bezug zu ihrer Heimatabteilung.
- Die Wiedereingliederung der Mitarbeiter in die Linie ist mit erhöhtem Konfliktrisiko verbunden, da dort zwischenzeitlich Veränderungen stattgefunden haben.

Bedeutung für technische Projekte
Die reine Projektorganisation ist dann möglich, wenn der Auftraggeber bereit ist, entspre-chende finanzielle Mittel bereitzustellen. Das ist überwiegend in aufwendigen Entwick-lungsprojekten wie etwa der Luft- und Raumfahrt oder auch der Rüstungsindustrie der Fall.[8]

Matrix-Projektorganisation
Bei der Matrix-Projektorganisation (Abb. 2.7) werden Projekte als Organisationseinhei-ten auf hierarchisch gleicher Höhe neben den Fachabteilungen der Linie eingerichtet. Der

---

[8] Vgl. ebd.

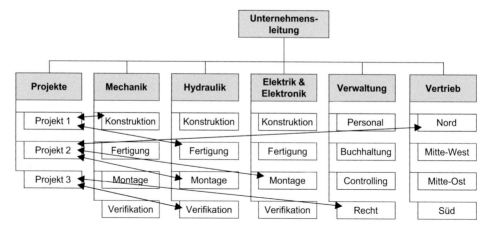

Abb. 2.7 Matrix-Projektorganisation

Projektleiter hat im Rahmen des Projekts fachliche Weisungsbefugnis und trägt die Verantwortung für den Projekterfolg. Die Projektmitarbeiter werden für einen ausgehandelten
Zeitraum für das Projekt abgestellt. Dort ist der Projektleiter ihnen gegenüber weisungsbefugt, sie bleiben aber weiterhin ihrem Vorgesetzten in der Linie disziplinarisch unterstellt.

Vorteile

- Die Mitarbeiter behalten Kontakt zu ihrer Heimatabteilung in der Linie.
- Die Mitarbeiter sind in bedeutende Entwicklungen ihrer Fachabteilungen (z. B. Fort-
  bildungen zum Einsatz neuer Technologien, Entwicklungen usw.) einbezogen.
- Es gibt einen regen fachlichen Austausch zwischen den Projekten und den Fachabtei-
  lungen.
- Die Mitarbeiter können auch außerhalb der Linie entwickelt werden.
- Die Projektkosten werden verursachungsgerecht zugeordnet: Die Projektmitarbeiter
  werden vom Projektbudget nur für die Leistungen bezahlt, die sie auch tatsächlich für
  das Projekt erbracht haben.
- Die gezielte, sukzessive Freigabe der Arbeitspakete (z. B. Freigabe von 150 Konstruk-
  tionsstunden) durch die Projektleitung sichert eine kontinuierliche Erfolgskontrolle der
  Umsetzung. In der reinen Projektorganisation stehen diese Ressourcen „ohnehin" zur
  Verfügung und werden in der Regel weniger streng überprüft.
- Nach Abschluss des Projekts wird das Problem der Weiterbeschäftigung der Projekt
  mitarbeiter innerhalb der Abteilung gelöst.

Nachteile

- Es entstehen häufig Interessenkonflikte zwischen der Projektleitung und der Linie. Das
  kann zu Unsicherheiten aller Beteiligten führen.

- Die Matrix-Organisation stellt hohe Anforderungen an die Teamfähigkeit aller Beteiligten, weil die Projektmitarbeiter „zwei Herren" dienen.
- Die Steuerung und die Kontrolle der laufenden Projektarbeit sind mit hohem administrativem Aufwand verbunden, weil die Mitarbeiter durch innerbetriebliche Aufträge gesteuert werden müssen. Diese Vielzahl an Aufträgen, die alle auf den jeweiligen Arbeitspaketbeschreibungen basieren, müssen von der Projektleitung formuliert, mit den Mitarbeitern und ihren Linienvorgesetzten abgesprochen, von ihnen akzeptiert, vom Projektcontrolling freigegeben und laufend kontrolliert werden.

Bedeutung für technische Projekte

Die Matrix-Projektorganisation wurde bereits in den frühen 1960er Jahren in der Luft- und Raumfahrt in großem Umfang eingesetzt und ist heute weit verbreitet. Für technische Projekte in mittelständischen Unternehmen und in Großunternehmen kann die Matrix-Projektorganisation als optimale Organisationsform betrachtet werden.

2.2.3   Festlegen von Vorgehensmodellen

Projekte sind definitionsgemäß einmalige und komplexe Vorhaben (Abschn. 2.2.1). Um diese steuern und kontrolliert abwickeln zu können, wurden in verschiedenen Branchen in den letzten Jahrzehnten vielfältige „Vorgehensmodelle" entwickelt. Dabei handelt es sich um standardisierte projektübergreifende Modelle (vor allem Phasen- und Prozessmodelle) als Vorgehensanleitung für das Projektmanagement. Jedes Vorgehensmodell liefert dazu bestimmte Elemente wie zum Beispiel Aktivitäten, Phasen, Meilensteine und Prozesse.

Diese Elemente sind miteinander kombinierbar und eng miteinander verflochten. Bekannte Beispiele für komplexe technische Vorgehensmodelle sind das V-Modell oder Prince2 (Abschn. 2.2.3.3): In beiden Fällen handelt es sich um komplexe Vorgehensmodelle, die ursprünglich als Standard für IT-Projekte der öffentlichen Hand entwickelt wurden und sich auch in internationalen Projekten der Privatwirtschaft verbreiten. Im Folgenden sollen die Elemente „Projektphasen", „Meilensteine" und „Prozesse" vertieft werden, da sie in der Praxis sämtlicher technischer Projekte eine bedeutende Rolle spielen:

2.2.3.1   Projektphasen

Einer unserer Seminarteilnehmer aus der IT-Branche sagte einmal: *„Nachdem wir mehrfach mit unseren Entwicklungsprojekten gescheitert waren, haben wir folgende hausinterne Regel formuliert: ,Fortan hat jedes Projekt mehr als eine Phase"*. Im Normalfall werden Projekte in Phasen (im Sinne zeitlich zusammenhängender Abschnitte[9]) zerlegt, um Komplexität abzubauen und das Risiko des Scheiterns des ganzen Projekts zu begrenzen. Grundsätzlich muss jede Phase mit einem Meilenstein (Abschn. 2.2.3.2) beendet

---

[9] Vgl. DIN Deutsches Institut für Normung (2009, DIN-Taschenbuch 472).

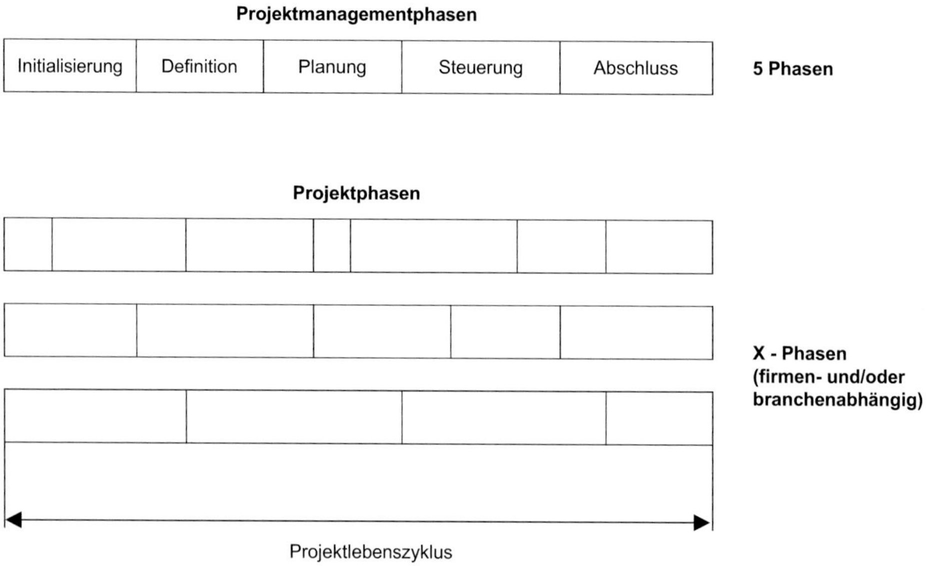

Projektmanagementphasen

Initialisierung	Definition	Planung	Steuerung	Abschluss	**5 Phasen**

Projektphasen

**X - Phasen
(firmen- und/oder
branchenabhängig)**

Projektlebenszyklus

Abb. 2.8 Allgemeines Phasenmodell nach DIN 69901-2

werden können. Damit kann Phase für Phase über die Fortsetzung des Projekts entschieden werden, was besonders bei Großprojekten von erheblicher Bedeutung ist. Manche Unternehmen verlangen die Anwendung von Phasenmodellen erst ab einer bestimmten Projektgröße.

Allgemeines Phasenmodell der DIN 69901-2
Die DIN 69901-2 unterscheidet branchenübergreifend zwischen **Projektmanagementphasen** und firmen- bzw. branchenabhängigen **Projektphasen**, in deren Rahmen vielfältige Projektmanagementprozesse durchgeführt werden (Abb. 2.8):[10]

Phasenmodelle für technische Projekte
In der Literatur finden sich zahllose Phasenmodelle für technische Projekte mit unterschiedlich vielen bzw. unterschiedlich weit ausgelegten Projektphasen. Dabei sind die Aufgabengebiete der einzelnen Phasen unterschiedlich definiert und abgegrenzt. An dieser Stelle sollen exemplarisch zwei Phasenmodelle mit den jeweiligen Phasenergebnissen vorgestellt werden:

- Einfaches und branchenübergreifendes Phasenmodell für technische Projekte (nach Felkai/Beiderwieden, Abb. 2.9).
- Lebensphasenmodell für ein komplexes Forschungs- und Entwicklungsprojekt (nach Reschke, Abb. 2.10)

---

[10] Vgl. ebd.

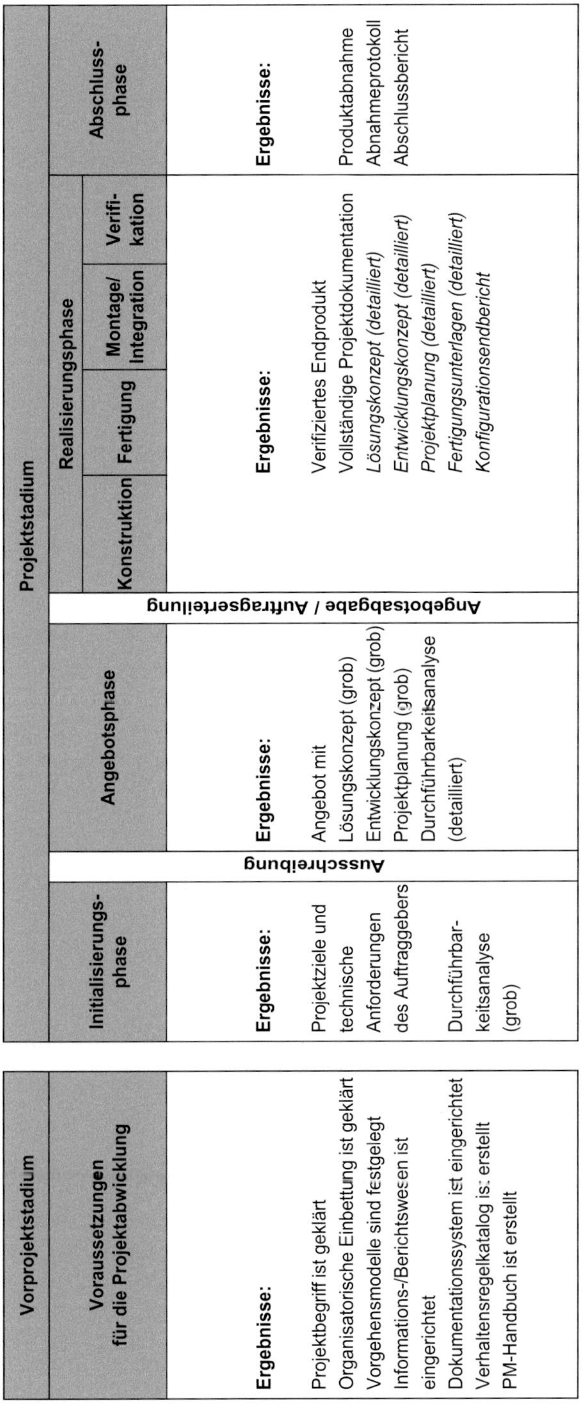

Vorprojektstadium	Projektstadium						
Voraussetzungen für die Projektabwicklung	Initialisierungsphase	Angebotsphase	Realisierungsphase				Abschlussphase
			Konstruktion	Fertigung	Montage/Integration	Verifikation	
Ergebnisse: Projektbegriff ist geklärt Organisatorische Einbettung ist geklärt Vorgehensmodelle sind festgelegt Informations-/Berichtswesen ist eingerichtet Dokumentationssystem ist eingerichtet Verhaltensregelkatalog is: erstellt PM-Handbuch ist erstellt	**Ergebnisse:** Projektziele und technische Anforderungen des Auftraggebers Durchführbarkeitsanalyse (grob)	**Ergebnisse:** Angebot mit Lösungskonzept (grob) Entwicklungskonzept (grob) Projektplanung (grob) Durchführbarkeitsanalyse (detailliert)	**Ergebnisse:** Verifiziertes Endprodukt Vollständige Projektdokumentation *Lösungskonzept (detailliert)* *Entwicklungskonzept (detailliert)* *Projektplanung (detailliert)* *Fertigungsunterlagen (detailliert)* *Konfigurationsendbericht*				**Ergebnisse:** Produktabnahme Abnahmeprotokoll Abschlussbericht

Übergänge: **Ausschreibung** (zwischen Initialisierungsphase und Angebotsphase) — **Angebotsabgabe / Auftragserteilung** (zwischen Angebotsphase und Realisierungsphase)

Abb. 2.9 Allgemeines Phasenmodell für technische Projekte

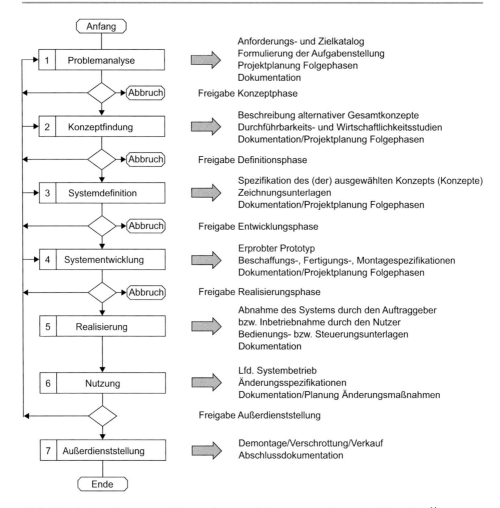

Abb. 2.10 Lebensphasenmodell für ein System mit Phasenergebnissen (nach Reschke)[11]

Wenn auch die Phasenmodelle ihren festen Platz in der Praxis technischer Projekte haben, so weist Hoehne dennoch auf auftretende Praxisprobleme im Zusammenhang mit Phasenmodellen hin:[12]

- Nicht alle Ergebnisse einer Phase können zum Ende der Phase vorliegen.
- Nicht alle Tätigkeiten können frühestens nach Phasenbeginn aufgenommen werden.
- Tätigkeiten müssen nach Freigabe einer Folgephase wiederholt werden.
- Tätigkeiten fallen gleichmäßig über alle Projektphasen an.

---

[11] Aus: Hoehne (2008).
[12] Vgl. Hoehne (2008).

Bei kleineren Projekten kann in Einzelfällen auf ein Phasenmodell verzichtet werden, nie jedoch auf die Einrichtung von Meilensteinen. Diese sind Gegenstand des nachfolgenden Abschnitts.

2.2.3.2   Meilensteine

Die DIN 69900 definiert einen Meilenstein als „Schlüsselereignis" bzw. „ein Ereignis von besonderer Bedeutung".[13] Der wohl berühmteste Meilenstein ist das „Richtfest" bei Immobilienprojekten. Im Normalfall stellt der Meilenstein ein definiertes Phasenergebnis dar, es gibt aber auch Meilensteine, die innerhalb einer Phase gesetzt werden können[14]. Für jeden Meilenstein sind konkrete Meilensteinergebnisse zu beschreiben, die bei Erreichen des Meilensteintermins vorliegen müssen. Beispiele für solche Meilensteinergebnisse können sein:

- Vollständiger Katalog der endgültig festgelegten Systemanforderungen
- Vollständiges und endgültiges Angebot
- Vollständige und endgültige Fertigungsunterlagen
- Erfolgreicher Abschluss einer Verifikation
- Review (Abschn. 2.2.4.1).

Meilensteintermine können vom Auftraggeber vorgegeben oder im Rahmen der Projektplanung ermittelt werden. Sie werden im Zeitplan (Ablauf- und Terminplan) in Form einer schwarzen Raute dargestellt (Abschn. 10.2.4).

2.2.3.3   Prozesse

Hintergrund der Entwicklung und Verbreitung von Prozessmodellen ist ein grundlegender Paradigmenwechsel in der Betriebswirtschaft, der den Fokus von der Aufbauorganisation auf die Ablauforganisation verlagert. Die Unterscheidung ist zwar nicht neu, aber die Bedeutung abteilungsübergreifender Abläufe „Geschäftsprozesse" (bzw. „Prozesse") hat erheblich zugenommen.

Das Gabler Wirtschaftslexikon definiert einen Geschäftsprozess als „Folge von Wertschöpfungsaktivitäten (...) mit einem oder mehreren Inputs und einem Kundennutzen stiftenden Output. Geschäftsprozesse können auf verschiedenen Aggregationsebenen betrachtet werden, z. B. für die Gesamtunternehmung, einzelne Sparten- oder Funktionalbereiche. (...)."[15] Dabei kann jedes Unternehmen seine eigenen Geschäftsprozesse definieren oder auf fertige Prozessmodelle zurückgreifen. An dieser Stelle sollen exemplarisch das Prozessmodell aus der neuen DIN 69901-2 sowie Prince 2 vorgestellt werden:

---

[13] DIN Deutsches Institut für Normung (2009, DIN-Taschenbuch 472).
[14] Schelle et al. (2005).
[15] URL: http://wirtschaftslexikon.gabler.de/Definition/geschaeftsprozess.html. Datum 16. April 2010.

Beispiel 1: Projektmanagementprozesse gemäß DIN 69901-2

Die DIN 69901 unterscheidet in ihrem zweiten Teil grundsätzlich zwischen „Projektmanagementprozessen" und „Unterstützungsprozessen":[16]

- **Projektmanagementprozesse** sind projektspezifische Hauptaufgaben des Projektmanagements (z. B. Meilensteine definieren, Aufwände grob schätzen, Vorgänge planen usw.).
- **Unterstützungsprozesse:** Diese Prozesse arbeiten den Projektmanagementprozessen zu (z. B. Einkauf von Werkstoffen, Verwaltung des Personals).

In Teil 2 der DIN 69901-2 werden 59 Projektmanagementprozesse unterschieden, den zuvor definierten „Projektmanagementphasen" zugeordnet, in ihren gegenseitigen Abhängigkeiten dargestellt und anschließend Prozess für Prozess beschrieben. Dabei werden für jeden einzelnen Prozess aufgeführt:

- Vorgängerprozesse
- Nachfolgerprozesse
- Zweck und Hintergrund
- Prozessbeschreibung
- Input
- PM-Methoden (nicht bei allen Prozessen)
- Output.

Im Folgenden sind alle 59 Projektmanagementprozesse der DIN 69901-2 aufgelistet:[17]

Projektmanagementprozesse nach DIN 69901-2
Prozesse der Initialisierungsphase

- Freigabe erteilen
- Zuständigkeit klären
- PM-Prozesse auswählen
- Ziele skizzieren

Prozesse der Definitionsphase

- Meilensteine definieren
- Information, Kommunikation und Berichtswesen festlegen
- Projektmarketing definieren

---

[16] Vgl. DIN Deutsches Institut für Normung (2009, DIN-Taschenbuch 472).
[17] Vgl. ebd.

- Freigabe erteilen
- Aufwände grob schätzen
- Projektkernteam bilden
- Erfolgskriterien definieren
- Umgang mit Risiken festlegen
- Projektumfeld/Stakeholder analysieren
- Machbarkeit bewerten
- Grobstruktur erstellen
- Umgang mit Verträgen definieren
- Vertragsinhalte mit Kunden festlegen
- Ziele definieren
- Projektinhalte abgrenzen

Prozesse der Planungsphase

- Vorgänge planen
- Terminplan erstellen
- Projektplan erstellen
- Umgang mit Änderungen planen
- Information, Kommunikation, Berichtswesen und Dokumentation planen
- Freigabe erteilen
- Kosten und Finanzmittelplan erstellen
- Projektorganisation planen
- Qualitätssicherung planen
- Ressourcenplan erstellen
- Risiken analysieren
- Gegenmaßnahmen zu Risiken planen
- Projektstrukturplan erstellen
- Arbeitspakete beschreiben
- Vorgänge beschreiben
- Vertragsinhalte mit Lieferanten festlegen

Prozesse der Steuerungsphase

- Vorgänge anstoßen
- Termine steuern
- Änderungen steuern
- Information, Kommunikation, Berichtswesen und Dokumentation steuern
- Abnahme erteilen
- Kosten und Finanzmittel steuern

- Kick-off durchführen
- Projektteam bilden
- Projektteam entwickeln
- Qualität sichern
- Ressourcen steuern
- Risiken steuern
- Verträge mit Kunden und Lieferanten abwickeln
- Nachforderungen steuern
- Zielerreichung steuern

Prozesse der Abschlussphase

- Prozessabschlussbericht erstellen
- Projektdokumentation archivieren
- Nachkalkulation erstellen
- Abschlussbesprechung durchführen
- Leistungen würdigen
- Projektorganisation auflösen
- Projekterfahrungen sichern
- Ressourcen rückführen
- Verträge beenden

Beispiel 2: Prozesse im „Prince2"-Modell

Beispielhaft sollen hier die acht Prozesse des oben erwähnten Vorgehensmodell „PRIN-CE2" („Project In Controlled Environments") aus Großbritannien vorgestellt werden:

- Vorbereiten eines Projekts: Starting up a project (SU)
- Initiieren eines Projekts: Initiating a project (IP)
- Lenken eines Projekts: Directing a project (DP)
- Planung eines Projekts: Planning (PL)
- Steuern einer Phase: Controlling a stage (CS)
- Managen der Phasenübergänge: Managing stage boundaries (SB)
- Managen der Produktlieferung: Managing product delivery (MP)
- Abschließen eines Projekts: Closing a project (CP).

Für jeden dieser Prozesse gibt es wiederum mehrere Teilprozesse („Elemente"), die an dieser Stelle nicht vertieft werden sollen.

2.2.4   Installieren eines Informations- und Berichtswesens

Vielen Projektverantwortlichen und Projektmitarbeitern in der betrieblichen Praxis ist nicht klar, wann sie wen worüber informieren müssten und wann sie was von wem erfahren müssten. Entsprechend erreichen vielfach wichtige Informationen ihren Empfänger nicht. Auch bei gutem Willen des Einzelnen bleiben häufig Informationswege unklar. Dieses weitverbreitete Problem findet seine Ursache häufig darin, dass im Vorfeld des Projekts nicht bzw. nicht eindeutig geklärt wurde, wer welchen Mitarbeiter zu welcher Zeit auf welche Weise über welche Angelegenheit zu informieren hat.

▶   Leitfrage: „Wer informiert wen wann wo wie worüber?"

Zur Beantwortung dieser Frage ist ein sorgfältig durchdachtes Informations- und Berichtswesen einzurichten. Dazu sind drei Schritte erforderlich:

- **Schritt 1:** Identifizieren verfügbarer Informationswege
- **Schritt 2:** Erstellen von Formularen für Berichte und Protokolle
- **Schritt 3:** Formulieren von Verhaltensregeln zum Informations-/Berichtswesen.

2.2.4.1   Identifizieren verfügbarer Informationswege
Um die Informationsströme optimal steuern zu können, sind zunächst die verfügbaren Informationswege zu identifizieren. Dabei lassen sich grundsätzlich mündliche und schriftliche Informationswege unterscheiden:

- *mündliche Informationswege*
  - Vortrag/Beamerpräsentation
  - Persönliches Einzelgespräch/Telefongespräch
  - Besprechung
  - Telefonkonferenz
  - Videokonferenz
  - Review (siehe unten)
  - usw.
- *schriftliche Informationswege*
  - Brief/E-Mail
  - Fax
  - Hausmitteilung
  - Protokoll
  - Bericht (z. B. Statusbericht, Kurzbericht, Störbericht, Testbericht usw.)
  - Chatsitzung
  - Veröffentlichung
  - usw.

Review

Ein Review ist die Abnahme eines bedeutenden Teilergebnisses (Systemspezifikation, Lösungskonzept, Konstruktion, Teilsystem usw.) und damit immer ein Meilenstein. Das Review findet in Form einer großen Besprechung mit einer großen Anzahl an Projektverantwortlichen statt, an der in der Regel der Kunde anwesend ist. Es bietet – insbesondere bei Großprojekten – die seltene Chance, dass „jeder jeden" anhören kann. Reviews können von Experten, die nicht dem Projekt angehören, moderiert und bei Großprojekten in Hörsälen durchgeführt werden. So eine Veranstaltung nimmt häufig mehrere Tage in Anspruch.

2.2.4.2 Erstellen von Formularen für Protokolle und Berichte

Vor Projektbeginn sollten alle Formulare für Protokolle und Berichte entwickelt und bereitgestellt werden. Die nachfolgenden Formulare (Werkzeuge 2.4.2 bis 2.4.7) haben sich in der Praxis technischer Projekte bewährt:

Formular: Aktionsliste

Die Aktionsliste (auch „To-do-Liste" oder „Liste offener Posten", Werkzeug 2.4.2) ist ein so vielseitiges wie effektives Werkzeug. Sie kann bei kleinen Besprechungen als Protokollformular dienen oder auch bei großen Besprechungen als Anlage für die zu erledigenden Aufgaben („to do's") angehängt werden. Jeder zu protokollierende Aspekt der Besprechung (Information, Aussage, Vereinbarung, Festlegung, zu erledigende Aktion) wird zeilenweise erfasst. Die laufende Nummerierung ist dabei an die Funktion im Projekt (Projektleitung, Teilsystemleitung, Arbeitspaketverantwortlicher usw.) gebunden und läuft bis zum Projektende durch, um eine jederzeitige Rückverfolgbarkeit zu gewährleisten („Was wurde zu Nr. 316 entschieden?"). Dabei muss nicht zwingend zu jeder laufenden Nr. eine Aufgabe bzw. Aktion anfallen. Zeilenweise ist anzugeben:

- Nr. des betreffenden Besprechungsinhalts
- Information, Aussage, Vereinbarung, Festlegung, Aktion, Beschreibung durchzuführender Aufgaben
- Bearbeitung durch/Verantwortlich
- Ergebnis einer Aufgabe (Aktion)
- Form des Ergebnisses
- Abgabetermin
- Empfänger
- Erledigt am
- Bemerkung.

Formular: Deckblatt für Protokoll einer wichtigen Besprechung

Sofern an einer Besprechung der Auftraggeber und/oder hochrangige Manager teilnehmen oder aus anderen Gründen Wert auf eine formale Dokumentation gelegt wird, sollte das Besprechungsprotokoll aus mehreren Teilen bestehen (Abb. 2.11).

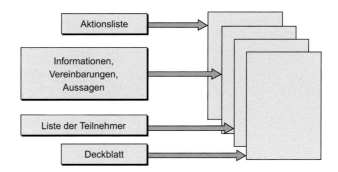

Abb. 2.11 Aufbau des Protokolls einer wichtigen Besprechung

- **Deckblatt:** Werkzeug 2.4.3
- **Teilnehmerliste:** Tabelle mit Kontaktdaten und Unterschriften aller Teilnehmer
- **Inhaltlicher Teil:** Informationen, Aussagen, Vereinbarungen
- **Aktionsliste:** Auflistung aller zu erledigenden Aufgaben (siehe oben)
- **Anlagen**

Formular Statusbericht

In aller Regel hat der Teilsystemleiter den Projektleiter und dieser wiederum seinen Vorgesetzten in der Linie, den Lenkungsausschuss, die Geschäftsführung bzw. den Auftraggeber regelmäßig – anfangs monatlich, später etwa einmal pro Quartal – über den Projektfortschritt zu informieren. Zu diesem Zweck wird ein Statusbericht (Projektfortschrittsbericht) mithilfe eines zugehörigen Formulars (Werkzeug 2.4.4) erstellt, welcher Antwort auf mindestens folgende Fragen verlangt:

- Was wurde im Berichtszeitraum erledigt?
- Welche Probleme sind aufgetreten?
- Wie wurden die Probleme gelöst?
- Wie stehen wir im Zeitplan?
- Wie stehen wir im Kostenplan?
- Was wird in der nächsten Periode erledigt?

Formular Kurzbericht

Der Kurzbericht (Werkzeug 2.4.5, ggf. als E-Mail-Vorlage) kann von jedem Projektmitarbeiter verfasst werden. Das sollte immer dann geschehen, wenn unerwartete bzw. wichtige Entscheidungen getroffen oder bedeutsame Sachverhalte bemerkt worden sind und andere, betroffene Projektmitarbeiter über diesen Sachverhalt informiert werden sollten. Der Projektleiter erhält davon stets eine Kopie.

Formular Störbericht

Bei Problemen einer zu bestimmenden Größenordnung ist ein Störbericht (Werkzeug 2.4.6) zu erstellen. Dazu ist ausschließlich ein entsprechender Ausschuss (üblicher-

Abb. 2.12 Aufbau eines Fach-
berichts

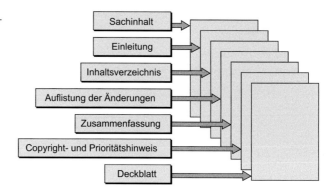

weise der Qualitätsmanager gemeinsam mit den Fachleuten des betroffenen Fachgebietes)
befugt. Im Störbericht sind folgende vier Fragen zu beantworten:

- Welches Problem ist aufgetreten?
- Welche Auswirkungen sind damit verbunden?
- Worin liegen die Problemursachen?
- Welche Lösung wird vorgeschlagen?

Der Ausschuss leitet den Bericht an den Projektleiter, System- oder Teilsystemleiter
weiter. Dort wird entschieden, was zu tun ist und ob der Störbericht wiederum an eine
Ebene höher weitergeleitet werden muss – ggf. bis zur Geschäftsführung oder zum Auftraggeber.

Deckblatt Fachbericht

Fachberichte im Sinne fachlicher Ausarbeitungen werden (z. B. nach Abschluss größerer Untersuchungen) von den betreffenden Fachleuten erstellt und an den Teilsystemleiter
weitergeleitet. Diese entscheiden darüber, ob der betreffende Bericht an den Systemleiter und/oder an den Projektleiter weitergeleitet werden soll. Der Fachbericht besteht aus
folgenden Teilen (Abb. 2.12).

- **Deckblatt:** Werkzeug 2.4.7
- **Copyright- und Prioritätshinweis:** bei inhaltlichen Konflikten mit anderen Doku-
  menten
- **Zusammenfassung**
- **Auflistung der Änderungen:** im Falle nachträglicher Aktualisierungen/Änderungen
- **Inhaltsverzeichnis**
- **Einleitung**
- **Sachinhalt**

2.2.4.3 Formulieren von Verhaltensregeln zum Informations-/Berichtswesen

Für das Informations- und Berichtswesen des Projekts sind eindeutige Spielregeln zu formulieren, damit die Projektmitarbeitern wissen, welche Information sie in welcher Weise an wen weiterzuleiten bzw. auf welche Weise wo zu beschaffen haben.

Hol- und Bringschuld

Das deutsche Zivilrecht unterscheidet zwischen einer „Holschuld" und einer „Bringschuld", die dem Schuldner bzw. Gläubiger zugeordnet wird. Diese Unterscheidung ist auch für das Informations- und Berichtswesen eines Projekts von großem Nutzen:

- Die **Holschuld** verpflichtet den Informationsempfänger, sich die betreffende Information selbst zu beschaffen. ***Beispielregel:*** *„Jeder Projektmitarbeiter hat einmal täglich zu prüfen, ob Änderungen am Zeitplan vorgenommen wurden."*
- Die **Bringschuld** verpflichtet den Informationslieferanten, die betreffende Information dem Empfänger zu übermitteln. ***Beispielregel:*** *„Jeder Projektmitarbeiter, der absehen kann, dass seine Qualitäts-, Zeit- oder Kostenziele nicht erreicht werden, hat den unmittelbaren Vorgesetzten umgehend darüber zu informieren."*

Diese Unterscheidung wird auch in der DIN 69901-2 im Zusammenhang mit der Festlegung von Informations-, Kommunikations- und Berichtswesen des Projektmanagements vorgenommen.[18] Darüber hinaus können weitere Regeln formuliert werden, die zusätzliche Antworten auf die oben gestellt W-Frage („Wer informiert wen wann wo wie worüber?") liefern. Weitere Regelbeispiele sind in Abschn. 2.2.6 aufgeführt.

2.2.5 Installieren eines Dokumentationssystems

Jedes technische Projekt ist mit einer Vielzahl an Dokumenten verbunden; selbst kleinere technische Projekte können Tausende von Dokumenten erfordern. Um über diese Vielfalt an Dokumenten in der richtigen Version zur rechten Zeit am rechten Ort verfügen zu können, muss der Betrieb ein gut durchdachtes, alltagstaugliches Dokumentationssystem einrichten. Besondere Anforderungen an das Dokumentationssystem stellt dabei das Konfigurationsmanagement, welches dafür verantwortlich ist, dass trotz Vornahme von Änderungen alles zusammenpasst (Abschn. 12.2.3). Zu diesem Zweck müssen sämtliche Änderungen an Dokumenten jederzeit nachvollziehbar sein. Die Grenzen zwischen Dokumentationsmanagement und Konfigurationsmanagement verlaufen fließend.

Die Installation eines Dokumentationssystems ist ein einmaliges Vorhaben, das vor Projektbeginn abgeschlossen sein sollte und folgende Aufgaben mit sich bringt:

[18] DIN Deutsches Institut für Normung (2009, DIN-Taschenbuch 472).

- Identifizieren erwarteter Dokumente/Dokumentarten,
- Entwickeln eines Dokumentations-Kennzeichnungssystems,
- Formulieren von Anforderungen an die Dokumente/Dokumentarten,
- Zuordnen von Verantwortlichkeiten, Adressaten und Ereignissen,
- Entwickeln einer Struktur für die Dokumentablage,
- Einrichten einer geeigneten Dokumentenverwaltungssoftware,
- Formulieren von Verhaltensregeln zur Nutzung des Dokumentationssystems.

2.2.5.1   Identifizieren erwarteter Dokumente/Dokumentarten

Dokumente sind Informationsträger in Form von Dateien oder in Papierform, gelegentlich auch noch als Mikrofilm. Diese können Texte, Grafiken, Zeichnungen, Fotos usw. enthalten. Zunächst ist herauszufinden, welche Dokumente bzw. Dokumentarten zum Einsatz kommen. Das können beispielsweise sein:

- Servicedokumente (Kontaktdaten aller Teammitglieder, PM-Handbuch usw.)
- Vertragsdokumente
- Risikoanalysen
- Qualitätssicherungsdokumente
- Protokolle
- Berichte
- Pläne
- Entwicklungsdokumente (vor allem der Konstruktion, Fertigung, Montage, Verifikation)
- Endabnahmedokumente
- Erfahrungssicherungsdokumente.

2.2.5.2   Entwickeln eines Dokumentations-Kennzeichnungssystems

Für die gesamte Dokumentation muss ein Dokumentations-Kennzeichnungssystem eingerichtet und offiziell freigegeben werden, welches gewährleistet, dass jedes Dokument eindeutig identifizierbar, eindeutig einzuordnen und für das Konfigurationsmanagement (Abschn. 12.2.3) hinsichtlich seiner Änderungen lückenlos rückverfolgbar ist. Zu diesem Zweck kann sich jedes Unternehmen – unter Beachtung möglicher Vorgaben (z. B. unternehmensinterne Standards, Normen wie die DIN EN 6779) – ein eigenes Kennzeichnungssystem entwickeln. Ein Beispiel für eine Dokumentenkennzeichnung kann folgendermaßen aussehen:

Beispiel: MMB- ISS-SPE-035-042-06-03

- *Firma: Mahlmann Brandt: MMB*
- *Projekt: Industriestaubsauger: ISS*
- *Dokumentenart: Spezifikation: SPE*
- *Konfigurationsidentifikations-Nummer (CI Nr.): 035 (sofern vorhanden, sonst 000)*

- *Laufende Nummer: 042*
- *Ausgabe Nummer: (bei grundlegenden Änderungen): 06*
- *Änderungsindex: (bei geringfügigen Änderungen): 03*

Eine dreistellige laufende Nummer (hier: 035) ist auch für Großprojekte ausreichend, da sie gleichzeitig an die Dokumentart (hier: Spezifikation) und die Konfigurationseinheit (hier: Nr. 035) gebunden ist. Die Kennzeichnung eines Dokuments wird grundsätzlich erst nach seiner Freigabe vorgenommen.

2.2.5.3   Formulieren von Anforderungen an die Dokumente/Dokumentarten

Werden keine Anforderungen an die Dokumentation formuliert, so können in vielen Fällen formale Gestaltung sowie Auswahl und Schwerpunktsetzung der Inhalte unbefriedigend ausfallen. Die präzise Formulierung von Anforderungen an die einzelnen Dokumente bzw. Dokumentarten stellt eine wichtige Voraussetzung für einen effektiven Informationsfluss dar. Das gilt insbesondere dann, wenn mehrere Organisationen an einem Projekt beteiligt sind. Im Übrigen wird dem Autor eines Dokuments seine Arbeit durch diese Anforderungen sehr erleichtert.

Formale Anforderungen

Grundsätzlich sollten für die gesamte Projektdokumentation des Unternehmens einheitliche Gestaltungsstandards eingerichtet werden. Üblicherweise werden dazu einheitlich aufgebaute und übersichtlich gestaltete Formulare entwickelt, die im Dokumentenkopf beispielsweise folgende Angaben verlangen (Werkzeuge 2.4.2 bis 2.4.7):

- Dokumentname
- Dokument Nr.
- Projektname (Kostenträger)
- Erstellungsdatum
- Ersteller
- erstellende Abteilung/erstellendes Unternehmen
- Seite … von …
- Verteiler (Empfänger).

Für bestimmte Dokumentarten können weitere Angaben erforderlich sein wie etwa die Angabe „Freigegeben durch …" bei Spezifikationen und Konstruktionszeichnungen. Für andere Dokumentarten – vor allem Berichte – ist eine Erstellungsfrequenz (monatlich, vierteljährlich, halbjährlich usw.) festzulegen. Schließlich sind einheitliche Dateiformate bzw. Softwareversionen abzustimmen.

Inhaltliche Anforderungen

In jedem Projekt wird für jedes einzelne Dokument bzw. jede Dokumentart ein inhaltlicher Mindestinhalt vorgegeben. Beispiel:

Anforderungen an einem Bericht über statische Berechnungen

- **Zusammenfassung**
  - Was wurde untersucht? (Welche Teile, welche Belastung?)
  - Welche Lasten mit welchen Sicherheitsfaktoren wurden angenommen?
  - Was ist das Ergebnis?
  - Ist alles in Ordnung oder besteht Handlungsbedarf?
- **Einleitung**
  - Was ist Gegenstand dieses Kapitels?
  - Welche Konfiguration wird für die Berechnung zu Grunde gelegt?
  - Die Auswirkungen welcher Belastungen werden untersucht?
  - Welche Lasten werden angenommen? (Quelle?)
  - Welche Sicherheitsfaktoren (Aufschläge) werden warum angenommen?
- **Berechnungen**
  - Ausführung der einzelnen Berechnungen
  - Unmissverständliche Beschreibung der Ergebnisse
  - Schlussfolgerungen: Ist alles in Ordnung oder müssen Teile verstärkt werden?

2.2.5.4 Zuordnen von Verantwortlichkeiten, Adressaten und Ereignissen

Eine einfache Methode, den einzelnen Dokumenten bzw. Dokumentarten die betreffenden Verantwortlichkeiten, Adressaten und Ereignisse (vor allem Meilensteine) zuzuordnen, besteht darin, sie in einer einfachen Dokumentenmatrix aufzulisten (Werkzeug 2.4.8). Die einzelnen Spalten sollen im Folgenden kurz erläutert werden:

- **Dokument Nr.:** Gemäß Abschn. 2.2.5.2
- **Dokument/Dokumentart:** Gemäß Abschn. 2.2.5.1
- **Erstellung:** Name der für die Erstellung des Dokuments verantwortlichen Person
- **Prüfung/Freigabe:** Name der für die Freigabe verantwortlichen Person.
- **Verteilung/Ablage:** Name der für die Verteilung bzw. Ablage verantwortlichen Person
- **Änderung:** Name der für die Dokumentänderung verantwortlichen Person
- **Statusüberwachung:** Name der Person, die verantwortlich für die Überwachung des Dokumentenstatus („in Vorbereitung", „in Gebrauch", „in Änderung", „in Überprüfung") ist.
- **Bereitstellung Ereignis:** Name der Person, die für die rechtzeitige Bereitstellung eines Dokuments bei einem Ereignis/Meilenstein verantwortlich ist.
- **Benötigt bei Ereignis:** Zuordnen des Dokuments durch einfaches Ankreuzen
- **Empfänger (Verteiler):** Auflistung der Empfänger, für die das Dokument relevant ist.

2.2.5.5 Entwickeln einer Struktur für die Dokumentenablage

In einem technischen Projekt sind Hunderte bis Tausende von Dokumenten im Einsatz. Die Ablage dieser Dokumente muss sorgfältig vorbereitet werden, um alle Dokumente problemlos einordnen und auch wiederfinden zu können. Ein Beispiel für eine solche Struktur liefert Werkzeug 2.4.9.

2.2.5.6   Einrichten einer geeigneten Dokumentenverwaltungssoftware

Eine Software zur Dokumentenverwaltung sollte erst dann ausgewählt und eingerichtet werden, wenn alle Anforderungen an ein solches System bekannt sind. Neben allgemein gehaltenen Anforderungen an eine Software (Laufstabilität, Kompatibilität mit Hardware und anderer Software, automatischer Datensicherung, Redundanzfreiheit usw.) sollte eine Dokumentenverwaltungssoftware aus Sicht des Projektmanagements mindestens nachfolgenden Anforderungen gerecht werden:

Anforderungen an eine Software zur Dokumentenverwaltung
Die Dokumentationsverwaltungssoftware…

- … verlangt die Registrierung aller erforderlichen Dokumente/Dokumente,
- … verlangt die Verwendung der betriebseigenen Dokumenten-Kennzeichnung,
- … erlaubt die benutzerdefinierte Gestaltung aller Formulare,
- … erlaubt die Vergabe benutzerspezifischer Lese- und Schreibrechte,
- … gewährleistet die Rückverfolgbarkeit sämtlicher Änderungen,
- … beinhaltet ein Autorisierungs-/Freigabesystem.

Für jedes Dokument bzw. jede Dokumentart kann angegeben werden

- **Dokumentationsstatus**
  - „in Vorbereitung"
  - „freigegeben und in Gebrauch"
  - „wird derzeit geprüft"
  - „wird derzeit geändert"
- **Verbindlichkeitsgrad**
  - „anwendbar" (unverbindlich, nur zur Information)
  - „anzuwenden" (verbindlich, muss angewendet werden)
- **Verantwortlichkeit** hinsichtlich …
  - … Erstellung
  - … Prüfung/Freigabe
  - … Verteilung/Ablage
  - … Änderung
  - … Statusüberwachung
  - … Bereitstellung
- **Ereignisse**, zu denen das Dokument bereitgestellt werden muss
- **Adressaten** (Verteiler).

2.2.5.7   Formulieren von Verhaltensregeln zur Nutzung des Dokumentationssystems

Ebenso wie für das Informations- und Berichtswesen sind auch für die Nutzung des Dokumentationssystems Verhaltensregeln aufzustellen. Konkrete Beispiele für solche Regeln sind in Abschn. 2.2.6 aufgeführt. Weitere Fragen zur Änderung und Freigabe von Dokumenten beantwortet das Konfigurationsmanagement (Abschn. 12.2.3).

2.2.6　Formulieren von Verhaltensregeln

Da an einem Projekt naturgemäß viele Menschen mitarbeiten, müssen auch hier, wie bei einem Fußballspiel, klare Regeln vereinbart und ihre Einhaltung überprüft werden. Das ist Aufgabe des Projektleiters. Tut er das nicht, wird ihm sein Team Führungsschwäche anlasten. Im Folgenden sollen bewährte Verhaltensregeln vorgestellt werden:

2.2.6.1　Allgemeine Verhaltensregeln

- *Beispielregel 1: Persönliche Angriffe unter allen Projektbeteiligten jeglicher Art (Killerphrasen, abfällige Bemerkungen usw. aber auch Angriffe nonverbaler Art) sind grundsätzlich untersagt. Sachliche Kritik ist stets angemessen und respektvoll zu äußern.*
- *Beispielregel 2: Wichtige Ergebnisse mündlicher Absprachen werden stets im Anschluss an das Gespräch in einer E-Mail zusammengefasst und an den betreffenden Gesprächspartner versandt mit der Bitte um inhaltliche Bestätigung.*
- *Beispielregel 3: Sofern einem Projektverantwortlichen ein Problem mitgeteilt wird, so ist stets ein entsprechender Lösungsvorschlag zu unterbreiten.*
- *Beispielregel 4: Zur Kommunikation mit dem Auftraggeber ist grundsätzlich nur die Projektleitung befugt. Ausnahmen sind mit dieser abzustimmen.*

2.2.6.2　Verhaltensregeln bei Beauftragungskonflikten

Beauftragungskonflikte entstehen immer dann, wenn Projektmitarbeiter, die für eine Aufgabe eingeplant sind, unerwartet von anderer Stelle Arbeitsaufträge erhalten. Dieses Problem tritt naturgemäß in Matrixorganisationen auf (Konflikt zwischen Linie und Projekt).

- *Beispielregel 1: Sobald ein Beauftragungskonflikt erkennbar wird, informiert der beauftragte Projektmitarbeiter die betroffenen Vorgesetzten. Diese hierarchisch übergeordneten Stellen, müssen sich über die Prioritäten einigen und das Ergebnis dem Mitarbeiter mitteilen.*
- *Beispielregel 2: Sofern Disziplinar- oder Fachvorgesetzte außerplanmäßig über Projektmitarbeiter verfügen wollen, haben diese den planmäßigen Projektvorgesetzten im Vorfeld zu informieren. Außerdem sind sie in der Pflicht, einen Kompromiss herbeizuführen und diesen dem Projektmitarbeiter (Kopie an den Projektvorgesetzten) schriftlich mitzuteilen.*

2.2.6.3　Verhaltensregeln für Besprechungen

Detaillierte Hinweise zur Leitung bzw. Moderation von Besprechungen sind Gegenstand des Kap. 14.

- ***Beispielregel 1:*** *Die TOPs liegen spätestens einen Tag vor der Besprechung allen Teilnehmern schriftlich vor.*
- ***Beispielregel 2:*** *Alle Teilnehmer haben spätestens 5 Minuten vor offiziellem Beginn im Besprechungsraum Platz genommen und führen alle erforderlichen Materialien bei sich.*
- ***Beispielregel 3:*** *Durch senkrechtes Aufstellen des farblich markierten Namensschildes sind Wortbeiträge anzumelden (Kap. 14):*
  - Rot markierte Seite oben: „Ich bitte um Vorrecht." (Beitrag zum Vorredner)
  - Grün markierte Seite oben: „Ich möchte etwas sagen, aber es eilt nicht."
- ***Beispielregel 4:*** *Während der Besprechung sind Seitengespräche zu unterlassen.*
- ***Beispielregel 5:*** *Beiträge sind stets kurz zu fassen.*
- ***Beispielregel 6:*** *Beiträge sind in verständlicher Sprache zu formulieren.*
- ***Beispielregel 7:*** *Es ist untersagt, andere Besprechungsteilnehmer zu unterbrechen.*
- ***Beispielregel 8:*** *Das Protokoll wird am selben Tag im Dokumentenablagesystem abgelegt.*

2.2.6.4 Verhaltensregeln zum Informations- und Berichtswesen

- ***Beispielregel 1 (Holschuld):*** *Jeder Projektmitarbeiter informiert sich täglich bis 09:00 Uhr selbstständig über mögliche Änderungen aller Art.*
- ***Beispielregel 2 (Bringschuld):*** *Alle Arten von Informationen, von denen anzunehmen ist, dass sie für bestimmte Projektbeteiligte von Bedeutung sind, sind an diese per Kurzbericht weiterzuleiten. Beispiele: Wichtige Entscheidungen, widersprüchliche Anforderungen, unerwartete technische Probleme, Qualitätsmängel, Nichteinhaltung von Zeit- und/oder Kostenzielen usw.*
- ***Beispielregel 3:*** *Sofern eine Information eine bestimmte Reaktion des Informationsempfängers auslösen soll, hat der Absender explizit darauf hinzuweisen und einen konkreten Zeitpunkt anzugeben.*
- ***Beispielregel 4:*** *Besprechungsprotokolle werden am Tag der Besprechung an alle Besprechungsteilnehmer übermittelt und in der Dokumentenablage hinterlegt.*

2.2.6.5 Verhaltensregeln zum Dokumentationssystem

- ***Beispielregel 1:*** *Alle im Projekt verwendeten Dokumente müssen registriert werden.*
- ***Beispielregel 2:*** *Originale in Papierform verbleiben in der zentralen Dokumentationsstelle. Besonders wichtige Papiere werden grundsätzlich eingescannt und zusätzlich online im Dokumentationssystem hinterlegt.*
- ***Beispielregel 3:*** *Von jedem Dokument in Dateiform wird eine geschützte (nicht änderbare) Ursprungsversion hinterlegt. Diese darf im gesamten Projekt nicht geändert werden.*
- ***Beispielregel 4:*** *Alle Dokumente, für die keine verbindlichen Termine vorgegeben sind, werden zum frühestmöglichen Zeitpunkt von den betreffenden Verantwortlichen erstellt, freigegeben und weitergeleitet.*

- **Beispielregel 5:** *Alle Arten von Änderungen an Dokumenten sind unter Einsatz des offiziellen Änderungsantragsformulars zu beantragen* (Werkzeug 12.4.3).

2.2.7   Erstellen und Einführen eines PM-Handbuchs

Der Einsatz von Projektmanagement-Handbüchern (im Folgenden als „PM-Handbuch" bezeichnet) ist in modernen Projektorganisationen wie etwa der Luft- und Raumfahrt seit Jahrzehnten verbindlich und selbstverständlich. PM-Handbücher können Antworten auf alle grundsätzlichen Fragen zur Projektabwicklung liefern und verbindliche und projektübergreifende Standards vorgeben. Jedoch werden diese Handbücher abhängig von Branche und Betriebe sehr unterschiedlich ausgestaltet und im Projektalltag häufig nicht beachtet. Die Erstellung und die verbindliche Einführung eines Projekthandbuches sind eine zentrale Forderung eines modernen Qualitätsmanagements.[19]

Das PM-Handbuch sollte dem gesamten Team jederzeit online zur Verfügung stehen. Eine inhaltliche Redundanz mit anderen Dokumenten des Qualitätsmanagements ist zu vermeiden. Das Handbuch sollte vorrangig Antworten auf die Fragen liefern, die sich im Projektalltag tatsächlich stellen. Es muss vom Projektteam als signifikante Hilfestellung und nicht als Gängelei wahrgenommen werden. Es muss klar strukturiert und in einfachen Worten verfasst sein.

Bei der Erstellung eines solchen Handbuches besteht die große Kunst darin, den richtigen Umfang zu bemessen: Ist das Handbuch zu umfangreich, so bleibt es gänzlich unbeachtet und die Arbeit war vergeblich – ein Problem, das in der Praxis sehr verbreitet ist. Ist es hingegen zu dünn, bleiben viele Fragen unbeantwortet. Damit wird es beliebig und kann nicht ernst genommen werden.

Hinsichtlich Inhalt und Aufbau sind die Autoren der Meinung, dass Sie, lieber Leser, ein solches PM-Handbuch bzw. eine entsprechende Diskussionsgrundlage in diesem Moment in Ihren Händen halten. Aus diesem Grunde entfällt das Werkzeug „Beispielinhaltsverzeichnis PM-Handbuch", es wäre mit dem Inhaltsverzeichnis dieses Buches identisch.

Die Erstellung eines solchen Handbuches hat selbst Projektcharakter und auch dieses „Produkt" will getestet sein, bevor es freigegeben wird. Im Idealfall liefert jede Abschlussbesprechung (Abschn. 13.2.3) im Projektteam wertvolle Hinweise zur Verbesserung des Handbuches.

---

[19] Schelle et al. (2005).

2.3   Beispielprojekt NAFAB

Projektmerkmale und Unternehmensorganisation

Das NAFAB-Projekt wurde in einem Unternehmen der Raumfahrttechnik durchgeführt, in dem in erster Linie Raketenstufen, Forschungs- und Kommunikationssatelliten und Plattformen für Experimente im Weltall hergestellt wurden. Das Unternehmen beschäftigte zu dieser Zeit etwa 1400 Mitarbeiter, die bis zu 70 Projekte gleichzeitig abwickelten. Dabei handelte es sich bei nahezu allen Aufträgen um Projekte, das Unternehmen war als Matrix organisiert. Nur in sehr wenigen lukrativen Ausnahmefällen wurde jenseits der Matrix eine reine Projektorganisation eingerichtet. Dem Geschäftsführer war ein Programmdirektor unterstellt, bei dem alle Projekte zusammenliefen und der für das gesamte Zeit- und Kostencontrolling verantwortlich war. Ihm waren alle Projektleiter unterstellt.

Vorgehensmodell

In Großprojekten (z. B. der Satelliten- und Raketenentwicklung) wurde ein Standardphasenmodell aus der Raumfahrt angewendet. Diese vorgegebenen Projektphasen wurden sehr diszipliniert eingehalten und streng überwacht. Eine neue Phase durfte grundsätzlich nur dann begonnen werden, wenn sie offiziell freigegeben worden war, etwa nach erfolgreicher Abnahme eines Teilsystems. Für Durchführbarkeitsstudien, die als Projekte definiert wurden, wurde ein spezifisches Phasenmodell herangezogen. Bei Kleinprojekten wurde im Normalfall ein allgemein gehaltenes Phasenmodell (mit Initialisierungsphase, Angebotsphase, Realisierungsphase und Abschlussphase) angewendet. Für alle Projekte wurden grundsätzlich Meilensteine definiert.

Informations- und Berichtswesen

In dem betrachteten Unternehmen wurden regelmäßige Routinebesprechungen und Ad-hoc-Besprechungen unterschieden, welche bei wichtigen Vorkommnissen einberufen wurden. Alle offiziellen Besprechungen wurden grundsätzlich protokolliert. Dabei reichte bei Kleinbesprechungen der Einsatz der Aktionsliste aus, bei Großbesprechungen wurde ein spezieller Formularsatz verwendet, dem stets eine Aktionsliste als Anlage beigefügt wurde.

Alle wichtigen Informationen im Projektverlauf (wie zum Beispiel die Entscheidung des Konstrukteurs, durchgehend M6-Titanschrauben zu verwenden) wurden per Kurzbericht jenen Projektmitarbeitern zugeleitet, für die diese Information relevant war. Mithilfe standardisierter Statusberichte informierten der System- sowie der Teilsystemleiter den Projektleiter und dieser wiederum den Programmdirektor und den Auftraggeber. Darin war anzugeben, welche Arbeitsfortschritte es gegeben hatte, ob und inwiefern es zu Soll-Ist-Abweichungen gekommen war, welche Probleme aufgetreten waren und wie diese gelöst werden sollten. Zum Abschluss gab es ein Ausblick auf die Aktivitäten, die in der kommenden Berichtsperiode in Angriff genommen wurden. Statusberichte wurden in Großprojekten vierteljährlich und in Kleinprojekten monatlich erstellt. Bei unerwarteten

Vorkommnissen wurde von einem entsprechenden Ausschuss, dem stets der Qualitätsfachmann angehörte, ein Störbericht angefertigt.

Dokumentationssystem

Alle Dokumente wurden in einer projektunabhängigen, eigenständigen Dokumentationsstelle, die mit einem Mitarbeiter besetzt war, registriert und sorgfältig verwaltet. Originale
wurden dabei grundsätzlich nicht aus der Hand gegeben. Im Verlauf des NAFAB-Projekts
kursierten etwa 1800 Dokumente, die wiederum in rund 20 Dokumentarten eingeteilt waren. Online-Plattformen für digitalisierte Dokumente setzten sich erst nach dem Projekt
durch.

Verhaltensregeln

Die für das NAFAB-Projekt aufgestellten Verhaltensregeln entsprachen sinngemäß den
Regeln, die in Abschn. 2.2.6 vorgestellt werden. Ihre Einhaltung war selbstverständlich
und wurde von den Führungskräften überprüft.

Projekthandbuch und Qualitätsmanagement

In diesem Betrieb gab es ein firmeneigenes Projekthandbuch für alle Projekte, an dem
sich die Projektmitarbeiter orientieren sollten. Es enthielt die wichtigsten Definitionen,
Prozesse und Instrumente. Dieses wurde jedoch nicht von der Qualitätssicherung erstellt.

Neben anderen Abteilungen wie der Konstruktion oder Fertigung gab es eine Hauptab-
teilung „Qualitätssicherung" in der Linie, die dem Geschäftsführer unterstellt war. Jedem
Projekt wurde, abhängig von der Projektgröße, mindestens ein Qualitätsmanager (dabei
handelte es sich in der Regel um gut ausgebildete Ingenieure) zugeordnet. Diese erstellten
ein projektübergreifendes Qualitätshandbuch sowie projektspezifische Qualitätspläne und
waren bei allen wichtigen Prozessen anwesend. Dabei beobachteten und kontrollierten
sie alle Vorgänge und (Teil-) Produkte. Sie verfügten beispielsweise über umfangreiche
Kataloge mit bewährten Materialien, die zu verarbeiten waren und sie mussten darauf
achten, dass auch tatsächlich nur diese Materialien beschafft und verarbeitet wurden. Darüber hinaus führten die Qualitätsmanager Audits mit unseren Unterauftragnehmern und
Lieferanten durch. Eine große Rolle spielten die Qualitätsmanager bei allen Maßnahmen
der Verifikation, also dem Nachweis, dass das Produkt alle Kundenanforderungen erfüllt.
Schließlich waren sie auch bei der Abschlusssitzung anwesend, gaben Empfehlungen ab
und nahmen Anregungen mit in ihre Abteilung.

2.4   Werkzeuge

2.4.1   Checkliste: Projektmerkmale

Checkliste: Projektmerkmale
1 nach DIN 69901-5
☐ Vorhaben, das im Wesentlichen durch die Einmaligkeit der Bedingungen in ihrer Gesamtheit gekennzeichnet ist
☐ Zielvorgabe
☐ Zeitliche, finanzielle, personelle und andere Begrenzungen
☐ Projektspezifische Organisation
2 nach Literaturanalyse von Madauss[1]
☐ Zeitliche Befristung/klar definierter Anfangs- und Endzeitpunkt
☐ Eindeutige Zielsetzung / Aufgabenstellung
☐ Eindeutige Zuordnung der Verantwortungsbereiche
☐ Einmaliger (azyklischer) Ablauf / Einmaligkeit
☐ Vorgegebener finanzieller Rahmen und begrenzte Ressourcen
☐ Komplexität
☐ Interdisziplinärer Charakter der Aufgabenstellung
☐ Relative Neuartigkeit
☐ Projektspezifische Organisation
☐ Arbeitsteilung
☐ Unsicherheit und Risiko

[1] vgl · Madauss, B. J.: Handbuch Projektmanagement. Stuttgart, 6. überarbeitete und erweiterte Auflage, 2000

2.4.2   Formular: Aktionsliste

Aktionsliste (To-Do-Liste)

Dokument Nr.:		Erstellungsdatum:
Besprechung:		Seite von
Projektname:		

	Teilnehmer	Unterschrift		Teilnehmer	Unterschrift
Ort:	1			6	
Uhrzeit:	2			7	
Protokollführer:	3			8	
Abteilung:	4			9	
Verteiler:	5			10	

Nr.	Informationen/Aussagen Vereinbarungen/Festlegungen Beschreibung durchzuführender Aufgaben (Aktionen)	Bearbeitung durch/ verantwortlich	Ergebnis (z. B. Bericht)	Form (z. B. pdf)	Abgabetermin	Empfänger	erledigt am	Bemerkung

2.4.3   Formular: Deckblatt für Protokoll wichtiger Besprechungen

Besprechungsprotokoll								
Dokument Nr.:				**Erstellungsdatum:**				
Projektname:				**Erstellende Abteilung:**				
Projekteiter:				**Protokollant:**				
Ort:				**Seite:** von				
Uhrzeit: von **bis**				**Termin der nächsten Sitzung:**				

Teilnehmer/innen und Verteiler								
Name	**Abteilung**	Bitte ankreuzen		**Name**	**Abteilung**	Bitte ankreuzen	
		Teilnahme	**Verteiler**			**Teilnahme**	**Verteiler**

Besprechungsziele:

enthält:

Teilnehmerliste (zu unterschreiben)
Inhalte & Ergebnisse
Aktionsliste
Anlagen

2.4.4   Formular: Statusbericht (Projektfortschrittsbericht)

Statusbericht (Projektfortschrittsbericht)					
Dok. Nr.:			**Erstellungsdatum:**		
Projektname:			**Erstellende Abteilung:**		
Projektleiter:			**Ersteller:**		
Berichtszeitraum:			**Seite von**		

Verteiler					
Name	**Abteilung**	**Bitte ankreuzen**	**Name**	**Abteilung**	**Bitte ankreuzen**

1 Was wurde im Berichtszeitraum erledigt?

2 Welche Probleme sind aufgetreten?

3 Wie wurden die Probleme gelöst?

4 Wie stehen wir im Zeitplan?

5 Wie stehen wir im Kostenplan?

6 Was wird in der nächsten Periode erledigt?

2.4.5   Formular: Kurzbericht

Kurzbericht						
Dok. Nr.:			**Erstellungsdatum:**			
Projektname:			**Erstellende Abteilung:**			
Projektleiter:			**Ersteller:**			
Berichtszeitraum:			**Seite von**			
Betrifft:						
Verteiler						
Name	**Abteilung**	Bitte ankreuzen	**Name**	**Abteilung**	Bitte ankreuzen	

2.4.6 Formular: Störbericht

Störbericht		
Dok. Nr.:	Erstellungsdatum:	
Projektname:	Erstellende Abteilung:	
Projektleiter:	Ersteller:	
Berichtszeitraum:	Seite von	

Betrifft:

Verteiler					
Name	**Abteilung**	**Bitte ankreuzen**	**Name**	**Abteilung**	**Bitte ankreuzen**

1 Welches Problem ist aufgetreten?

2 Welche Auswirkungen sind damit verbunden?

3 Worin liegen die Problemursachen?

4 Welche Lösung wird vorgeschlagen?

2.4.7 Formular: Deckblatt für Fachbericht

<table>
<tr><td colspan="6" align="center">Fachbericht</td></tr>
<tr><td colspan="3">Dok. Nr.:</td><td colspan="3">Erstellungsdatum:</td></tr>
<tr><td colspan="3">Projektname:</td><td colspan="3">Erstellende Abteilung:</td></tr>
<tr><td colspan="3">Projektleiter:</td><td colspan="3">Ersteller:</td></tr>
<tr><td colspan="3"></td><td colspan="3">Seite   von</td></tr>
<tr><td colspan="6">Betrifft:</td></tr>
<tr><td colspan="6" align="center">Verteiler</td></tr>
<tr><td align="center">Name</td><td align="center">Abteilung</td><td align="center">Bitte ankreuzen</td><td align="center">Name</td><td align="center">Abteilung</td><td align="center">Bitte ankreuzen</td></tr>
<tr><td></td><td></td><td></td><td></td><td></td><td></td></tr>
<tr><td></td><td></td><td></td><td></td><td></td><td></td></tr>
<tr><td></td><td></td><td></td><td></td><td></td><td></td></tr>
<tr><td></td><td></td><td></td><td></td><td></td><td></td></tr>
<tr><td></td><td></td><td></td><td></td><td></td><td></td></tr>
<tr><td></td><td></td><td></td><td></td><td></td><td></td></tr>
</table>

Urheber- und Verwertungsrecht: Die nachfolgenden Ausführungen dürfen nur für innerbetriebliche Zwecke verwendet werden.

Prioritätshinweis: Sollten zwischen diesem und anderen Berichten Widersprüche bestehen, ist der Teilsystemleiter, ggf. der System- oder Projektleiter zu informieren.

enthält:

Zusammenfassung
Nachträglich vorgenommene Änderungen
Inhaltsverzeichnis
Einleitung
Sachinhalt
Anlagen

2.4.8   Formular: Dokumentenmatrix

Dokumentenmatrix

Dok.-Nr.	Dokument / Dokumentenart	Verantwortlich für					Bereitstellung bei Ereignis/ Meilenstein	benötigt bei Ereignis/ Meilenstein				Empfänger/ Verteiler
		Erstellung	Prüfung/ Freigabe	Verteilung/ Ablage	Änderung	Status-über-wachung		MS 1	MS 2	MS 3	MS 4	

FFU: Meileinste n: Fertigstellung Fertigungsunterlagen
ADF: Meilenstein: Abschluss der Fertigung
ADV: Meilenstein: Abschluss der Verifikation
EAN: Meilenstein: Endabnahme

2.4.9   Beispielverzeichnisstruktur: Dokumentenablage

Verzeichnisstruktur: Dokumentenablagesystem

1   **Servicedokumente**
    PM-Handbuch
    Teammitgliederliste (mit Kontaktdaten)
    Benutzerhandbücher
2   **Vertragsdokumente**
3   **Risikoanalysen**
4   **Qualitätsmanagementdokumente**
    4.1 Qualitätsmanagementhandbuch
    4.2 Qualitätssicherungsdokumente
        Messprotokolle
        Stör- und Beanstandungsberichte
        Eingangsprüfungsberichte
        usw.
5   **Berichte**
    Berechnungsberichte
    Statusberichte (Projektfortschrittsberichte)
    Sofortberichte (Störmeldung)
    Qualitätsmanagementberichte
    Kontrollberichte
    usw.
6   **Protokolle**
    Teambesprechungen
    Besprechungen mit Auftraggeber
    Reviews
    Usw.
7   **Pläne**
    7.1 Projektplanung
        Produktstrukturplanung
        Projektstrukturplanung
        Arbeitspaketbeschreibungen
        Zeitplanung
        Meilensteinplanung
        Ressourcenplanung
        Kostenplanung
        usw.
    7.2 Managementpläne
        Qualitätssicherungs-Managementplan

Konfigurationsmanagementplan
usw.

8 Entwicklungsdokumente

8.1 Konstruktionsdokumente

Entwürfe
Konstruktionszeichnungen
Stücklisten
Fertigungsvorschriften
Montagevorschriften
Transportvorschriften
usw.

8.2 Herstellungsdokumente

Make-or-Buy-Plan
Herstellungszeitplan
Herstellungsressourcenplan
Herstellungskostenplan
Dokumente der Arbeitsvorbereitung
usw.

8.3 Verifikationsdokumente

Berechnungsdokumente
Testdokumente
Inspektionsdokumente
Identitätsprüfungsdokumente
Qualitätssicherungsdokumente
usw.

8.4 Logistikdokumente

Lagerdokumente
Transportdokumente
usw.

9 Endabnahmedokumente

Abnahmeprotokolle
Nachbesserungslisten

10 Erfahrungssicherungsdokumente

Kundenbefragungen
Mitarbeiterbefragungen
Projektauswertungsdokumente (Kennzahlen, Abweichungsanalysen usw.)
Abschlussbericht mit Teamfeedback
usw.

2.5 Lernerfolgskontrolle

1. Wie wird der Projektbegriff in der DIN 69901 definiert?
2. Welche notwendigen Projektmerkmale kennen Sie?
3. Aus welchem Grunde sollte vor Projektbeginn unbedingt überprüft werden, ob die notwendigen Projektmerkmale tatsächlich vorliegen?
4. Welche Varianten der Projektorganisation sind zu unterscheiden?
5. Stellen Sie die Vor- und Nachteile der einzelnen Projektorganisationsvarianten gegenüber.
6. Erläutern Sie, was unter einem „Vorgehensmodell" zu verstehen ist.
7. Welche Praxisprobleme können mit Phasenmodellen verbunden sein?
8. Wie wird ein Meilenstein in der DIN 69900 definiert?
9. Nennen Sie drei Beispiele für Meilensteinergebnisse.
10. Was versteht man unter „Projektmanagementprozessen"?
11. Erläutern Sie die Bedeutung des Informations- und Berichtswesens für das Projektmanagement.
12. Welche Schritte sind nötig, um das Informations- und Berichtswesen zu installieren?
13. Was versteht man unter dem Prinzip der Hol- und Bringschuld im Zusammenhang mit dem Informations- und Berichtswesen – und inwiefern entlastet es die Projektleitung?
14. Erläutern Sie die Bedeutung eines professionellen Dokumentationssystems für das Projektmanagement.
15. Welche Schritte sind nötig, um ein solches Dokumentationssystem zu installieren?
16. Welche Dokumente bzw. Dokumentarten eines Projekts kennen Sie?
17. Was leistet ein Dokumentations-Kennzeichnungssystem?
18. Nennen Sie exemplarisch für eine Dokumentart formale und inhaltliche Anforderungen.
19. Was versteht man unter einer „Dokumentenmatrix"?
20. Welche Fragen beantwortet ein betriebsinternes PM-Handbuch?

Analysieren und Formulieren von Projektzielen 3

3.1 Vorüberlegungen

3.1.1 Bedeutung von Projektzielen

In der DIN 69901-5 wird die „Zielvorgabe" als Projektmerkmal verlangt[1]. Durch die Formulierung von Projektzielen werden bereits zu Projektbeginn die Weichen für den gesamten Projektverlauf gestellt. Je besser die Projektzielformulierung gelingt, desto größer ist die Chance, dass das Projekt zum Erfolg geführt wird. Mängel in der Zielformulierung führen hingegen grundsätzlich zu erheblichen Problemen im Projektverlauf. Je später solche Mängel aufgedeckt werden, desto größer ist der damit verbundene Schaden. Das Scheitern von Projekten in der betrieblichen Praxis ist häufig auf eine mangelhafte Projektzielformulierung zurückzuführen.

3.1.2 Der Zielbegriff

Projektziele können abhängig vom Projekt sehr unterschiedlicher Natur sein. Aus diesem Grunde soll der (Projekt-) Zielbegriff zunächst allgemein definiert werden:

- **nach Brockhaus**: „(ahd. zil, zu zilon ‚sich beeilen'), Ende; festgesetzter Zeitpunkt. (...)"[2]
- **nach Gabler**: „Sollgröße, mit der ein Istzustand verglichen wird, der so lange zu bearbeiten ist, bis er dem Sollzustand entspricht."[3]

---

[1] Vgl. DIN Deutsches Institut für Normung (2009, DIN-Taschenbuch 472).
[2] Brockhaus (1995, dtv-Lexikon).
[3] http://wirtschaftslexikon.gabler.de/Definition/ziel.html. Datum 17. August 2013.

© Springer Fachmedien Wiesbaden 2015
R. Felkai, A. Beiderwieden, *Projektmanagement für technische Projekte*,
DOI 10.1007/978-3-658-10752-9_3

Die **DIN 69901-5** definiert ein *Projektziel* als die „Gesamtheit von Einzelzielen, die durch das Projekt erreicht werden"[4].

3.1.3 Arten von Projektzielen

Projektziele lassen sich nach verschiedenen Kriterien unterscheiden, von denen an dieser Stelle nur die wichtigsten vorgestellt werden sollen:

Unterscheidung nach Zieldimension

- **Sachziele**: Diese beschreiben die übergeordnete Zielsetzung des Projekts wie etwa die Entwicklung eines neuartigen Antriebssystems sowie die zugehörigen Anforderungen an die Lieferungen und Leistungen des Auftragnehmers. Sachziele technischer Projekte können in Anlehnung an eine Klassifikation des amerikanischen Verteidigungsministeriums folgendermaßen klassifiziert werden[5]:
  - **Leistungsziele** (z. B. Höchstgeschwindigkeit, Reichweite, Treffsicherheit)
  - **Betriebsziele** (z. B. Kraftstoffverbrauch, Wartungsinterwall, Lebensdauer)
  - **Auslegungs- bzw. Konstruktionsziele** (z. B. Gewicht, Abmessungen).
- **Zeitziele/Terminziele**: Das Einhalten von Zeitzielen ist eine außerordentlich wichtige Herausforderung an das Projektmanagement, da der Auftraggeber das Projektergebnis zur weiteren wirtschaftlichen Verwertung einplant. Bedeutsame Teilergebnisse werden als „Meilensteine" in der Zeitplanung ausgewiesen.
- **Kostenziele**: Die Ermittlung des Projektbudgets für unternehmensinterne Projekte sowie die Kalkulation der Preise von Projektleistungen für externe Auftraggeber erfolgt auf Grundlage von Kostenplänen. Werden Kostenziele nicht eingehalten, besteht die Gefahr, dass ein Projekt nicht wirtschaftlich ist und im Extremfall die Insolvenz des Auftragnehmers nach sich ziehen kann. Kostenziel ist dabei nicht gleichbedeutend mit Kostenminimierung, denn abhängig von Qualitätszielen können höhere Kosten durchaus gewollt sein.

Unterscheidung nach Hierarchieebene

- **Vision**: Am Anfang großer Projekte steht häufig eine Vision. Diese formuliert einen gewünschten Sollzustand, der erst in ferner Zukunft erreichbar ist. *Beispiel: Der amerikanische Präsident J. F. Kennedy formulierte am 25. Mai 1961 für das Apollo-Projekt folgende Vision: „Unsere Nation sollte sich zum Ziel setzen, noch vor Ende dieses Jahrzehnts einen Menschen zum Mond und wieder heil zur Erde zurückbringen."*

---

[4] DIN Deutsches Institut für Normung (2009, DIN-Taschenbuch 472).
[5] Vgl. Rüsberg (1971); zitiert nach Schelle et al. (2005).

- **Übergreifende Projektziele**: Mit übergreifenden Projektzielen fasst der Auftraggeber die Zielsetzung eines konkreten Projekts zusammen. *Beispiel: Ein Mineralölkonzern formuliert das Projektziel: „Planung, Entwicklung und Fertigung eines Rohöltankers mit einem Fassungsvermögen von 300.000 t Rohöl, einer Höchstgeschwindigkeit von 15 Knoten und einem Tiefgang von weniger als 32 m bis zum 31. Juli 2015."*
- **Detailanforderungen**: Die übergreifenden Projektziele werden auf oberster Ebene durch den Auftraggeber und in den tieferen Produktebenen durch den Auftragnehmer in entsprechenden Anforderungskatalogen ausdifferenziert. *Beispiel: Für das Antriebssystem eines Rohöltankers werden folgende Detailanforderungen formuliert: „Es müssen je zwei Antriebseinheiten redundant angeordnet werden. Bei Ausfall eines Antriebssystems muss die zweite Antriebseinheit in der Lage sein, 60 % der maximalen Geschwindigkeit des Schiffes zu bewirken".* Anforderungskataloge sind sehr bedeutsame Instrumente für den weiteren Projektverlauf. Sofern der Auftraggeber keinen Anforderungskatalog erstellen kann, sollte der Projektleiter in seinem Interesse einen eigenen Anforderungskatalog anfertigen und diesen von seinem eigenen Vorgesetzten sowie vom Auftraggeber abzeichnen lassen.

3.1.4 Funktionen von Projektzielen

- **Klärungsfunktion**: Projektziele führen allen Projektbeteiligten vor Augen, was genau unter welchen Bedingungen bis wann zu entwickeln ist. Häufig herrschen unterschiedliche Vorstellungen von Ergebnissen bzw. Teilergebnissen eines Projekts. Das kann selbst nach langen Gesprächen der Fall sein, in denen beide Parteien davon überzeugt sind, das gleiche zu meinen. Es ist jedoch unerlässlich, dass Auftraggeber und Auftragnehmer identische Vorstellungen vom Projektergebnis haben, andernfalls drohen Rechtsstreitigkeiten und die Beendigung von Geschäftsbeziehungen. Unklare sowie abweichende Vorstellungen von Projektergebnissen und Teilergebnissen unter den Mitarbeitern des Projektteams führen ebenfalls zu großen Problemen und verursachen in der Regel erhebliche zwischenmenschliche Konflikte, Mehrkosten und Terminverzüge, da diese Unstimmigkeiten oft erst spät erkannt werden und Teilkomponenten zu einem späten Zeitpunkt grundlegend überarbeitet werden müssen. Je später der „Kurs" korrigiert wird, desto höher sind die damit verbundenen Kosten.
- **Orientierungsfunktion**: Im Laufe eines technischen Projektes werden naturgemäß zahllose Entscheidungen auf unterschiedlichen Ebenen getroffen. Die Frage der richtigen Entscheidungsalternative hängt dabei stets von der Projektzielsetzung ab. Die Projektziele dienen den Projektmitarbeitern auf jeder Ebene und jederzeit als Orientierung („Fixstern") und ermöglichen damit immer eine rationale, begründbare Entscheidungsfindung.
- **Kontrollfunktion**: Projektziele drücken den angestrebten „Soll-Zustand" aus. Durch die kontinuierliche Gegenüberstellung von „Soll" und „Ist" (Soll-Ist-Analyse) überprüft das Projektcontrolling, ob alle Produktkomponenten in der zur Verfügung stehenden Zeit zu den vorgesehenen Kosten fertig gestellt werden können. Kommt es

Abb. 3.1 Zielkonkurrenz der
drei Zieldimensionen

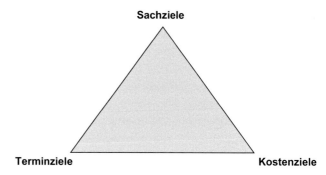

zu unerwarteten Soll-Ist-Abweichungen, so können rechtzeitig Korrekturmaßnahmen eingeleitet werden. Projektziele stellen damit auch die Voraussetzung für ein Frühwarnsystem dar.

3.1.5 Zielbeziehungen

Für ein technisches Projekt müssen gewöhnlich zahlreiche Projektziele entwickelt werden. In vielen Fällen ist es wichtig zu wissen, in welchen Beziehungen diese Ziele zueinander stehen. Man unterscheidet drei Arten von Zielbeziehungen:

- **Zielkomplementarität**: Das Verfolgen eines Ziels fördert die Erreichung eines anderen Ziels. *Beispiel*: *Hohe Leistungsfähigkeit bei der Stromerzeugung eines Kraftwerks führt zu hoher Wärmeentwicklung, die für Fernwärme genutzt werden kann.*
- **Zielkonkurrenz**: Das Verfolgen eines Ziels steht der Erreichung eines anderen Ziels im Wege (Abb. 3.1). *Beispiel*: *Maximierung der Lichtstärke und Minimierung der Wärmeentwicklung einer Beamerlampe.*
- **Zielneutralität**: Das Verfolgen eines Ziels steht in keinem Zusammenhang mit der Erreichung eines anderen Ziels. *Beispiel*: *Minimierung der Höhe von Schiffsaufbauten und gute Erkennbarkeit ihres Anstrichs.*

3.1.6 Dokumentation der Projektziele

Projektziele kleiner Projekte können in einem einfachen Projektauftragsformular dokumentiert werden (Werkzeug 3.4.4). Bei größeren Projekten werden die Projektziele in mehreren Dokumenten ausdifferenziert und präzisiert. Diese Dokumente werden abhängig von Branche und Betrieb unterschiedlich abgegrenzt und bezeichnet:

Lastenheft und Pflichtenheft nach DIN

Das Deutsche Institut für Normung (DIN) unterscheidet für alle Arten von Projekten das Lasten- und das Pflichtenheft, welche seit Januar 2009 in der DIN 69901-5 wie folgt definiert werden[6]:

- **Lastenheft**: „vom Auftraggeber festgelegte Gesamtheit der Forderungen an die Lieferungen und Leistungen eines Auftragnehmers innerhalb eines (Projekt-)Auftrags"
- **Pflichtenheft**: „vom Auftragnehmer erarbeitete Realisierungsvorhaben auf der Basis des vom Auftraggeber vorgegebenen Lastenheftes".

Nach herrschender Meinung beantwortet das Lastenheft die Frage, **was** erarbeiten ist und **wofür**, während das Pflichtenheft die Frage beantwortet, **wie** und **womit** die Leistung zu erbringen ist.

Specification und Statement of Work

Im angelsächsischen sowie im internationalen Projektmanagement technischer Projekte (z. B. in der Luft- und Raumfahrt) werden die Projektziele in der „Specification" (Spezifikation) und dem „Statement of work" (Leistungsverzeichnis) erfasst, die wie folgt definiert werden sollen:[7]

- **Specification (Spezifikation)**: Technische Anforderungen an das zu entwickelnde System auf jeder Systemebene. Der Auftraggeber formuliert auf oberster hierarchischer Ebene die Systemanforderungen, der Auftragnehmer leitet daraus die Teilsystem-, Komponenten-, Geräte-, Einzelteil- sowie Naht- und Schnittstellenspezifikation ab.
- **Statement of Work (Leistungsverzeichnis, Leistungsbeschreibung)**: Vollständige Auflistung und Beschreibung der abzuliefernden Endprodukte sowie aller Hauptpflichten des Auftragnehmers – und, falls vorhanden, des Auftraggebers – einschließlich konkreter Angaben darüber, wer diese bis wann, wo und wie zu erledigen hat.

Technische Anforderungen und zu erbringende Leistungen

In der deutschen Projektpraxis werden die DIN-Begriffe „Lastenheft" und „Pflichtenheft" uneinheitlich verwendet, denn sie sind auslegungsbedürftig und mehrdeutig. Eine uneinheitliche Sprachregelung birgt aber die Gefahr von Missverständnissen und erschwert die Kommunikation – insbesondere in internationalen Projekten. Deshalb sollen im Folgenden, in enger Anlehnung an die bewährte angelsächsische Systematik („Specification" und „Statement of Work"), folgende allgemein gehaltenen Begriffe verwendet werden:

---

[6] DIN Deutsches Institut für Normung (2009, DIN-Taschenbuch 472).
[7] Vgl. Madauss, (2000); vgl. http://en.wikipedia.org/wiki/Specification. Version 3. Mai 2010, Datum 9. Mai 2010; vgl. http://en.wikipedia.org/wiki/Statement%20of%20work. Version 18. Mär 2010, Datum 9. Mai 2010.

- **technische Anforderungen**: siehe Specification (Spezifikation)
- **zu erbringende Leistungen**: siehe Statement of Work (Leistungsbeschreibung).

3.2   Was ist zu tun?

3.2.1   Analysieren und Formulieren übergeordneter Projektziele

3.2.1.1   Grundprinzip der Zielformulierung: Vom Groben zum Feinen

Aus Sicht des Auftragnehmers beginnt das Projekt im Normalfall mit Kenntnisnahme der Projektziele und der zugehörigen technischen Anforderungen des Auftraggebers. Die Entwicklung und Ausdifferenzierung der Projektziele verläuft dabei stets „vom Groben zum Feinen".

Häufig werden aus einer ersten Vision konkrete Projekte mit eigenen Projektzielen abgeleitet. Diese Projektziele werden durch eine Vielzahl von Detailanforderungen an Produkt und zu erbringende Leistungen ausdifferenziert. Dabei sind die übergreifenden Ziele präzise zu klären, bevor die Detailanforderungen abgeleitet werden. Sind die Ziele und Anforderungen formuliert, können entsprechende technische Lösungen entwickelt werden (Kap. 7).

Die Entwicklung von Anforderungen und Lösungskonzept stellen bei komplexen Projekten einen iterativen (schrittweise verlaufenden) Prozess dar, da in vielen Fällen die Detailanforderungen abhängig vom gewählten Lösungskonzept sind.

3.2.1.2   Rolle von Auftraggeber und Auftragnehmer
bei der Zielformulierung

Zunächst sind externe und interne Projekte zu unterscheiden: Bei externen Projekten treten rechtlich selbstständige Organisationen als Auftraggeber und Auftragnehmer auf. *Beispiel: Ein Flugzeughersteller vergibt den Auftrag zur Entwicklung eines neuen Triebwerks an einen Fachbetrieb.* Sofern Auftraggeber und Auftragnehmer demselben Unternehmen angehören, spricht man von „internen Projekten". *Beispiel: Der Vorstand eines Automobilkonzerns vergibt den Auftrag zur Entwicklung eines neuen PKW-Modells an die Entwicklungsabteilung.*

Die sorgfältige Formulierung von Projektzielen ist eine der wichtigsten Aufgaben des Auftraggebers – unabhängig davon, ob es sich um ein internes oder ein externes Projekt handelt. Häufig ist sich der Auftraggeber seiner Hauptprojektziele bewusst, in vielen Fällen hat er aber auch nur eine erste Idee oder eine verschwommene Zielvorstellung. In diesen Fällen beauftragt er geeignete Auftragnehmer mit der Vertiefung seiner Gedanken und gegebenenfalls mit der Durchführung einer Machbarkeitsstudie. In jedem Fall aber sollte der Auftraggeber spätestens zu Beginn des Projektes seine Projektziele bzw. Anforderungen unmissverständlich und schriftlich fixieren.

Die vom Auftraggeber vorgegebenen Projektziele werden von der Projektleitung des Auftragnehmers analysiert, detailliert, ergänzt und, sofern möglich[8], mit dem Auftraggeber diskutiert und abgestimmt. Dabei übernimmt der Auftragnehmer im Idealfall eine Beratungsfunktion und weist den Auftraggeber auch auf kostentreibende Anforderungen hin, die für das Ergebnis nicht zwingend erforderlich sind. Nicht selten wird von Anforderungen dieser Art Abstand genommen oder sie werden modifiziert.

Alle weiteren, untergeordneten Detailanforderungen (Teilsystem-, Geräte-, Komponenten-, Einzelteile-, Nahtstellen- und Schnittstellenanforderungen, siehe Abschn. 3.2.2) werden von der Projektleitung des Auftragnehmers in enger Verzahnung mit der Entwicklung des Lösungskonzepts (Kap. 7) erarbeitet. Der Auftraggeber richtet in vielen Fällen für das gleiche Projekt eine eigene Projektleitung ein.

3.2.1.3 Allgemeine Regeln der Zielformulierung

Da Projektziele Weichen für den Projektverlauf stellen, ist die Qualität der Formulierung von Projektzielen für den Projekterfolg von erheblicher Bedeutung. Aus diesem Grunde wurden branchenübergreifend einige Regeln entwickelt, die gewährleisten sollen, dass Projektziele zweckmäßig bzw. sachdienlich formuliert werden:

Regel Nr. 1: Jedes Projektziel muss realistisch und damit tatsächlich erreichbar sein.
Mangelndes Problembewusstsein, Zweckoptimismus, Karriereambitionen und andere Ursachen führen häufig zu Projektzielen, welche – zumindest in Teilen – durch das Unternehmen aus technischen, politischen oder wirtschaftlichen Gründen gar nicht erreichbar sind. Die Erreichbarkeit von Projektzielen wird spätestens im Rahmen einer systematisch angelegten Durchführbarkeitsanalyse (Kap. 4) überprüft.

Regel Nr. 2: Jedes Projektziel muss klar und eindeutig formuliert sein.
Ein weitverbreitetes Problem besteht darin, dass Projektziele mehrdeutig formuliert werden und die Projektverantwortlichen entsprechend unterschiedliche Vorstellungen von der Zielsetzung vor Augen haben, ohne dass sie das bemerken.

Das Problem begleitet jedes Projektteam im Großen wie im Kleinen: Immer und immer wieder muss sichergestellt werden, dass alle Projektmitarbeiter identische Vorstellungen entwickeln, sonst kommt es unweigerlich zu Unstimmigkeiten. Jedes Projektziel sollte daher stets in ganzen Sätzen – und niemals in Stichwörtern – formuliert werden.

---

[8] Bei öffentlichen Ausschreibungen darf jeder Anbieter aus Gründen der Chancengleichheit i. d. R. Fragen und Anregungen nur schriftlich einreichen, die vom Auftraggeber zusammen mit der Antwort postwendend allen anderen Anbietern zugeschickt wird. Da dadurch die eigenen Ideen der Konkurrenz zugänglich gemacht werden, verzichtet man oft auf ggf. wichtige Rückfragen. In solchen Fällen empfiehlt es sich für den Anbieter, in einem Anhang zum regulären Angebot seine gesonderten Vorschläge zu unterbreiten.

Regel Nr. 3: Jedes Projektziel muss objektiv überprüfbar (möglichst messbar) sein.
Um Uneinigkeiten hinsichtlich der Erreichung von Projektzielen auszuschließen, müssen
Projektziele objektiv überprüfbar sein. Im Idealfall sind sie messbar (z. B. eine maximal
zugelassene Spannung), mindestens jedoch überprüfbar (z. B. die geforderte Farbe eines
Anstriches).

Regel Nr. 4: Jedes Projektziel muss lösungsneutral formuliert werden.
Häufig schwebt dem Auftraggeber bereits ein Lösungsweg zur Erreichung eines Ziels
vor. Wird dieser mit der Zielformulierung verflochten, so werden mögliche bessere Lö-
sungswege von vornherein ausgeschlossen. Das aber sollte im Interesse des Auftraggebers
vermieden werden. Die lösungsneutrale Formulierung der Projektziele steht einer iterativ-
wechselseitigen Entwicklung von Zielen und Lösungskonzept (Kap. 7) nicht entgegen.

Regel Nr. 5: Allen Sachzielen müssen Zeitziele zuzuordnen sein.
Alle Projektergebnisse müssen zu einem oder mehreren definierten Termin(en) vorliegen.
Die zeitliche Zuordnung kann mittelbar oder unmittelbar erfolgen: Der Termin kann explizit in die Zielformulierung aufgenommen werden oder an anderer Stelle dokumentiert
und mit eindeutigem Verweis mit dem betreffenden Ziel verknüpft werden.

Regel Nr. 6: Konfliktäre Projektziele müssen priorisiert werden.
Sofern Projektziele in konkurrierender Beziehung stehen, muss eine Priorität festgelegt
werden. Beispielsweise kann die Erhöhung der Leistungsfähigkeit des Elektromotors in
bestimmten Fällen wichtiger sein als die Reduktion seines Gewichts. Naturgemäß besteht
zwischen Sach-, Termin- und Kostenzielen eine Konfliktbeziehung (siehe oben).

Regel Nr. 7: Alle Projektziele müssen schriftlich fixiert werden.
Da Projektziele als Messlatte des Projekterfolgs das Projekt maßgeblich definieren und
da mündliche Vereinbarungen an Personen gebunden sind (die ausgewechselt werden
können) und zu späteren Zeitpunkten unterschiedlich ausgelegt oder schlicht übersehen
werden können, müssen sie – spätestens im Projektvertrag – schriftlich dokumentiert werden.

3.2.1.4   Die SMART-Formel

In den letzten Jahren erfreut sich zunehmend die einprägsame „SMART-Formel" großer
Beliebtheit, nach der Projektziele stets „SMART" formuliert werden müssen:

S für „spezifisch"
M für „messbar"
A für „akzeptiert"
R für „realistisch"
T für „terminiert".

Es sei jedoch darauf hingewiesen, dass die SMART-Formel keine lösungsneutralen Zielformulierungen verlangt. Darüber hinaus wird sie in der betrieblichen Praxis uneinheitlich ausgelegt (z. B. „A" für „akzeptiert", „angemessen", „aktionsorientiert"; „R" für „realistisch", „relevant") und kann damit die Kommunikation erschweren.

3.2.2 Analysieren und Formulieren technischer Anforderungen

Die übergeordneten Projektziele werden in Form technischer Anforderungen an das zu entwickelnde Produkt präzisiert. Abhängig von Branche und Betrieb werden diese üblicherweise in einem Lastenheft oder in einer Systemspezifikation erfasst. Die detaillierten technischen Anforderungen an das zu entwickelnde Produkt beziehen sich vor allem auf dessen …

- … Leistung
- … Eigenschaften
- … Funktionen
- … Gestaltung
- … Lebensdauer
- … Belastungsfähigkeit
- … usw.

Die Formulierung der technischen Anforderungen unterliegt – ebenso wie die der übergeordneten Projektziele – den Regeln der Zielformulierung.

3.2.2.1 Ebenen technischer Anforderungen
Folgende Ebenen technischer Anforderungen sind zu unterscheiden:

- Die **Systemanforderungen** beschreiben alle übergeordneten Anforderungen an das zu entwickelnde Gesamtsystem. Sie werden vom Auftraggeber formuliert und vom Auftragnehmer in Übereinstimmung mit dem Auftraggeber kritisch überprüft, ggf. überarbeitet, erweitert, detailliert. *Beispiel PKW: Alle (Haupt-)Anforderungen an ein neues PKW-Modell wie z. B. Anzahl der Sitzplätze und Türen, Höchstgeschwindigkeit usw.*
- Die **Teil- bzw. Subsystemanforderungen** beschreiben alle Anforderungen an zu entwickelnde Teil- bzw. Subsysteme. Diese können vom Auftraggeber vorgegeben oder auch vom Auftragnehmer aus dem Lastenheft abgeleitet werden. *Beispiel PKW: Anforderungen an Karosserie, Fahrwerk, Antriebseinheit usw.*
- Die **Geräteanforderungen** beschreiben alle Anforderungen, die an Gerätschaften gestellt werden. Sie werden in der Regel vom Auftragnehmer formuliert. *Beispiel PKW: Anforderungen an Lichtmaschine, Elektromotor für Scheibenwischer, Fensterheber usw.*

- Die **Komponentenanforderungen** beschreiben alle Anforderungen, die an Komponenten des Projektes gestellt werden. Sie werden vom Auftragnehmer formuliert. *Beispiel PKW: Anforderungen an Akkumulator, Auspuff usw.*
- Die **Einzelteilanforderungen** beschreiben alle Anforderungen, die an Einzelteile gestellt werden. Sie werden vom Auftragnehmer formuliert. *Beispiel PKW: Anforderungen an Radbefestigungsschraube, Windschutzscheibe, Reifen usw.*
- Die **Nahtstellenanforderungen** beschreiben alle Anforderungen, die an Schnitt- bzw. Nahtstellen (Bereiche, in denen verschiedene Teile zusammentreffen bzw. zusammengefügt werden). Sie werden in der Regel vom Auftragnehmer formuliert. *Beispiel PKW: Abmessungen am Karosserieausschnitt für den Einbau der Windschutzscheibe oder des Motors (Lochbild), Akkumulatorspannung (12 V) usw.*

In Abb. 3.2 wird die Hierarchie der technischen Anforderungen – von der Gesamtsystemebene bis zur Ebene der Einzelteilanforderungen dargestellt, dabei sind die Schnitt-/Nahtstellenanforderungen ebenenübergreifend. Ein Katalog technischer Anforderungen an eine zu entwickelnde Anlage kann folgendermaßen gegliedert sein:

Beispielgliederung: Katalog technischer Anforderungen
Allgemeine Hinweise, anzuwendende Maßeinheiten und Vorschriften, Abkürzungen
  Einleitung

1 Allgemeine Anforderungen
   1.1 Anforderungen an verwendete Materialien
   1.2 Anforderungen an Teile und Komponenten
   1.3 Identifizierbarkeit, Markierung
   1.4 Austauschbarkeit
   1.5 Wartbarkeit
   1.6 Redundanz
   1.7 Tribologische Anforderungen
   1.8 Sonstige Anforderungen

2 Mechanische Anforderungen
   2.1 Sicherheitsfaktoren gegen Fließen/dauerhafte Verformung
   2.2 Sicherheitsfaktoren gegen Bruch
   2.3 Mechanische Toleranzen
   2.4 Sonstige Anforderungen

3 Elektrische Anforderungen
   3.1 Allgemeine Anforderungen (Sicherheit, Spannung, Stromverbrauch, Erwärmung usw.)

3.2 Isolierung

3.3 Erdung

3.4 Elektrische Anschlüsse

3.5 Überspannungsschutz

3.6 Mechanische Verformbarkeit (Biegung und Verdrehung) der Leitungen

3.7 Strahlungsschutz (Erzeugung von störenden Magnetfeldern)

3.8 Sonstige Anforderungen

4 Elektronische Anforderungen

4.1 Zuverlässigkeit

4.2 Spannung

4.3 Innenwiderstand

4.4 Wärmeentwicklung

4.5 Kriechstromfestigkeit

4.6 Lebensdauer

4.7 Sonstige Anforderungen

5 Thermische Anforderungen

5.1 Erwärmung und Kühlung

5.2 Wärmemenge, die abgeleitet/abgestrahlt werden darf bzw. soll

5.3 Thermische Isolierung

5.4 Temperaturbereich, in dem das Gerät funktionieren muss

5.5 Temperaturbereich, in dem das Gerät gelagert werden kann, ohne Schaden zu nehmen

5.6 Sonstige Anforderungen

3.2.2.2   Erstellen einer Verifikationsvorschau

Bereits zu Projektbeginn sollte der Auftragnehmer jeder Anforderung des Auftraggebers das zugehörige Verifikationsverfahren (Berechnung, Test, Inspektion, Identitätsprüfungsverfahren) zuordnen, mit dem zu einem späteren Zeitpunkt die Erfüllung der betreffenden Anforderung nachgewiesen wird. Diese Zuordnung kann durch einfaches Ankreuzen in der so genannten „Verifikationsvorschau" erfolgen (Werkzeug 9.4.1).

3.2.3   Analysieren und Beschreiben der zu erbringenden Leistungen

Schließlich werden alle wichtigen Leistungen des Auftragnehmers und ggf. auch des Auftraggebers aufgelistet und beschrieben. Abhängig von Branche und Betrieb geschieht das üblicherweise sehr detailliert in den jeweiligen Arbeitspaketbeschreibungen, in ei-

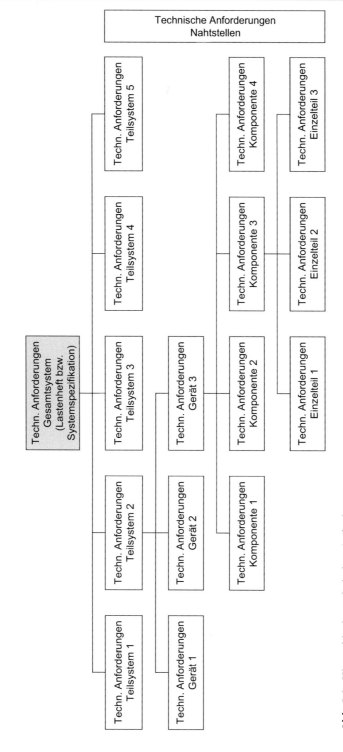

Abb. 3.2 Hierarchie der technischen Anforderungen

nem Pflichtenheft, einem Leistungsverzeichnis, einer Leistungsbeschreibung oder einem Statement of Work (siehe oben). Darin wird konkret formuliert, ...

- ... **was** (zu liefernde Produkte, bedeutsame Besprechungen, Überprüfungen, Reviews, einzusetzende Hard- und Software, Berichte, Dokumente, Zeichnungen, Vorschriften, Tests, Schulungen, Probefahrten, Inbetriebnahme, Betreuung, Schulung, Wartung usw.)
- ... **wann** (kalendarisch bestimmte Termine)
- ... **unter welchen Bedingungen**
- ... **wo** (Leistungsort)
- ... **durch wen** (Auftragnehmer, ggf. auch Auftraggeber)

... zu leisten ist. Dazu soll beispielhaft eine mögliche Gliederung für einen Katalog technischer Anforderungen vorgestellt werden:

Beispielgliederung: Katalog der Lieferungen und Leistungen des Auftragnehmers
Einleitung

1 Ziele
2 Leistungsübersicht
3 Anzuwendende Dokumente und Vorschriften

Teil I: Lieferungen des Auftragnehmers

1 Liste abzuliefernder Produkte und Produktunterlagen/-dateien
2 Abzuliefernde Produkte
3 Abzuliefernde Produktunterlagen/-dateien

Teil II: Leistungen des Auftragnehmers

1 *Übergreifende Projektmanagementleistungen*
  1.1   Erstellen von Projektmanagementplänen
       1.1.1 Managementplan
       1.1.2 Qualitätssicherungsplan
       1.1.3 Konfigurationsplan
  1.2   Erstellen aller Unterspezifikationen
  1.3   Klären und Beschreiben aller Schnitt-/Nahtstellen
  1.4   Erstellen eines Entwicklungskonzepts und der Projektplanung
  1.5   Managen von Reviews und wichtigen Besprechungen
       1.5.1 Auflisten aller Reviews und wichtiger Besprechungen

1.5.2 Planen der Reviews

1.5.3 Erstellen von Reviewunterlagen (Entwürfe, Berechnungsberichte usw.)

1.5.4 Protokollieren der Reviews

1.5.5 Managen aller Aufgaben, die sich aus den Reviews ergeben

1.6   Koordination aller Qualitätssicherungsmaßnahmen

2 **Konstruktions- und Entwicklungsleistungen**

2.1   Auflisten der zu erstellenden Dokumente

2.2   Erstellen/Anpassen der inhaltlichen Anforderungen an die Dokumente

2.3   Erstellen der Dokumente

    2.3.1   Katalog der Konstruktionsanforderungen

        2.3.1.1 Statische Anforderungen (Festigkeit, Verformung usw.)

        2.3.1.2 Dynamische Anforderungen (Beschleunigungen, Eigenfrequenzen usw.)

        2.3.1.3 Sonstige Anforderungen (an Gewicht, Temperatur, Raumbedarf usw.)

    2.3.2   Fertigungsunterlagen

        2.3.2.1 Zeichnungen

        2.3.2.2 Stücklisten

        2.3.2.3 Vorschriften

        2.3.2.4 Fertigteilliste

        2.3.2.5 Sonstige Fertigungsunterlagen

2.4   Durchführen analytischer Untersuchungen (Berechnungen)

    2.4.1 Statische Berechnungen

    2.4.2 Dynamische Berechnungen

    2.4.3 Kinematische Berechnungen

    2.4.4 Sonstige Berechnungen

2.5   Metrisieren

    2.5.1 Anzuwendende Maßeinheiten

    2.5.2 Anzuwendende Darstellungsformen/-normen

3 **Fertigungs-, Montage-, Integrations- und Transportleistungen**

3.1   Auflisten der zu erstellenden Dokumente

3.2   Erstellen/Anpassen der inhaltlichen Anforderungen an die Dokumente

3.3   Erstellen der Dokumente

    3.3.1 Herstellungsplan

    3.3.2 Beschreibungen von Fertigungs- und Testvorrichtungen

    3.3.3 Fertigungs-, Montage- und Integrationsvorschriften

    3.3.4 Weitere Dokumente

3.3 Beispielprojekt NAFAB

NAFAB ist eine Anlage zur Vermessung der Sendekeule von Satellitenantennen. In diesem Zusammenhang muss man wissen, dass Kommunikationssatelliten, die unter anderem auch Fernsehsendungen übertragen, in rund 36.000 Kilometer über der Erdoberfläche positioniert sind. In dieser Höhe sind Umlaufzeit von Satelliten und Umdrehung der Erde identisch, die Satelliten befinden sich also dauerhaft über ein- und demselben Punkt über Grund. Um aus dieser Höhe – 36.000 Kilometer entsprechen fast dem dreifachen Erddurchmesser – einen Fernsehbeitrag zur Erde senden zu können, muss man die Satellitenantenne zuvor sehr genau ausrichten. Die kleinsten Fehlstellungen führen dazu, dass der gesendete Beitrag nicht mehr in Deutschland, sondern etwa in Weißrussland oder in Großbritannien empfangen wird.

Um das Sendefeld der Antennen zu vermessen, benötigte der Auftraggeber eine Vermessungsanlage, die in der Lage sein musste, einen Sensor in eine exakt bestimmbaren Position im Raum zu steuern. Der Sensor sollte in vertikaler Richtung auf einem Hub von etwa 8,5 Meter bewegt werden können. Im Verlauf dieser Vertikalbewegung sollte seine

Position in jedem Moment und simultan zur Bewegung auf einen Zehntel Millimeter genau bekannt sein.[9] Der Auftraggeber wandte sich zu diesem Zweck mit nachfolgenden Projektzielen auch an unser Unternehmen:

Übergreifendes Projektziel
Entwicklung, Fertigung, Montage, Integration, Verifikation und Inbetriebnahme einer technischen Anlage zur Präzisionsvermessung von Sendekeulen der Satellitenantennen.

Technische Anforderungen
Die nachfolgenden Anforderungen wurden vom Auftraggeber formuliert:

Mechanische Anforderungen

1.   Die Höhe der Anlage darf höchstens 10 m betragen.
2.   Der Hubweg des Vermessungssensors muss sich auf 8,5 m belaufen.
3.   Der Hubweg muss 1,5 m oberhalb des Bodens beginnen.
4.   Die Fläche der Vorrichtung für den Vermessungssensor muss $1 \times 1,6\,m^2$ betragen.
5.   Die Vorrichtung, an der Vermessungssensor befestigt wird, muss eine Nutzlast von 80 kg tragen. Dabei dürfen keine störenden Verformungen auftreten (siehe Anforderungen 9, 10).
6.   Die Nutzfläche für den Sensor selbst muss $0,55 \times 0,7\,m^2$ betragen.
7.   Die Hubgeschwindigkeit muss zwischen 0 und 10 m/min stufenlos einstellbar sein.
8.   Die Hubbeschleunigung muss zwischen 0 und $0,2\,m/s^2$ einstellbar sein.
9.   Die Positionierungsgenauigkeit muss $\pm 0,1$ mm für die drei translatorischen Achsen x (horizontal: nach vorne und zurück); y (horizontal: nach links und rechts) und z (vertikal: hinauf und herunter) betragen.
10. Die Winkelverdrehungen um die Achsen x, y, z müssen sich auf $\leq 0,01°$ belaufen.
11. Zusätzlich muss als Option die horizontale Verfahrbarkeit auf Schienen von ca. 4,5 m Länge angeboten werden. Nach erfolgtem Verfahren muss die Anlage erneut ausrichtbar sein. Die Bewegung der Anlage muss manuell erfolgen können.
12. Die Anlage muss in der Lage sein, ein Drehmoment von 10 Nm um die y-Achse aufzunehmen, ohne sich zu verformen. Die Vorrichtung, die den Sensor trägt, muss jederzeit verfahrbar sein, es dürfen keine Verkantungen bzw. Verklemmungen auftreten.
13. Der Temperaturbereich während des Messverfahrens kann zwischen +10 und +25 °C liegen. Temperaturschwankungen innerhalb dieser Werte dürfen die einwandfreie Funktion der Vermessungsanlage nicht beeinträchtigen.

---

[9] Die exakte Position eines Körpers im Raum wird mit Hilfe von so genannten Freiheitsgraden angegeben, welche Richtungen (translatorisch: x, y, z) und Verdrehungen (rotatorisch: $\varphi_x, \varphi_y, \varphi_z$) definieren.

14. Die Anlage soll mit der elektrischen/elektronischen Ausrüstung bei Temperaturen zwischen −20 °C und +45 °C gelagert werden können, ohne Schaden zu nehmen, sie muss jedoch nur bei Temperaturen von +10 °C und +25 °C einwandfrei funktionieren.
15. Das Gewicht der Gesamtanlage darf 3000 kg nicht überschreiten.
16. Korrosionsschutz: Alle Teile, insbesondere die Führungs- und Antriebsflächen müssen vor Korrosion geschützt werden. Das Gerät wird in einem geschlossenen Raum untergebracht. Die Temperatur kann allerdings nur begrenzt gesteuert werden.
17. Das Gerät muss gewartet werden können.

Elektrische und elektronische Anforderungen

18. Die Verfahrhöhe muss ±0,1 mm genau vorgegeben werden können.
19. Die erreichte Position muss für alle drei Achsen zurückgemeldet werden.
20. Die Hubgeschwindigkeit muss vorgegeben werden können (s. Anford. Nr. 7 oben).
21. Die Hubbeschleunigung muss vorgegeben werden können (s. Anford. Nr. 8 oben).
22. Die Steuerung muss im Sichtbereich der Anlage vorgenommen werden können.
23. Die Steuerungseinheit muss mit Hilfe strahlungsisolierter, elektrischer Kabel mit der Anlage verbunden sein.
24. Die elektrischen Kabel dürfen weder die horizontale Bewegung der Anlage noch das vertikale Verfahren der Plattform behindern.
25. Die Anlage muss mit 230 V/400 V arbeiten können.
26. Elektrische Schnittstellen müssen IEEE entsprechen.

Leistungsbeschreibung

Leistungen des Auftraggebers (AG)

1. Der Raum, in dem die Anlage aufgebaut werden soll, wird wie im Zeitplan gefordert, für die Montage zu zumutbaren Arbeitsbedingungen zur Verfügung gestellt. Er befindet sich im ersten Obergeschoss eines Objekts, das von drei Seiten ummauert und von einer Seite mit einer Kunststoffplane abgeschlossen ist. Die Anlage kann von dieser Seite her in den Raum gehievt und montiert werden.
2. Die Tragfähigkeit des Bodens wird vom Auftraggeber sichergestellt. Er veranlasst die erforderlichen statischen Untersuchungen und ggf. erforderliche Verstärkungen.
3. Die Stromversorgung mit 230/400 V stellt der Auftraggeber dem Auftragnehmer kostenlos für die Bauarbeiten, für die Montage, für die Versuche und für den späteren Betrieb der Anlage durch den Auftraggeber zur Verfügung.

Leistungen des Auftragnehmers (AN)

1. Der Auftragnehmer übernimmt die Entwicklung, Herstellung, Montage, Tests, Inbetriebnahme und Übergabe der Anlage entsprechend der spezifizierten Anforderungen.
2. Der Auftragnehmer übernimmt den Transport der Einzelteile zum Auftraggeber.
3. Der Auftragnehmer liefert alle technischen Unterlagen, wie Zeichnungen, Berechnungen, Testergebnisse, Herstellungs-, Montage-, Test-, Handhabungs- und Wartungshandbücher.
4. Der Auftragnehmer übernimmt die Versicherung von Herstellungs- und Transportbeschädigungen der Anlage bis zur Übergabe.
5. Der Auftragnehmer montiert die Anlage auf Präzisionsschienen auf dem Boden des angegebenen Raums ersten Obergeschosses und richtet sie aus.
6. Der Auftragnehmer informiert den Auftraggeber monatlich über den Projektfortschritt in Form von Projektfortschrittsberichten.
7. Nach Fertigstellung der Fertigungsunterlagen und vor Fertigungsbeginn wird beim Auftragnehmer gemeinsam mit dem Auftraggeber im Rahmen einer Besprechung eine kritische Überprüfung sämtlicher Fertigungsunterlagen durchgeführt.
8. Der Auftragnehmer stellt sicher, dass der Auftraggeber – nach vorheriger Anmeldung – den Auftragnehmer jederzeit aufsuchen und dessen Fertigungs- und Testanlagen besichtigen kann.

Termine: Gemäß Zeitplan (Abschnitt 10.3)

3.4 Werkzeuge

3.4.1 Checkliste: Übergreifende Projektziele

Checkliste: Übergreifende Projektziele
☐ Ist jedes Projektziel realistisch und tatsächlich erreichbar?
☐ Ist jedes Ziel klar und eindeutig – und damit unmissverständlich – formuliert?
☐ Ist jedes Projektziel messbar, mindestens aber überprüfbar formuliert?
☐ Ist jedes Projektziel lösungsneutral formuliert?
☐ Gibt es eine eindeutige Prioritätsvorgabe für konfliktäre Ziele?
☐ Sind alle übergreifenden Projektziele erfasst?
☐ Sind allen Sachzielen entsprechende Zeitziele zugeordnet?
☐ Liegen alle Projektziele schriftlich formuliert vor?
☐ Sind alle Projektziele in ganzen Sätzen und nie in Stichworten formuliert?
☐ Gibt es keine Überschneidungen und Mehrfachnennungon von Projektzielen?

3.4.2   Checkliste: Technische Anforderungen

Checkliste: Technische Anforderungen
☐ Liegen alle Anforderungen hinsichtlich ...
☐ ... gestalterischer Erfordernisse
☐ ... zu erfüllender Funktionen
☐ ... zu erbringender Leistungen
☐ ... geforderter Eigenschaften
☐ ... zu berücksichtigender Umwelteinflüsse
☐ ... Lebensdauer usw. vor?
☐ Liegen die Anforderungslisten für ...
☐ ... das übergeordnete System,
☐ ... alle Untersysteme, Komponenten, Gerätschaften, Einkauf-/Normteile usw. vor?
☐ Sind alle Nahtstellen (Lochbilder, elektr. Spannung, Programmiersprache usw.), Budgets (Kosten, Gewicht, elektr. Leistung, Wärmeentwicklung, usw.) klar definiert?
☐ Sind alle Anforderungen realistisch und tatsächlich umsetzbar?
☐ Sind alle Anforderungen klar, eindeutig und hinreichend detailliert formuliert?
☐ Sind alle Anforderungen messbar, mindestens aber überprüfbar formuliert?
☐ Sind alle Anforderungen lösungsneutral formuliert?
☐ Liegt für konfliktäre Projektziele eine klare Prioritätsvorgabe vor?
☐ Sind alle Anforderungen schriftlich formuliert?
☐ Sind alle Anforderungen in ganzen Sätzen und nie in Stichworten formuliert?
☐ Gibt es keine Überschneidungen und Mehrfachnennungen von Anforderungen?

3.4.3   Checkliste: Katalog zu erbringender Leistungen

Checkliste: Katalog zu erbringender Leistungen	
☐	Sind alle vom Auftragnehmer zu erbringenden Leistungen (abzuliefernde Dokumente und Ergebnisse, vgl. S. 56 ff.) klar, vollständig und unmissverständlich beschrieben?
☐	Sind alle vom Auftragnehmer zu übergebenden Hardwaren hinsichtlich ...
☐	... Inhalt (Leistung, Funktion, Ausstattung, Menge, Erscheinungsform usw.)
☐	... Kosten
☐	... Terminen
☐	... Übergabeort
☐	... Lagerung und Transport
☐	... Inbetriebnahme
☐	... Versicherung
☐	... Wartung/Pflege klar, vollständig und unmissverständlich beschrieben?
☐	Sind alle vom Auftraggeber zu übergebenden Beistellungen hinsichtlich ...
☐	... Inhalt
☐	... Kosten
☐	... Terminen
☐	... Übergabeort
☐	... Lagerung und Transport
☐	... Inbetriebnahme
☐	... Versicherung
☐	... Wartung/Pflege klar, vollständig und unmissverständlich beschrieben?
☐	Sind für auswärtige bzw. aufwendige Besprechungen und Überprüfungen, die mit dem Auftraggeber vereinbart wurden, vollständig und unmissverständlich beschrieben, ...
☐	... wann, wo und wie oft sie statt finden,
☐	... was erreicht werden soll (Ziel der Besprechungen und Überprüfungen),
☐	... welche Unterlagen wann wem zur Verfügung gestellt werden müssen?
☐	Sind alle Leistungen realistisch und tatsächlich umsetzbar?
☐	Sind alle Leistungen messbar, mindestens aber überprüfbar formuliert?
☐	Liegt in den Fällen, in denen Projektziele in Konflikt geraten, eine klare Priorität vor?
☐	Sind alle Leistungen schriftlich formuliert?
☐	Sind alle Leistungen in ganzen Sätzen und nie in Stichworten formuliert?
☐	Gibt es keine Überschneidungen und Mehrfachnennungen von Leistungen?
☐	Sind alle Leistungsbeschreibungen mit den Arbeitspaketbeschreibungen kohärent?

3.4.4 Formular: „Projektauftrag" für Kleinprojekte

Projektauftrag	
Projektname	
Projektleiter/in	
Projektanlass Grund der Projekt- durchführung	
Projektziele Was genau soll im Rahmen des Projekts erreicht werden?	
Zu erarbeitende Ergebnisse Welche Leistungen sind zu erbringen?	
Ressourcen Welche finanziellen, personellen und Sach- ressourcen stehen zur Verfügung?	
Randbedingungen Wodurch werden Frei- heiten des Auftrag- nehmers einge- schränkt?	
Beistellungen des Auftraggebers Ressourcen, die der Auftraggeber bereit- stellt	
Termine und Meilensteine	
Unterschriften	*Auftraggeber* *Projektleiter*

3.5 Lernerfolgskontrolle

1. Was ist generell unter einem „Ziel" zu verstehen?
2. Wie wird in der DIN 69901 der Begriff „Projektziel" definiert?
3. Welche Arten von Projektzielen sind hinsichtlich Zieldimension und Zielhierarchie zu unterscheiden?
4. Erläutern Sie die Funktionen von Projektzielen für das Projektmanagement im Projektverlauf.
5. Welche Beziehungen können grundsätzlich zwischen den einzelnen Projektzielen bestehen?
6. Was ist der Unterschied zwischen dem Lastenheft und dem Pflichtenheft gemäß DIN 69901?
7. In welchen Dokumenten werden welche Arten von Projektzielen im angelsächsischen Raum dokumentiert?
8. Welches Grundprinzip ist bei der Entwicklung von Projektzielen anzuwenden – und warum?
9. Aus welchem Grunde verläuft die Entwicklung der Projektziele iterativ mit der Entwicklung des Lösungskonzepts?
10. Welche grundsätzlichen Aufgaben haben Auftraggeber und Auftragnehmer bei der Entwicklung von Projektzielen?
11. Aus welchem Grunde kommt bei der Entwicklung der Projektziele dem Auftragnehmer eine Beratungsrolle zu?
12. Welche Regeln sind bei der Formulierung von Projektzielen anzuwenden?
13. Erläutern Sie die einzelnen Regeln der Projektzielformulierung.
14. Aus welchem Grunde ist die bekannte SMART-Regel für die Formulierung von Projektzielen unzureichend?
15. Erläutern Sie, warum die Einhaltung der Regeln zur Formulierung von Projektzielen in der Praxis so wichtig ist.
16. Welche Ebenen von Anforderungen sind bei technischen Projekten zu unterscheiden?
17. Wie könnte ein Katalog technischer Anforderungen gegliedert werden?
18. Aus welchem Grunde sollte bereits bei der Zielentwicklung eine Verifikationsvorschau erstellt werden?
19. Welche Fragen sollten im Rahmen der Auflistung der zu erbringenden Leistungen (Leistungsverzeichnis) beantwortet werden?
20. Wie könnte ein Katalog zu erbringender Leistungen gegliedert werden?

Analysieren der Durchführbarkeit

4

4.1 Vorüberlegungen

4.1.1 Sinn und Zeitpunkt der Durchführbarkeitsanalyse

Die Frage, ob ein Projekt überhaupt durchführbar ist, kann frühestens dann beantwortet werden, wenn die Projektziele und die Detailanforderungen des Auftraggebers an die zu entwickelnde Anlage vorliegen. ***Beispiel:** Mithilfe einer technischen Durchführbarkeitsanalyse soll herausgefunden werden, ob ein neuartiges Touchscreen-Handy mit eine verlangte Betriebsdauer von 20 Stunden erreichen kann.*

Üblicherweise findet eine erste, systematisch angelegte Durchführbarkeitsanalyse im Rahmen der Entwicklung des Lösungskonzepts (Kap. 7) statt, welche gewöhnlich iterativ mit der Entwicklung der Projektziele (Kap. 3) verläuft. Diese Analyse soll den Auftragnehmer von der Durchführung solcher Projekte abhalten, deren Misserfolg von Anfang abzusehen ist.

Häufig werden in der Initialisierungsphase grob gehaltene Durchführbarkeitsanalysen vom Auftraggeber (ggf. gemeinsam mit einem potenziellen Auftragnehmer) und detaillierte Durchführbarkeitsanalysen vom Auftragnehmer in der Angebotsphase durchgeführt. Abhängig von der Qualifikation und Erfahrung des verantwortlichen Personals kann zu diesem Zweck ein „Durchführbarkeits-Team" zusammengestellt werden. Eine sorgfältige Durchführbarkeitsanalyse begleitet die gesamte Projektplanung in der Angebotsphase. Sofern diese Analyse ergibt, dass das Projekt nicht durchführbar ist, erübrigen sich alle weiteren Schritte.

4.1.2 Teilanalysen

Die Durchführbarkeitsanalyse besteht aus vier Teilanalysen, mit deren Hilfe ermittelt werden soll, ob und inwiefern ein Projekt ...

© Springer Fachmedien Wiesbaden 2015
R. Felkai, A. Beiderwieden, *Projektmanagement für technische Projekte*,
DOI 10.1007/978-3-658-10752-9_4

- … technisch im vorgegebenen Zeitrahmen machbar ist
- … rentabel und auch finanzierbar ist
- … durch Risiken aller Art gefährdet oder auch durch Chancen besonders aussichtsreich ist
- … durch Interessen von Stakeholdern (Projektbeteiligten) beeinflusst wird.[1]

Im weiteren Projektverlauf können einzelne Teilanalysen (z. B. Risikoanalysen, Abschn. 12.2.9) erforderlich sein. Dabei geht es jedoch nur noch um die Einschätzung begrenzter Risiken sowie den optimalen Weg zum Projektziel, jedoch nicht mehr um die Frage der prinzipiellen Durchführbarkeit. Diese muss mit Ende der Angebotsphase eindeutig geklärt sein.

4.2 Was ist zu tun?

4.2.1 Analysieren der technischen Machbarkeit

Mithilfe des Katalogs technischer Anforderungen des Auftraggebers wird Anforderung für Anforderung daraufhin überprüft, ob es eine entsprechende technische Lösung gibt bzw. geben kann. Zu diesem Zweck wird bereits in einem frühen Projektstadium mindestens eine technische Konzeption unverbindlich angedacht. Die Ingenieure haben dabei in den meisten Fällen eine erste, ggf. vage Vorstellung davon, wie diese Lösung aussehen könnte – sofern sie technisch machbar ist. Dabei geht es zu diesem Zeitpunkt noch nicht darum, sich auf eine endgültige Lösung festzulegen, sondern vielmehr darum herauszufinden, ob das Problem prinzipiell lösbar ist.

In jenen Fällen, in denen eine technische Lösung für eine Anforderung völlig unbekannt ist („technologische Lücke"), können Vorstudien bzw. Vorprojekte vorgeschaltet werden, die eine Abschätzung der technischen Machbarkeit ermöglichen. So kann die Entwicklung eines neuen Gesamtsystems an der technischen Machbarkeit einer einzigen Komponente (z. B. eines Akkumulators) scheitern. Im Rahmen einer Machbarkeitsstudie (hier: eines eigenständigen Akkumulator-Entwicklungsprojekts) muss in solchen Fällen herausgefunden werden, ob die Entwicklung dieser Komponente überhaupt möglich ist. Ist das der Fall, kann das Projekt durchgeführt werden. In der Raumfahrt gehören Machbarkeitsanalysen zum Alltag.

Beispiel: Eine Anfang der siebziger Jahre in Auftrag gegebene Machbarkeitsstudie zum Spacelab (Raum-Laboratorium) sollte u. a. Antwort auf die Frage liefern, ob drei Menschen 30 Tage in diesem Raumlaboratorium überleben konnten. Dazu war zu klären, welche Lebenserhaltungssysteme entwickelt und installiert werden müssten. Die Mitnahme einer ausreichenden Wassermenge etwa war auf Grund des damit verbundenen Gewichts nicht möglich. Technisch machbar war aber eine Aufbereitung von Ausscheidungen.

---

[1] Die Stakeholderanalyse kann auch als eigenständige Analyse betrachtet werden.

Im Zuge der Machbarkeitsanalyse müssen viele Gespräche mit externen und internen Experten sowie mit Mitarbeitern aus der Konstruktion, der Fertigung und unterschiedlichsten Disziplinen geführt werden. Dabei sei dem Projektmanagement dringend angeraten, nicht „von oben herab durchzuregieren", sondern auch Mitarbeiter hierarchisch untergeordneter Ebenen in Entscheidungsprozesse einzubeziehen. Fühlen die Mitarbeiter sich ernst genommen, können sie häufig gute Ratschläge geben und sie haben kein Interesse daran, den „Herrn Konstrukteur" bei unerwarteten Problemen ins Messer laufen zu lassen.

4.2.2 Analysieren von Rentabilität und Liquidität

Neben der Prüfung der technischen Machbarkeit muss nun auch geprüft werden, ob das Projekt auch aus kaufmännischer Sicht durchgeführt werden kann und sollte. Auch darauf hin sind die Anforderungen des Auftraggebers sorgfältig zu untersuchen, denn häufig sind einzelne, besonders kostentreibende Anforderungen darunter, die dem Auftraggeber bei näherer Betrachtung gar nicht so vordringlich erscheinen, so dass der Weg für weniger kostenintensive Lösungen frei gemacht werden kann. Sofern die Verhandlungsspielräume zu den Anforderungen ausgeschöpft sind, ist zu überprüfen, ob und welche Teile des Systems selbst gefertigt und welche fremdbezogen werden sollten (Make-or-Buy-Entscheidung, Abschn. 7.2.4 und 8.2.3). Sind die Kosten abschätzbar, kann analysiert werden, …

- … ob sich das Projekt für das Unternehmen lohnt (Rentabilität)
- … ob das Unternehmen im Projektverlauf jederzeit zahlungsfähig bleibt (Liquidität).

4.2.2.1 Analyse der Rentabilität

Um die Rentabilität eines Projekts zu ermitteln, bedarf es umfangreicher Wirtschaftlichkeitsberechnungen, die das ganze Projekt umfassen. Die Rentabilität drückt das Verhältnis einer eingesetzten Erfolgsgröße (z. B. Gewinn, EBIT) zum investierten Kapital aus. Da letzteres im Verlauf der betrachteten Periode schwanken kann, wird das durchschnittlich investierte Kapital zu Grunde gelegt:

$$\text{Rentabilität} = \frac{\text{Gewinn}}{\text{durchschnittlich investiertes Kapital}} \cdot$$

Diese Kennzahl bringt die Verzinsung des investierten Kapitals zum Ausdruck und ermöglicht damit den Vergleich mit andersartigen Investitionen. Dabei ist noch einmal abhängig von der Perspektive und Interessenlage zu differenzieren:

Eigenkapitalrentabilität

Die Eigentümer des Unternehmens interessieren sich in der Regel vorrangig für die Rentabilität ihres eigenen Kapitals:

$$\text{Eigenkapitalrentabilität} = \frac{\text{Gewinn}}{\text{durchschnittlich investiertes Eigenkapital}} \, .$$

Gesamtkapitalrentabilität

Liegt mehreren, hinsichtlich ihrer Rentabilität zu vergleichenden Projekten oder Perioden eine unterschiedliche Kapitalstruktur (Verhältnis von eingesetztem Eigen- zu Fremdkapital) zu Grunde, müssten wohl „Äpfel mit Birnen" verglichen werden, denn:

Investitionen, die mit einem hohen Fremdkapitalanteil finanziert werden, weisen auf Grund der zu zahlenden Fremdkapitalzinsen geringere Gewinne aus als Investitionen, die mit geringem Fremdkapitalanteil finanziert wurden. Möglicherweise war aber ein Projekt in der Vergangenheit aber nur deswegen „nicht rentabel", weil das Unternehmen zur Finanzierung der Projektdurchführung auf teure Bankkredite angewiesen war und möglicherweise hat das Projekt an sich erhebliche Einkünfte erwirtschaftet, die nur leider an die Kapitalgeber weiterzugeben waren. Deshalb interessiert sich der Investor auch für die Verzinsung des *insgesamt* eingesetzten Kapitals – also unabhängig von der Kapitalherkunft. Entsprechend wird die Gesamtkapitalrentabilität wie folgt definiert:

$$\text{Gesamtkapitalrentabilität} = \frac{\text{Gewinn} + \text{Fremdkapitalzinsen}}{\text{durchschnittlich eingesetztes Gesamtkapital}} \, .$$

Return on Investment

Die Rentabilität entspricht dem Ergebnis des „Return on Investment (ROI)", welcher definiert ist als das Produkt aus Umsatzrendite und Kapitalumschlag:

$$\text{Return on Investment} = \frac{\text{Gewinn} + \text{Fremdkapitalzinsen}}{\text{Umsatz}} \times \frac{\text{Umsatz}}{\text{Kapital}} \, .$$

Zwar sind Rentabilität und Return on Investment rechnerisch identisch, der ROI erlaubt jedoch eine differenziertere Analyse. Diese kann beispielsweise ergeben, dass eine geringe Umsatzrendite durch einen hohen Kapitalumschlag kompensiert wird. Mithilfe des Dupont-Schemas lassen sich weitere betriebswirtschaftliche Parameter analysieren (Abb. 4.1).

In manchen Fällen kann es sinnvoll sein, Projekte selbst dann durchzuführen, wenn von vornherein absehbar ist, dass sie Verluste erwirtschaften, etwa um erforderliche Kompetenzen für spätere große Projekte dieser Art auszubauen oder Marktanteile bzw. Nachfolgeaufträge zu sichern.

4.2.2.2 Analyse der Liquidität

Ebenfalls ist zu analysieren, ob der Auftragnehmer in jeder Projektphase über eine ausreichende Liquidität verfügt, um allen Zahlungsverpflichtungen nachkommen zu können.

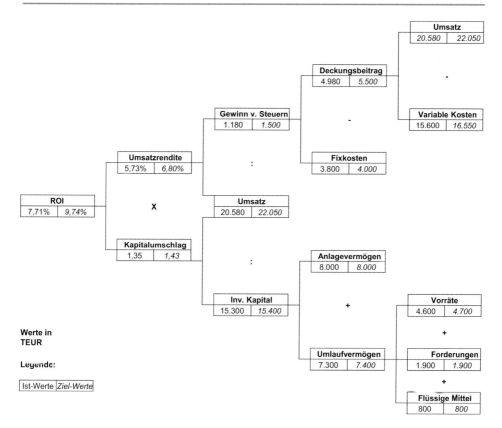

Abb. 4.1 ROI-Schema nach Dupont

Liquiditätskennziffern

Die Liquidität eines Unternehmens wird durch Liquiditätskennzahlen ausgedrückt:

$$\text{Liquidität 1. Grades} = \frac{\text{Flüssige Mittel}}{\text{kurzfristige Verbindlichkeiten}}.$$

$$\text{Liquidität 2. Grades} = \frac{\text{Flüssige Mittel} + \text{kurzfristige Forderungen}}{\text{kurzfristige Verbindlichkeiten}}.$$

$$\text{Liquidität 3. Grades} = \frac{\text{Flüssige Mittel} + \text{kurzfristige Forderungen} + \text{Vorräte}}{\text{kurzfristige Verbindlichkeiten}}.$$

Die „flüssigen Mittel" bestehen aus Kassenbeständen, Bankguthaben und börsenfähigen Wertpapieren. Nach herrschender Meinung gilt als wichtigste und aussagefähigste

Finanzplan: Quartal I					
Beträge in EUR	**Januar**		**Februar**		**März**	
	Soll	Ist	Soll	Ist	Soll	Ist
A. Anfangsbestand	18.640,00		42.940,00		86.800,00	
B. Einzahlungen						
Umsatzerlöse	300.000,00		345.000,00		396.750,00	
Finanzanlagen	3.600,00		3.840,00		4.080,00	
Anlagenverkäufe	0,00		6.000,00		0,00	
Eigenkapital	0,00		0,00		15.000,00	
Kurzfristige Kredite	6.000,00		6.000,00		6.000,00	
Langfristige Kredite	0,00		0,00		0,00	
usw.	0,00		0,00		0,00	
Summe Einzahlungen:	309.600,00		360.840,00		421.830,00	
C. Auszahlungen						
Wareneinsatz	75.000,00		86.250,00		99.187,50	
Löhne	120.000,00		138.000,00		158.700,00	
Gehälter	36.000,00		36.000,00		36.000,00	
Miete	14.600,00		14.600,00		14.600,00	
Strom, Gas, Wasser	9.000,00		10.350,00		11.902,50	
Telekommunikation	6.000,00		6.900,00		7.935,00	
Bürobedarf	1.200,00		1.380,00		1.587,00	
Tilgung kurzfristiger Kredite	1.500,00		1.500,00		1.500,00	
Tilgung langfristiger Kredite	22.000,00		22.000,00		22.000,00	
usw.	0,00		0,00		0,00	
Summe Auszahlungen:	285.300,00		316.980,00		353.412,00	
D. Endbestand (A+B-C)	42.940,00		86.800,00		155.218,00	

Abb. 4.2 Liquiditätsplan (Finanzplan)

Liquiditätskennzahl die Liquidität 2. Grades („Liquidität auf kurze Sicht"), die abhängig von Branche und Betrieb zwischen 100 und 120 % liegen sollte[2].

Diese Kennziffern sind naturgemäß stichtagsbezogen und damit begrenzt in ihrer Aussagefähigkeit. Aus diesem Grunde ist eine vorausschauende, periodenbezogene Liquiditätsplanung unerlässlich.

Liquiditätsplan (Finanzplan)

Der Liquiditätsplan erfasst alle Ein- und Auszahlungen der zukünftigen Perioden und weist als Differenz die verfügbaren Barmittel aus. Dabei sind kurzfristige (Wochen bis Monate), mittelfristige (Monate bis zu einem Jahr) und langfristige Liquiditätspläne (über ein Jahr) zu unterscheiden. Durch eine weitere Spalte lassen sich Soll- und Istwerte gegenüberstellen (Abb. 4.2).

Ein Kapitalbedarf besteht in einem Betrieb immer dann, wenn die Auszahlungsströme größer sind als die Einzahlungsströme. Die Liquiditätsplanung (Finanzplanung) hat dafür zu sorgen, dass sich weder eine Unterliquidität noch eine Überliquidität einstellt. Erstere kann den Fortbestand des Unternehmens gefährden, da das Unternehmen seinen

---

[2] Vgl. Ehebrecht (2009); http://www.controllingportal.de/Fachinfo/Kennzahlen/
Liquiditaetskennzahlen.html. 15. Dez. 2009.

Zahlungsverpflichtungen nicht mehr nachkommen kann, letztere geht zu Lasten der Rentabilität, da sich liquide Mittel nicht verzinsen.

4.2.3   Analysieren der Stakeholderinteressen

An jedem Projekt sind viele Personen mit ihren spezifischen Interessen direkt oder indirekt beteiligt. Als „Stakeholder" werden dabei alle natürlichen und juristischen Personen bezeichnet, die ein bestimmtes Interesse am Verlauf und dem Ergebnis eines Projekts und den damit verbundenen Auswirkungen haben[3]. Verlauf und Erfolg eines Projekts sind deshalb in erheblichem Maße von der Interessenlandschaft aller Stakeholder abhängig.

Beispiel: Sowohl Befürworter als auch Gegner der Kernenergie einerseits und regenerativer Energieanlagen andererseits machen erheblichen Einfluss auf die Unterstützung wie auch die Behinderung technischer Entwicklungsprojekte geltend. Motive sind dabei häufig politischer, wirtschaftlicher und auch ideologischer Natur.

Aus diesem Grunde muss der Auftraggeber bzw. das Projektmanagement bei jedem Projekt ermitteln, welche Stakeholder es gibt und welche Interessen es entsprechend zu berücksichtigen gilt. Die DIN 69901-5 definiert die Stakeholderanalyse als „Analyse der Projektbeteiligten hinsichtlich deren Einfluss auf das Projekt und deren Einstellung (positiv oder negativ) zum Projekt"[4]. Dabei lassen sich in der Regel folgende Stakeholder unterscheiden:

- **Auftragnehmer (eigenes Unternehmen):** Eigentümer, Geschäftsführung, Marketing/PR, Vertrieb, Produktion, Lenkungsausschuss, Projektleiter, Linienvorgesetzter, Teilsystemleiter, Teammitglieder, Betriebsrat usw.
- **Auftraggeber:** Eigentümer, Geschäftsführung, beauftragende Abteilung, Anwender, Betriebsrat usw.
- **Wirtschaftliches Umfeld**: Wettbewerbsunternehmen, Lieferanten, Banken, Versicherungen, Personaldienstleister, Berater, strategische Partner usw.
- **Politik & Gesellschaft:** Anwohner, Behörden, Parteien (auf Bundes-, Länder-, Gemeindeebene), Gewerkschaften, Umweltschutzverbände, Bürgerinitiativen, Medien usw.

Bedeutung und Aufwand der Stakeholderanalyse (Werkzeug 4.4.3) sind abhängig vom Projekt und vom Projektumfeld.

---

[3] Vgl. http://de.wikipedia.org/wiki/Stakeholder. 17. Aug. 2013.
[4] DIN Deutsches Institut für Normung (2009, DIN-Taschenbuch 472).

4.2.4   Analysieren der Projektrisiken und Projektchancen

4.2.4.1   Risikoanalyse

Der Risikobegriff wird in der Literatur vielfältig definiert. Im Kern versteht man unter einem Risiko ein Wagnis oder eine Gefahr, in der Betriebswirtschaft definiert man „Risiko" als die Gefahr einer Fehlentscheidung, die mit einem Nachteil (Verlust, Schaden) oder dem Ausbleiben eines Vorteils (Gewinn, Nutzen) verbunden sein kann[5]. Die DIN 69901-5 definiert „Projektrisiko" als „mögliche negative Abweichung im Projektverlauf (relevante Gefahren) gegenüber der Projektplanung durch Eintreten von ungeplanten oder Nicht-Eintreten von geplanten Ereignissen oder Umständen (Risikofaktoren)"[6].

Während mithilfe der vorangehenden Analysen herausgefunden wurde, ob das Projekt prinzipiell durchführbar ist, verfolgt die Risikoanalyse das Ziel, mögliche Gefahren und Wagnisse durchführbarer Projekte rechtzeitig zu erkennen und zu beurteilen, um die bestmöglichen Entscheidungen unter verbleibender Unsicherheit treffen zu können. Im Rahmen der Risikoanalyse stellen sich dem Auftragnehmer folgende Fragen:

- Welche unerwarteten negativen Ereignisse könnten im Projektverlauf eintreten?
- Inwiefern haben wir tatsächlich alles unter Kontrolle?
- In welchem Maße sind wir auf Annahmen angewiesen?
- Wo haben wir fundierte Kenntnisse und wo bestehen Abhängigkeiten?

Da Projektrisiken den Erfolg des ganzen Projekts gefährden können, hat das Projektmanagement die Aufgabe, alle relevanten Risiken zu identifizieren und zu analysieren. Im Folgenden werden typische Risikoarten technischer Entwicklungsprojekte unterschieden und erläutert.

Risikoarten

Eine strukturierte Übersicht über alle relevanten Projektrisikoarten liefert der Risikobaum (Abb. 4.3). Diese sollen im Folgenden erläutert werden.

Technische Risiken

Zunächst ist zu überprüfen, ob das Risiko eines Ausfalls von Anlagen oder Anlageteilen (etwa durch Verschleiß bzw. Überalterung oder Überlastung) besteht. Ist das der Fall, sind die entsprechenden Auswirkungen zu untersuchen. Ebenso muss analysiert werden, ob der Einsatz unbekannter Technologien, Produktionsverfahren oder auch spätere Anwendungen des zu entwickelnden Systems mit Risiken verbunden sind, wie etwa der Funktionsfähigkeit im Vakuum oder bei hoher Umgebungsvibration (z. B. in einem Maschinenraum)

Für jedes Teilsystem muss sorgfältig überprüft werden, mit welchem Innovationsgrad es verbunden ist: So kann sich hinter einer vermeintlichen Routineaufgabe ein erheblicher

---

[5] Vgl. Brockhaus dtv-Lexikon (1995).
[6] DIN Deutsches Institut für Normung (2009, DIN-Taschenbuch 472).

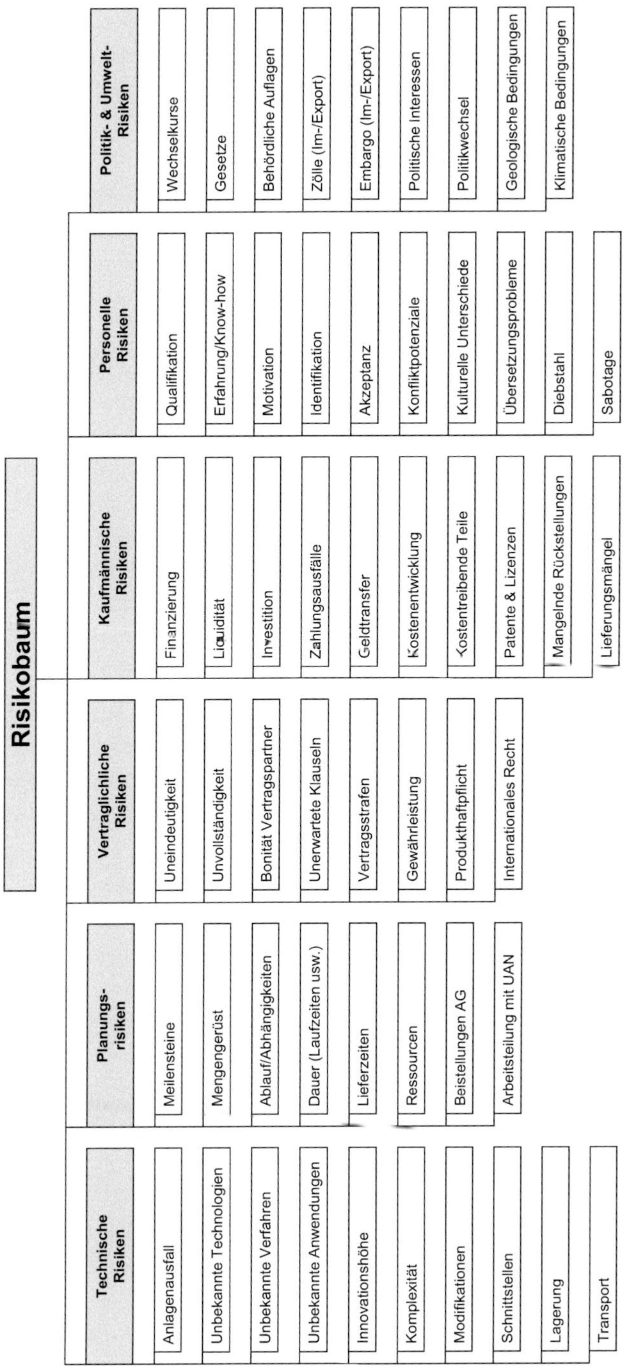

Risikobaum

Technische Risiken	Planungs- risiken	Vertragliche Risiken	Kaufmännische Risiken	Personelle Risiken	Politik- & Umwelt- Risiken
Anlagenausfall	Meilensteine	Uneindeutigkeit	Finanzierung	Qualifikation	Wechselkurse
Unbekannte Technologien	Mengengerüst	Unvollständigkeit	Liquidität	Erfahrung/Know-how	Gesetze
Unbekannte Verfahren	Ablauf/Abhängigkeiten	Bonität Vertragspartner	Investition	Motivation	Behördliche Auflagen
Unbekannte Anwendungen	Dauer (Laufzeiten usw.)	Unerwartete Klauseln	Zahlungsausfälle	Identifikation	Zölle (Im-/Export)
Innovationshöhe	Lieferzeiten	Vertragsstrafen	Geldtransfer	Akzeptanz	Embargo (Im-/Export)
Komplexität	Ressourcen	Gewährleistung	Kostenentwicklung	Konfliktpotenziale	Politische Interessen
Modifikationen	Beistellungen AG	Produkthaftpflicht	Kostentreibende Teile	Kulturelle Unterschiede	Politikwechsel
Schnittstellen	Arbeitsteilung mit UAN	Internationales Recht	Patente & Lizenzen	Übersetzungsprobleme	Geologische Bedingungen
Lagerung			Mangelnde Rückstellungen	Diebstahl	Klimatische Bedingungen
Transport			Lieferungsmängel	Sabotage	

Abb. 4.3 Risikobaum

Entwicklungsbedarf verbergen. Ebenso müssen mit zunehmender Komplexität des Gesamtsystems mögliche wechselseitige Effekte durchdacht werden. Das gilt insbesondere dann, wenn im Projektverlauf Modifikationen vorgenommen werden.

Weiterhin sind alle technischen Schnittstellenrisiken aufzulisten und sorgfältig zu untersuchen. So kann es beispielsweise für die Entwicklung eines innovativen Nutzfahrzeugs erforderlich sein, zu untersuchen, ob es Elektromotoren gibt, die bei der gegebenen Betriebsspannung des Systems die erforderliche Leistung liefern.

Schließlich müssen alle Risiken analysiert werden, die mit der Lagerung (z. B. Temperaturschwankungen, Feuchtigkeitsgrad, Gewicht, Korrosion) sowie dem Transport (z. B. Befestigung, Erschütterung, Gewicht, Größe, Sperrigkeit) der Teilsysteme bzw. des Gesamtsystems verbunden sind.

Planungsrisiken

Zunächst ergeben sich Risiken aus falsch gesetzten oder nicht bedachten Meilensteinen. Beispielsweise müssen alle Anforderungen des Auftraggebers in der Anfangsphase der Konstruktion vollständig vorliegen, sonst drohen erhebliche Verzögerungen. Weiterhin kommt es in der Praxis der Projektplanung häufig vor, dass Mengengerüste nicht stimmig geplant werden, Prozessabläufe mit ihren logischen Abhängigkeiten nicht hinreichend durchdacht sind (wie etwa die Frage, ob alle Einzelteile fertig gestellt und auch alle Normteile beschafft worden sind, um das System montieren zu können) oder auch die Dauer von Vorgängen (z. B. Maschinenlaufzeiten) und Lieferzeiten (etwa für seltene Teile oder Materialien) unterschätzt werden.

Eine weitere typische Planungsfehlerquelle besteht darin, dass Sach- und Personalressourcen nicht oder in unzureichender Menge und/oder Qualität und/oder auch noch am falschen Ort oder eben gar nicht eingeplant werden und damit nicht wie erforderlich verfügbar sind. Möglicherweise wurden Mitarbeiter und Transportfahrzeuge eingeplant, die ebenso von anderen betrieblichen Bereichen eingeplant wurden. Hinzu kommen eingeplante Beistellungen des Auftraggebers, die möglicherweise nicht eindeutig vereinbart wurden oder nicht den Vereinbarungen entsprechen.

Schließlich bestehen Risiken auf Grund von Ungenauigkeiten bei der Planung der Arbeitsteilung mit Unterauftragnehmern, da hier die Planungen von zwei Organisationen exakt übereinstimmen müssen.

Vertragliche Risiken

Vertragliche Risiken ergeben sich in vielen Fällen aus uneindeutigen Vereinbarungen aller Art, vor allem aus mehrdeutigen Projektzielen und unklaren Auftragsbedingungen (z. B. hinsichtlich Zugang zu Beistellungen, Transport- und Versicherungsbedingungen). Ebenso häufig ergeben sich vertragliche Risiken aus unvollständigen Vereinbarungen, welche beabsichtigt oder unbeabsichtigt auftreten können und erst im späteren Projektverlauf zu erheblichen Problemen führen.

Beispiel: In manchen Fällen spekulieren Unterauftragnehmer darauf, dass ihre Vertragspartner wichtige Anforderungen zunächst übersehen, denn auf Grund unvollstän-

diger Anforderungskataloge können sie moderate Preise kalkulieren. In einem späteren Stadium des Projekts müssen die Auftraggeber dann realisieren, dass sie Anforderungen übersehen haben und sich auf kostspielige „Zusatzleistungen" einlassen.

Weitere Risiken ergeben sich aus mangelnder Bonität (Kreditwürdigkeit) einzelner Vertragspartner, die in den meisten Fällen frühzeitig überprüft werden kann.

Ebenso ergeben sich vertragliche Risiken aus unerwarteten Klauseln des Vertragspartners, die für den Auftragnehmer beispielsweise mit überraschenden Übergabebedingungen verbunden sind oder gar einen Projektabbruch nach sich ziehen können (bei staatlichen Auftraggebern üblich). Letzteres ist vor allem dann bitter, wenn bereits seitens des Auftragnehmers erhebliche Investitionen getätigt wurden.

Auch ein unvorsichtiges Akzeptieren von Vertragsstrafen kann ein erhebliches Projektrisiko darstellen, nämlich üblicherweise dann, wenn der Fall des Eintretens irrtümlich ausgeschlossen oder verdrängt wird. Vertragsstrafen können die Existenz des ganzen Unternehmens bedrohen.

Des Weiteren müssen Risiken untersucht werden, die sich aus Gewährleistung und Produkthaftpflicht lange über den Projektzeitraum hinaus ergeben können.

Schließlich sind Risiken zu berücksichtigen, die mit Besonderheiten internationaler Rechtsprechung (z. B. hinsichtlich Beweisführung, Gewährleistungsfristen, Gerichtsstand) einhergehen können.

Kaufmännische Risiken

Die Finanzierung des Projekts ist darauf hin zu überprüfen, inwiefern eine möglicherweise solide geplante Finanzierung unerwartet gefährdet sein könnte, etwa auf Grund ausbleibender Zahlungseingänge oder der Zurücknahme von Kreditzusagen durch Kreditinstitute.

Daneben ist das Risiko betrieblicher Liquiditätsengpässe im Zusammenhang mit ungeplanten Zahlungsabflüssen an anderer Stelle im Unternehmen zu untersuchen. Natürlich ist ebenso zu prüfen, ob geplante Investitionen möglicherweise doch nicht den ursprünglich erwarteten Return on Investment (Abschn. 4.2.2) erwirtschaften. Daneben muss stets das Risiko unerwarteter Zahlungsausfällen seitens der Kunden sowie von Verlusten aus dem Geldtransfer (vor allem bei unbekannten internationalen Zahlungswegen) abgeschätzt werden.

Im Rahmen der Kostenrechnung sind vor allem solche Risiken zu untersuchen, die mit unerwarteten Kostenentwicklungen der Produktionsfaktoren (z. B. Anstieg von Lohn- und Materialkosten) verbunden sind. Ebenso können die Kosten bestimmter Teile unverhältnismäßig hoch ausfallen. Werden solche „kostentreibenden" Teile rechtzeitig bemerkt, kann eine weitere Verhandlung mit dem Auftraggeber ergeben, dass auf bestimmte Anforderungen, die mit solchen Teilen verbunden ist, verzichtet werden kann. Analog muss auch das Risiko überteuerter Rechte wie Patente und Lizenzen analysiert werden. Abhängig vom Vertragspartner lassen sich solche Risiken möglicherweise ganz oder in Teilen abwälzen, indem der verhandelte Preis entweder mit einem Eskalationsfaktor, welcher solche Kostenentwicklungen berücksichtigt, multipliziert wird oder die Erstattung unerwarteter und damit nicht kalkulierter Kosten berücksichtigt (etwa bei unbekannter Technologie oder unbekannten Forschungs- und Entwicklungsaufgaben). In Abschn. 6.2.4 werden entsprechende Varianten der Preisgestaltung ausführlich beschrieben. In jedem Falle ist eine präzise Buchhaltung des Auftragnehmers unerlässlich.

Weitere Risiken können sich daraus ergeben, dass Rückstellungen in unzureichender Größenordnung (etwa für drohende Prozesskosten, Steuernachzahlungen, Garantieleistungen usw.) gebildet wurden. Ebenso sollten Versicherungsverträge auf Versicherungslücken (z. B. bei Unfallversicherungen, Transportversicherungen) untersucht werden.

Schließlich sind alle Risiken zu analysieren, die sich im Zusammenhang mit Lieferungsmängeln ergeben können. Dabei kann es sich um unerwartete Qualitätsmängel, Lieferungsverzögerungen oder auch um Lieferungsausfälle (z. B. nach Brand einer Lagerhalle) handeln. Für solche Fälle ist zu untersuchen, ob es kurzfristige Ausweichmöglichkeiten gibt. Diese Art von Risiken hat durch Just-in-Time-Lieferungen und das Supply-Chain-Management an Bedeutung gewonnen.

Personelle Risiken

Man weiß heute, dass der menschliche Faktor in erheblichem Maße über den Erfolg bzw. Misserfolg eines Projekts entscheidet. Entsprechend sind auch alle personellen Risiken sehr sorgfältig zu analysieren. Diese beziehen sich nicht nur auf das Projektteam, sondern auch auf Mitarbeiter des Auftraggebers oder weiterer Betriebe, die an der Projektdurchführung beteiligt sind.

Solche Risiken können sich aus möglichen Mängeln in der Qualifikation, der Erfahrung bzw. des Know-hows, der grundsätzlichen Motivation von Mitarbeitern sowie der Identifikation mit einem bestimmten Projekt ergeben. Möglicherweise werden aber auch Mitarbeiter oder Vorgesetzte von anderen Mitarbeitern nicht akzeptiert. Daneben finden stets gruppendynamische Prozesse statt, in denen schwerwiegende Konflikte entstehen können. Bei internationalen Projekten sind zusätzlich Risiken im Zusammenhang mit Übersetzungsproblemen und Unterschieden in Kultur, Wertvorstellungen und der Mentalität zu berücksichtigen (Kap. 17). Schließlich müssen auch Diebstahl- und Sabotagerisiken abgeschätzt werden.

Hinsichtlich der Interessen aller Projektbeteiligten und der damit verbundenen Risiken sei auf die Stakeholderanalyse (Abschn. 4.2.3) hingewiesen.

Politik- und Umweltrisiken

Eine umfassende Risikoanalyse schließt letztlich auch solche Risiken mit ein, die sich aus politischen sowie Umweltbedingungen ergeben und globaler Natur sein können. Dazu gehören Wechselkursrisiken (diese bescherten Airbus beim Sinken des Dollarkurses erhebliche Verluste), Risiken durch Gesetzesänderungen (z. B. die steuerrechtliche Abschaffung der degressiven Abschreibung oder die Verlängerung von Gewährleistungsfristen) sowie unerwartete behördliche Auflagen (etwa des Denkmal-, Umwelt- oder Arbeitsschutzes), die plötzliche Einrichtung oder überraschende Höhe von Ein- und Ausfuhrzöllen sowie die nicht planbare Verhängung eines Embargos (wie die damalige Entscheidung der

US-amerikanischen Regierung, keine Trägerrakete zur Beförderung von Kommunikationssatelliten in den Weltraum zur Verfügung zu stellen).

In vielen Fällen müssen Projektrisiken analysiert werden, die mit der politischen Interessenlandschaft rund um das Projekt verbunden sind. Beispielsweise behinderten überraschend entschlossene Bürgerinitiativen in den 1970er und 1980er Jahren über einen erheblichen Zeitraum den Ausbau der Startbahn West des Frankfurter Flughafens. Die Grenze zur Stakeholderanalyse (Abschn. 4.2.3) verläuft dabei fließend. Ebenso kann ein Politikwechsel für geplante Projekte ein Risiko darstellen (z. B. ein unerwarteter Abzug von Forschungsgeldern).

Abschließend sollten auch klimatische Risiken wie extreme Frost- sowie Hitzebedingungen sowie geologische Risiken (Erdbeben, Vulkanausbrüche, Ebbe/Flut, Hochwasser usw.) in die Analyse einbezogen werden.

Schritte einer Risikoanalyse

Grundsätzlich kann eine Risikoanalyse in nachfolgende Schritte unterteilt werden[7]:

- **Identifizieren der einzelnen Risiken:** Zunächst sind alle möglichen Risiken erfasst. Dazu werden üblicherweise differenzierte Checklisten (Werkzeug 4.4.4) eingesetzt und Projekt für Projekt weiterentwickelt. Ebenso können Risiko-Workshops mit Experten oder betrieblichen Fachleuten durchgeführt werden.
- **Analyse der Risikoursachen:** Für jedes Risiko sind die Ursachen zu benennen. Diese werden für die nachfolgenden Schritte benötigt.
- **Bestimmen des Schadensausmaßes:** Auf Grundlage der Ursachenanalyse wird für jedes Risiko ermittelt, wie hoch der Schaden (ggf. in Euro) im Ernstfall ausfällt.
- **Schätzen der Eintrittswahrscheinlichkeit:** Ebenfalls auf Grundlage der Ursachenanalyse wird für jedes Risiko die Eintrittswahrscheinlichkeit geschätzt.
- **Bewerten der Risiken:** Sowohl die Einzelrisiken als auch das Gesamtrisiko des Projekts werden abschließend bewertet. Das Projektrisiko lässt sich nach DIN 69901-5 quantifizieren als das „Produkt aus Schadenshöhe (Tragweite) und Eintrittswahrscheinlichkeit des jeweiligen Risikofalles"[8].
- **Ableiten von Maßnahmen:** Für jedes Risiko ist zu bestimmen, ob und welche Maßnahmen zur Risikominimierung getroffen werden sollen. Diese Maßnahmen können an verschiedenen Stellen ansetzen:
  - **Vermeidung** von Risiken
  - **Verminderung** der maximalen Schadenshöhe
  - **Begrenzung** der Eintrittswahrscheinlichkeit
  - **Abwälzung** auf andere Unternehmen (z. B. eine Versicherung)
  - **Überwachung** der Projektrisiken im Projektverlauf (z. B. Tests)

---

[7] Die Abgrenzung der Risikoanalyse gegenüber dem so genannten „Risikomanagement" fällt in der Literatur uneinheitlich aus.
[8] DIN Deutsches Institut für Normung (2009, DIN-Taschenbuch 472).

Risikoanalyse						
Nr.	Identifiziertes Risiko	Risikoursache	Schadens-ausmaß	Eintrittswahr-scheinlichkeit	Risiko-bewertung (EUR)	Maßnahme
1	Bruch der Außenwand im Fertigungsprozess	Unzureichende Anzahl an Hilfs-vorrichtungen bzw. Mangel an Auflagefläche	60	0,2	12	Einsatz einer zusätzlichen Hilfsvorrichtung
2	Irreversible Verformung des Rohres bei Test	zu geringer Rohrdurchmesser	45	0,3	14	Verstärkungsrohr bei Test
3	usw.					

Abb. 4.4 Einfache Risikoanalyse

Aus den Schritten einer Risikoanalyse lässt sich nun eine allgemeingültige tabellarische Form einer einfachen Risikoanalyse (Abb. 4.4, Werkzeug 4.4.5) ableiten:

Fehlermöglichkeits- und Einflussanalyse (FMEA)

Je nach Schwerpunkt der Betrachtung können Risikoanalysen in unterschiedlicher Form realisiert werden. Beispielhaft soll an dieser Stelle die Fehlermöglichkeits- und Einfluss-analyse (engl. „Failure Mode and Effects Analysis", kurz: „FMEA") angeführt werden (Werkzeug 4.4.6), die ursprünglich in der US-amerikanischen Raum- und Luftfahrt ent-wickelt wurde und mögliche technische Fehler und deren Ursachen in einem frühen Pro-jektstadium identifizieren und verhindern sollte[9]. Die FMEA wurde seit dem nach und nach in zahlreichen anderen technischen Branchen übernommen.

Die „objektiv messbaren" Ergebnisse von Risikoanalysen sind mit gebotener Vorsicht zu verwenden, da sie subjektive Größen in Form vermuteter Wahrscheinlichkeiten bein-halten.

Bedeutung der Risikoanalyse

Die Ergebnisse der Risikoanalyse sollten weder unter- noch überschätzt werden. Einer-seits können auch im Falle sorgfältig vorgenommener Risikoanalysen unvorhergesehene Ereignisse eintreten, die erhebliche Auswirkungen haben und das ganze Projekt gefährden können.

Beispiel: Ein unerwarteter Wetterumschwung und geringfügige handwerkliche Ver-säumnisse führten im Jahre 2009 dazu, dass das Fährschiff „Tor Freesia" in einem Trockendock der Lloyd Werft in Bremerhaven kippte und dadurch dramatische Schäden verursachte – ein Problem, das vermutlich nicht durch eine Durchführbarkeitsanalyse vorausgesagt worden wäre.

Andererseits kann der Versuch, sämtliche möglichen Risiken zu analysieren, schluss-endlich dahin führen, Projekte besser gar nicht erst in Angriff zu nehmen. Das aber kann natürlich auch nicht der Sinn der Sache sein. Vielmehr geht es darum, die Projektleitung für potenzielle Gefahren zu sensibilisieren. Eine angemessene Schlussfolgerung zur Pro-

---

[9] Greßler und Göppel (2008).

jektdurchführung setzt ein Mindestmaß an Sachkenntnis und Projekterfahrung voraus. Im Rahmen des Risikomanagements müssen diese Gefahren dann immer im Auge behalten werden, um rechtzeitig Gegenmaßnahmen ergreifen zu können.

4.2.4.2 Chancenanalyse

Die große Bedeutung der Risikoanalyse für den Projekterfolg soll aber nicht den Blick dafür verstellen, dass auch Chancen ein Projekt sehr begünstigen können. Während bei der Risikoanalyse unerwartete und negative Sachverhalte analysiert werden, soll die Chancenanalyse positive Perspektiven und bislang unbemerkte Möglichkeiten zutage fördern.

Beispiel: Das bereits oben erwähnte Embargo der US-Trägerraketen in den 1970er Jahren kann nicht nur als Risiko, sondern ebenso als Chance betrachtet werden, denn es war zugleich die Geburtsstunde der europäischen Ariane-Trägerrakete. Damit war für eine Vielzahl europäischer Unternehmen eine hervorragende Auftragslage verbunden.

Das Ziel der Chancenanalyse ist die Sensibilisierung des Projektmanagements für mögliche Änderungen im Projektumfeld, die sich positiv auf die Auftragslage auswirken könnten, wie etwa bevorstehende Wahlen mit möglichem Regierungswechsel. Ist es darauf gedanklich vorbereitet, kann man sofort die Chance ergreifen. Andernfalls besteht die Gefahr, dass das Projektmanagement die Gunst der Stunde erst dann erkennt, wenn die Wettbewerber bereits das Rennen für sich entschieden haben.

4.3 Beispielprojekt NAFAB

Sind unbekannte Technologien beherrschbar?

Bei NAFAB bestand für das Unternehmen die Herausforderung vor allem darin, die technischen Anforderungen Nr. 2, Nr. 9, Nr. 10 und Nr. 13 (Abschn. 3.3) *gleichzeitig* zu erfüllen. Diese lauteten:

- **Anforderung Nr. 2:** „Der Hubweg des Vermessungssensors muss sich auf 8,5 m belaufen."
- **Anforderung Nr. 9:** „Die Positionierungsgenauigkeit muss $\pm 0,1$ mm für die drei translatorischen Achsen x (horizontal: nach vorne und zurück); y (horizontal: nach links und rechts) und z (vertikal: hinauf und herunter) betragen."
- **Anforderung Nr. 10:** Die Winkelverdrehungen um die Achsen x, y, z müssen sich auf $\leq 0,01°$ belaufen.
- **Anforderung Nr. 13:** Der Temperaturbereich während des Messverfahrens kann zwischen +10 und +25 °C liegen. Temperaturschwankungen innerhalb dieser Werte dürfen die einwandfreie Funktion der Vermessungsanlage nicht beeinträchtigen.

An dieser Stelle war technische Kreativität gefragt: Wie konnte die verlangte Messgenauigkeit von $\pm 0,1$ mm für die drei translatorischen Achsen über einen Hubweg von 8,5 m

bei Temperaturschwankungen von 15 °C erreicht werden? Eine am Turm zu befestigen-
de „Messlatte" dieser Länge konnte weder aus Stahl noch aus Aluminium oder aus Glas
bestehen, denn die thermische Ausdehnung all dieser Materialien hätte das Ergebnis ver-
fälscht. Viele Gespräche mit Lieferanten, Herstellern und Fachleuten waren notwendig,
um eine Lösung zu finden, bei denen die thermische Ausdehnung keinen relevanten Einfluss hatte. Die Vielzahl von Anregungen führte schließlich zu der Idee, die Messungen
mithilfe eines Laserstrahls vorzunehmen. Zum damaligen Zeitpunkt war die Lasertech-
nologie noch nicht so weit entwickelt wie heute. Unsere Lösung war in ihrer Gesamtheit
zum damaligen Zeitpunkt innovativ und deshalb auch mit vielen Risiken behaftet.

Auch die Anforderung einer zulässigen Verdrehungstoleranz für alle drei Achsen in
Höhe von $\leq 0{,}01°$ bei gleichzeitiger Erfüllung der anderen, oben beschriebenen Anforderungen stellte eine Herausforderung dar. Eine Verdrehung in der horizontalen Ebene
um die Z-Achse konnte durch ein torsionssteifes Rohr und durch die präzise Vertikalfüh-
rung begrenzt werden, das gleiche galt für die Verdrehung um die Y-Achse, wobei für
diese zusätzlich sichergestellt werden musste, dass der Turm (Rohr) stets exakt senkrecht
steht. Das konnte durch Verstellschrauben und Präzisions-Nivellierinstrumente erreicht
werden.

Warum jedoch eine geringe Verdrehung um die X-Achse störend sein sollte, konnten
wir nicht nachvollziehen. Eine nachfolgende Diskussion mit dem Auftraggeber führte zur
Streichung dieser Anforderung – ein Beispiel dafür, dass alle Anforderungen von der Projektleitung stets kritisch überprüft und im Einzelfall auch ganz in Frage gestellt und mit
dem Auftraggeber diskutiert werden sollten.

Sind unbekannte Produktionsverfahren beherrschbar?
Eine besondere Herausforderung bestand darin, die parallel verlaufenden U-Profile
(Abb. 4.5) an den Seiten des Turmes mit einer Toleranz von $\pm 0{,}05\,\text{mm}$ zu fräsen.
Die Profile waren aus einem Stück und mussten also über eine Länge von 10 m gefräst
werden. Es gab lediglich zwei Betriebe, die über Fräsmaschinen mit der erforderlichen
Länge verfügten. Letztendlich konnten die U-Profile in einer norddeutschen Werft anfor-
derungsgerecht gefertigt werden.

Sind die Schnittstellenrisiken begrenzt?
Bei NAFAB handelte es sich um eine komplexe technische Anlage mit hohem Gewicht zur
Durchführung von Präzisionsmessungen. Entsprechend stellte der Untergrund der Anlage
eine Schnittstelle dar, denn einerseits musste die Decke des ersten Obergeschosses das
hohe Gewicht der Anlage tragen. Andererseits würden bereits geringste Erschütterungen
oder Vibrationen des Untergrundes auf den 10 m hohen Turm übertragen und zu Verfäl-
schungen der Messergebnisse führen.

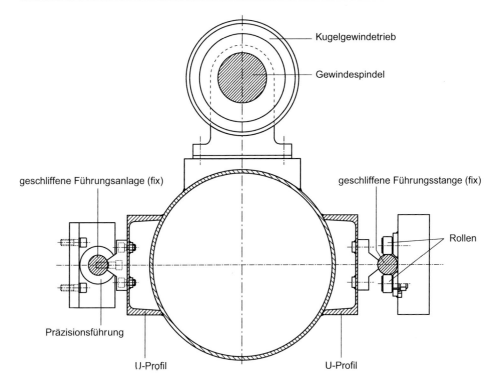

Abb. 4.5 U-Profil am Turm

Tragfähigkeit der Decke Was die Tragfähigkeit der Decke anbelangt, hatten wir uns in der Leistungsbeschreibung (Abschn. 3.3) abgesichert mit der Klausel: „Die Tragfähigkeit des Bodens wird vom Auftraggeber sichergestellt. Der Auftraggeber veranlasst die erforderlichen statischen Untersuchungen und ggf. erforderliche Verstärkungen." Der Auftraggeber hatte sich umgehend vertragsgemäß um die Statik gekümmert, die Tragfähigkeit der Decke des Gebäudes war für die Anlage völlig ausreichend.

Im Rahmen der Abnahmetests bei der vertikalen Ausrichtung des Turms wurden immer wieder minimale aber störende Neigungen verzeichnet. Nach tagelanger Suche konnte die Ursache gefunden werden: Wurde der Turm mithilfe spezieller Einstellschrauben und eines Nivellierungsinstruments von einem Mitarbeiter eingestellt, so schien das Problem gelöst. Näherten sich jedoch drei Personen der Anlage, um die Instrumente zu kontrollieren, trat erneut eine unerklärliche Turmneigung auf. Die Problemursache bestand, darin, dass das Betreten des Raumes zu minimalen elastischen Verformungen der Decke führte, die Decke bog sich förmlich durch. Je mehr Personen den Raum betraten und je weiter sie sich der Raummitte näherten, desto größer war die damit verbundene Turmneigung und desto größer die Verfälschung der Messungen. Die Problemlösung bestand also schlicht darin, das Betreten des Raumes mit der Anlage während der Messung zu untersagen.

Vibrationen des Bodens Wegen möglicher Vibrationen des Bodens wurde der Straßenver-
kehr bereits zu Beginn der Entwicklungsversuche als Risiko identifiziert, da in unmittelbarer Nähe mit erheblichem Lkw-Verkehr zu rechnen war. Die Lösung dieses Problems war
die Vorgabe, die Versuchsmessungen nachts durchzuführen, wenn das Straßenverkehrs-
aufkommen zu vernachlässigen war.

Die nachfolgenden Tests wurden durch eine weitere zunächst unerklärliche Neigung
des Turmes gestört. Die Ursache dieses Problems lag in Ebbe und Flut der Nordsee begründet: Die dadurch bedingte Tide der Weser führte periodisch zu erheblichem Druckauf-
bau bzw. Druckabfall am Ufer und verursachte Verformungen des Bodens in der gesamten
Uferregion in der Größenordnung weniger Zentimeter. Das Gebäude, in dem die Anlage
aufgebaut war, befand sich auf einem Industriegelände in unmittelbarer Nähe des Weser-
ufers.

Solche oder ähnliche Ereignisse sind nicht ohne Weiteres vorhersehbar. Die Beispiele machen einerseits deutlich, dass auch eine sorgfältige Durchführbarkeitsanalyse keine
Garantie für den Ausschluss von Überraschungen bedeutet. Gleichwohl fördern solche
Erlebnisse das Problembewusstsein und damit die Qualität zukünftiger Durchführbarkeitsanalysen.

4.4   Werkzeuge

4.4.1   Checkliste: Machbarkeitsanalyse

<table>
<tr><td colspan="2" align="center">Checkliste: Machbarkeitsanalyse</td></tr>
<tr><td colspan="2">Vor Durchführung der Machbarkeitsstudie zu prüfen:</td></tr>
<tr><td>☐</td><td>Sind alle erforderlichen Machbarkeitsanalysen identifiziert?</td></tr>
<tr><td>☐</td><td>Liegt für die Machbarkeitsstudie ein Plan (Ziele, Zeitplan, Kostenplan usw.) vor?</td></tr>
<tr><td>☐</td><td>Ist die Finanzierung der Machbarkeitsstudie eindeutig geklärt?</td></tr>
<tr><td>☐</td><td>Ist die Machbarkeitsstudie im vorgegebenen Zeitrahmen realisierbar?</td></tr>
<tr><td>☐</td><td>Liegen die Ergebnisse der Machbarkeitsstudie für das Projekt rechtzeitig vor?</td></tr>
<tr><td>☐</td><td>Wurde in der Machbarkeitsstudie eine befriedigende Lösung gefunden?</td></tr>
<tr><td colspan="2">Vor Beendigung der Machbarkeitsstudie zu prüfen:</td></tr>
<tr><td>☐</td><td>Sind alle Anforderungen auf Machbarkeit überprüft worden?</td></tr>
<tr><td>☐</td><td>Wurde für alle Anforderungen eine technische Lösungsmöglichkeit gefunden?</td></tr>
<tr><td>☐</td><td>Wurden Anforderungen, für die keine technische Lösungsmöglichkeit gesehen wurde, im Einvernehmen mit dem Auftraggeber aus dem Vertrag genommen?</td></tr>
<tr><td>☐</td><td>Wurden die Eigenfertigungs- und Fremdbezugsanteile eindeutig geklärt?</td></tr>
<tr><td>☐</td><td>Wurden für alle Beschaffungslösungen ...</td></tr>
<tr><td>☐</td><td>... Marktanalysen durchgeführt?</td></tr>
<tr><td>☐</td><td>... die erforderlichen technischen Unterlagen beschafft und ausgewertet?</td></tr>
</table>

4.4.2   Checkliste: Analyse der Rentabilität und Liquidität

Checkliste: Rentabilität und Liquidität

☐   Sind die wichtigsten Kosten berücksichtigt?

     ☐   Konstruktions-/Entwicklungskosten

     ☐   Fertigungskosten

     ☐   Montagekosten

     ☐   Verifikationskosten

     ☐   Transportkosten (von Werk zu Werk, zu Testorten, zur Inbetriebnahme usw.)

     ☐   Versicherungskosten

     ☐   Opportunitätskosten (Nutzenentgang bei Verdrängung anderer Produkte)

     ☐   Abnahme-, Test-, und Montagekosten vor Ort

     ☐   Einweisungs-/Schulungskosten

     ☐   Kosten durch Gewährleistung/Garantie

☐   Ist die Eigenkapitalrentabilität für die Eigentümer ausreichend?

☐   Ist die Gesamtkapitalrentabilität (Return on Investment) ausreichend?

☐   Ist die Amortisationsdauer angemessen?

☐   Ist die Finanzierung des gesamten Projekts geklärt?

☐   Sind die einzelnen Finanzierungsquellen eindeutig bestimmt?

☐   Liegen alle erforderlichen Finanzierungszusagen verbindlich vor?

☐   Ist die Liquidität über den Projektverlauf gesichert (Problem der Kapitalbindung)?

4.4.3   Formular: Stakeholderanalyse

Stakeholderanalyse				
Stakeholder	Einstellung (+ / -)	Entschlossen-heit	Einfluss-grad	Maßnahmen
Auftragnehmer (eigenes Unternehmen)				
Eigentümer				
Geschäftsführung				
Bereichsleitung(en)				
Marketing/PR				
Vertrieb				
Produktion				
Lenkungsausschuss				
Linienvorgesetzte(r)				
Projektleitung				
Teilsystemleitung				
Teammitglieder				
Betriebsrat				
Auftraggeber				
Eigentümer				
Geschäftsführer				
beauftragende Abteilung				
Anwender				
Betriebsrat				
Wirtschaftliches Umfeld				
Lieferanten				
Banken				
Versicherungen				
Personaldienstleister				
Berater				
strategische Partnerunternehmen				
Wettbewerbsunternehmen				
Politik & Gesellschaft				
Anwohner				
Behörden				
Parteien (Bund, Länder, Gemeindeebene)				
Umweltschutz				
Bürgerinitiativen				
Medien				

4.4.4   Checkliste: Risikoanalyse

Checkliste: Risikoanalyse (Teil I)
1 Technische Risiken
☐   Ist das Risiko eines Ausfalls von Anlagen oder Anlageteilen begrenzt?
☐   Sind unbekannte Technologien beherrschbar?
☐   Sind unbekannte Produktionsverfahren beherrschbar?
☐   Sind Risiken auf Grund unbekannter Anwendungen des Systems begrenzt?
☐   Ist der Innovationsgrad von Teilsystemen und Gesamtsystem bekannt?
☐   Sind die Risiken auf Grund der Komplexität des Gesamtsystems begrenzt?
☐   Sind die Risiken möglicher Modifikationen des Gesamtsystems begrenzt?
☐   Sind die Schnittstellenrisiken begrenzt?
☐   Sind die Risiken der Lagerung von Teilsystemen oder des Gesamtsystems begrenzt?
☐   Sind die Risiken des Transports von Teilsystemen oder des Gesamtsystems begrenzt?
2 Planungsrisiken
☐   Sind die Meilensteine sachgerecht gesetzt?
☐   Ist das Mengengerüst in sich stimmig?
☐   Wurden alle logische Abhängigkeiten im Projektablauf bedacht?
☐   Sind die Vorgangsdauern (Laufzeiten usw.) realistisch eingeschätzt?
☐   Wurden sämtliche Lieferzeiten realistisch eingeschätzt?
☐   Sind die eingeplanten Personal- und Sachressourcen geeignet und verfügbar?
☐   Sind die Beistellungen des Auftraggebers tatsächlich geeignet und verfügbar?
☐   Könnten bei der Arbeitsteilung mit Unterauftragnehmern Missverständnisse bestehen?

Checkliste: Risikoanalyse (Teil II)

3 Vertragliche Risiken

☐ Sind alle Verträge eindeutig und unmissverständlich ausformuliert?

☐ Sind alle Verträge in allen Punkten vollständig?

☐ Ist die Bonität des Auftraggebers ausreichend?

☐ Können unerwartete Vertragsklauseln ausgeschlossen werden?

☐ Können Vertragsstrafen ausgeschlossen werden?

☐ Könnten unerwartete Kosten durch Gewährleistungen entstehen?

☐ Könnten unerwartete Kosten durch Produkthaftpflicht entstehen?

☐ Sind internationale juristische Besonderheiten hinreichend bekannt?

☐ Ist die Übernahme angefallener Investitionskosten bei Projektabbruch klar geregelt?

4 Kaufmännische Risiken

☐ Sind eingeplante Finanzierungsquellen (z. B. Kapitalgeber) verlässlich?

☐ Sind Liquiditätsengpässe auszuschließen?

☐ Ist das Risiko von Zahlungsausfällen unserer Kunden begrenzt?

☐ Sind alle Geldtransferrisiken begrenzt?

☐ Sind mögliche Kostenentwicklungen bedacht und einkalkuliert?

☐ Sind die Kosten für sämtliche Teile bekannt?

☐ Sind die Kosten für erforderliche Patente und/oder Lizenzen bekannt?

☐ Sind für alle Fälle ausreichende Rückstellungen gebildet worden?

☐ Sind Risiken in der Produktqualität unserer Lieferanten begrenzt?

☐ Sind Risiken in der Lieferfähigkeit unserer Lieferanten begrenzt?

Checkliste: Risikoanalyse (Teil III)

5 Personelle Risiken

☐ Verfügen alle Mitarbeiter über die erforderliche Qualifikation?

☐ Verfügen alle Mitarbeiter über die erforderliche Erfahrung (Know-how)?

☐ Sind die Mitarbeiter motiviert?

☐ Identifizieren sich die Mitarbeiter mit dem Projekt?

☐ Akzeptieren die Mitarbeiter sowohl sich gegenseitig als auch ihre Vorgesetzten?

☐ Ist das Risiko von Konflikten im Team begrenzt?

☐ Sind Risiken auf Grund von kulturellen bzw. Mentalitätsunterschieden begrenzt?

☐ Sind eingeplante Mitarbeiter tatsächlich verfügbar (Krankheit, Kündigung usw.)?

☐ Ist das Diebstahlrisiko begrenzt?

☐ Ist das Sabotagerisiko begrenzt?

6 Politik- und Umweltrisiken

☐ Sind Wechselkursrisiken abgesichert?

☐ Sind relevante Gesetze/Vorschriften bekannt und bleiben unverändert?

☐ Sind relevante behördliche Bedingungen bekannt und bleiben unverändert?

☐ Sind relevante Zollbestimmungen bekannt und bleiben unverändert?

☐ Sind Embargorisiken begrenzt?

☐ Sind alle relevanten politischen Interessen bekannt (siehe Stakeholderanalyse)?

☐ Sind mögliche Risiken auf Grund eines Politikwechsels begrenzt?

☐ Sind geologische Risiken (Erdbeben, Hochwasser usw.) begrenzt?

☐ Sind klimatische Risiken (Hitze, Frost usw.) begrenzt?

4.4.5   Formular: Risikoanalyse

Risikoanalyse						
Nr.	Identifiziertes Risiko	Risikoursache	Schadens-ausmaß	Eintrittswahr-scheinlichkeit	Risiko-bewertung (EUR)	Maßnahme

4.4.6   Formular: Fehlermöglichkeits- und Einflussanalyse (FMEA)

Fehlermöglichkeits- und Einflussanalyse (FMEA)				Fehlerbewertung vorher										Fehlerbewertung hinterher				
Nr.	System Teilsystem Komponente	mögliche Fehler	mögliche Folgen	Bedeutung (Auswirkungen)	Auftretens-wahrscheinlichkeit	Übersehens-wahrscheinlichkeit	Risikoprioritätszahl (RPZ)	mögliche Ursache	bisherige Vermeidungs-Maß-nahmen	neue Vermeidungs-Maß-nahmen	Wer setzt was bis wann um?	Ergriffene Maßnahmen	Bedeutung (Auswirkungen)	Auftretens-wahrscheinlichkeit	Übersehens-wahrscheinlichkeit	Risikoprioritätszahl (RPZ)
1																
2																
3																

4.5   Lernerfolgskontrolle

1.   Welche Analysen im Zusammenhang mit der Durchführbarkeit eines technischen Projekts sollten grundsätzlich durchgeführt werden?

2.   Wann sollten diese Analysen durchgeführt werden?

3.   In welcher Form können Machbarkeitsanalysen ausgestaltet werden?

4.   Wie errechnet sich die Rentabilität eines Projekts?

5.   Unterscheiden Sie die Eigen- und die Gesamtkapitalrentabilität.

6.   Was leistet die Return on Investment-Analyse (ROI-Analyse)?

7.   Warum ist neben der Rentabilität auch die Liquidität zu analysieren?

8.   Was versteht man unter einer Stakeholderanalyse?

9.   Aus welchem Grunde ist eine Stakeholderanalyse durchzuführen?

10.   Nennen Sie typische Stakeholder eines technischen Projekts.

11.   Wie wird der Begriff „Risiko" in der DIN 69901 definiert?

12.   Welches Ziel wird mit der Risikoanalyse verfolgt?

13.   Welche Arten von Risiken sind zu unterscheiden?

14.   Nennen Sie für jede Risikoart konkrete Risiken.

15.   Welche Schritte fallen im Rahmen einer Risikoanalyse an?

16.   Was versteht man unter einer Fehlermöglichkeits- und Einflussanalyse?

17.   Warum sollte stets auch eine Chancenanalyse durchgeführt werden?

Bilden eines Teams

5

5.1 Vorüberlegungen

5.1.1 Angebotsteam und Projektteam

Das Projektmanagement steht genau genommen zweimal vor der Aufgabe, ein Team zu bilden, nämlich einmal ein „Angebotsteam" zur Erstellung eines Angebotes und einmal das endgültige „Projektteam" nach Auftragserteilung:

- **Bildung eines Angebotsteams:** Bei der Erstellung eines Projektangebots handelt es sich um einen wichtigen Geschäftsprozess für das Unternehmen, denn die Qualität des Angebots entscheidet in erheblichem Maße darüber, ob der Projektauftrag akquiriert und damit letztlich der Fortbestand des Unternehmens gesichert werden kann. Dabei sei daran erinnert, dass Angebote für Projekte – anders als für andere Vorhaben – keineswegs eine Routineangelegenheit darstellen. Entsprechend ist der Betrieb gut beraten, ein kompetentes Angebotsteam mit dieser Aufgabe zu betrauen, welches aus versierten Fachleuten unterschiedlicher Disziplinen zusammengesetzt ist.[1] Ist das Angebot fertiggestellt und versendet, hat dieses Team seinen Auftrag erfüllt.
- **Bildung des endgültigen Projektteams:** Das eigentliche Projektteam wird erst nach Auftragserteilung durch den Auftragnehmer zusammengestellt. Diesem Team liegt bereits die grobe Projektplanung aus dem Angebot vor. Es arbeitet nun Detailpläne aus und führt das Projekt durch. Ist das Projekt erfolgreich abgewickelt, hat das Projektteam seinen Auftrag erfüllt.

Da bei der Bildung des Angebotsteams und des Projektteams grundsätzlich sehr ähnliche Aufgaben für das Projektmanagement anfallen, werden in diesem Kapitel beide

---

[1] In kleinen Unternehmen kann diese Aufgabe auch der spätere Projektleiter übernehmen, der sich von entsprechenden Zulieferern und anderen externen Fachleuten beraten lassen kann.

© Springer Fachmedien Wiesbaden 2015
R. Felkai, A. Beiderwieden, *Projektmanagement für technische Projekte*,
DOI 10.1007/978-3-658-10752-9_5

Prozesse gemeinsam behandelt. Auf spezifische Aspekte der Angebots- oder Projektteambildung wird ausdrücklich hingewiesen.

5.1.2   Zusammensetzung des Angebotsteams

Das Angebotsteam besteht üblicherweise aus einem Angebotsteamleiter (im Normalfall der spätere Projektleiter), einem Systemingenieur (bei entsprechender Projektgröße), den betreffenden Teilsystemingenieuren, einem kaufmännischen Fachmann, einem Qualitätsmanager, einem Vertragsfachmann sowie bei Bedarf aus weiteren Spezialisten.

5.1.3   Zusammensetzung und Aufgabenbereiche des Projektteams

Der Begriff „Projektteam" wird in der betrieblichen Praxis unterschiedlich ausgelegt. So gibt es beispielsweise die Auffassung, dass die Teammitgliedschaft an eine bestimmte Anzahl von Stunden der Mitarbeit an einem Projekt oder an eine bestimmte Führungsebene geknüpft ist. Die DIN 69901-5 versteht unter einem Projektteam „alle Personen, die einem Projekt zugeordnet sind und zur Erreichung des Projektzieles Verantwortung für eine oder mehrere Aufgaben übernehmen"[2]. Dabei kann der Begriff der „Verantwortung" jedoch unterschiedlich interpretiert werden: Handelt es sich um die rein juristische Verantwortung oder um eine moralische Verantwortung?

Beispiel: Trägt der Monteur, der für eine zusätzliche Bohrung in die Treibstoffzufuhr einer Rakete ein Tuch im Rohr (zum Schutz vor Metallspänen) angebracht und dann versehentlich darin zurückgelassen hatte, keine Verantwortung für den Absturz der Rakete, der letztlich auf dieses Tuch zurückzuführen war? Juristisch wäre sein Vorgesetzter, moralisch aber auch er (mit-) verantwortlich für dieses Unglück.

Aus Sicht der Autoren ist der Verantwortungsbegriff nicht nur auf die Vorgesetzten, sondern auch auf die ausführenden Projektmitarbeiter zu beziehen. Im Folgenden gehören deshalb *alle* Projektmitarbeiter des Auftragnehmerunternehmens (einschließlich Konstrukteuren, Fertigungsmitarbeitern, Monteuren, Versuchsingenieuren usw.) zum Projektteam.

Innerhalb des Projektteams sollen noch einmal das „Kernteam", das aus den „Schlüsselpersonen" („Key Persons") besteht, und die „ausführenden Projektmitarbeiter" unterschieden werden (Abb. 5.1).

Das Kernteam
Der Begriff des „Kernteams" wird in der DIN 69901-5 nicht definiert. Zum Kernteam gehört nach Auffassung der Autoren, wer im Projekt …

---

[2] DIN Deutsches Institut für Normung (2009, DIN-Taschenbuch 472).

Abb. 5.1 Zusammensetzung des Projektteams

- … über ein hohes Maß an Verantwortung, Führungsbefugnis und Entscheidungsmacht verfügt (z. B. Projektleiter und Systemleiter) und
- … auf höchster hierarchischer Ebene eine Fachdisziplin vertritt (z. B. Teilsystemleiter) und
- … von Anfang bis Ende mitarbeitet – wenn auch mit Unterbrechungen (wie etwa der Vertragsfachmann).

Die im Folgenden vorgestellten Schlüsselpersonen führen vorrangig Managementaufgaben aus und sind bis auf den Vertragsfachmann durchgehend am Projekt beteiligt. Dabei sollte der Projektleiter gegenüber allen Kernteammitgliedern (mit Ausnahme des Qualitätsmanagers) weisungsbefugt sein, denn er trägt die alleinige Verantwortung für den Projekterfolg.

- Der **Projektleiter** ist allein verantwortlich für die Erfüllung des Projektauftrags bzw. -vertrags und damit für die Erreichung der Sach-, Termin- und Kostenziele. Entsprechend verfügt er über die höchste Entscheidungsbefugnis im Projektteam. Er stellt das Team zusammen, koordiniert alle unternehmensinternen wie auch -externen Aktivitäten, motiviert das Projektteam und ist verantwortlich für die Vorbereitung und Durchführung aller großen Meilensteintermine bzw. Überprüfungen („Reviews"). Bei kleineren Projekten übernimmt der Projektleiter, wenn er fachlich ausreichend qualifiziert ist, die Aufgaben der nachfolgenden Kernteammitglieder.
- Der **Systemleiter** (Systemingenieur) ist für die Entwicklung eines kohärenten (widerspruchsfreien) sowie sachgerechten Gesamtsystems verantwortlich. Dazu überwacht er die Erstellung aller Anforderungskataloge und die Erfüllung dieser Anforderungen, koordiniert und überwacht die Kommunikation zwischen den Teilsystemleitern und verantwortet die Beschreibung und Abstimmung aller Schnittstellen. Daneben wirkt er mit bei der Entwicklung des Entwicklungskonzepts (Kap. 8). Schließlich überwacht er alle kritischen Größen (projektabhängig) wie etwa Gewicht, Volumen, elektrische Leistung usw.
- Der **Teilsystemleiter** (Teilsystemingenieur, Subsystem-Manager) ist für die Entwicklung eines kohärenten (widerspruchsfreien) und sachgerechten Teilsystems sowie für die Einhaltung der damit verbundenen Termine und Kosten verantwortlich. Zu diesem Zweck koordiniert er alle Aktivitäten innerhalb des Teilsystems. Er hat hinsichtlich der

Technik seines Teilsystems dieselben Aufgaben wie der Systemleiter und ist darüber hinaus für die Kosten und für die Termine verantwortlich.

- Der **Projektkaufmann/Controller** ist verantwortlich für die rechtzeitige Erhebung, Auswertung und Weiterleitung von Informationen zu Kosten und Terminen. Er ermittelt frühzeitig die anfallenden Kosten aus den einzelnen Mengengerüsten und überwacht die Einhaltung von Terminen und Kosten sowie die zugehörige Berichterstattung. Er informiert und berät die Projektleitung regelmäßig sowie bei außerordentlichen Vorkommnissen. Darüber hinaus ist er für die Verwaltung der Zeitpläne, der Projektkosten und die Freigabe von Arbeitsaufträgen und Bestellungen zuständig.

- Der **Qualitätssicherungsfachmann** ist verantwortlich für die Erreichung der Qualitätsziele. Dazu entwickelt er einen Qualitätsplan und stimmt diesen mit der Projektleitung ab. Anschließend koordiniert und überwacht er alle Maßnahmen, die sich aus dem Qualitätsplan ergeben. Er ist nicht dem Projektleiter, sondern in der Regel der Geschäftsleitung unterstellt, um seine Unabhängigkeit zu wahren. Können sich der Projektleiter und der Qualitätssicherer nicht einigen, müssen sie die nächsthöhere Ebene aufsuchen.

- Der **Vertragsfachmann** ist verantwortlich dafür, dass alle Vereinbarungen mit Vertragspartnern juristisch korrekt formuliert werden. Er verhandelt und entwickelt alle Verträge, die mit dem Auftraggeber sowie allen Unterauftragnehmern abzuschließen sind. Darüber hinaus wird er eingeschaltet, sofern im weiteren Projektverlauf Nachforderungen einer Vertragspartei gestellt werden.

Bei Großprojekten wird das Kernteam häufig um einen Konfigurations- und einen Dokumentationsmanager ergänzt. Die Leitungsbefugnis des Projektleiters bleibt dabei unberührt.

Ausführende Projektmitarbeiter
Ausführende Projektmitarbeiter sind in vielen Fällen nur zeitweise am Projekt beteiligt:

- Konstrukteure
- Fertiger
- Monteure
- Transporteure
- Versuchsingenieure.

Abhängig vom Projekt kommen entsprechende Spezialisten wie etwa Thermalingenieure, Hochfrequenztechniker, Strukturmechaniker, Elektriker, Elektroniker, IT-Spezialisten usw. dazu, die ebenfalls den Projektmitarbeitern zugerechnet werden, sofern sie nicht als Verantwortungsträger (z. B. Teilsystemleiter) eingesetzt sind.

5.1.4 Mitglieder des Angebotsteams in das Projektteam?

Grundsätzlich stellt sich die Frage, ob Mitglieder des Angebotsteams in das endgültige Projektteam übernommen werden sollen. Dafür sprechen drei gute Gründe:

- Sind die Projektteammitglieder von Anfang an dabei, so identifizieren sie sich im späteren Projektverlauf mehr mit ihrem Projekt, als wenn sie ein unbekanntes Projekt vorgesetzt bekommen, denn sie haben ja selbst an den Weichenstellungen mitgewirkt. Entsprechend ist das Konfliktrisiko erheblich geringer.
- Führen die Mitglieder des Angebotsteams das Projekt selbst durch, so müssen sie erheblich weniger Informationen kommunizieren, als wenn sie ein neues Team einzuweisen hätten. Damit sinkt das Risiko von Kommunikationsproblemen – und diese können insbesondere zu Projektbeginn verhängnisvolle Folgen haben.
- Das klassische Problem, dass profitmotivierte Vertriebsmitarbeiter Projektaufträge zu unrealistischen Kosten- und Zeitbedingungen akquirieren, ist ausgeschaltet.

In diesem Zusammenhang soll auf ein Problem hingewiesen werden, das mit der Einbindung „alter Hasen" in das Angebotsteam verbunden sein kann: Je mehr erfahrene Praktiker im Angebotsteam vertreten sind, desto größer ist das Risiko, dass sie auf Grund ihres erfahrungsbedingten Problembewusstseins mit vielen Vorbehalten und Detailproblemen zu vorsichtig an die Angebotserstellung herangehen und damit Projektdauer und Preis in die Höhe treiben. Das erhöht natürlich das Risiko, den Auftrag nicht zu erhalten. Aus Sicht der Autoren sollten dennoch erfahrene Praktiker in das Angebotsteam berufen und explizit auf dieses Risiko aufmerksam gemacht werden.

5.1.5 Optimale Teamgröße

Die optimale Teamstärke ist von der Größe und der Komplexität des Projekts abhängig. So ist für die Entwicklung und Markteinführung eines neuen Flugzeugtyps ein erheblich größeres Team erforderlich als für die Weiterentwicklung eines LKW-Getriebes. Der Projektleiter sollte dabei jedoch bemüht sein, sein Team so klein wie möglich zu halten. Aus Sicht der Autoren ist daher das goldene Prinzip anzuwenden: „So klein wie möglich, so groß wie nötig".

5.2   Was ist zu tun?

5.2.1   Ermitteln des Personalbedarfs

In den Vorüberlegungen wurde erläutert, warum sowohl zur Angebotserstellung als auch zur Projektdurchführung ein qualifiziertes Team zusammengestellt werden sollte. In beiden Fällen ist zunächst der entsprechende Personalbedarf zu ermitteln.

Zu diesem Zweck wird die eingegangene Ausschreibung bzw. Anfrage des Auftraggebers sorgfältig analysiert und aus den technischen Anforderungen an das zu entwickelnde System die Zusammensetzung des optimalen Teams abgeleitet.

5.2.2   Zusammenstellen des Teams

Zur Teamzusammenstellung sind zunächst vorrangig zwei Fragen zu beantworten:

- Welche Kompetenzen müssen die Mitglieder des Teams aufweisen?
- Welche Schlüsselverantwortlichen und welche Mitarbeiter sind tatsächlich verfügbar?

5.2.2.1   Erforderliche Kompetenzen
Jedes Mitglied des Kernteams – im Idealfalle auch des gesamten Projektteams – sollte über nachfolgende Kompetenzen verfügen. Sofern Kompetenzen für bestimmte Funktionen in besonderem Maße verlangt werden, wird im Folgenden darauf hingewiesen.

- **Sozialkompetenz** (Kommunikations-, Kritik- und Konfliktfähigkeit, Fähigkeit zur Motivation und Integration, Eloquenz, Glaubwürdigkeit, Zuverlässigkeit, Empathie, Toleranz, Loyalität): Diese ist eine notwendige Voraussetzung für eine Mitgliedschaft im Projektteam und wird in besonderem Maße dem Projektleiter wie auch den anderen Führungskräften abverlangt. Viele Projekte scheitern auf Grund von Defiziten in der Sozialkompetenz ihrer Führungskräfte. Vertiefende Hinweise zu sozialen Aspekten der Mitarbeiterführung sind Gegenstand von Kap. 15.
- **Fachkompetenz** (Ausbildung, Berufserfahrung): Die Projektleiter und Systemleiter sollten Generalisten sein und über ein fachübergreifendes Problembewusstsein verfügen. In der Funktion des Systemleiters haben sich in komplexen technischen Projekten besonders Physiker bewährt. Die Teilsystemleiter, der Qualitätssicherer und der Vertragsfachmann müssen als Spezialisten hingegen über gute spezifische Fachkenntnisse verfügen.
- **Kreativität:** Diese wird vor allem zu Projektbeginn verlangt, wenn neuartige Lösungen entwickelt werden müssen. Hier werden kreative Querdenker gebraucht, die tradierte Denkpfade verlassen können.
- **Planerisch systematisches Handeln:** Diese Kompetenz wird allen Teammitgliedern vor allem im späteren Projektverlauf (Planung, Realisierung) abverlangt. Dabei geht es

darum, plausibel und nachvollziehbar vorzugehen. Zu Projektbeginn ist diese Kompetenz eher hinderlich (siehe Kreativität).

- **Detailverliebtheit:** Auch diese Kompetenz ist im späteren Projektverlauf von Vorteil: Der betreffende Mitarbeiter darf einen Hang zum „Perfektionismus" mitbringen und ein Interesse daran haben, die Vorgabe bis ins kleinste Detail realisieren.
- **Führungskompetenz:** Die Übernahme von Verantwortung geht in den meisten Fällen mit Menschenführung einher. Das gilt weniger für den Controller und den Vertragsfachmann. Diese wird in Kap. 15 vertieft.
- **Disziplin und Konsequenz:** Diese Kompetenzen sollten der Projekt-, der Systemleiter und der Controller in besonderem Maße mitbringen, da sie häufig unbequeme Sachverhalte thematisieren müssen.
- **Seelische Robustheit/Belastbarkeit:** Die meisten Projekte bringen vor allem den Projektleiter, den Systemleiter sowie die Teilsystemleiter früher oder später an ihre psychischen Grenzen.
- **Durchsetzungsvermögen:** Der Mitarbeiter bleibt sich und den Projektzielen treu und lässt sich nicht durch dominante Gesprächspartner verunsichern. Gleichzeitig muss er in der Lage sein, zuhören zu können und nicht nur seine Meinung „durchzuboxen".
- **Verhandlungsgeschick:** Nicht nur der Vertragsfachmann, sondern alle Schlüsselpersonen finden sich regelmäßig in Verhandlungssituationen wieder – auch dann, wenn es sich um technische Funktionen handelt. Das gilt insbesondere für den Projektleiter. Gute Verhandlungsführer streben immer eine „Win-win-Situation" an. Sie wissen zwar, dass es ihnen unter Umständen gelingen kann, den Verhandlungspartner zu übervorteilen, aber nur einmal, denn auf diese Weise kann man keine langfristige Geschäftspartnerschaft aufbauen. Vielmehr versuchen gute Verhandlungsführer durch faires und ehrliches Verhalten das Vertrauen des Verhandlungspartners zu gewinnen um darauf aufbauend für beide Seiten vorteilhafte Ergebnisse zu erzielen. Dabei beobachten sie aufmerksam das Verhalten des Verhandlungspartners, denn sie wissen, dass manche Verhandlungspartner Fairness und Aufrichtigkeit als Schwäche missdeuten und auszunutzen versuchen. In solchen Fällen ändern sie ihre Strategie und zeigen sich konfliktbereit oder ziehen andere Verhandlungspartner vor.
- **Projekterfahrung:** Diese fördert das Problembewusstsein in der Praxis und ist durch keine Ausbildung zu ersetzen.
- **Zuverlässigkeit:** Jedes Mitglied des Projektteams muss absolut zuverlässig sein, Zusagen einhalten und verlässlich umsetzen. Das gilt insbesondere für den Controller.

5.2.2.2 Verfügbarkeit von Mitarbeitern

Mit dem ermittelten Personalbedarf vor Augen sucht der Projektleiter die betreffenden Fachabteilungsleiter bzw. Linienvorgesetzten auf und handelt mit ihnen nach und nach aus, welche Fachleute für die Angebotserstellung bzw. die Projektdurchführung abgestellt werden können („Kuhhandelsprinzip"). Das setzt natürlich voraus, dass der Projektleiter die Kompetenzen der betreffenden Mitarbeiter einschätzen kann. Doch häufig sind diese Wunschkandidaten nicht oder nur eingeschränkt verfügbar. Möglicherweise sind sie für andere Aufgaben in der Linie oder für weitere Projekte eingeplant. Zusagen der betreffenden Linienvorgesetzten zur Verfügbarkeit ausgewählter Mitarbeiter sollte sich der Projektleiter schriftlich bestätigen lassen.

Möglicherweise sehen ausgewählte Mitarbeiter aber auch einem Krankenhausaufenthalt entgegen, planen einen Urlaub oder werden sogar das Unternehmen verlassen. Sofern der Betrieb nicht über die erforderlichen Mitarbeiter verfügt, bleibt in vielen Fällen die Möglichkeit der Weiterqualifizierung von Mitarbeitern oder die Inanspruchnahme von Personalleasingunternehmen.

5.2.3   Vorbereiten der Startsitzung

Ist das Team zusammengestellt, wird es zu einer ersten gemeinsamen Startsitzung (häufig als „Kick-off-Meeting" bezeichnet) zusammengerufen. Eine Startsitzung für ein Angebotsteam kann etwa einen Vormittag und für ein Projektteam einen ganzen Tag in Anspruch nehmen. Diese Zeit ist sehr gut investiert und erspart viel Zeit und Ärger im späteren Projektverlauf.

5.2.3.1   Zielsetzung der Startsitzung
Üblicherweise verfolgt jede Startsitzung folgende Ziele:

- **Ziel 1:** Alle Teammitglieder lernen sich persönlich und ihre fachlichen Zuständigkeitsbereiche spätestens jetzt untereinander kennen.
- **Ziel 2:** Alle Teammitglieder werden zu relevanten Aspekten des Projekts sowie des Projektmanagements auf denselben Informationsstand gebracht.
- **Ziel 3:** Alle Teammitglieder werden über ihre Aufgaben- und Verantwortungsbereiche informiert und erforderliche Qualifikationsmaßnahmen abgestimmt.
- **Ziel 4:** Mit allen Teammitgliedern werden verbindliche Verhaltensregeln vereinbart.

Dabei wäre es ein schlechter Einstieg für den Projektleiter, wenn er auf wichtige Fragen rund um das Projekt und das Projektmanagement keine Antwort geben könnte. Sein neues Team wäre verärgert und würde von Anfang an seine Kompetenz anzweifeln – ein schlechter Eindruck, der sich im Projektverlauf kaum wieder ausräumen ließe. Deshalb ist eine sorgfältige Vorbereitung der Startsitzung erforderlich.

5.2.3.2   Klärungsbedarf zum Auftraggeber und dessen Projekt

- **Auftraggeber:** Wer ist der Auftraggeber, welcher Branche gehört er an und welche Bedeutung hat er? Gibt es Erfahrungen mit diesem Auftraggeber?
- **Projektanlass:** Warum soll dieses Projekt durchgeführt werden? Was war der Anlass? Welches Problem des Auftraggebers liegt dieser Ausschreibung bzw. dieser Anfrage zu Grunde?

- **Projektziele und Detailanforderungen:** Was genau möchte der Auftraggeber mit diesem Projekt erreichen? Sind die Ziele sachgerecht und unmissverständlich formuliert? Liegen die technischen Anforderungen und die zu erbringenden Leistungen vollständig vor? Sind diese noch verhandelbar? Hinweise dazu liefert Kap. 3.
- **Durchführbarkeit:** Ist das Projekt technisch machbar? Ist die Finanzierung gesichert? Stehen dem Projekt bedeutende Interessen entgegen? Lohnt sich das Projekt? Hinweise dazu liefert Kap. 4.
- **Technisches Lösungskonzept:** Gibt es bereits ein technisches Lösungskonzept? Wenn ja, wie weit ist es entwickelt? Ist es noch verhandelbar? Hinweise dazu liefert Kap. 7.
- **Randbedingungen:** Wird die Freiheit des Auftragnehmers eingeschränkt durch Randbedingungen jeglicher Art (z. B. rechtliche Vorgaben, eingeschränkte Zugangszeiten zu Räumlichkeiten, Fragen der Geheimhaltung gegenüber Öffentlichkeit, Auftraggeber und Unterauftragnehmer usw.)?
- **Projektbudget:** Wie hoch ist das Projektbudget und wann stehen welche Beträge zur Verfügung? Sind Beträge zweckgebunden oder frei verfügbar? Der Projektleiter muss von Projektbudget zumindest eine Vorstellung haben, sie ggf. sogar kennen, allerdings in der Startsitzung nicht unbedingt bekannt geben.
- **Termine/Meilensteine:** Wann muss was genau fertig sein? Gibt es bereits definierte Meilensteinergebnisse bzw. Meilensteintermine und einen Endtermin? Wie ist der letzte Stand? Sind Änderungen zu erwarten?
- **Einbindung des Auftraggebers:** Will bzw. sollte der Auftraggeber oder ein befugter Stellvertreter ganz oder teilweise an der Startsitzung teilnehmen? Wenn ja, zu welchen TOPs? Welche internen Informationen sind dabei unbedingt zurückzuhalten? Welche Maßnahmen könnten dazu nötig sein (z. B. vorherige Information des Teams, Zerlegen der Veranstaltung in einen Teil mit und ohne Auftraggeber)?

5.2.3.3   Klärungsbedarf zu den zukünftigen Teammitgliedern

- **Name, Vorname:** Wie heißen die einzelnen Mitarbeiter genau? Wie werden die Namen (insbesondere ausländische) richtig geschrieben und ausgesprochen?
- **Qualifikation, Berufs- und Projekterfahrung?**
- **Fachabteilung und dortige Funktion?**
- **Charakter/Mentalität:** Um was für einen Typ handelt es sich? Wie lässt sich der Mitarbeiter charakterisieren? Welche Stärken und Schwächen zeichnen ihn aus? Was motiviert ihn (Kap. 15)?
- **Geplanter Aufgabenbereich:** Welche Tätigkeiten soll der Mitarbeiter im Projektverlauf übernehmen?
- **Qualifikationsbedarf:** Welche Fort- und Weiterbildungen sind erforderlich, um die geplanten Aufgaben wahrnehmen zu können (ggf. mit dem Leiter der Fachabteilung abzustimmen)?
- **Erwartungen:** Welche Vorstellungen hat der Mitarbeiter von seiner Rolle im Projekt?

- **Kompatibilität der Mitarbeiter:** Verstehen sich die Mitarbeiter untereinander? Sind Konflikte bekannt oder abzusehen? Haben sie schon zusammen gearbeitet – und wenn ja, wie erfolgreich (Kap. 15)?
- **Mögliche Hindernisse:** Sind laufende, anstehende andere Projekte, Urlaub, Schwangerschaft, mögliche Krankheiten oder wichtige Anliegen des Projektmitarbeiters, welche seine Arbeit beeinträchtigen könnten, zu berücksichtigen?

5.2.3.4 Klärungsbedarf zum Projektmanagement

Nun kann der Projektleiter die Früchte der bereits eingerichteten Projektinfrastruktur (Kap. 2) ernten, denn viele der nachfolgenden Fragen wurden dort projektübergreifend beantwortet und in einem Projekthandbuch dokumentiert (Abschn. 2.2.7):

- **Organisation:** Wie ist das Projekt in die Unternehmensorganisation eingebunden (Hinweise dazu finden Sie in Abschn. 2.2.2.)?
- **Vorgehensmodelle:** Soll ein bestimmtes Vorgehensmodell (vor allem Phasen- oder Prozessmodell, V-Modell usw.) angewendet werden Wie sind die Phasen/Prozesse definiert (Hinweise dazu finden Sie in Abschn. 2.2.3.)?
- **Informations-/Berichtswesen:** Wann muss wer, wen, wie, worüber informieren? Welche Formulare sind zu verwenden? Welche Regeln sind zu beachten? Wie oft finden welche Besprechungen statt („Besprechungsfrequenz") und wer muss dabei sein (Hinweise dazu finden Sie in Abschn. 2.2.4.)?
- **Dokumentationssystem:** Wie ist das Dokumentationssystem ausgestaltet und wie muss es genutzt werden? Wie sind die Schnittstellen zum Konfigurationsmanagement (Hinweise dazu finden Sie in Abschn. 2.2.5.)?
- **Verhaltensregeln:** Für das gesamte Projekt ist zu klären: Wie wollen wir miteinander umgehen? Wie verhalte ich mich, wenn mein Linienvorgesetzter mir andere Aufgaben überträgt und es zu Überschneidungen kommt usw. (Hinweise dazu finden Sie in Abschn. 2.2.6.)?
- **Projekthandbuch:** Gibt es ein Projekthandbuch? Wenn ja, muss es ergänzt bzw. aktualisiert werden? Liegt jedem Mitarbeiter das Projekthandbuch vor, bzw. hat jeder Mitarbeiter unbeschränkten Onlinezugang zum Projekthandbuch? Sind alle Angaben im Projekthandbuch nachvollziehbar und akzeptabel, so dass es in der Startsitzung als verbindliche Projektgrundlage vorgegeben werden kann (Hinweise dazu finden Sie in Abschn. 2.2.7.)?
- **Konfigurationsmanagement:** Wie werden Änderungen und Konfigurationen im Projektverlauf gemanagt? Wie sind die Schnittstellen zum Dokumentationsmanagement? Gibt es bereits einen Konfigurationsmanagement-Plan (Hinweise dazu finden Sie in Abschn. 12.2.3.)?

Grundsätzlich kann und wird es trotz gründlicher Vorbereitung immer wieder vorkommen, dass Fragen gestellt werden, die der Sitzungsleiter spontan nicht beantworten kann. Solche Fragen sollten im Protokoll dokumentiert und so bald wie möglich beantwortet und an die Besprechungsteilnehmer weitergeleitet werden. In so einer Situation ist es besser, Kenntnislücken einzugestehen, als falsche Antworten zu riskieren.

5.2.3.5   Erstellung einer TOP-Liste für die Startsitzung

Folgende Tagesordnungspunkte haben sich für eine Startsitzung – sowohl für das Angebotsteam als auch für das endgültige Projektteam – vielfach bewährt und bauen auf die oben beschriebene Vorbereitung auf:

Tagesordnungspunkte (TOPs) für die Startsitzung

TOP 1:   **Begrüßung**
Neben der eigentlichen Begrüßung stellt sich zunächst nur der Projektleiter vor.

TOP 2:   **Einstiegsformalitäten**
Protokollführung, Sitzungsziele, angestrebte Sitzungsdauer.

TOP 3:   **Vorstellungsrunde**
Name, Fachabteilung, Funktion: Hier sollen nur projektrelevante Informationen mitgeteilt werden, dazu erhält jeder Teilnehmer maximal 3 Minuten.

TOP 4:   **Projektziele**
siehe: Sitzungsvorbereitung.

TOP 5:   **Termine und Meilensteine**
siehe: Sitzungsvorbereitung.

TOP 6:   **Randbedingungen**
siehe: Sitzungsvorbereitung.

TOP 7:   **Vorgesehene Aufgabengebiete (nur: Projektteamsitzung)**
Dieser TOP gilt nicht für das Angebotsteam sondern bezieht sich ausschließlich auf die Projektteamsitzung. Hier soll jeder Projektmitarbeiter ein Statement abliefern, dass er seine Aufgaben gemäß der ihm bekannten Arbeitspaketbeschreibungen erfüllt und die entsprechenden Ergebnisse verantwortet. Hier werden auch Fortbildungsmaßnahmen besprochen.

TOP 8:   **Informations-/Berichtswesen, Dokumentationssystem und Konfigurationsplan**
siehe: Sitzungsvorbereitung, hier auch: Besprechungsfrequenz.

TOP 9:   **Verhaltensregeln**
siehe: Sitzungsvorbereitung.

TOP 10: Sonstiges
- Haben die Teilnehmer Fragen/Anliegen?
- Anbieten eines Vier-Augengesprächs für persönliche Anliegen nach der Sitzung

- Kontaktdaten aller Teammitglieder
- Hinweis auf das Projekthandbuch (Abschn. 2.2.7)
- Ansprechpartner bei Fragen im weiteren Projektverlauf
- Termin und Ort der nächsten Sitzung.

TOP 11: To do's – Wer macht was bis wann?
Diese werden im Formular „Aktionsliste" (Werkzeug 2.4.2) dokumentiert.

5.2.4 Moderieren der Startsitzung

Die Moderation der Startsitzung für das Angebotsteam bzw. das Projektteam übernimmt üblicherweise der zukünftige Projektleiter. Grundsätzlich gelten dabei die Ausführungen aus Kap. 14 (Leiten von Besprechungen). Tagesordnungspunkte, die bereits im Projekthandbuch (Abschn. 2.2.7) geregelt sind, sollten an dieser Stelle noch einmal explizit vorgestellt und im Einzelnen vereinbart werden. Ein einfacher Hinweis auf das Projekthandbuch reicht nicht aus, da zu oberflächlich über wichtige Aspekte hinweggegangen und keine ausreichende Verbindlichkeit erzeugt würde.

Am Ende der Startsitzung bestätigt jeder Teilnehmer schriftlich, dass er ...

- ... die vorgestellten Informationen (explizit aufzuführen) erhalten und verstanden hat
- ... für die ihm zugewiesenen Aufgabenbereiche (explizit aufzuführen) verantwortlich ist
- ... sich an vorgestellte Verhaltensregeln (explizit aufzuführen) halten wird.

Es ist vom großen Vorteil, wenn jeder Teilnehmer das unterschriebene Protokoll bereits am Ende der Besprechung ausgehändigt bekommt. In der Startsitzung wie auch in anderen wichtigen Besprechungen ist es üblich, dass alle Teilnehmer ihre Anwesenheit schriftlich bestätigen.

Schließlich sollte noch die Chance genutzt werden, Visitenkarten wichtiger Ansprechpartner auszutauschen, um fortan über alle Kontaktdaten zu verfügen.

5.3 Beispielprojekt NAFAB

Eine erhebliche technische Herausforderung bestand darin, einen Sensor in einem Höhenbereich von 1,5 bis etwa 10 m (8,5 m Hubweg) mit einer Genauigkeit von $\pm 0,1$ mm zu positionieren, wobei die Temperatur dort bis zu 15 °C schwanken konnte. Nachdem diese Kundenanforderungen vom Projektleiter mit Unterstützung eines Elektronikers und eines Informatikers auf ihre Durchführbarkeit überprüft worden waren (Abschn. 4.3), wurde eine Empfehlung an den Lenkungsausschuss ausgesprochen, das Projekt durchzuführen.

Dieser genehmigte die Angebotserstellung und gab das Budget zur Angebotserstellung (welches nicht mit dem späteren Projektbudget zu verwechseln ist) frei.

Damit konnte das Angebotsteam zusammengestellt werden, welches aus zeitweise bis zu 15 Fachleuten bestand. Mitglieder des Angebotsteams waren: Der Projektleiter (der zugleich die Teilsystemleitung Mechanik wahrnahm), ein Teilsystemleiter Elektrik & Elektronik, ein Konstrukteur, ein Fertigungsfachmann, ein Versuchsingenieur, ein Projektkaufmann, ein Firmenjurist und ein Qualitätsingenieur.

Nach Auftragserteilung wurde das endgültige Projektteam zusammengestellt. Dieses bestand aus einem fünfköpfigen Kernteam (ein Projektleiter, ein Teilsystemleiter Elektrik & Elektronik, ein Mitarbeiter der Qualitätssicherung, ein Projektkaufmann und ein Firmenjurist) sowie weiteren 30 Projektmitarbeitern (vier Elektroniker, zwei Qualitätsfachleute, sechs Konstrukteure, zwölf Fertiger, zwei Kaufleuten, drei Versuchsingenieure und ein Fahrer). Damit gehörten dem Projektteam also insgesamt 35 Mitarbeiter an. Im Durchschnitt zählte das Projektteam jedoch nur rund zwölf Personen, da einige Mitarbeiter häufig auch in anderen Projekten eingesetzt waren.

5.4   Werkzeuge

5.4.1   Checkliste: Projektteam

Checkliste: Projektteam
1 Eignung
☐ Verfügt der Mitarbeiter über die erforderliche Sozialkompetenz?
☐ Verfügt der Mitarbeiter über die erforderliche Fachkompetenz?
☐ Ist der Mitarbeiter hinreichend kreativ (vorrangig erste Projektphasen)?
☐ Handelt der Mitarbeiter planerisch systematisch (vorrangig spätere Projektphasen)?
☐ Ist der Mitarbeiter hinreichend am Detail interessiert (vorrangig spätere Projektphasen)?
☐ Verfügen Projekt-, System-, Teilsystemleiter über erforderliche Führungskompetenz?
☐ Ist der Mitarbeiter ausreichend diszipliniert und konsequent?
☐ Ist der Mitarbeiter psychisch und physisch hinreichend belastbar?
☐ Kann sich der Mitarbeiter in Sachfragen entschlossen durchsetzen?
☐ Verfügt der Mitarbeiter über das erforderliche Verhandlungsgeschick?
☐ Verfügt der Mitarbeiter über eine ausreichende Projekterfahrung?
☐ Ist der Mitarbeiter zuverlässig?
☐ Ist der Mitarbeiter hinreichend motiviert oder eher Gegner dieses Projekt?
☐ Verstehen sich die Teammitglieder untereinander?
2 Verfügbarkeit
☐ Stellt der Linienvorgesetzte den Mitarbeiter frei?
☐ Sind betriebliche Abordnungen im Projektzeitraum unwahrscheinlich?
☐ Ist der Mitarbeiter in erforderlicher körperlicher und seelischer Verfassung?
☐ Wird der Mitarbeiter mittelfristig im Unternehmen bleiben?

5.4.2 Checkliste: Vorbereitung der Startsitzung

Checkliste: Vorbereitung der Startsitzung (Teil I)

1 Klärungsbedarf zum Auftraggeber und dessen Projekt

☐ Können Sie den Auftraggeber und seine Bedeutung einordnen?

☐ Können Sie den Projektanlass (Ausgangsproblem des Auftraggebers) beschreiben?

☐ Können Sie die Projektziele und die Detailanforderungen des Auftraggebers ...

    ☐ ... hinreichend ausführlich vorstellen (ggf. als Teilnehmerunterlage kopieren)?

    ☐ ... noch verhandeln?

☐ Wissen Sie, ob es bereits ein (ggf. noch verhandelbares) Lösungskonzept gibt?

☐ Können Sie etwas über zu beachtende Randbedingungen aussagen?

☐ Kennen Sie das Projektbudget und wenn ja, wollen Sie es mitteilen?

☐ Können Sie relevante Termine (Meilensteine, Endtermin) benennen?

☐ Soll der Auftraggeber an der Sitzung teilnehmen? Wenn ja, ...

    ☐ ... zu welchen TOPs – und wann (z. B. besser am Sitzungsende)?

    ☐ ... welche Informationen sind ihm gegenüber unbedingt zurückzuhalten?

    ☐ ... welche weiteren Vorbereitungsmaßnahmen könnten dazu nötig sein?

2 Klärungsbedarf zu den zukünftigen Teammitgliedern

☐ Können Sie die Namen (besonders ausländische) korrekt aussprechen und schreiben?

☐ Sind Ihnen die Fachabteilung und die dortige Funktion der Mitarbeiter bekannt?

☐ Kennen Sie die Qualifikation, Berufs- und Projekterfahrung der Mitarbeiter?

☐ Sind Ihnen Aufgabenbereiche und Qualifizierungsmaßnahmen bekannt?

☐ Sind Ihnen Charakter des Mitarbeiters (Stärken, Schwächen usw.) bekannt?

☐ Sind Ihnen Erwartungen, Motivation, Vorbehalte dieses Mitarbeiters bekannt?

☐ Sind Ihnen mögliche Unverträglichkeiten mit anderen Teammitgliedern bekannt?

Checkliste: Vorbereitung der Startsitzung (Teil II)

3 Klärungsbedarf zum Projektmanagement

☐ Haben Sie die Einbindung des Projekts in die Organisation des Unternehmens geklärt?

☐ Verlangen Sie die Anwendung eines bestimmtes Vorgehensmodells?

☐ Sind Informations- und Berichtswesen sowie das Dokumentationssystem ...

    ☐ ... hinreichend vorbereitet bzw. vorinstalliert?

    ☐ ... Ihnen selbst hinreichend bekannt?

    ☐ ... für jeden Mitarbeiter zugänglich?

☐ Sind alle relevanten Verhaltensregeln ...

    ☐ ... aktualisiert/ergänzt?

    ☐ ... Ihnen hinreichend bekannt?

    ☐ ... für jeden zugänglich?

☐ Ist das PM-Handbuch mit allen relevanten Informationen ...

    ☐ ... aktualisiert?

    ☐ ... Ihnen selbst hinreichend bekannt?

    ☐ ... für jeden zugänglich?

4 Klärungsbedarf zur Rahmenorganisation

☐ Sind nachfolgende Vorbereitungen getroffen:

    ☐ Erstellung von Präsentation und ausreichend vielen Teilnehmerunterlagen

    ☐ Klärung von Termin, Raum und technischer Ausstattung

    ☐ Erstellung von Namenskarten

    ☐ Einladung aller Teilnehmer (mit TOP-Liste, Angaben zu Termin und Raum usw.)

    ☐ Wegweiser im Haus

    ☐ Catering

5.4.3 Checkliste: TOPs der Startsitzung

Checkliste: TOPs der Startsitzung
☐ TOP 1: Begrüßung
☐ TOP 2: Einstiegsformalitäten
☐ TOP 3: Vorstellungsrunde
☐ TOP 4: Projektziele
☐ TOP 5: Termine und Meilensteine
☐ TOP 6: Randbedingungen
☐ TOP 7: Vorgesehene Aufgabengebiete (nur Teamsitzung)
☐ TOP 8: Informationswesen/Dokumentationssystem/Konfigurationsplan
☐ TOP 9: Verhaltensregeln
☐ TOP 10: Sonstiges
☐ TOP 11: To Do's – Wer macht was bis wann?

5.5   Lernerfolgskontrolle

1.   Welche Arten von Team sind grundsätzlich zu unterscheiden?
2.   Wie sollte das Angebotsteam eines technischen Projekts im Idealfall zusammenge-
     setzt sein?
3.   Wie wird der Begriff „Projektteam" gemäß DIN 69901 definiert?
4.   Erläutern Sie, was man unter dem Begriff „Projektteam" im engeren und im weiteren
     Sinne verstehen kann.
5.   Wie ist das Kernteam eines technischen Projekts zu besetzen?
6.   Erläutern Sie, warum bestimmte Funktionen durchgehend und andere nur zeitweise
     am Projekt beteiligt sind.
7.   Welche Gründe sprechen dafür, Vertreter des Angebotsteams in das endgültige Pro-
     jektteam zu übernehmen?
8.   Welches Risiko ist mit der Übernahme von Vertretern des Angebotsteams in das end-
     gültige Projektteam verbunden?
9.   Wie lautet das „goldene Prinzip" für die optimale Teamgröße?
10. Welche Kompetenzen sollten bei den Mitarbeitern vorhanden sein?
11. Wie wird die Startsitzung alternativ bezeichnet?
12. Welche Ziele können mit einer Startsitzung verfolgt werden?
13. Welcher Klärungsbedarf zum Projekt und Auftraggeber ist zu erwarten?
14. Welcher Klärungsbedarf zum Projektteam ist zu erwarten?
15. Welcher Klärungsbedarf zum Projektmanagement ist zu erwarten?
16. Welche Tagesordnungspunkte kann eine Startsitzung beinhalten?
17. Warum sollten die Inhalte des Projekthandbuches an dieser Stelle explizit besprochen
     und vereinbart werden, anstatt auf die Gültigkeit des Projekthandbuches hinzuwei-
     sen?
18. Was sollten die Teilnehmer einer Startsitzung am Ende der Sitzung schriftlich bestä-
     tigen?

Erstellen eines Angebots

6

6.1 Vorüberlegungen

6.1.1 Juristische Einordnung

Um ein Projekt durchführen zu können, müssen Auftraggeber und Auftragnehmer einen Vertrag abschließen. Dazu bedarf es zweier „übereinstimmender Willenserklärungen", welche juristisch als „Antrag" und „Annahme" bezeichnet werden. Der Wille, sich rechtlich zu binden, muss dabei deutlich erkennbar sein. Eine Ausschreibung oder Anfrage des Auftraggebers ist daher kein Antrag, wohl aber ein verbindliches Angebot des Anbieters. Diese Verbindlichkeit kann der Anbieter durch entsprechende Klauseln einschränken oder aufheben.

Erteilt der Auftraggeber nach Erhalt eines verbindlichen Angebots in angegebener bzw. angemessener Frist den Auftrag ohne Änderungswünsche geltend zu machen, so nimmt er den Antrag im juristischen Sinne an und der Vertrag ist geschlossen. Stimmt er dem Angebot mit Änderungswünschen zu, so ist nun er derjenige, der den Antrag stellt und der Bieter kann nun darüber befinden, ob er diesen annimmt. In der Praxis gehen der Auftragserteilung im Normalfall Verhandlungen zu Vertragsdetails und Änderungswünschen voraus (Kap. 11).

Projektverträge zwischen rechtlich selbstständigen Organisationen (externe Projekte) gehören vorrangig zur Kategorie der Werkverträge[1], bei denen der Auftragnehmer gemäß § 631 BGB ein versprochenes Werk (also einen nachweisbaren Erfolg) schuldet, der Auftraggeber hingegen die vereinbarte Vergütung. Damit unterscheidet er sich vom Dienstvertrag (§ 611 BGB), bei dem der Auftragnehmer zur Leistung versprochener Dienste (unabhängig von deren Erfolg) verpflichtet ist. Umfangreiche industrielle Projektverträge können aber auch Kombinationen aus beiden Vertragsarten sowie des Kaufvertrags sein.[2]

---

[1] Vgl. Weber (2008).
[2] Vgl. ebd.

© Springer Fachmedien Wiesbaden 2015
R. Felkai, A. Beiderwieden, *Projektmanagement für technische Projekte*,
DOI 10.1007/978-3-658-10752-9_6

Dieser verpflichtet den Verkäufer einer Sache, die frei von Rechtsmängeln sein muss, zu übergeben und dem Käufer das Eigentum an der Sache zu verschaffen, der Käufer muss im Gegenzug den vereinbarten Kaufpreis bezahlen und die Sache abnehmen (§ 433 BGB).

6.1.2   Kaufmännische Bedeutung

Die Erstellung von Angeboten technischer Projekte ist eine sehr anspruchsvolle, interdisziplinäre und komplexe Aufgabe des Projektmanagements. Dabei geht es nicht nur darum, einen Auftrag zu erhalten und damit den Fortbestand des Unternehmens zu sichern, sondern gewollt oder ungewollt auch darum, ein langfristiges Unternehmensimage aufzubauen. Mit dem Angebot stellt der Bieter seine Kompetenz – ggf. aber auch seine Inkompetenz – unter Beweis, denn es erlaubt dem Auftraggeber und zukünftigen potenziellen Kunden einen Einblick in seine Arbeitsweise („Blick in seine Küche"). Ein Angebot ist daher auch stets ein Marketinginstrument. Seine Erstellung sollte sehr ernst genommen und im Idealfall von einem kompetenten Angebotsteam durchgeführt werden (Kap. 5). In Großprojekten der Schiff-, Luft- und vor allem der Raumfahrt kann die Angebotserstellung mehrere Mio. Euro kosten und stellt eine erhebliche Vorleistung des Bieters dar, denn im Normalfalle vergütet der Auftraggeber die Angebotserstellung nicht.

Nicht für jedes Projekt ist ein Angebot „im engeren Sinne" zu erstellen. Vor allem bei kleinen und/oder internen Projekten erübrigen häufig „Projektauftragsformulare" (Werkzeug 3.4.4) die formale Angebotserstellung. Bei genauerer Betrachtung bietet jedoch auch hier ein „Auftragnehmer" seine Leistungen an und auch hier muss – wie bei einem offiziellen Angebot – das Projekt zumindest grob geplant werden, um Kosten und Termine angeben zu können.

6.1.3   Wie bewertet der Kunde das Angebot?

Um ein erfolgreiches Angebot erstellen zu können, muss das Angebotsteam die Bewertungskriterien des Kunden kennen. Ein betriebswirtschaftlich bedeutsames Entscheidungskriterium ist natürlich der Preis. Hinsichtlich der qualitativen Bewertungskriterien stellen sich dem Auftraggeber vor allem folgende Fragen:

- Hat der Anbieter sämtliche Anforderungen richtig verstanden?
- Kann der Anbieter die technischen Anforderungen erfüllen?
- Ist die technische Lösung (bzw. Lösungsalternativen) von ausreichender Qualität?
- Verfügen das Unternehmen und seine Projektmitarbeiter über ausreichende Erfahrungen?
- Sind die Managementstrukturen und Prozesse geeignet?
- Ist die Projektplanung plausibel und glaubwürdig?

Bewertung von Angeboten									
Nr.	Bewertungs-kriterium	Gewicht	Anbieter 1: Adam AG		Anbieter 2: Berthold KG		Anbieter 3: Crome GmbH	
			Bewertung (einfach)	Bewertung (gewichtet)	Bewertung (einfach)	Bewertung (gewichtet)	Bewertung (einfach)	Bewertung (gewichtet)
1	Anforderungen verstanden	20%	40	8	50	10	60	12
2	Erfüllung der Anforderungen	30%	70	21	95	28,5	70	21
3	Qualität der technischen Lösung	20%	35	7	40	8	50	10
4	Relevante Erfahrung	10%	60	6	30	3	60	6
5	Geeignete Managementstrukturen	10%	70	7	50	5	45	4,5
6	Qualität/Plausibilität der Planung	10%	90	9	60	6	50	5
	Summen:	100%		58		60,5		58,5

Abb. 6.1 Nutzwertanalyse des Auftraggebers zur Angebotsbewertung

Die Bewertung von Angeboten kann etwa in Form einer Nutzwertanalyse durchgeführt werden (Abb. 6.1), denn sie ermöglicht eine quantifizierbare Bewertung unter Berücksichtigung der Gewichtung der einzelnen Bewertungskriterien.

Die Ergebnisse der Nutzwertanalyse sollten jedoch kritisch hinterfragt werden, sie suggerieren ein hohes Maß an Objektivität, doch die Bestimmung der Gewichtungen ist subjektiver Natur. In jedem Falle aber zwingt diese Analyse den Anwender, sich seine eigenen Kriterien vor Augen zu führen und genau zu durchdenken. Allein deshalb ist der Einsatz der Nutzwertanalyse zu empfehlen.

6.1.4 Zuständigkeiten

Die Erstellung wird vom Angebotsleiter koordiniert, häufig handelt es sich dabei um den späteren Projektleiter. Er selbst verfasst die Einleitung, die Zusammenfassung und auch, wenn er ausreichend qualifiziert ist, inhaltliche Kapitel. Gewöhnlich werden die einzelnen Module jedoch von den betreffenden Fachleuten erstellt und auch bei weiteren Verhandlungen von diesen bearbeitet. Wichtige Entscheidungen sollten dem Angebotsleiter vorbehalten bleiben, da alle Aspekte eines Angebots stets eng miteinander verflochten sind. Die Erstellung eines modularen Angebots stellt häufig eine große Herausforderung für den Angebotsleiter dar, weil er die Kohärenz zwischen den einzelnen Modulen sicherstellen muss.

6.1.5 Inhalt und Aufbau eines Angebots

Ein Angebot besteht in der Regel aus mehreren fachlich klar abgegrenzten Modulen. Diese Vorgehensweise hat den großen Vorteil, dass die spezialisierten Experten klar abgegrenzte

Bereiche selbstständig und ohne nennenswerte Reibungsverluste bearbeiten können. Darüber hinaus stellt der modulare Aufbau für den Leser eine erhebliche Orientierungshilfe dar. Schließlich spricht für dieses Vorgehen, dass bei nachträglichen Vertragsverhandlungen und damit verbundenen Vertragsänderungen (siehe unten) das Risiko widersprüchlicher Angaben minimiert wird. In der Praxis gibt es unterschiedliche Abgrenzungskriterien für die einzelnen Module, die letztlich jedoch eng verwandt sind. Das Angebot kann folgendermaßen aufgebaut sein:

- Einleitung
- Zusammenfassung
- Technischer Teil
- Management-Teil
- Kommerzieller Teil
- Juristischer Teil
- Anlagen.

Dieser Aufbau liegt den nachfolgenden Ausführungen zu Grunde. Die Erstellung der Angebotsinhalte setzt Kenntnisse voraus, die in den Kap. 7 bis 10 ausführlich behandelt werden.

6.1.6 Begleitende Analyse der Durchführbarkeit

Die Frage der prinzipiellen Durchführbarkeit des Projekts ist zu diesem Zeitpunkt bereits geklärt (Kap. 4), sonst würde kein Angebot erstellt. Gleichwohl können zu diesem Zeitpunkt viele Detailfragen der Durchführbarkeit aber noch ungeklärt sein. Daran kann das Projekt jedoch nicht scheitern, diese Detailfragen begleiten die gesamte Angebotserstellung und können sich auch noch in der Realisierung stellen.

6.2 Was ist zu tun?

6.2.1 Entwickeln eines Zeitplans zur Angebotserstellung

Sobald eine Ausschreibung eintrifft, wird sie analysiert und, falls sie für das Unternehmen von Interesse ist, einem entsprechenden Ausschuss (bei kleineren Unternehmen dem Geschäftsführer) vorgelegt, welcher über die Angebotserstellung und die Bewilligung entsprechender Mittel zu entscheiden hat.

Die Erstellung eines Angebots umfasst viele, teilweise aufwendige Arbeitsschritte und soll hier als eigene Phase betrachtet werden. Bei Großprojekten hat sie den Charakter eines „Projekts im Projekt". Da diese Angebote häufig neben dem eigentlichen Tagesgeschäft entstehen müssen, kann die damit verbundene Arbeit für viele Mitarbeiter eine große Belastung bedeuten. Häufig werden sie unter erheblichem Zeitdruck unter Inkaufnahme von Überstunden oder Nachtschichten fertig gestellt, um dem Kunden rechtzeitig zuzugehen. Gleichzeitig stellt das Angebot, wie oben erläutert, ein wichtiges Marketinginstrument dar, es sollte daher sorgfältig erarbeitet werden. Um einerseits das Team zu entlasten und andererseits ein qualifiziertes Angebot zuwege zu bringen, sollte für den Prozess der Angebotserstellung zunächst ein eigenständiger Zeitplan zur Angebotserstellung (Abb. 6.3) erarbeitet werden.

6.2.2   Erstellen eines technischen Teils

Der technische Teil wird für das Gesamtsystem und für jedes einzelne Teilsystem erstellt. Dabei ist der Aufbau der einzelnen technischen Teile grundsätzlich identisch und kann folgendermaßen ausgestaltet werden:

6.2.2.1   Einleitung

Jeder der technische Teil erhält seine eigene Einleitung von etwa einer halben bis einer Seite. Dabei dürfen keine projektspezifischen Vorkenntnisse vorausgesetzt werden. Hier werden in Kurzform folgende Fragen beantwortet:

- Warum gibt es diesen Teil?
- Worum geht es in diesem Teil?
- Was ist besonders bedeutsam?
- Was ist zu bedenken?

6.2.2.2   Aussage zur Erfüllung der Anforderungen

Zunächst wird in einem „Übereinstimmungshinweis" (engl.: „Statement of Compliance") bestätigt, dass alle Anforderungen des Auftraggebers, die in einer Anlage des Angebots aufgelistet sind, ausnahmslos erfüllt werden. Sind die Anforderungen hingegen nicht, nur in Teilen oder nur unter unverhältnismäßigem Aufwand erfüllbar, so werden diese „problematischen Anforderungen" in einer kurzen Liste zusammengestellt und erläutert (Abb. 6.4).

Betrachtet der Auftraggeber seine eigenen Anforderungen in dieser Liste genauer, so erklärt sich in vielen Fällen von selbst, dass einige dieser Anforderungen nicht oder nicht ohne weiteres erfüllbar sind. Häufig wurden solche Anforderungen zunächst „unbedacht" aufgelistet, ohne die technische Umsetzung und die damit verbundenen Konsequenzen hinsichtlich Kosten und Zeitbedarf zu bedenken.

Für das Gesamtsystem wie auch für jedes Teilsystem sind die nachfolgenden Erläuterungen separat zu verfassen. Grafische Darstellungen sollten die Hauptaussagen veranschaulichen.

6.2.2.3 Diskussion der technischen Anforderungen

Die Diskussion der wichtigsten technischen Anforderungen muss folgende Fragen des Auftraggebers unmissverständlich beantworten:

- **Wie wurden die Anforderungen verstanden?** Häufig werden Anforderungen des Auftraggebers missverstanden. Solche Missverständnisse liegen in der Natur menschlicher Kommunikation. Dieses Risiko wird deutlich verringert, wenn der Auftragnehmer noch einmal in eigenen Worten formuliert, wie er die Anforderungen verstanden hat.
- **Wie wichtig sind die einzelnen Anforderungen?** Kosten- und zeittreibende Anforderungen sollten noch einmal kritisch darauf hin überprüft werden, ob sie tatsächlich erforderlich sind. Damit nutzt der Auftraggeber zugleich die Gelegenheit, seine Kompetenz und seine Vertrauenswürdigkeit unter Beweis zu stellen und einen selbstbewussten Preis zu rechtfertigen. *Beispiel: Eine Komponente soll laut Anforderungsliste nicht mehr als 1,5 kg wiegen. Konstruktionsbedingt ist es jedoch nicht oder nur unter unverhältnismäßig hohen Kosten möglich, bei dieser Komponente ein Gewicht von 2,2 kg zu unterschreiten. Das war dem Auftraggeber nicht bewusst. Der Auftragnehmer schlägt in seinem Angebot vor, dieses Übergewicht besser an anderer Stelle einfacher, billiger und mit weniger Zeitaufwand einzusparen.*
- **Auf welche Weise sollen diese Anforderungen erfüllt werden?** An dieser Stelle erläutert der Auftragnehmer, welchen technischen Lösungsweg er wählen bzw. welches Prinzip er anwenden wird. Zugehörige Details sind den Anlagen zu entnehmen.

6.2.2.4 Technische Beschreibung

- **Hauptmerkmale des Produkts:** Diese werden durch erläuterte Entwurfszeichnungen vom gewählten Lösungskonzept (Kap. 7) veranschaulicht. Der Auftraggeber muss eine klare Vorstellung von Aufbau, Form, Größenordnung und Materialien bekommen.
- **Funktion des Produkts:** Diese werden ebenfalls durch erläuterte Entwurfszeichnungen zum Funktionsprinzip veranschaulicht. Dazu wird in der Funktionsbeschreibung erklärt, wie Teile bewegt und positioniert werden, um die gewünschten Anforderungen zu erfüllen. *Beispiel: Wie fährt die Teleskopantenne aus, was treibt sie an? Möglicher Lösungsansatz: 2 Rohre ineinander, angetrieben durch eine modifizierte und integrierte Antenne eines Nutzfahrzeugs.*

6.2.2.5 Technische Daten

Tabellarische Auflistung aller wesentlichen technischen Daten wie Abmessungen, Gewicht, Energieverbrauch usw.

6.2.2.6 Lieferungen und Leistungen

An dieser Stelle erfolgt eine Auflistung der vom Auftragnehmer zu liefernden Hardware, Software, Dokumente sowie weiterer Leistungen, die für den Auftraggeber erbracht werden wie etwa Schulungen, Einweisungen, Betreuung vor Ort oder Wartungsleistungen.

Diese müssen mit den Arbeitspaketbeschreibungen absolut übereinstimmen. Dabei kann auf beiliegende detaillierte Leistungsbeschreibungen (auch: Pflichtenheft oder „Statement of work", Abschn. 3.2.3) in der Anlage verwiesen werden. Im Normalfall sind Arbeitspaketbeschreibungen sehr detailliert, während in der Leistungsbeschreibung nur die wichtigsten Hauptlieferungen und -leistungen aufgeführt sind.

6.2.2.7 Beistellungen des Auftraggebers

Sofern der Auftraggeber dem Auftragnehmer Sach- bzw. Personalressourcen zur Verfügung stellt, sind diese als Beistellungen zu erfassen. Auch hier ist ein Verweis auf die detaillierte Leistungsbeschreibung in der Anlage ausreichend.

6.2.3 Erstellen eines Management-Teils

Der Management-Teil (auch als „Management Plan" bezeichnet) beschreibt und „bewirbt" das Projektmanagement des Auftragnehmers für dieses Projekt mit besonderem Hinweis auf die Zusammenarbeit mit bedeutenden externen Partnern und Auftraggebern. Dieser Teil beinhaltet:

6.2.3.1 Einleitung

Auch der Managementteil erhält eine eigene Einleitung von etwa einer halben bis einer Seite. Dabei dürfen keine projektspezifischen Vorkenntnisse vorausgesetzt werden. Der Inhalt ist analog zur Einleitung beim technischen Teil Abschn. 6.2.2.

6.2.3.2 Organisation des Unternehmens

Die Aufbau- und Ablauforganisation des Auftragnehmers sowie bedeutender Unterauftragnehmer wird hinsichtlich Auf- und Ablauforganisation in ihren Grundzügen beschrieben:

- **Aufbauorganisation:** Die Aufbauorganisation wird üblicherweise in Form eines Organigramms grafisch dargestellt. Dieses gibt Auskunft über die Struktur des Unternehmens hinsichtlich Aufgabenbereich und hierarchischer Ebene, die zugehörigen Weisungsbeziehungen sowie die personelle Besetzung der einzelnen Einheiten (Stellen und Abteilungen).
- **Ablauforganisation:** Die Ablauforganisation ermittelt, definiert und visualisiert betriebliche Prozesse im Zeitablauf. An dieser Stelle werden die wichtigsten bzw. relevanten Prozesse des Unternehmens (z. B. Produktionsprozesse, Prozesse der Auftragsbearbeitung usw.) nachvollziehbar dargestellt.

6.2.3.3 Organisation dieses Projekts

Neben der Organisation des Unternehmens bzw. Betriebes ist die Organisation des Projekts zu beschreiben. Dabei sind nachfolgende Fragen zu beantworten:

- Welche Befugnisse hat der Projektleiter?
- Wofür ist der Projektleiter verantwortlich?
- Wie ist das Team aufgebaut (Teamstruktur)?
- Aus welchen Abteilungen wird das Team rekrutiert?
- Wie sind wichtige Unterauftragnehmer organisiert und eingebunden?
- Wie sieht das Organigramm (mit namentlicher Zuordnung) für dieses Projekt aus?

6.2.3.4 Relevante Erfahrungen des Unternehmens

Häufig kann der Anbieter – und ggf. auch bedeutende Unterauftragnehmer – seine Kompetenz mit erfolgreichen Projekten aus der Vergangenheit unter Beweis stellen. In diesem Falle werden entsprechende Nachweise (Fotos, Videos, Zeitungsberichte usw.) beigelegt. Diese stellen natürlich einen erheblichen Wettbewerbsvorteil gegenüber solchen Unternehmen dar, die entweder nicht über diese Erfahrungen bzw. Kenntnisse verfügen oder auch einfach nur versäumen, diese deutlich herauszustellen.

6.2.3.5 Vorstellung der Schlüsselpersonen

Große professionelle Auftraggeber verlangen in vielen Fällen die namentliche Nennung aller Schlüsselpersonen („Key Persons"). Diese gehören dem Kernteam an und wurden in Kap. 5 vorgestellt. Sofern bedeutende, etwa international anerkannte Key Persons bei Unterauftragnehmern am Projekt beteiligt sind, können diese ebenfalls mit aufgeführt werden. Für den Auftraggeber sollte ein kurzer Fachlebenslauf mit Angaben zu Name, Alter, Ausbildung, Erfahrung, relevanten Veröffentlichungen sowie Entscheidungsbefugnissen erstellt werden. Die Auswechslung dieser Schlüsselpersonen ist häufig an die ausdrückliche Zustimmung des Auftraggebers geknüpft. In Extremfällen kann der Name von Schlüsselpersonen sogar die Garantie für die Auftragserteilung bedeuten.

6.2.3.6 Entwicklungskonzept (Grobversion)

Das Entwicklungskonzept (Kap. 8) zeigt die optimale Vorgehensweise zur Erreichung der Projektziele auf und wird für das Angebot nur grob erstellt. Es liefert nachvollziehbare Antworten auf die wichtigsten Fragen zur optimalen Vorgehensweise, die sich früher oder später im Projektverlauf stellen. Es besteht im Kern aus folgenden vier Teilkonzepten bzw. -plänen:

- **Konstruktionskonzept:** Auflistung zu entwickelnder Fertigungsunterlagen
- **Herstellungskonzept:** Beschreibung des optimalen Herstellungsverfahrens
- **Verifikationskonzept:** Beschreibung des Nachweises der Erfüllung aller Anforderungen
- **Logistikkonzept:** Beschreibung von Lagerung, Transport und Bereitstellung.

6.2.3.7 Produktstrukturplan

Der Produktstrukturplan (auch: Produktbaum) zerlegt das gesamte Produkt in seine Subsysteme, Baugruppen und Teile liegt dem nachfolgenden Projektstrukturplan zu Grunde (Abschn. 10.2.1).

6.2.3.8 Projektstrukturplan (endgültige Version)

Der Projektstrukturplan liefert eine Übersicht über alle Tätigkeiten im Projekt und ist nicht zu verwechseln mit dem Produktstrukturplan (auch „Produktbaum"). Der Projektstrukturplan, der bereits für das Angebot in einer vorläufig endgültigen Version erstellt wird, ist Gegenstand von Abschn. 10.2.2.

6.2.3.9 Arbeitspaketbeschreibungen (endgültige Version)

Die Arbeitspaketbeschreibungen beschreiben alle Arbeitspakete des Projektstrukturplans, in dem sie das kleinste Element auf der untersten Ebene darstellen. Sie werden ebenfalls – wie der Projektstrukturplan – in einer vorläufig endgültigen Version erstellt (Abschn. 10.2.3).

6.2.3.10 Zeitplan (Grobversion)

Der Zeitplan (Abschn. 10.2.4) sollte in Form eines grob gehaltenen Balkenplans erstellt werden und mindestens nachfolgende Vorgänge enthalten:

- Erstellung der Fertigungsunterlagen
- Fertigung
- Montage und Integration
- Verifikation
- alle Meilensteintermine.

6.2.3.11 Informations- und Berichtswesen

Aufbau und Prozesse des betrieblichen Informations- und Berichtswesens des Anbieters werden in ihren Grundzügen vorgestellt. Dazu sollten folgende Fragen für den Auftraggeber nachvollziehbar beantwortet werden:

- Welche Informationswege gibt es?
- Wie sind die Regeln zur Informationsbeschaffung und -weiterleitung?
- Wann, auf welchem Wege und in welcher Form (z. B. Protokolle, Berichte) wird der Projektleiter über den Projektfortschritt und Störungen informiert?
- Wann auf welchem Wege und in welcher Form (z. B. Berichte, Reviews) wird der Auftraggeber über den Projektfortschritt und Störungen informiert?
- In welcher Form sollen laufende Vereinbarungen zwischen Auftraggeber und Auftragnehmer dokumentiert, verfolgt und kontrolliert werden (z. B. in Form einer Aktionsliste, Werkzeug 2.4.2 usw.).
- Über welche Einsichtsrechte verfügt der Auftraggeber (Besichtigung von Werkstätten, Produktionsstätten, Tests, Büros Prüfungen des Rechnungswesens usw.)?
- Wer trägt im Rahmen des Informations- und Berichtswesens Verantwortung wofür?

Ein installiertes Informations- und Berichtswesen stellt eine Voraussetzung eines qualifizierten Projektmanagements dar und wird deshalb bereits in Abschn. 2.2.4 beschrieben.

6.2.3.12 Dokumentationsmanagement

Aufbau und Prozesse des betrieblichen Dokumentationsmanagements des Anbieters werden in ihren Grundzügen vorgestellt. Dazu sollten folgende Fragen für den Auftraggeber nachvollziehbar beantwortet werden:

- Aus welchen Elementen besteht das Dokumentationssystem (Bestimmung offizieller Dokumente bzw. Dokumentarten, Dokumentenkennzeichnung, verwendete Software, Regeln der Nutzung für Projektmitarbeiter usw.)?
- Wie wird die Dokumentation gesteuert und überwacht (z. B. Einsatz eines Dokumentenmanagers oder einer Dokumentationsabteilung)?
- Wie werden alle wichtigen Vereinbarungen im Projektverlauf erfasst und kontrolliert?
- Wie wird sichergestellt, dass erforderliche technische Unterlagen (Konstruktions-, Fertigungs- und Verifikationsunterlagen) für vereinbarte große Überprüfungen (Meilensteine, Reviews) rechtzeitig vorliegen?
- Inwiefern wird das Dokumentationsmanagement den Anforderungen des Konfigurations-/Änderungsmanagement gerecht?
- Wer trägt im Rahmen des Dokumentationsmanagements Verantwortung wofür?

Ein installiertes Dokumentationsmanagement stellt eine Voraussetzung eines qualifizierten Projektmanagements dar und wird deshalb bereits in Abschn. 2.2.5 beschrieben.

6.2.3.13 Qualitätsmanagement

Aufbau und Prozesse des Qualitätsmanagements des Anbieters werden in ihren Grundzügen vorgestellt. Dazu sollten folgende Fragen für den Auftraggeber nachvollziehbar beantwortet werden:

- Gibt es ein systematisches, zertifiziertes Qualitätsmanagementsystem?
- Wie wird im Unternehmen die Unabhängigkeit des Qualitätsmanagements gewährleistet?
- Auf welche Weise werden betriebliche Prozesse und Ergebnisse analysiert und optimiert?
- Wie werden Qualitätsziele für das Projekt entwickelt und ihre Erreichung überprüft?
- Wie ist die Verifikation in das Qualitätsmanagement integriert?
- Wer trägt im Rahmen des Qualitätsmanagement Verantwortung wofür?
- Welche Entscheidungsbefugnisse hat das Qualitätsmanagement?

Ein installiertes Qualitätsmanagementsystem stellt eine Voraussetzung eines qualifizierten Projektmanagements dar und wurde deshalb bereits in Abschn. 2.2.7 und 12.2.2 beschrieben.

6.2.3.14 Konfigurations-/Änderungsmanagement

Aufbau und Prozesse des betrieblichen Konfigurations-/Änderungsmanagement des Anbieters werden in ihren Grundzügen vorgestellt. Dazu muss dem Auftraggeber plausibel erläutert werden, wie der Auftragnehmer vorgeht, um auch bei nachträglichen Änderungen – seien es Änderungswünsche des Auftraggebers oder intern beschlossene Änderungen – ein in sich stimmiges (konsistentes) und anforderungsgerechtes Gesamtprodukt zu entwickeln. Dazu sollten folgende Fragen für den Auftraggeber nachvollziehbar beantwortet werden:

- Wann und wie wird das Gesamtprodukt in Konfigurationseinheiten zerlegt?
- Welche Dokumente werden berücksichtigt und wie sind sie gekennzeichnet?
- Wann und wie wird die Bezugskonfiguration („Baseline") festgelegt?
- Auf welche Weise sind Änderungen zu beantragen, zu beurteilen und zu genehmigen?
- Wie wird die Umsetzung genehmigter Änderungen gesteuert, überwacht und freigegeben?
- Wie werden Änderungen rückverfolgbar dokumentiert (Konfigurationsbuchführung)?
- Welche Arten von Audits sind vorgesehen – und wann?
- Wer trägt im Rahmen des Konfigurationsmanagements Verantwortung wofür?

Das Konfigurations-/Änderungsmanagement nimmt seine Arbeit im Normalfalle erst nach Auftragserteilung auf und wird deshalb im Rahmen der Realisierungsphase behandelt (Abschn. 12.2.3).

6.2.3.15 Nachforderungsmanagement („Claim Management")

Aufbau und Prozesse des Nachforderungsmanagements (Managen der Forderungen von zusätzlichen Leistungen, Vergütungen, Terminverschiebungen einer Vertragspartei usw.) des Anbieters werden in ihren Grundzügen vorgestellt. Dazu sollten folgende Fragen für den Auftraggeber nachvollziehbar beantwortet werden:

- In welcher Form sind Nachforderungsanträge/-aufträge einzureichen?
- Wie verläuft der Prozess einer Nachforderung und wird dieser gehandhabt, dokumentiert?
- Wer trägt im Rahmen des Nachforderungsmanagements Verantwortung wofür?

Das Nachforderungsmanagement nimmt seine Arbeit erst nach Auftragserteilung auf und wird deshalb im Rahmen der Realisierungsphase behandelt (Abschn. 12.2.8).

6.2.4 Erstellen eines kommerziellen Teils

Der kommerzielle Teil wird vom Projektkaufmann/Controller auf Grundlage aller Vorarbeiten der Techniker erstellt und deckt die kaufmännische Seite des Projekts ab:

6.2.4.1 Einleitung

Auch der kommerzielle Teil erhält eine eigene Einleitung von etwa einer halben bis einer Seite. Dabei dürfen keine projektspezifischen Vorkenntnisse vorausgesetzt werden. Der Inhalt ist analog zur Einleitung bei technischen Teil (Abschn. 6.2.2.)

6.2.4.2 Preis und Preistyp

Grundsätzlich lassen sich zwei Kategorien von Preistyp unterscheiden, nämlich Festpreise und Selbstkostenpreise.

- **Festpreise** werden von privaten wie auch von öffentlichen Auftraggebern grundsätzlich angestrebt. Man unterscheidet vier Varianten:
  - **Absolute Festpreise** setzen einen präzisen Anforderungskatalog sowie die Möglichkeit einer realistischen Kostenschätzung voraus. Diese werden in der Regel nur für Projekte mit kurzer Laufzeit angeboten.
  - **Festpreise mit Preisgleitklausel** sind gebräuchlich bei langfristigen Verträgen, bei denen die Entwicklung der Kosten nicht oder kaum abschätzbar ist.
  - **Festpreise mit Prämienklausel** sind Festpreise mit finanziellen Anreizen etwa für die Einhaltung wichtiger Termine oder das Erreichen besonderer Qualitätsziele.
  - **Festpreise mit Neufestsetzungsklausel** können vereinbart werden, wenn der Festpreis bei lang dauernden Projekten für zeitnahe Projektphasen kalkulierbar ist und für spätere Phasen neu festgesetzt werden muss.
- **Selbstkostenpreise** sind Preise, die lediglich die Selbstkosten einer Leistungseinheit abdecken. Dabei ist es im öffentlichen Preisrecht, anders als in der Betriebswirtschaftslehre üblich, einen Gewinn in die Selbstkosten einzukalkulieren. Selbstkostenpreise können bei öffentlichen Aufträgen gemäß der „Verordnung über die Preisbildung bei öffentlichen Aufträgen" (VPöA) immer dann vereinbart werden, wenn Marktpreise nicht feststellbar oder deutlich überhöht sind[3]. Die VPöA unterscheidet dabei drei Varianten[4]:
  - **Selbstkostenfestpreise** setzen – analog zum Festpreis (siehe oben) – eine überschaubare und nachvollziehbare Vorkalkulation des Bieters zum Zeitpunkt der Angebotseinreichung voraus.
  - **Selbstkostenrichtpreise** sind vorläufige Selbstkostenfestreise, da ihre Höhe zum Zeitpunkt des Vertragsabschlusses noch nicht feststellbar ist. Sie sind in Selbstkostenfestpreise umzuwandeln, sobald eine realistische Kalkulation aufgestellt werden kann.
  - **Selbstkostenerstattungspreise** beziehen sich auf die tatsächlich angefallenen und minutiös dokumentierten Selbstkosten, die im Rahmen einer Nachkalkulation ermittelt werden.

---

[3] Vgl. Bundesministeriums der Justiz: *Verordnung PR Nr. 30/53 über die Preise bei öffentlichen Aufträgen (VPöA)*. Bonn: 21. November 1953, Stand 25.11.2003.
[4] Vgl. ebd.

6.2.4.3 Weitere Vergütungen

Grundsätzlich können neben dem Preis bzw. Preistyp separate Leistungsprämien (für frühzeitige Lieferungen oder höhere Qualität) sowie Tantieme (Anspruch auf eine Erfolgsbeteiligung) für bestimmte Personengruppen vereinbart werden.

6.2.4.4 Zahlungsplan/Zahlungsbedingungen

In einem Zahlungsplan wird eindeutig festgeschrieben, bei welchen Ereignissen (üblicherweise Meilensteinen) welche Zahlungsbeträge fällig werden. Darüber hinaus ist festzulegen, inwieweit dem Kunden Preisermäßigungen eingeräumt werden können (z. B. Skonto bei vorzeitiger Bezahlung). Hier sind ebenfalls die Bankverbindungen, der Ort der Zahlung und die Währung sowie ggf. erforderliche Umrechnungen festzulegen.

6.2.4.5 Termine

Um Redundanz zu vermeiden, sollte an dieser Stelle mit einer Standardklausel auf den Zeitplan im Management-Teil verwiesen werden.

6.2.4.6 Lieferungsbedingungen

In diesem Zusammenhang sind alle Fragen rund um Verpackung bzw. Verpackungsart, Transportarten und -wege, Übergabeort, Übergabezustand und Verzollung zu klären.

6.2.4.7 Kosten und Kostenzusammensetzung

Angaben zu Höhe und Zusammensetzung der Kosten werden von öffentlichen Auftraggebern verlangt.

6.2.4.8 Unterauftragnehmeranteile

Für bestimmte Auftraggeber ist auszuweisen, in welchem Umfang die Kosten sich auf die Unterauftragnehmer verteilen. Das ist bei EU-Projekten besonders bedeutsam, denn dort wird das Projektbudget nach dem Prinzip der Verteilungsgerechtigkeit den einzelnen EU-Ländern entsprechend ihrer Beiträge zugewiesen.

6.2.4.9 Gebühren

Es sind alle Arten von Gebühren (z. B. Lizenzgebühren) aufzuführen.

6.2.4.10 Steuerpflicht

Die Steuerpflicht wird international unterschiedlich gehandhabt. Art und Umfang der Steuerbelastung werden angegeben.

6.2.4.11 Versicherungen

An dieser Stelle ist eindeutig auszuweisen, welcher Vertragspartner welche Versicherung (z. B. Transport- und Verpackungsversicherungen) abzuschließen hat. Dieser Aspekt ist immer dann relevant, wenn mehrere Parteien an einer Leistung beteiligt sind.

6.2.4.12 Im- und Exportbedingungen

Bei internationalen Projekten sind häufig spezielle Im- und Exportbedingungen (z. B. Zollverantwortlichkeiten und -gebühren, Ein-/Ausfuhrkontingente, erforderliche Begleitpapiere) zu berücksichtigen.

6.2.4.13 Rechnungslegung

Im Rahmen der Rechnungslegung sind Angaben zur Ausgestaltung des Rechnungswesens, zur Aufstellung und Bekanntmachung des Jahresabschlusses sowie des Lageberichts zu beschreiben. Abhängig von der Größe des Unternehmens ist das Publizitätsgesetz zu beachten.

6.2.5 Erstellen eines juristischen Teils

In einem juristischen bzw. ergänzenden Teil werden alle weiteren Konditionen aufgeführt. Das kann formal in Form eines Hinweises auf die eigenen „Allgemeinen Geschäftsbedingungen" geschehen, um das Angebot nicht mit juristischen Klauseln zu überfrachten. Dieser juristische Teil wird in der Praxis häufig in Form eines mehrseitigen „Vertragsentwurfs" vom Auftraggeber vorgegeben bzw. im späteren Vertragsdokument festgelegt (Kap. 11).

Auch wenn sich einige der unten aufgelisteten Klauseln von Nichtjuristen formulieren und auch nachvollziehen lassen, so sei an dieser Stelle darauf hingewiesen, dass Vertragsrecht für Projekte ein sehr komplexes und anspruchsvolles Rechtsgebiet darstellt. Ein falsches Wort bzw. eine undeutliche Formulierung im Projektvertrag kann in einer Katastrophe für das Projekt enden. Die Erstellung, Anpassung und Freigabe des juristischen Teils sollte daher unbedingt einem versierten Vertragsfachmann überlassen werden. Die nachfolgende Auflistung erhebt keinen Anspruch auf Vollständigkeit, sondern soll den Vertragsfachmann bei seiner Arbeit unterstützen:

- Inkrafttreten des Vertrags
- Anzuwendende verbindliche Vorschriften (Dokumente, Normen, Gesetze usw.)
- Anwendbare unterstützende Referenzdokumente
- Gültigkeitsprioritäten bei widersprechenden Vorschriften
- Projektsprache: In welcher Sprache werden Schriftverkehr und Dokumente abgefasst und Besprechungen durchgeführt?
- Autorisierte Ansprechpartner für Auftraggeber und -nehmer
- Schweigepflicht (eventuell Regelungen zu Veröffentlichungen)
- Handhabung von Schutzrechten (z. B. Eigentum an Patenten, die im Projektverlauf erfunden wurden, Copyright an Dokumenten wie etwa Berichten und Veröffentlichungen)
- Gewährleistungsfristen

- Rechte und Pflichten bei Erfüllungsmängeln (Nacherfüllung, Schadensersatz, Rücktritt, Nachbesserung, Neulieferung usw.)
- Rechte und Pflichten bei Projektabbruch (Bezahlung offener Bestellungen oder neu errichteter Montagegebäude usw.) in Abhängigkeit vom Verschulden des Auftragnehmers
- Haftung und Haftungsausschlüsse (z. B. bei höherer Gewalt)
- Bonus und Malus (Prämien bei Fertigstellung vor vereinbartem Termin, Vertragsstrafen bei Überschreitung von Lieferterminen und bei Qualitätsmängeln)
- Verjährung
- Gerichtsstand, Schlichtspruch, Vergleich
- Anzahl der Originalexemplare des Vertrags
- Verweis auf „Allgemeine Geschäftsbedingungen" (AGB)
- usw.

6.2.6   Erstellen einer Einleitung und einer Zusammenfassung

6.2.6.1   Verfassen einer Einleitung

Jedes Angebot sollte mit einer Einleitung beginnen. Diese sollte erst am Schluss verfasst werden, wenn die einzelnen Teile ausgearbeitet sind. Die Einleitung, in der keine projektspezifischen Vorkenntnisse vorausgesetzt werden dürfen, gibt Antwort auf folgende Fragen:

- **Anlass und wichtigste Ziele des Projekts:** Warum wird das Projekt durchgeführt und was soll damit erreicht werden?
- **Aufbau des Angebots:** Aus welchen Teilen („Modulen") besteht das Angebot und welche Hauptinhalte sind darin zu finden?
- **Hinweis auf Anlagen:** Welche bedeutsamen Aspekte (z. B. Katalog der Anforderungen und der zu erbringenden Leistungen) sind in einen Anhang ausgelagert?

6.2.6.2   Verfassen einer Zusammenfassung

Auf etwa einer bis drei Seiten wird das Angebot zusammengefasst. Der Leser sollte hier alle wichtigen Hauptaussagen (z. B. besonders herauszustellende technische Herausforderungen) vorfinden, jedoch keine Details. Wichtige Inhalte der Zusammenfassung sind:

- Aussage zur Erfüllung der Anforderungen
- Prinzip der technischen Lösung (ohne Zeichnungen)
- Meilensteintermine
- Endtermin
- Kosten.

Abb. 6.2 Aufbau eines Angebots

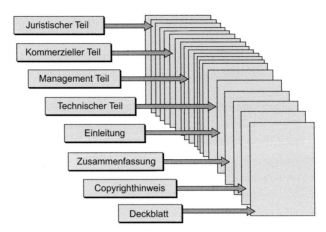

6.2.7   Durchführen von Abschlussarbeiten

6.2.7.1 Zusammenstellen des Angebots

Abschließend sind noch einige formale Arbeiten auszuführen, um das Angebot fertigstellen und abschicken zu können:

- Verfassen eines Begleitbriefes mit Angaben zu Hauptstärken des Angebots
- Erstellen eines Deckblattes mit Angebotsbezeichnung, Angebots-Nummer, Projektbe-
  zeichnung, Urheberabteilung, Ansprechpartner
- Folgeseite (nach Deckblatt) mit Erstellungsdatum und einem Hinweis auf das Urheber-
  recht
- Fertigstellen und einfügen ausstehender Zeichnungen und Diagramme
- Zusammenstellen des Angebots: Zusammenfassung, Einleitung, Hauptteile, Anlagen
- Fertigstellen ausstehender Verzeichnisse (Inhalt, Abbildung, Abkürzungsverzeichnis)
- Prüfen des Angebots auf Inhalt und Vollständigkeit (Abb. 6.2)
- Abschließende Überarbeitungsarbeiten
- Binden des Angebots
- Angebot mit Begleitbrief an den Auftraggeber senden mit Bitte um Empfangsbestäti-
  gung.

Wie bedeutsam die formalen Details einer Angebotseinreichung sein können, soll beispielhaft am strengen Ausschreibungsverfahren der European Space Agency (ESA) veranschaulicht werden.

*Beispiel: Bei der ESA werden die eingegangenen Angebote der Länder, die sich an
dem Verfahren beteiligt haben, in einem Tresorraum eingelagert und zu angekündigtem
Zeitpunkt minutengenau unter Zeugen gleichzeitig geöffnet. Dabei werden nur gebun-
dene Angebote akzeptiert, um der Gefahr vorzubeugen, dass Blätter nachgelegt werden
könnten. Verspätet eingegangene Angebote bleiben im Normalfalle unberücksichtigt und*

werden nur dann geöffnet, wenn keins der rechtzeitig eingegangenen Angebote für den Auftraggeber verwertbar ist.

6.2.7.2   Reflektieren des Prozesses der Angebotserstellung

Auf Grund der erheblichen Bedeutung der Angebotserstellung für das Unternehmen (siehe oben) sowie der Komplexität dieses Prozesses – hier greifen technische, juristische und kommerzielle Sachverhalte eng ineinander – ist eine abschließende Reflexion ("Manöverkritik") von großem Nutzen, um Verbesserungspotenziale für weitere Angebotserstellungsprozesse herauszuarbeiten. Das gilt insbesondere für den Fall, dass das Angebot vom Auftraggeber abgelehnt wurde.

6.3   Beispielprojekt NAFAB

In dem Unternehmen gingen täglich mehrere Angebotsaufforderungen ein. Ein Ausschuss hatte darüber zu entscheiden, in welchen Fällen ein Angebot erstellt werden sollte. Entscheidungskriterien waren unter anderem verfügbare Fertigungskapazitäten sowie die Kompatibilität mit dem Produktprogramm. Für das NAFAB-Projekt wurde die Erstellung eines Angebots genehmigt und das zugehörige Budget freigegeben. Für die Angebotserstellung wurde ein Zeitraum von gut vier Wochen veranschlagt (Abb. 6.3).

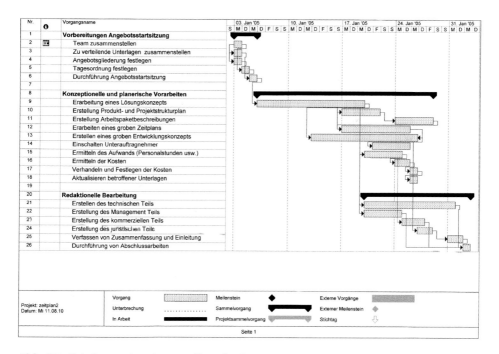

Abb. 6.3 Zeitplan zur Angebotserstellung für das NAFAB-Projekt

Liste problematischer Anforderungen					
		Bitte ankreuzen:			
Anforderung Nr.	Anforderungstext des Auftraggebers	Anforderung nicht erfüllbar	Anforderung teilweise erfüllbar	Anforderung mit großem Aufwand erfüllbar	Angebotene Alternative des Auftragnehmers
7	Die Hubgeschwindig-keit muss zwischen 0 und 10 m/min stufenlos einstellbar sein.			X	Die geforderte Fördergeschwindigkeit von 10 m/min ist nur mit einem Elektro-motor zu realisieren, dessen Eigengewicht zu einem Konflikt mit Anforderung Nr. 5 verbunden ist, wonach die Nutzlast 80 kg betragen muss. Unser Vorschlag: Begrenzung der Hub-geschwindigkeit auf 7,5 m/min. Diese Anforderung wäre mit einem anderen, erheblich leichteren Motorentyp zu erfüllen. Die Alternative wäre eine grundsätzlich andere Konstruktion, welche allerdings mit erheblich höheren Kosten verbunden wäre.
2	Der Hubweg des Vermessungssensors muss sich auf 8,5 m belaufen.		X		Der geforderte Hubbereich von 8,5 m ist im Gebäude mit 11 m Höhe nicht erreichbar, wenn das Gerät gleichzeitig horizontal bewegbar sein soll. Um uner-wünschte Verformungen und störende Schwingungen zu vermeiden müssen die Beine des Gerätes mindestens 1,5 m hoch sein. Unser Vorschlag: Der Hubbereich sollte auf 8 m beschränkt werden.
10	Die Winkelverdrehungen um die Achsen x, y, z müssen sich auf ≤ 0,01° belaufen.			X	Aus unserer Sicht ist die gewünschte Verdrehungsgenauigkeit um die x-Achse φ_x keine erforderliche Anforderung für den geplanten Verwendungszweck der Anlage, ihre technische Umsetzung ist im Übrigen mit erheblichen Kosten verbunden. Wir schlagen vor, diese Anforderung zu streichen.

Abb. 6.4 Liste problematischer Anforderungen beim NAFAB-Projekt (Auszug)

Das Angebot umfasste folgende Teile:

- Einleitung und Zusammenfassung: 2 Seiten
- Technischer Teil: 21 Seiten mit 12 technischen Zeichnungen
- Management-Teil: 43 Seiten, davon 35 Seiten Arbeitspaketbeschreibungen
- Kommerzieller Teil: 3 Seiten
- Juristischer Teil: 1 Seite.

6.4 Werkzeuge

6.4.1 Formular: Zeitplan zur Erstellung eines Angebots

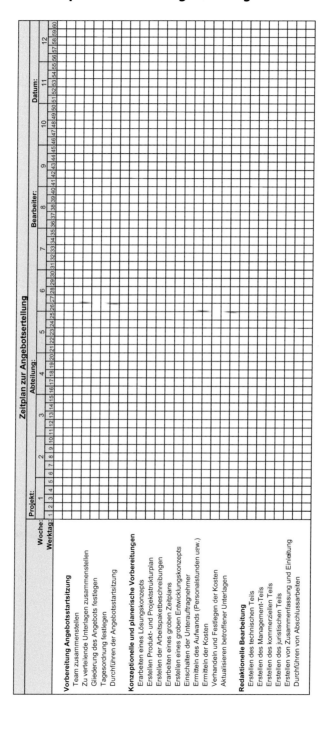

6.4.2   Formular: Liste problematischer Anforderungen

Liste problematischer Anforderungen					
		Bitte ankreuzen:			
Anforderung Nr.	Anforderungstext des Auftraggebers	Anforderung nicht erfüllbar	Anforderung teilweise erfüllbar	Anforderung nur unter erheblichem Aufwand erfüllbar	Angebotene Alternative des Auftragnehmers

6.4.3   Beispielgliederung: Angebot

Übersicht
Einleitung
Zusammenfassung
I Technischer Teil

- Einleitung
- Aussage zur Erfüllung der Anforderungen
- Diskussion der technischen Anforderungen
- Technische Beschreibung
- Technische Daten
- Lieferungen und Leistungen (mit Verweisen auf detaillierte Dokumente)
- Beistellungen des Auftraggebers

II Management Teil

- Einleitung
- Organisation des Unternehmens
- Organisation des Projekts
- Relevante Erfahrungen des Unternehmens
- Vorstellung der Schlüsselpersonen
- Entwicklungskonzept
- Produktstrukturplan (Produktbaum)
- Projektstrukturplan
- Arbeitspaketbeschreibungen
- Zeitplan
- Informations- und Berichtswesen
- Dokumentationsmanagement

- Qualitätsmanagementsystem
- Konfigurations-/Änderungsmanagement
- Nachforderungs-/Claim-Management

III Kommerzieller Teil

- Einleitung
- Preis und Preistyp
- Weitere Vergütungen
- Zahlungsplan/Zahlungsbedingungen
- Termine
- Lieferungsbedingungen
- Kosten und Kostenzusammensetzung
- Unterauftragnehmeranteile
- Gebühren
- Steuerpflicht
- Versicherungen
- Im- und Exportbedingungen
- Rechnungslegung

IV Juristischer Teil

- Inkrafttreten des Vertrags
- Anzuwendende verbindliche Vorschriften
- Anwendbare unterstützende Referenzdokumente
- Gültigkeitsprioritäten bei widersprechenden Vorschriften
- Projektsprache
- Autorisierte Ansprechpartner
- Schweigepflicht
- Handhabung von Schutzrechten
- Gewährleistungsfristen
- Rechte und Pflichten bei Erfüllungsmängeln
- Rechte und Pflichten bei Projektabbruch
- Haftung und Haftungsausschlüsse
- Vertragsstrafen
- Verjährung
- Gerichtsstand, Schlichtspruch, Vergleich
- Anzahl der Originalexemplare des Vertrags
- Verweis auf „Allgemeine Geschäftsbedingungen" (AGB)

Anlagen

- Katalog technischer Anforderungen (Lastenheft/Systemspezifikation)
- Katalog der zu erbringenden Leistungen (Pflichten/Statement of Work)

6.5   Lernerfolgskontrolle

1.   Wie kommt ein Vertrag grundsätzlich zustande?
2.   Ist ein Projektangebot ein Antrag im juristischen Sinne?
3.   Welcher Vertragsart ist ein Projektvertrag am ehesten zuzuordnen?
4.   Welche Funktionen eines Projektvertrags lassen sich unterscheiden?
5.   Nach welchen Kriterien kann ein Kunde das Angebot bewerten?
6.   Beschreiben Sie Vorteile und Grenzen der Bewertung eines Angebots unter Einsatz der Nutzwertanalyse.
7.   Wer sollte das Projektangebot erstellen?
8.   Aus welchem Grund sollte ein Projektangebot in Module zerlegt werden?
9.   Wie sollte ein Projektangebot für ein technisches Projekt aufgebaut sein?
10.   Warum sollte ein Zeitplan für die Angebotserstellung erstellt werden?
11.   Wie sollte der technische Teil aufgebaut sein?
12.   Welche Aussagen zu Kundenanforderungen sollten abgegeben werden?
13.   Wie sollte der Management-Teil aufgebaut sein?
14.   Welche Planungsdokumente sollte der Management-Teil enthalten?
15.   Wie sollte der kommerzielle Teil aufgebaut sein?
16.   Welche Arten von Preisen sind zu unterscheiden?
17.   Wie sollte der juristische Teil aufgebaut sein?
18.   Welche Dokumente sind darüber hinaus zu erstellen?
19.   Welche Abschlussarbeiten sind bei der Angebotserstellung zu bedenken?
20.   Wie lässt sich der Prozess der Angebotserstellung langfristig optimieren?

Entwickeln eines technischen Lösungskonzepts 7

7.1 Vorüberlegungen

Zur Erreichung der Projektziele und Erfüllung der Anforderungen des Auftraggebers wird nun eine konkrete technische Lösung gesucht. Das Projektteam – vor allem der Konstrukteur – entwickelt dazu ein entsprechendes Lösungskonzept, welches als Antwort auf die Ziele und Anforderungen des Auftraggebers betrachtet werden kann. Zur Entwicklung eines Lösungskonzepts sind Ideenreichtum und Kreativität gefragt, gleichzeitig aber müssen sämtliche Anforderungen des Auftraggebers berücksichtigt werden. Abhängig vom Projekt können auch mehrere Lösungskonzepte entwickelt werden, etwa im Rahmen einer Ausschreibung.

Ziele und Anforderungen des Auftraggebers einerseits und das Lösungskonzept des Anbieters andererseits sollten dabei auf jeder Ebene des Gesamtsystems trennscharf auseinandergehalten werden, um die verfrühte Festlegung auf ein suboptimales Konzept zu vermeiden. Eine entsprechende Regel wurde in Abschn. 3.2.1 eingeführt. In Großprojekten können technische Lösungskonzepte in Vorstudien bzw. Vorprojekten entwickelt werden.

Beispiel: Ein amerikanischer Mineralölkonzern verfolgte Anfang der 70er Jahre das Projektziel, eine technische Anlage zu entwickeln, die es erlaubte, innerhalb eines Jahres eine bestimmte Menge Rohöl aus dem vereisten Alaska zu verschiedenen Häfen Europas und Asiens zu transportieren. Zur Erreichung dieses Ziels wurden unterschiedliche technische Konzepte in Erwägung gezogen und durch technische Studien geprüft: Wenige große Eisbrechertankschiffe bzw. eine größere Anzahl kleinerer Tankschiffe, die ständig von Eisbrechern begleitet werden sollte, wurden ebenso erwogen wie verschiedenartige Pipelinekonzepte. Nach eingehender Prüfung dieser Konzepte hinsichtlich technischer Vor- und Nachteile sowie von Kosten-, und Umweltkriterien entschied sich der Konzern für Pipelines bis zur eisfreien Zone und dem Weitertransport des Öls mit Tankerschiffen mittlerer Größe. Damit konnten technische Detailanforderungen an die Pipelines und die Tankschiffe formuliert werden, für die wiederum Detaillösungen entwickelt wurden usw.

© Springer Fachmedien Wiesbaden 2015
R. Felkai, A. Beiderwieden, *Projektmanagement für technische Projekte*,
DOI 10.1007/978-3-658-10752-9_7

Nach und nach werden also Systemebene für Systemebene (Gesamtsystem-, Teilsystem-, Geräte-, Komponenten- und Einzelteilebene) Anforderungen formuliert und entsprechende Lösungskonzepte entwickelt und ausgewählt („iteratives Vorgehen").

Das fertige Lösungskonzept wird dem Angebot als Entwurf beigelegt. Eine detaillierte Ausarbeitung ist in diesem Stadium noch nicht angebracht, da der Auftrag noch nicht erteilt ist. Die allgemeine Regel zum Detaillierungsgrad des Lösungskonzepts zu Projektbeginn lautet entsprechend: „Entwickle so grob wie möglich, aber so detailliert wie nötig". „Nötig" bedeutet in diesem Zusammenhang, dass der Auftraggeber die Erfüllung der wichtigsten Anforderungen, das Design, das Prinzip und alle wichtigen Funktionen erkennen kann. Gleichzeitig dient das Lösungskonzept als Grundlage für die Erstellung des Entwicklungskonzepts (Kap. 8), der Projektplanung (Kap. 10) und, nach Auftragserteilung, als Grundlage für die Konstruktion sowie als „Bezugskonfiguration" („Baseline") für das Konfigurationsmanagement (Abschn. 12.2.3).

7.2   Was ist zu tun?

7.2.1   Recherchieren bereits bestehender Lösungen

Auch wenn der Auftragnehmer motiviert ist, eine neuartige technische Lösung für ein Problem zu entwickeln, so kann es in vielen Fällen sehr viel wirtschaftlicher sein, zuerst einmal zu prüfen, ob dieses oder ein sehr ähnliches Problem bereits an anderer Stelle gelöst worden ist und diese Lösung oder Teile davon übernommen werden könnte. Um also das Rad nicht neu zu erfinden, ist eine entsprechende Literatur- bzw. Internetrecherche (z. B. zu wissenschaftlichen Untersuchungen, Doktorarbeiten) durchzuführen. Dazu können auch spezialisierte Recherchedienste eingeschaltet werden.

Im Falle eines Rechercheerfolgs empfiehlt es sich, den Kontakt zu diesen Urhebern dieser Ideen aufzunehmen, etwa in Form von Messebesuchen bei Herstellern oder Besuchen bei Wissenschaftlern an internationalen Universitäten. Interviews mit diesen Personen können wichtige Anregungen liefern, häufig verfügen diese Experten über einen erheblichen Erfahrungsvorsprung. Solche Erfahrungen sind für die Durchführbarkeitsanalyse von erheblicher Bedeutung. Schließlich sind, sofern erforderlich, entsprechende Verhandlungen über Lizenzen zu führen.

7.2.2   Entwickeln alternativer Problemlösungen

In der Regel entwickelt der Auftragnehmer nicht nur eine, sondern mehrere verschiedene Problemlösungskonzepte für den Auftraggeber. So kann beispielsweise ein Eisbrecher alternativ mit Dieselmotoren oder Nuklearantrieb ausgerüstet werden, ein Greifer kann alternativ mit Federn oder mit einem Elektromotor ausgestattet werden usw. Es liegt in der Natur der Sache eines technischen Entwicklungsprozesses, dass sich das Entwicklungsteam gedanklich über Umwege an die optimale Lösung herantastet und immer wieder – auf allen Systemebenen – verschiedene Lösungsalternativen für vorgegebene Anforderungen entwirft.

Es gibt gute Gründe, die für die Entwicklung mehrerer Problemlösungen sprechen: Zum Einen stellt der Auftragnehmer gegenüber dem Kunden seine Kompetenz unter Beweis, da er das Problem aus mehreren Perspektiven beleuchtet hat und sich nicht mit der „nächstbesten" Konzeption zufrieden gibt. Letzteres kann vor allem dann für den Auftragnehmer sehr unangenehm sein, wenn der Auftraggeber eine solche Lösung und vielleicht sogar noch bessere bereits selbst entwickelt hat. Außerdem geriete die Projektleitung in eine unangenehme Rechtfertigungssituation, wenn sich zu einem späteren Zeitpunkt herausstellen würde, andere Lösungen seien technisch vorteilhafter oder kostengünstiger gewesen. Je mehr Lösungen das Projektmanagement durchdacht hat, desto geringer ist dieses Risiko.

7.2.2.1 Einsatz von Kreativitätstechniken

Sofern die Entwicklung von Ideen nicht dem Zufall überlassen, sondern systematisch vorgenommen werden soll, bietet sich der Einsatz so genannter „Kreativitätstechniken" an. Dabei handelt es sich um einen umfangreichen Methodenpool zur Entwicklung von Ideen aller Art – von der Entwicklung eines neuen Getriebes bis zur Formulierung eines Werbeslogans. Grundsätzlich werden „intuitiv-kreative Verfahren" und „systematisch-logische Verfahren" unterschieden:

- **Intuitiv-kreative Verfahren** sollen in sehr kurzer Zeit möglichst viele Lösungen liefern. Sie beruhen auf dem Prinzip der Förderung spontaner Ideen und der Verkettung von Assoziationen. Das kreative „Chaos" ist gewünscht. Dabei soll die Aktivierung des Unbewussten die Überwindung eingefahrener Denkmuster unterstützen. Bekannte Beispiele sind das Brainstorming, die Methode 6-3-5 und das Mindmapping, für die am Ende dieses Abschnitts detaillierte Gebrauchsanweisungen hinterlegt sind (Werkzeuge 7.4.2.1 bis 7.4.2.4).
- **Systematisch-logische Verfahren** (auch „diskursive Verfahren") lösen ein Problem durch logisch begründbares, systematisches Vorgehen. Dabei wird das komplexe Problem in kleinste Einheiten zerlegt und diese anschließend zu einer Gesamtlösung kombiniert. Ein Beispiel für ein systematisch-logisches Verfahren ist die morphologische Methode (Werkzeug 7.4.2.5).

Schließlich sei in diesem Zusammenhang auch auf die *Bionik* hingewiesen, in deren Rahmen mit großem Erfolg Lösungen für technische Probleme der belebten Natur entlehnt werden. So werden beispielsweise hochmoderne Verbundstoffe nach dem Vorbild von bruchfestem Perlmutt entwickelt. Die Bionik als „interdisziplinäre Disziplin" hat in den letzten Jahren deutlich an Bedeutung gewonnen.

7.2.3 Ergänzen, Präzisieren und Modifizieren der Anforderungen

Die Anforderungen des Auftraggebers, die der Entwicklung des Lösungskonzepts zu Grunde liegen, sind selbstverständlich sehr wichtig, aber nicht in jedem Falle „sklavisch" zu befolgen. Bei der Suche nach Lösungen stößt der Ingenieur immer wieder auf Anforderungen, für die es einfache Lösungen gibt und andere, die gar nicht oder nur mit unverhältnismäßigem Aufwand lösbar sind. Deshalb sollten die vorgegebenen Anforderungen immer wieder kritisch mit beleuchtet und ggf. auch ergänzt oder gar in Frage gestellt werden, denn oftmals formuliert der Auftraggeber „Wunschanforderungen", ohne den damit verbundenen technischen Aufwand bzw. die entsprechenden Kosten zu bedenken. In diesem Fall zeichnet sich ein guter Projektleiter dadurch aus, solche Anforderungen noch einmal mit dem Auftraggeber zu diskutieren und ihm die damit verbundenen Auswirkungen vor Augen zu führen. Häufig wird erst in dieser Diskussion deutlich, dass bestimmte Anforderungen nicht zwingend beibehalten werden müssen bzw. modifiziert oder ergänzt werden können. Bei Kleinprojekten sind solche Modifikationen in der Regel schnell und unbürokratisch mit dem Auftraggeber abzustimmen.

Im Falle öffentlicher Ausschreibungen ist hingegen Vorsicht geboten: Hier müssen alle teilnehmenden Anbieter über Änderungsanträge eines Anbieters sowie der Antwort des Auftraggebers zeitgleich informiert werden. Das aber bringt das Problem mit sich, dass der Auftragnehmer, der über die Kompetenz verfügt und sich die Mühe macht, Modifikationen der Anforderungen im Interesse des Auftraggebers zu entwickeln, seinen Wettbewerbern ungewollt die Ergebnisse seiner Arbeit zukommen lässt. Der Königsweg kann in solchen Fällen darin bestehen, ein Angebot gemäß ursprünglichem Anforderungskatalog zu erstellen und mit einer eigenen Lösungsempfehlung zu ergänzen, die mit einer Modifikation der Anforderungen verbunden wäre. Diese sollte dem Angebot unbedingt als separate und als vertraulich gekennzeichnete Anlage beigelegt werden.

7.2.4 Eruieren von Möglichkeiten des Fremdbezugs

Die rechtzeitige Lieferung der benötigten Werkstoffe und Fremdbauteile in der erforderlichen Qualität ist eine notwendige Voraussetzung für den Projekterfolg. So können etwa unberücksichtigte Lieferzeiten zwingend erforderlicher Spezialteile das ganze Projekt gefährden. Um sicherzustellen, dass das entwickelte Lösungskonzept in der zur Verfügung stehenden Zeit in der erforderlichen Qualität und im vorgegebenen Kostenrahmen realisiert werden kann, sollten mit den entsprechenden Lieferanten, Unterauftragnehmern und Transportunternehmen bereits in der Angebotsphase entsprechende Vorgespräche geführt werden. Dabei sind folgende Fragen zu klären:

- **Know-how:** Verfügt das Unternehmen über erforderliche Kenntnisse und Erfahrungen?

- **Personalressourcen:** Verfügt das Unternehmen über ausreichend qualifizierte Mitarbeiter?
- **Sachressourcen:** Verfügt das Unternehmen über erforderliche Maschinen, Lagerräume, Hebevorrichtungen, Software usw.?
- **Lieferzeiten:** Bis wann kann geliefert werden bzw. wie lange dauert der Transport?
- **Kosten:** Wie hoch sind die Gesamtkosten?
- **Qualität:** Wie sieht das Qualitätsmanagementsystem aus? Ist das Unternehmen zertifiziert?

Mit Transportunternehmen sind darüber hinaus zu klären:

- **Transportsicherung:** Ist auszuschließen, dass das Produkt beschädigt wird (z. B. durch Erschütterung, Temperatur, Feuchtigkeit usw.)?
- **Verkehrstechnische Maßnahmen:** Müssen Straßen- und/oder Brückenausmessungen aber auch Fährenuntersuchungen vorgenommen werden? Müssen Sperrungen oder polizeilich begleitete Konvois organisiert werden?
- **Fertigung von Transportmitteln/-vorrichtungen:** Sind spezielle Transportmittel oder Teile davon selbst zu fertigen? So wurde beispielsweise das Spezialflugzeug Beluga durch die EADS dafür entwickelt, verschiedene Flugzeugteile von Fertigungsort zu Fertigungsort zu transportieren, für den Transport der Ariane-Trägerrakete wurde ein spezielles Schiff entwickelt und gefertigt. Sind besondere Transportvorrichtungen erforderlich?
- **Versicherung:** Inwiefern ist der Transport gegen Beschädigung, Unfall usw. versichert? Wer versichert welche Produkte und Leistungen ab wann bis wann und ab welchem bis zu welchem Ort? Entstehen weiter Folgekosten?

Grundsätzlich ist in allen Angelegenheiten unmissverständlich zu klären, wer für welche Leistung verantwortlich ist („Was machen wir? Was macht Ihr?"). Für die endgültige Auswahl der Lieferanten, Unterauftragnehmer und auch der Transportunternehmen sollte deren Eignung im Rahmen eines Audits sorgfältig geprüft werden. Auf Verträge mit bedeutenden Unterauftragnehmern – zuweilen auch mit wichtigen Lieferanten und Transportunternehmen – sollte im Angebot hingewiesen werden. Die Einbindung namhafter Unterauftragnehmer kann die Chance der Auftragserteilung erhöhen.

7.2.5 Auswählen des optimalen Konzepts

Sofern mehrere Lösungskonzepte zur Diskussion stehen, muss eine Lösung ausgewählt werden. Eine begründete Entscheidung setzt nachfolgende Schritte voraus:

7.2.5.1   Schritt 1: Sammeln, Analysieren und Festlegen der Bewertungskriterien

Zunächst werden alle relevanten Bewertungskriterien gesammelt und analysiert. Typische Beispiele für solche Bewertungskriterien sind:

- Zeitbedarf
- Kosten
- Qualität
- Abmessungen
- Haltbarkeit
- Korrosionsbeständigkeit
- Festigkeit
- Steifigkeit
- Gewicht
- Zeitbedarf
- Risiko (z. B. Lieferrisiken)
- Verarbeitungseigenschaften.

Abhängig vom Projekt sind diese Kriterien mit betroffenen und/oder kompetenten Ansprechpartnern (z. B. Auftraggeber, System-, Qualitätssicherungs-, Fertigungsingenieur usw.) abzustimmen. So spielt beispielsweise das Gewicht eines Elektronikschranks für den Einsatz in einem Industriebetrieb keine Rolle, wohl aber dann, wenn er in einem Flugzeug installiert werden soll, da er die verbleibende Nutzlast verringert. Häufig wird in der Praxis eine solche sachliche Abstimmung dadurch erschwert, dass bisweilen Verantwortliche vorschnell Entscheidungen treffen will, um keine Zeit zu verlieren, sich zu profilieren oder eigene Versäumnisse zu überspielen. Hier ist ein besonnenes Vorgehen angeraten, da bereits zu diesem Zeitpunkt nachhaltige Weichenstellungen vorgenommen werden.

7.2.5.2   Schritt 2: Priorisieren der Bewertungskriterien

In einem zweiten Schritt werden die festgelegten Bewertungskriterien priorisiert. So lässt sich beispielsweise Stahl leichter schweißen und hat eine höhere Festigkeit als Aluminium, aber er wiegt fast dreimal so viel. Hier stellt sich also die Frage, ob beispielsweise optimalen Schweißnähten, höherer Festigkeit oder minimalem Gewicht die Priorität eingeräumt werden soll. Dabei kommt es häufig vor, dass zahlreiche Kriterien gesammelt wurden, aber nur eine begrenzte Zahl von Kriterien tatsächlich für die Entscheidung berücksichtigt werden.

7.2.5.3   Schritt 3: Bewerten und Auswählen einer Alternative

Jetzt können alle vorliegenden technischen Alternativen nach den Bewertungskriterien – mehr oder weniger objektiv – bewertet und entsprechende Lösungen ausgewählt werden. Wir nennen es das „Anschauen der Lösungselemente im Spiegel der festgelegten

Kriterien". Dabei können prinzipiell vollständige Lösungen übernommen oder bestimmte Teillösungen kombiniert werden. Ziel ist die Auswahl der optimalen Elemente bzw. ihre Kombination zu einer neuen Gesamtlösung.

Beispiel: Zwischenwände eines Satelliten
Entscheidungskriterien: Stabilität, Gewicht, Preis

- *Alternative 1: Dünne Platten mit vielen anisotropen, orthogonalen Versteifungen (orthotrope Schale) sind stabil aber teuer und es besteht die Gefahr der Verformung durch Schweißnähte.*
- *Alternative 2: Sandwich-Platte (obere und untere Platte durch eine stabilisierende senkrecht stehende Honigwabenstruktur versteift) sind leicht. Sie sind nicht so stabil wie die orthotrope Schale, aber für den Zweck ausreichend.*

Fazit: Die Sandwich-Platte soll eingebaut werden.

In einem nächsten Schritt wird mit der Sandwich-Platte analog fortgefahren: Was für Deckplatten soll die Sandwichplatte bekommen?

- *Alternative 1: Alu-Deckplatten sind relativ schwer, verursachen aber geringe Kosten.*
- *Alternative 2: Kohlefaserverstärkte Kunststoff-Deckplatten sind relativ leicht, aber teurer.*

Im vorliegenden Fall fiel die Wahl auf die Alu-Sandwichplatte (Abb. 7.1).

Andere Beispiele für ausgewählte Lösungskonzepte sind ein Antennenfuß (Abb. 7.2) und eine Halterung aus Titan (Abb. 7.3), die der Anforderung eines extrem geringen Gewichts gerecht werden mussten.

Die endgültige Auswahl der Alternativen sollte aus zwei Gründen gemeinsam mit dem Auftraggeber erfolgen: Zum Einen nimmt auf diese Weise der Auftraggeber den Auftragnehmer als sorgfältig und gewissenhaft und damit als kompetent wahr. Zum Anderen

Abb. 7.1 Sandwichplatte mit eingeklebten Inserts (Gewindeteilen)

Abb. 7.2 Aluminiumfuß einer Antenne. Um Gewicht einzusparen, wurden aus der Aluminiumscheibe über 90 % des Materials herausgefräst. Der Fuß hätte auch gegossen werden können, doch dann hätte die Festigkeit nicht ausgereicht

Abb. 7.3 Halterung, gefräst aus einem Titanblock. Lediglich an den Stellen, an denen die Festigkeit und Steifigkeit es erforderte, blieb Material übrig

fühlt sich der Auftraggeber in diese wichtige Entscheidung eingebunden und interpretiert die ausgewählte Lösung als „sein Kind", ohne dass sich der Auftragnehmer dabei etwas vergibt. Dabei handelt es sich um eine psychologische Überlegung, die für das weitere Projekt von Bedeutung sein kann.

7.2.5.4   Entscheiden mithilfe einer Nutzwertanalyse

Für die Auswahl einer Alternative kann auch die so genannte „Nutzwertanalyse" eingesetzt werden, die eine Planungsmethode zur systematischen Entscheidungsvorbereitung darstellt. Dazu werden in einer Tabelle die Bewertungskriterien vertikal und die Entscheidungsalternativen horizontal aufgelistet.

Die Bedeutung der Kriterien wird durch einen Gewichtungsfaktor ausgedrückt. Je wichtiger ein Kriterium, desto höher der Gewichtungsfaktor. Für jedes Kriterium wird dann Alternative für Alternative zunächst eine einfache Bewertung vorgenommen (z. B. 10 = sehr gute Bewertung, 0 = sehr schlechte Bewertung) und diese dann durch multiplikative Verknüpfung mit dem Gewichtungsfaktor berechnet.

Durch Aufaddieren der gewichteten Bewertungen ermittelt man für jede Entscheidungsalternative den Nutzwert. Anschließend wird die Alternative mit dem höchsten Nutzwert ausgewählt (Abb. 7.4).

Der Vorteil dieses Verfahrens liegt in einer transparenten und nachvollziehbaren Entscheidungsvorbereitung. Damit können langwierige und diffuse Entscheidungsprozesse abgekürzt werden. Das Problem dieses Verfahrens besteht darin, angemessene Gewichtungen zu finden. So können versehentlich relevante bzw. ausschlaggebende Kriterien (z. B. „Zuverlässigkeit eines Schlüssellieferanten") zu gering gewichtet werden.

Nutzwertanalyse								
Nr.	Bewertungskriterium	Gewichtungs-faktor	Alternative 1		Alternative 2		Alternative 3	
			einfache Bewertung	gewichtete Bewertung	einfache Bewertung	gewichtete Bewertung	einfache Bewertung	gewichtete Bewertung
1	Gewicht	5	9	45	7	35	9	45
2	Zuverlässigkeit	8	6	48	3	24	9	72
3	Kosten	4	7	28	9	36	1	4
4	Produktionsdauer	7	6	42	4	28	4	28
	Nutzwert:			163		123		149

Abb. 7.4 Nutzwertanalyse zur Bewertung von Lösungskonzepten

7.2.6   Überprüfen der Erfüllung der Anforderungen

Schließlich wird systematisch überprüft, ob das Lösungskonzept tatsächlich allen Anforderungen des Auftraggebers gerecht wird. Dazu werden die einzelnen Anforderungen mithilfe eines Experten nach und nach abgehakt (engl. „Check of Compliance"). Dieser Check beantwortet die Frage, ob für jede Anforderung eine technische (Teil-)Lösung entwickelt wurde und ist nicht zu verwechseln mit der Überprüfung der Frage, ob diese Lösung auch tatsächlich allen Anforderungen gerecht wird. Letzteres wird im Rahmen der Verifikation überprüft.

Ein erfahrener Auftraggeber verpflichtet den Auftragnehmer dazu, in seinem Angebot explizit zu bestätigen, dass alle Anforderungen erfüllt werden und, sofern das nicht der Fall ist, präzise auszuweisen, welchen Anforderungen die Lösung nicht oder nur in Teilen gerecht wird (Werkzeug 6.4.2). Dieser Hinweis (engl: „Statement of Compliance") ist bei Verträgen in der Luft- und Raumfahrt selbstverständlich und setzt den oben beschriebenen „Check of Compliance" des Auftragnehmers voraus.

Außerdem wird das gesamte Lösungskonzept noch einmal darauf hin untersucht, ob es in sich stimmig und kompatibel ist. Dazu ist vor allem zu überprüfen, ob es möglicherweise zu unerwarteten Wechselwirkungen und Konflikten unter Komponenten kommen kann.

Das fertige Lösungskonzept als Entwurf des Projektergebnisses wird dem Angebot beigelegt und ist damit Bestandteil des Vertrags im Falle der Auftragserteilung.

7.3   Beispielprojekt NAFAB

Die endgültige Lösung, die bis zum heutigen Tage im Einsatz ist, besteht aus einem horizontal verfahrbaren Turm, an dem eine Plattform in vertikaler Richtung entlangfahren kann. An der Plattform sind angebracht:

- Sonde zur Vermessung der Sendekeule
- Elektronikboxen (19-Zoll-Einschübe)
- Spindelantrieb
- Gegengewichte
- Gegenschwinger

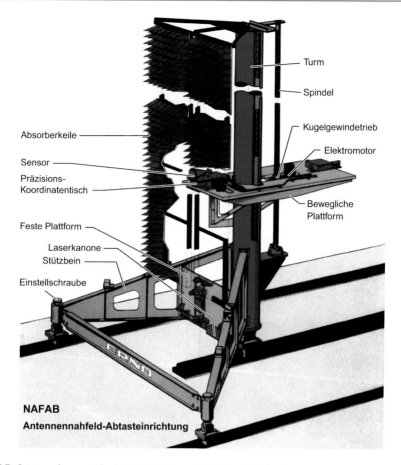

Abb. 7.5 Lösungskonzept der NAFAB-Anlage in fertigem Zustand

Der vertikale Elektromotorantrieb erfolgt mittels einer Spindel und eines Präzisions-Kugelgewindetriebes. Der Turm stützt sich auf eine Kugel und auf Beine, mit denen er in vertikale Richtung exakt ausgerichtet werden kann. Die gewünschte Position des Sensors wird durch den Anwender über einen Computer eingegeben. Eine Laserelektronik, welche durch Messung der Anzahl der Lichtwellen die Höhe des Sensors exakt bestimmen kann, steuert die Positionierung. Abbildung 7.5 stellt die fertige Anlage mit einem mit Absorberkeilen ausgerüsteten Absorberschild dar, in Abb. 7.6 ist die Anlage in halb fertigem Zustand perspektivisch dargestellt.

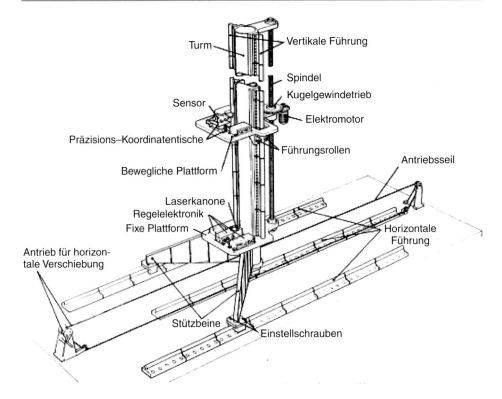

Abb. 7.6 Lösungskonzept der NAFAB-Anlage in unfertigem Zustand

7.4   Werkzeuge

7.4.1   Checkliste: Schritte der Konzeptentwicklung

Checkliste: Schritte der Konzeptentwicklung
☐   Ist die Herstellungstechnologie bekannt und erprobt?
☐   Ist die Konstruktion mit den Zeit- und Kostenzielen vereinbar?
☐   Ist das Produkt transportierbar?
☐   Wurden die vorhandenen Lösungsalternativen recherchiert (Literatur, Internet usw.)?
☐   Wurden Alternativlösungen konzipiert?
☐   Wurden Bewertungskriterien festgelegt?
☐   Wurden die Bewertungskriterien mit dem Aufraggeber abgestimmt?
☐   Wurden die Bewertungskriterien priorisiert bzw. gewichtet?
☐   Wurden die Alternativlösungen bewertet?
☐   Wurde eine begründbare Auswahl getroffen?
☐   Wurde das ausgewählte Konzept auf Erfüllung aller Anforderungen geprüft?
☐   Wurde das ausgewählte Konzept mit dem Auftraggeber abgestimmt?

7.4.2   Gebrauchsanweisungen: Kreativitätswerkzeuge

7.4.2.1   Gebrauchsanweisung: Brainstorming

Gebrauchsanweisung: Brainstorming	
Erfinder	Alex Osborn
Kurz-beschreibung	Sehr verbreitete und einfache Methode, bei der alle Teilnehmer spontan möglichst viele Vorschläge unterbreiten und ihre Assoziationen zu diesen Vorschlägen äußern, ohne aber diese zu bewerten. Die Bewertung der Ideen erfolgt zu einem späteren Zeitpunkt.
Ziel	Suchen und Sammeln neuartiger Lösungen
Dauer	15 bis 30 Minuten
Voraussetzungen	<ul><li>1 Moderator</li><li>8 bis 12 Teilnehmer</li><li>Dokumentationsmedien (Flipchart, Whiteboard, PC usw.)</li></ul>
Ablauf	1 Die Regeln werden zu Sitzungsbeginn bekannt gegeben. 2 Das Problem wird vorgestellt. 3 Alle Ideen werden frei und ungezwungen geäußert. 4 Alle Ergebnisse werden zeitgleich sorgfältig protokolliert. 5 In einer neuen Sitzung werden die Ideen bewertet.
Regeln	*1 Kritik zurückstellen* Während der Sitzung darf kein Vorschlag bewertet werden. *2 Der Phantasie freien Lauf lassen* Alle Arten von Ideen sind willkommen. *3 Ideen aufgreifen und weiterentwickeln* Ideen dürfen jederzeit aufgegriffen und ggf. in eine ganz andere Richtung gelenkt werden. *4 Quantität vor Qualität* Es sollen so viele Vorschläge wie möglich entwickelt werden.
Hinweise	Die vorgegebene Zeit sollte unbedingt ausgenutzt werden, da erfahrungsgemäß nach einigen Minuten den Teilnehmern vorläufig die Ideen ausgehen, jedoch nach und nach weitere Ideenschübe nachfolgen, die sehr konstruktiv sein können.

7.4.2.2   Gebrauchsanweisung: 6-3-5-Methode

Gebrauchsanweisung: 6-3-5-Methode	
Erfinder	Bernd Rohrbach
Kurz-beschreibung	Methode aus der Gruppe der „Brainwriting-Verfahren": 6 Teilnehmer sitzen im Kreis und formulieren 3 Ideen innerhalb von 5 Minuten in der ersten Zeile einer Tabelle mit 3 Spalten und 6 Zeilen. Anschließend reicht jeder Teilnehmer seine Tabelle im Uhrzeigersinn weiter und lässt sich durch die 3 Ideen seines Vorgängers zu neuen Ideen anregen, die er in der nächsten Zeile anregt usw. So können bis zu 108 Ideen entwickelt werden.
Ziel	Suchen und Sammeln neuartiger Lösungen
Dauer	30 bis 40 Minuten
Voraussetzungen	• 1 Zeitwächter • 6 Teilnehmer • 6 Formblätter (6-3-5-Tabelle, siehe Folgeseite)
Ablauf	1 Fragestellung/Thema wird vorgestellt. 2 Jeder Teilnehmer trägt seine 3 Ideen innerhalb von 5 Minuten ein. 3 Die Formulare werden im Uhrzeigersinn weitergegeben. In der nächsten Zeile werden die 3 vorliegenden Ideen weiterentwickelt, ergänzt, variiert oder neue Ideen eingetragen. 4 Usw., bis alle 18 Felder auf jedem Blatt ausgefüllt sind.
Regeln	1 Deutlich schreiben 2 Die Idee unmissverständlich ausdrücken 3 Während der Sitzung nicht sprechen.
Hinweise	Die 6-3-5-Methode grenzt sich vom Brainstorming dadurch ab, dass jeder Teilnehmer dazu angehalten ist, vorliegende Ideen weiterzuentwickeln. Außerdem werden alle Ideenressourcen genutzt, also auch die von ruhigen, eher zurückhaltenden Mitarbeitern. Schließlich werden auf diese Weise unerwünschte Diskussionen ausgeschlossen. Auf der nächsten Seite finden Sie das zugehörige Formblatt.

7.4.2.3   Formblatt zur 6-3-5-Methode

6-3-5-Methode		
Problem:		
Teilnehmer 1: Teilnehmer 2: Teilnehmer 3:	Teilnehmer 4: Teilnehmer 5: Teilnehmer 6:	
1.1	1.2	1.3
2.1	2.2	2.3
3.1	3.2	3.3
4.1	4.2	4.3
5.1	5.2	5.3
6.1	6.2	6.3

7.4.2.4   Gebrauchsanweisung: Mindmapping

Gebrauchsanweisung: Mindmapping	
Erfinder	Tony Buzan
Kurz-beschreibung	Technik zur gehirngerechten Erschließung, Strukturierung und über-sichtlichen Visualisierung eines Themengebietes. Dabei wird das The-ma als Zentralbegriff in der Mitte eines Blattes eingetragen und zuge-hörige Haupt- und Nebenaspekte in Form von unterschiedlich starken Linien abgezweigt. Assoziatives Denken steht im Vordergrund.
Ziel	Sammeln, Strukturieren und Visualisieren von Ideen
Dauer	20 bis 30 Minuten
Voraussetzungen	• Moderator • Pinnwand mit großem Blatt Papier (querliegend) • Farbige Stifte • Alternativ: Laptop mit Mindmap-Software und Beamer
Ablauf	1 Fragestellung/Thema wird in der Mitte in ein Oval eingetragen. 2 Aus dem Zentralbegriff wird für jeden Hauptaspekt eine Linie abge-zweigt und beschriftet. 3 Aus den Hauptaspekten werden wiederum zugehörige Nebenaspek-te als Unteräste abgezweigt und beschriftet. 4 Das Verfahren ist abgeschlossen, wenn keine Ideen mehr geliefert werden bzw. der Moderator den Beschluss trifft.
Regeln	1 Alle Linien laufen aus Gründen der Lesbarkeit horizontal aus. 2 Alle Linien werden in Großbuchstaben horizontal beschriftet. 3 Jede Linie wird mit nur einem aussagefähigen Begriff beschriftet. 4 Es sind möglichst viele Farben einzusetzen (z. B. für Ebenen). 5 Wenn möglich sind Bilder und Symbole einzuzeichnen. 6 Alle Arten von Ideen sowie Humor sind erlaubt.

Beispiel:

7.4.2.5   Gebrauchsanweisung: Morphologischer Kasten

Gebrauchsanweisung: Morphologischer Kasten	
Erfinder	Fritz Zwicky
Kurz-beschreibung	Logisch-systematische Methode zur unvoreingenommenen Lösung komplexer Fragestellungen. Dazu werden die allgemeinen und unabhängigen Merkmale (auch: Parameter, Kategorien, Attribute, Dimensionen) einer komplexen Fragestellung bzw. Produktes identifiziert und diesen dann unterschiedliche Ausprägungen (Lösungsalternativen) zugeordnet. Anschließend werden unterschiedliche Kombinationen dieser Merkmalsausprägungen entwickelt.
Ziel	Entwickeln bzw. Verbessern komplexer Produkte
Dauer	30 bis 120 Minuten
Voraussetzungen	• Moderator • Maximal 7 Teilnehmer • Kariertes Papier und Stift oder Tabellenkalkulationsprogramm
Ablauf	1 Fragestellung/Thema wird formuliert. 2 Relevante Parameter (Merkmale) werden untereinander aufgelistet. 3 Jedem Merkmal werden mögliche Ausprägungen zugeordnet. 4 Festlegen zweckmäßiger Kombinationen der Parameter.
Regeln	1 Alle Parameter müssen unabhängig voneinander sein. 2 Nur die wesentlichen Parameter werden erfasst. 3 Alle Parameter betreffen alle Lösungen.
Hinweise	Es sollten nicht nur die vermeintlich „besten" Ausprägungen kombiniert werden. In ihrer Kombination können auch andere Ausprägungen unerwartet attraktiv werden. Die Kombination kann durch eine Zick-Zack-Profillinie dargestellt werden. Im untenstehenden Beispiel fett und kursiv gedruckt.
Beispiel	**Morphologischer Kasten: Gehäuse** | Parameter	Ausprägungen		
---	---	---	---
Form	*Rund*	Eckig	Oval
Material	Stahl	*Aluminium*	Kunststoff
Oberfläche	Glatt	*Rau*	Gewellt
Befestigung	*Beine*	Geschraubt	Geklebt
Farbe	Rot	Blau	*Gelb*	

7.4.3 Werkzeuge zur Alternativenbewertung

7.4.3.1 Checkliste: Bewertungskriterien für alternative Lösungskonzepte

Checkliste: Bewertungskriterien für alternative Lösungskonzepte	
☐ Leistung	☐ Wärmeisolierung
☐ Strom-/Treibstoffverbrauch	☐ Wärmeleitung
☐ Akzeptanz des Auftraggebers	☐ Lautstärke
☐ Termine	☐ Abmessungen, Raumbedarf
☐ Austauschbarkeit	☐ Lebensdauer
☐ Thermische Verformung, Ausdehnung	☐ Emissionen
☐ Brennbarkeit, Entflammbarkeit	☐ Zuverlässigkeit
☐ Transportierbarkeit	☐ Gewicht
☐ Emissionen	☐ Qualität
☐ Umweltverträglichkeit	☐ Entwicklungszeitbedarf
☐ Fertigungsfreundlichkeit	☐ Wartungsaufwand
☐ Wärmeabgabe, Erhitzung	☐ Kosten

7.4.3.2   Tabelle: Alternativlösungen

			Übersicht: Alternativlösungen				
Nr.	Art des Vorschlags Skizze/Zeichnung	Quelle	Kurzbeschreibung	Vorteile	Nachteile	Ergebnis der Diskussion, Untersuchung, Empfehlung	Bemerkung
1							
2							
3							

7.4.3.3   Nutzwertanalyse

			Nutzwertanalyse					
			Alternative 1		Alternative 2		Alternative 3	
Nr.	Bewertungskriterium	Gewichtungs- faktor	einfache Bewertung	gewichtete Bewertung	einfache Bewertung	gewichtete Bewertung	einfache Bewertung	gewichtete Bewertung
1								
2								
3								
4								
5								
	Nutzwert:							

7.5 Lernerfolgskontrolle

1. Erläutern Sie den Zusammenhang zwischen den Anforderungen und dem Lösungskonzept eines technischen Projekts.

2. Aus welchem Grunde sind technische Anforderungen einerseits und das technische Lösungskonzept andererseits streng auseinanderzuhalten?

3. Warum sollten vor der Entwicklung eigener Lösungen bestehende Lösungen recherchiert werden?

4. Begründen Sie, warum mehrere, möglichst unterschiedliche Lösungen recherchiert bzw. entwickelt werden?

5. Warum sollte für die Entwicklung von technischen Lösungen der Einsatz von Kreativitätstechniken erwogen werden?

6. Welche Arten bzw. Verfahrensfamilien von Kreativitätstechniken sind grundsätzlich zu unterscheiden?

7. Beschreiben Sie drei konkrete Kreativitätstechniken.

8. Erläutern Sie, inwiefern es immer wieder wechselseitige Beziehungen zwischen der Entwicklung technischer Lösungen und der Formulierung technischer Anforderungen geben kann.

9. Welche Besonderheit ist bei der Kommunikation mit dem Auftraggeber (Rückfragen zu Anforderungen, Abstimmungen alternativer Lösungskonzepte usw.) in öffentlichen Ausschreibungen zu bedenken?

10. Welche Fragen sind im Falle des Fremdbezugs zu klären?

11. Welche Chancen und Risiken sind mit dem Einsatz einer Nutzwertanalyse (Entscheidungsmatrix) für die Auswahl des optimalen Lösungskonzepts verbunden?

12. Welche Kriterien werden für die Beurteilung von Lösungskonzepten technischer Anlagen in der Luftfahrt vermutlich herangezogen werden?

13. Was leistet der „Check of Compliance"?

14. Erläutern Sie den Unterschied zwischen dem „Check of Compliance" und dem „Statement of Compliance".

15. Aus welchem Grunde sollte ein Lösungskonzept, das einem Angebot beigelegt wird, noch nicht detailliert ausgearbeitet werden?

Erstellen eines Entwicklungskonzepts

8

8.1 Vorüberlegungen

8.1.1 Warum ein Entwicklungskonzept?

Technische Großprojekte sowie technische Projekte mit hohem Innovationsgrad sind zu komplex und zu vielschichtig, um von den technischen Anforderungen und einem zugehörigen technischen Lösungskonzept unmittelbar zur Projektplanung übergehen zu können, denn die optimale Vorgehensweise ist zu diesem Zeitpunkt noch gar nicht bekannt. Mit anderen Worten: Einen Plan zu erstellen bedeutet noch lange nicht, den optimalen Weg durch das Projekt zu wählen, denn die Vielzahl von Zusammenhängen, Wechselwirkungen, Beziehungen und Abhängigkeiten zwischen Zeit-, Kosten- und Sachzielen und den damit verbundenen Schlussfolgerungen für Konstruktion, Fertigung, Montage, Integration und Verifikation kann in ihrer Komplexität in diesem Stadium noch nicht durchdrungen werden.

Die Brücke zwischen den Anforderungen und dem Lösungskonzept auf der einen und der Projektplanung auf der anderen Seite wird bei großen sowie innovativen Projekten durch das Entwicklungskonzept (engl.: Developmentplan) geschlagen. Darin wird sukzessive die optimale Vorgehensweise zur Erreichung der Qualitäts-, Kosten- und Terminziele unter Berücksichtigung aller Zusammenhänge, Randbedingungen und Wechselwirkungen festgelegt und in Teilkonzepten dokumentiert. Dazu sind beispielsweise folgende Fragen zu beantworten:

- Welche Fertigungsunterlagen müssen erstellt werden – und wie lange dauert das?
- Welche Teile sollen selbst gefertigt, welche fremdbezogen werden?
- Wie sollen Teile miteinander verbunden werden?
- Welche Tests sind durchzuführen und welche Vorrichtungen sind dazu erforderlich?
- Welche Vorkehrungen sind für Transporte mit Überbreite bzw. -höhe zu treffen?

© Springer Fachmedien Wiesbaden 2015
R. Felkai, A. Beiderwieden, *Projektmanagement für technische Projekte*,
DOI 10.1007/978-3-658-10752-9_8

Das Entwicklungskonzept weist den optimalen Weg durch das ganze Projekt und beliefert die Projektplanung mit den erforderlichen „Inputs" aus allen relevanten Funktionsbereichen des Betriebs. Dabei enthält es nichts, was das Projektmanagement nicht früher oder später im Projektverlauf wieder einholen würde – und je später, desto höher die Kosten und der Zeitbedarf. Die Erstellung eines Entwicklungskonzepts ist eine sehr anspruchsvolle Aufgabe, die nur von erfahrenen Entwicklungsfachleuten bewältigt werden kann. Eine Übersicht über Inhalt und Aufbau eines Entwicklungskonzepts ist in Abb. 8.1 dargestellt.

Exkurs: Hilfsvorrichtungen
Der Bedarf an erforderlichen Hilfsvorrichtungen für die Fertigung, die Montage, die Integration, die Verifikation, die Lagerung sowie den Transport lässt sich aus dem Lösungskonzept ableiten. Dabei werden Handhabungs- und Transportvorrichtungen unterschieden:

- **Handhabungsvorrichtungen** sind Vorrichtungen zum Bewegen, Lagern und Positionieren (z. B. Neigen) des Produkts bzw. der Fertigungseinheit, aber auch zum Entfernen eines Teils aus einer Verpackung. Sie können im Rahmen der Fertigung, der Montage, der Ver- und Entladung vor und nach Transport, der Integration sowie bei Tests erforderlich sein. Testvorrichtungen ermöglichen das richtige Anbringen der zu testenden Teile an den Testanlagen. Beispiele für Testvorrichtungen sind Manschetten zur Befestigung von Tragflächen für Belastungsversuche, Spannvorrichtungen, Reißversuche oder Einspannvorrichtungen an einem Vibrationstisch für Vibrationsversuche. *Beispiel: Entnimmt der Versuchsleiter dem Entwicklungskonzept die Vorgabe, dass eine Flugzeugtragfläche einem Ermüdungstest (z. B. 1 Mio. Schwingungen) unterzogen werden soll, so entwickelt dieser das Testdesign (z. B. Anbringung der Tragfläche an einem Rumpfteil und Bewegung über hydraulische Testeinheiten) und leitet den Bedarf erforderlicher Handhabungsvorrichtungen ab. Wahlweise könnte er die Kräfte über Manschetten oder zu verschraubende Befestigungselemente in die Tragfläche einleiten. Entscheidet er sich für die Befestigungselemente, so wird dieser Bedarf gemeldet und die damit verbundenen Planungskonsequenzen für die Konstruktion und die Fertigung im Entwicklungskonzept erfasst.*
- **Transportvorrichtungen** sollen gewährleisten, dass das Produkt bzw. die Fertigungseinheit durch den Land-, Wasser- oder Lufttransport nicht beschädigt oder übermäßig belastet wird. Das kann etwa mithilfe von Federungen, gepolsterten Auflagen, Dämpfvorrichtungen oder Klimatisierungen geschehen. Außerdem ist allen weiteren Transportnotwendigkeiten Rechnung zu tragen. *Beispiel: Ein größeres Testobjekt, das bei der IABG in Ottobrunn einem Test unterzogen werden soll, passt nur in einem bestimmten Neigungswinkel durch die Tore des Versuchsgebäudes. Dazu muss rechtzeitig eine entsprechende Transportvorrichtung organisiert werden. Sofern die Vorrichtung selbst gefertigt werden soll, müssen die planerischen Vorgaben für Konstruktion und Fertigung sowie alle Verantwortlichkeiten im Entwicklungskonzept erfasst werden.*

Aufbau Entwicklungskonzept

Konstruktions-konzept	Herstellungs-konzept	Verifikationskonzept (Kapitel 8)				Logistikkonzept
		Berechnungs-konzept	Test-konzept	Inspektions-konzept	Identitätsprüfungs-konzept	
1 Festlegung sämtlicher zu erstellender Fertigungsunter-lagen	1 Festlegung und Erläuterung des optimalen Herstellungs-verfahrens	1 Festlegung und Erläuterung durchzuführen-der Berech-nungen	1 Festlegung und Erläuterung durchzuführen-der Tests	1 Festlegung und Erläuterung durchzuführen-der Inspektionen	1 Festlegung und Erläuterung durch-zuführender Identi-tätsprüfungen	1 Festlegung und Erläuterung der Lagerung und des Transports aller Teile
2 Zuordnung erforderlicher Ressourcen	2 Zuordnung erforderlicher Ressourcen	2 Zuordnung erforderlicher Ressourcen	2 Zuordnung erforderlicher Ressourcen	2 Zuordnung erforderlicher Ressourcen	2 Zuordnung erforderlicher Ressourcen	2 Zuordnung erforderlicher Ressourcen
3 Schätzung des Zeitbedarfs (Dauer)	3 Schätzung des Zeitbedarfs (Dauer)	3 Schätzung des Zeitbedarfs (Dauer)	3 Schätzung des Zeitbedarfs (Dauer)	3 Schätzung des Zeitbedarfs (Dauer)	3 Schätzung des Zeitbedarfs (Dauer)	3 Schätzung des Zeitbedarfs (Dauer)
4 Schätzung der Kosten	4 Schätzung der Kosten	4 Schätzung der Kosten	4 Schätzung der Kosten	4 Schätzung der Kosten	4 Schätzung der Kosten	4 Schätzung der Kosten

Abb. 8.1 Inhalt und Aufbau eines Entwicklungskonzepts

Alle Hilfsvorrichtungen können prinzipiell fremdbezogen oder selbst konstruiert und gefertigt werden. Dabei gilt der Grundsatz, dass die Belastungen, die während der Handhabung, der Lagerung, der Be- und Entladung sowie des Transports auftreten, niemals Treiber für die Dimensionierung des Lösungskonzepts sein dürfen. So darf es beispielsweise nicht sein, dass der Flugzeugflügel verstärkt konstruiert und gefertigt werden muss, um einen einmaligen Fertigungsschritt, eine Zwischenlagerung oder einen Transport zu überstehen. Für Testvorrichtungen gilt darüber hinaus, dass sie das Testergebnis nicht beeinflussen dürfen. Abhängig vom Projekt kann es sich daher bei den Hilfsvorrichtungen um technisch anspruchsvolle Anlagen handeln, die beispielsweise mit klimatisierten Kammern, (Stoß-) Dämpfungselementen usw. ausgestattet sind.

8.1.2   Verzahnung von Entwicklungskonzept und Projektplanung

Entwicklungskonzept und Projektplanung stehen in enger Wechselwirkung und werden iterativ in enger Verzahnung nach und nach detailliert ausgearbeitet (Abb. 8.2). Dabei hat die Planung eher einen mechanisch ausführenden Charakter, während das Entwicklungskonzept die fachlichen „Inputs" für die Planung liefert.

8.1.3   Vom Groben zum Feinen

Um dem Auftraggeber die eigene Kompetenz vor Augen zu führen, wird dem Angebot ein erstes, zunächst noch grob gehaltenes Entwicklungskonzept (zusammen mit der zunächst ebenfalls noch groben Projektplanung) beigelegt. Mehr lässt der kurze Zeitraum der Angebotserstellung nicht zu. Es muss zu diesem Zeitpunkt so aussagekräftig sein, dass es den Auftraggeber dahingehend überzeugt, dass die wichtigsten Anforderungen erfüllt werden, es kann aber noch nicht unbedingt den optimalen Lösungsweg darstellen. Erst nach Auftragserteilung wird es nach und nach detailliert ausgearbeitet und etwa zum Ende der Konstruktionsarbeiten fertiggestellt.

Abb. 8.2 Verzahnung von Entwicklungskonzept und Projektplanung

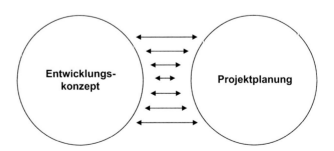

8.2 Was ist zu tun?

8.2.1 Einfrieren von Anforderungen und Lösungskonzept

Für das Angebot ist zunächst ein grobes Entwicklungskonzept zu erstellen, anhand dessen der Auftraggeber die geplante Vorgehensweise des Auftragnehmers nachvollziehen kann. Erst nach Auftragserteilung wird dieses Konzept detailliert ausgearbeitet. In beiden Fällen müssen Anforderungen und Lösungskonzept zu einem bestimmten Zeitpunkt festgelegt („eingefroren") werden, um das Entwicklungskonzept darauf aufbauen zu können.

Dabei stellt ein erstes Lösungskonzept im Angebot häufig noch nicht die endgültige, optimale Konfiguration dar, es muss aber deutlich machen, dass die Anforderungen prinzipiell erfüllbar sind. Grundsätzlich können Anforderungen und Lösungskonzept im Rahmen von Vertragsverhandlungen (Kap. 11) und notfalls in Form nachträglicher Änderungswünsche des Auftraggebers nach Vertragsabschluss (Abschn. 12.2.3) noch geändert werden. Entsprechend ist das Entwicklungskonzept anzupassen.

8.2.2 Erstellen eines Konstruktionskonzepts

8.2.2.1 Zu bestimmende Fertigungsunterlagen

Für das Konstruktionskonzept werden zunächst alle zu konstruierenden Baugruppen aus dem Produktstrukturplan identifiziert. Dabei können das Konstruktionskonzept und der Produktstrukturplan (Produktbaum) in wechselseitiger Verzahnung entstehen. Anschließend sind alle Fertigungsunterlagen, die zur Fertigung des Produkts sowie sämtlicher Hilfsvorrichtungen erforderlich sind, zu bestimmen und bei Bedarf zu erläutern. Die Fertigungsunterlagen setzen sich zusammen aus:

- **Konstruktionszeichnungen:** Abhängig vom Produkt sind neben den Zeichnungen für die mechanische Konstruktion entsprechende Konstruktionsunterlagen für die Elektrik, die Software (z. B. Ablaufdiagramme, Struktogramme) usw. zu erstellen.
- **Stücklisten:** Diese enthalten die Anzahl aller erforderlichen Teile mit Materialangaben einschließlich Normteilen wie Schrauben, Federn, Schellen usw.
- **Vorschriften**
  - Fertigungsvorschriften (z. B. Klebe- oder Schweißvorschriften)
  - Handhabungsvorschriften (z. B. Vorschriften des Greifens oder Anhebelns)
  - Montagevorschriften (z. B. Vorschriften zur Reihenfolge der Anbringung von Komponenten, Schmierungsvorschriften)
  - Integrationsvorschriften (z. B. Sicherheitsvorschriften zum Umgang mit Netzstrom zum Schutz von Mensch und Produkt)
  - Lagerungs- und Transportvorschriften (z. B. Vorschriften zur Befestigung, Klimatisierung, Federung).

8.2.2.2   Inhalt eines Konstruktionskonzepts

Das Konstruktionskonzept kann in einem einfachen Formular (Abb. 8.4) vorgenommen werden, in welchem für jedes Teil zu bestimmen und ggf. zu erläutern sind:

- Einheit-Nr.
- Teil-/Baugruppenbezeichnung
- Baugruppe
- zu erstellende Fertigungsunterlagen
- Form (Ausdruck, Datei usw.)
- verwendete Software
- verwendete Softwareversion
- erforderliches Personal
- Verantwortliche Person
- Konstruktionsdauer
- Konstruktionskosten.

8.2.3   Erstellen eines Herstellungskonzepts

8.2.3.1   Typische Fragen zur optimalen Herstellung

Der Fertigungsingenieur legt auf Grundlage des Lösungskonzepts und in enger Abstimmung mit dem Berechnungsingenieur, dem Konstrukteur und dem Projektleiter (bei Großprojekten nehmen der System- und die Teilsystemleiter dem Projektleiter diese Aufgabe ab) das optimale Verfahren der Herstellung sowie die zu beschaffenden Teile fest. Dazu müssen sowohl für das Produkt sowie für erforderliche Hilfsvorrichtungen diverse Detailfragen beantwortet werden, wie zum Beispiel:

- Kleben, schweißen oder nieten?
- Hobeln oder fräsen?
- Aus einem Stück gießen oder zusammenschweißen oder aus einem Block fräsen?
- Stahl, Aluminium oder Titan?
- Fachwerk oder Rohr?
- Reihenfolge der Fertigungsschritte?
- Selbst fertigen oder fremd beziehen?
- Fremd beziehen und bearbeiten?

Da das Herstellungskonzept als Bestanteil eines ersten Entwicklungskonzepts für das Angebot zumeist unter hohem Zeitdruck entsteht, kommt es häufig vor, dass sich nach Auftragserteilung bei genauerer Betrachtung ein anderer, besserer Weg herauskristallisiert. Dabei handelt es sich häufig um ein iteratives Vorgehen, bei dem der Konstrukteur beauftragt wird, weitere Vorschläge für die Lösung der Aufgabe zu entwickeln und ggf.

zugehörige Angebote einzuholen. Diese Varianten werden im Gesamtzusammenhang diskutiert, der optimale Weg ausgewählt und schließlich im endgültigen Herstellungskonzept erfasst.

8.2.3.2   Eigenfertigung oder Fremdbezug („Make or Buy")?

Die Projektleitung hat zusammen mit den Fachexperten die Entscheidung zu treffen, welche Teile durch den Betrieb selbst gefertigt und welche fremd bezogen werden sollen. Dazu müssen vor allem sämtliche Kosten der Eigen- und der Fremdfertigung (z. B. Fertigungs-, Transport-, Zwischenlagerungs-, Qualitätssicherungs- und Versicherungskosten) ermittelt und gegenübergestellt werden.

Grundsätzlich sind Make or Buy-Entscheidungen nicht nur unter Kostengesichtspunkten zu treffen. Vielmehr sind auch Aspekte wie Arbeitsplatzsicherheit der Mitarbeiter, Produktqualität, Verfügbarkeit von Ressourcen und Auswirkungen auf den Zeitplan zu berücksichtigen. Darüber hinaus müssen strategische Risiken bedacht werden, die mit der Abhängigkeit von bestimmten Lieferanten sowie dem Verlust des eigenen Know-hows verbunden sind.

8.2.3.3   Inhalt eines Herstellungskonzepts

Das Herstellungskonzept kann in einem einfachen Formular (Abb. 8.5) vorgenommen werden, in welchem für jedes Teil zu bestimmen und ggf. zu erläutern sind:

- Einheit-Nr.
- Teil-/Baugruppenbezeichnung
- Bearbeitungsart (Fräsen, Bohren, Schweißen usw.)
- Spezielle Hilfsvorrichtungen
- Lagerung (nur im Rahmen des Fertigungs-/Montageprozesses)
- Transportmittel (nur im Rahmen des Fertigungs-/Montageprozesses)
- Erforderliches Personal
- Verantwortliche Person
- Herstellungsdauer
- Herstellungskosten
- Angabe, sofern das Teil fremdbezogen werden soll.

8.2.4   Erstellen eines Verifikationskonzepts

Im Verifikationskonzept wird detailliert beschrieben, wie der Nachweis erbracht werden soll, dass alle technischen Anforderungen erfüllt werden. Im Verifikationskonzept wird die konkrete Umsetzung sämtlicher Verifikationsmaßnahmen vollständig und detailliert festgelegt und liefert damit wichtige Informationen für die Projektplanung. So lässt sich beispielsweise aus dem Verifikationskonzept ableiten, welche Berechnungen, welche Versuchsanlagen, welche Testobjekte (Produktteile, Attrappen usw.) und welche zugehörigen

Dokumente zu welcher Zeit und an welchem Ort benötigt werden. Ein Verifikationskonzept kann folgendermaßen aufgebaut sein:

Aufbau Verifikationskonzept

1. Verifikationsvorschau
2. Berechnungskonzept
3. Testkonzept
4. Inspektionskonzept
5. Identitätsprüfungskonzept

Auf Grund seiner Komplexität und seiner erheblichen Bedeutung für technische Projekte, insbesondere Projekte mit Auswirkungen auf Menschenleben (Luftfahrt, Automobilbau, Brückenbau, Schiffbau usw.), soll das Verifikationskonzept in ein eigenes Kapitel (Kap. 9) ausgelagert und dort ausführlich behandelt werden.

8.2.5 Erstellen eines Logistikkonzepts

Als viertes und letztes Teilkonzept wird neben dem Konstruktionskonzept, dem Herstellungskonzept und dem Verifikationskonzept noch ein Logistikkonzept entwickelt, welches Antworten auf alle relevanten logistischen Fragen im Rahmen des Projekts liefern soll. Es bezieht sich ausschließlich auf größere Produkteinheiten und besteht aus einem Lagerungs- und einem Transportkonzept.

8.2.5.1 Erstellen eines Lagerungskonzepts

Zielsetzung des Lagerungskonzepts ist die gedankliche Vorwegnahme der erforderlichen Lagerung aller Teile. Dazu ist zunächst eine der Liste der im Projektverlauf zu lagernden Halbfertigteile und Fertigteile zu erstellen. Für alle Teile sind erforderliche Lagerräume unter Berücksichtigung spezieller Lagerungsvorrichtungen festzulegen und zu beschreiben. Um alle gelagerten Teile kurzzeitig wieder finden zu können, muss ein geeignetes Kodierungssystem erarbeitet und eingeführt sein – keine selbstverständliche Angelegenheit für jeden Betrieb. Anschließend sind für alle Teile relevante Lagerungsbedingungen zu beschreiben, wie erforderliche Lagerungsvorrichtungen, einzuhaltende Luftreinheit, minimale bzw. maximale Temperaturen, Luftfeuchtigkeitsgrade, Tragfähigkeit bei hohen Gewichtsbelastungen usw. Für manche Teile sind spezielle Sicherheitsmaßnahmen zu ermitteln, etwa bei Gefahr von Sabotage oder Technologiediebstahl.

Inhalt eines Lagerungskonzepts

Der Lagerungsplan kann in einem einfachen Formular (Abb. 8.6) vorgenommen werden, in welchem für jedes Teil zu bestimmen und ggf. zu erläutern sind:

- Einheit-Nr.
- Teil-/Baugruppenbezeichnung
- Lager
- Raumbedarf (Fläche, Höhe)
- Spezielle Lagerungsvorrichtungen
- Spezielle Lagerungsbedingungen
- Spezielle Maßnahmen
- Erforderliches Personal
- Verantwortliche Person
- Lagerungsdauer
- Lagerkosten.

8.2.5.2   Erstellen eines Transportkonzepts

Analog zum Lagerungskonzept besteht die Zielsetzung des Transportkonzepts in der gedanklichen Vorwegnahme der zeit- und kostenoptimalen Transporte aller Teile. Für alle Teile sollte bereits an dieser Stelle geklärt werden, mit welchen Transportmitteln (LKW's, LKW-Konvois, Güterwaggons der Bahn, Flugzeugen, Schiffen usw.) und entsprechenden Transportvorrichtungen (speziellen Aufsätzen, Aufliegern usw., Abb. 8.3) die Halbfertigteile und Fertigteile auf welchen Routen transportiert werden sollen. Darüber hinaus müssen alle Fragen und Verantwortlichkeiten hinsichtlich Transportverpackungen, Containerbesonderheiten, verkehrstechnischen Maßnahmen wie die Überprüfung von Transportwegen, mögliche Straßen- und Brückensperrungen, Versicherungen, Zoll usw. geklärt werden.

Inhalt eines Transportkonzepts

Das Transportkonzept kann in einem einfachen Formular (Abb. 8.7) vorgenommen werden, in welchem für jedes Teil zu bestimmen und ggf. zu erläutern sind:

- Einheit-Nr.
- Teil-/Baugruppenbezeichnung
- Transportmittel
- Spezielle Transportvorrichtungen
- Abfahrtsort, Transportweg und Ankunftsort
- Spezielle Maßnahmen
- Erforderliches Personal
- Verantwortliche Person
- Transportdauer
- Transportkosten.

Abb. 8.3 Verladung der dritten Stufe der Ariane 4: Um
die Stufe keiner unnötigen
Biegebelastung auszusetzen,
wird sie im senkrechten Zustand mit dem unteren Teil des
Containers verbunden und anschließend in eine horizontale
Position überführt

8.2.6   Überprüfen der Kohärenz

Das Entwicklungskonzept wird von Fachleuten (üblicherweise dem Systemleiter gemeinsam mit den Teilsystemleitern, bei kleinen Projekten auch dem Projektleiter) erstellt.
Bereits in einem sehr frühen Stadium des Projekts – üblicherweise während der Angebotserstellung – stimmen die Ersteller des Entwicklungskonzepts für jedes Teilsystem mit
den einzelnen betrieblichen Funktionen (Konstruktion, Fertigung, Montage, Integration,
Verifikation usw.) einen groben Zeitkorridor, eine grobe Kosten- sowie auch eine grobe
Ressourcenvorgabe ab.

Alle Funktionen entwickeln auf Grundlage dieser Vorgaben eigene, zunächst auch noch
grob gehaltene Teilkonzepte und -pläne (Abb. 8.4 bis 8.7) und übergeben sie an die Ersteller des Entwicklungskonzepts. Diese nehmen eine sorgfältige Analyse dieser Teilkonzepte
und -pläne vor, achten dabei auf fachliche und organisatorische Stimmigkeit, prüfen gegenseitige Abhängigkeiten und Wechselwirkungen, erfassen alles in einem vorläufigen
Entwicklungskonzept und geben die geprüften Zwischenstände anschließend an die Ge-

samtplanung weiter. Etwaige Schlussfolgerungen für andere betriebliche Bereiche des Projekts fließen in entsprechende Einzeldokumente der betreffenden Fachabteilungen ein. Ausstehende Korrekturen der Projektplanung werden dokumentiert, bis alle Unstimmigkeiten beseitigt sind.

Im Rahmen der Projektplanung wird dann ein integrierter und detaillierter Netzplan (Abschn. 10.2.4) ausgearbeitet, mit dessen Hilfe die Ablauflogik und der Zeitbedarf des gesamten Projekts überprüft werden kann. Aus diesem Netzplan werden dann wieder konkretere Vorgaben für alle Funktionen abgeleitet, welche diese in Detailkonzepte und -pläne umsetzen usw.

Die Ersteller des Entwicklungskonzepts vermitteln im weiteren Sinne zwischen Fachabteilung und Gesamtplanung und sind dafür verantwortlich, dass alle Inputs für die Projektplanung in sich stimmig und aus einem Guss („kohärent") sind. Als Ergebnis dieses iterativen Prozesses entsteht nach und nach die eigentliche Projektplanung, die in Kap. 10 ausführlich beschrieben wird.

8.3   Beispielprojekt NAFAB

Konstruktionskonzept

Einheit Nr.	Teil-/Bau-gruppen-bezeichnung	Baugruppe	zu erstellende Fertigungsunterlagen	Form (Print, Datei usw.)	Verwendete Software	Software-version	Erforderliches Personal	Verantwortlich	Konstruktions-dauer	Konstruktions-kosten	Bemerkung
111	Vertikalführung	Turm	Zeichnungen, Stücklisten	Ausdruck	CATIA	4.2	Petrowitsch	Petrowitsch	5 Tage	5.000,00 €	keine
...	...	...	...	...	...	...	...	...	...	...	...
228	Beine	Turm	Zeichnungen, Stücklisten	Ausdruck	CATIA	6.4	Dierking	Dierking	10 Tage	10.000,00 €	keine
...	...	...	...	...	...	...	...	...	...	...	...

Abb. 8.4 NAFAB Konstruktionskonzept (Auszug)

Herstellungskonzept

Einheit Nr.	Teil-/Bau-gruppen-bezeichnung	Bearbeitungsart (Fräsen, Bohren, Schweißen usw.)	Spezielle Hilfs-vorrich-tungen	Nur Fertigungs-/Montageprozess		Erforderliches Personal	Verantwortlich	Herstellungs-dauer	Herstellungs-kosten	wird fremdbezogen	Bemerkung
				Lagerung	Transport-mittel						
12	Turm	Schweißen, fräsen	Ösen	auf Holzauflage	Kran	Kluge, Mayer	Hirsch	5 Tage	8.000,00 €	-	keine
14	Bewegliche Plattform	Bohren, Kleben	Keine	auf weichen Auflage	keine	Klein, Mirowitsch	Hirsch	4 Stunden	800,00 €	-	keine
62	Horizontal-schiene	Verschrauben	Schaumstoff-bett	auf Schaumstoff-bett	Kran	Klein, Mirowitsch	Hirsch	1 Tag	1.040,00 €	von Borst KG	Löcher und Dübel sind bereits im Boden vorhanden

Abb. 8.5 NAFAB Herstellungskonzept (Auszug)

Lagerungskonzept

Einheit Nr.	Teil-/Bau-gruppen-bezeichnung	Lager	Raumbedarf (Fläche, Höhe)	Spezielle Lager-vorrichtungen	Spezielle Lagerungs-bedingungen	Spezielle Maßnahmen	Erforderliches Personal	Verantwortlich	Lager-dauer	Lagerkosten	Bemerkung
2	Horizontalführung	Lager T 3	1 x 8 x 1 m³	Schaumstoff	gleichmäßige Auflage	keine	Krüger	Frau Ruße	10 Tage	300,00 €	keine
3	Antriebsspindel	Lager TS 2	1 x 10 x 0,5 m³	Schaumstoff	gleichmäßige Auflage	keine	Krüger	Frau Ruße	12 Tage	360,00 €	keine
...			...		...	...	...	...	...	...	...

Abb. 8.6 NAFAB Lagerungskonzept (Auszug)

Transportkonzept

Einheit Nr.	Teil-/Bau-gruppen-bezeichnung	Transport-mittel	Spezielle Transport-vorrichtungen	Abfahrtsort Weg Ankunftsort	Spezielle Maßnahmen	Erforderliches Personal	Verantwortlich	Transport-dauer	Transport-kosten	Bemerkung
1	Turm	Tieflader	Halterung mit Dämpfungselementen	Vom Lager zur Vulkanwerft	Federung	LKW-Fahrer	Herr Hirsch	4 Std.	1.200,00 €	keine
2	Horizontalführung	Tieflader	Halterung mit Dämpfungselementen	Vom Lager zur Vulkanwerft	Gleichmäßige Auflage	LKW-Fahrer	Herr Hirsch	4 Std. (mit Turm)	0,00 €	keine
3	...	...		...			...	...	...	...

Abb. 8.7 NAFAB Transportkonzept (Auszug)

8.4   Werkzeuge

8.4.1   Inhaltsverzeichnis: Entwicklungskonzept

Inhaltsverzeichnis Entwicklungskonzept
1   Einleitung
   1.1 Ziel und Absicht
   1.2 Grundlegende Annahmen

2   Entwicklungskonzept für das Gesamtsystem (einschließlich Vorrichtungen)
   2.1   Konstruktionskonzept
             2.1.1 Festlegung und Erläuterung zu erstellender Fertigungsunterlagen
             2.1.2 Konstruktionszeitplan
             2.1.3 Konstruktionsressourcenplan (Personal- und Sachressourcen)
             2.1.4 Konstruktionskostenplan
   2.2   Herstellungskonzept
             2.2.1 Festlegung und Erläuterung der optimalen Herstellungsverfahren
             2.2.2 Herstellungszeitplan
             2.2.3 Herstellungsressourcenplan (Personal- und Sachressourcen)
             2.2.4 Herstellungskostenplan
   2.3   Verifikationskonzept
             2.3.0   Verifikationsvorschau
             2.3.1   Berechnungskonzept
                       2.3.1.1 Festlegung und Erläuterung durchzuführender Berechnungen
                       2.3.1.2 Berechnungszeitplan
                       2.3.1.3 Berechnungsressourcenplan (Personal- und Sachressourcen)
                       2.3.1.4 Berechnungskostenplan
             2.3.2   Testkonzept
                       2.3.2.1   Festlegung aller Tests in einem Testbaum
                       2.3.2.2   Erläuterung der Tests in einer Testmatrix
                       2.3.2.3   Testzeitplan
                       2.3.2.4   Testressourcenplan
                                 2.3.2.4.1 Testpersonal
                                 2.3.2.4.2 Testanlagen
                                 2.3.2.4.3 Testobjekte (Testmodelle)
                                 2.3.2.4.4 Testvorrichtungen
                                 2.3.2.4.5 Transportmittel und -vorrichtungen
                       2.3.2.5   Testkostenplan

2.3.3 Inspektionskonzept
    2.3.3.1 Festlegung und Erläuterung durchzuführender Inspektionen
    2.3.3.2 Inspektionszeitplan
    2.3.3.3 Inspektionsressourcenplan (Personal- und Sachressourcen)
    2.3.3.4 Inspektionskostenplan
2.3.4 Identitätsprüfungskonzept
    2.3.4.1 Festlegung und Erläuterung zu überprüfender, bereits verifizierter Teile
    2.3.4.2 Identitätsprüfungszeitplan
    2.3.4.3 Identitätsprüfungsressourcenplan (Personal- und Sachressourcen)
    2.3.4.4 Identitätsprüfungskostenplan
2.4 Logistikkonzept
  2.4.1 Lagerungskonzept
    2.4.1.1 Festlegung und Erläuterung der zu lagernden Teile
    2.4.1.2 Lagerzeitplan
    2.4.1.3 Lagerressourcenplan (Personal- und Sachressourcen)
    2.4.1.4 Lagerkostenplan
  2.4.2 Transportkonzept
    2.4.2.1 Festlegung und Erläuterung der optimalen Transportmittel und -wege
    2.4.2.2 Transportzeitplan
    2.4.2.3 Transportressourcenplan (Personal- und Sachressourcen)
    2.4.2.4 Transportkostenplan

3 Entwicklungskonzepte der Teilsysteme (einschl. Hilfsvorrichtungen)
  – Analog Gesamtsystem –

8.4.2   Formular: Konstruktionskonzept

Konstruktionskonzept

Einheit Nr.	Teil-/Bau-gruppen-bezeichnung	Baugruppe	zu erstellende Fertigungsunterlagen (z. B. Stücklisten)	Form (Print, Datei usw.)	Verwendete Software	Software-version	Erforderliches Personal	Verantwortlich	Konstruktions-dauer	Konstruktions-kosten	Bemerkung

Herstellungskonzept

Einheit Nr.	Teil-/Bau-gruppen-bezeichnung	Bearbeitungsart (Fräsen, Bohren, Schweißen usw.)	Spezielle Hilfs-vorrich-tungen	Nur Fertigungs-/Montageprozess		Erforderliches Personal	Verantwortlich	Herstellungs-dauer	Herstellungs-kosten	wird fremdbezogen	Bemerkung
				Lagerung	Transport-mittel						

8.4.3 Formular: Lagerungskonzept

Lagerungskonzept

Einheit Nr.	Teil-/Bau-gruppen-bezeichnung	Lager	Raumbedarf (Fläche, Höhe)	Spezielle Lager-vorrichtungen	Spezielle Lagerungs-bedingungen	Spezielle Maßnahmen	Erforderliches Personal	Verantwortlich	Lager-dauer	Lagerkosten	Bemerkung

Transportkonzept

Einheit Nr.	Teil-/Bau-gruppen-bezeichnung	Transport-mittel	Spezielle Transport-vorrichtungen	Abfahrtsort Weg Ankunftsort	Spezielle Maßnahmen	Erforderliches Personal	Verantwortlich	Transport-dauer	Transport-kosten	Bemerkung

8.4.4   Checkliste: Entwicklungskonzept

Checkliste: Entwicklungskonzept (Teil I)
1 Konstruktionskonzept
☐ Wurden alle Hauptanforderungen (Lastenheft) analysiert?
☐ Wurden alle Schnittstellenanforderungen analysiert?
☐ Wurden alle Anforderungen erfüllt?
☐ Wurden alle erforderlichen Baugruppen und Fertigungsunterlagen festgelegt?
☐ Wurden erklärungsbedürftige Fertigungsunterlagen beschrieben?
2 Herstellungskonzept
☐ Liegen alle wichtigen Fertigungsunterlagen vor?
☐ Konstruktionszeichnungen
☐ Stücklisten
☐ Vorschriften (Fertigungs-, Handhabungs-, Montage, Transportvorschriften usw.)
☐ Ist geklärt, welche Einzelteile wo, wie und wann gefertigt werden?
☐ Ist geklärt, wo die Einzelteile zu Komponenten montiert werden?
☐ Ist geklärt, wo die Komponente zu Gerätschaften montiert werden?
☐ Ist geklärt, wo das Gesamt- und Teilsysteme montiert werden?
☐ Ist geklärt, welche Teile bei wem fremdbezogen werden sollen?
☐ Erfüllen die Unterauftragnehmer unsere Qualitätsanforderungen?
☐ Wurden Materialien und Halbfertig-/Normteile mit langen Lieferfristen rechtzeitig bestellt?

Checkliste: Entwicklungskonzept (Teil II)

3 Verifikationskonzept

- ☐ Wurde jeder Anforderung ein Verifikationsverfahren zugeordnet?
- ☐ Wurde ein Berechnungskonzept erstellt?
- ☐ Wurde ein Testkonzept erstellt?
- ☐ Wurde ein Inspektionsplan erstellt?
- ☐ Wurde ein Identifikationsprüfungsplan erstellt?

4 Logistikkonzept

- ☐ Wurde für alle großen Teile ein Lagerungsplan erstellt?
- ☐ Wurde für alle großen Teile ein Transportkonzept erstellt?
- ☐ Ist eindeutig geklärt, welche Teile wann, wo und wie bereitstehen müssen?

5 Kohärenz: Entwicklungskonzept

- ☐ Ist das Konstruktionskonzept mit der Fertigung abgestimmt?
- ☐ Ist das Konstruktionskonzept mit dem Verifikationskonzept abgestimmt?
- ☐ Sind alle Teilkonzepte/-pläne des Entwicklungskonzepts miteinander abgestimmt?
- ☐ Sind alle Aktivitäten aus den Teilkonzepten/-plänen des Entwicklungskonzepts im Gesamtzeitplan aufeinander abgestimmt?

8.5   Lernerfolgskontrolle

1. Warum sollte für größere technische Projekte ein Entwicklungskonzept erstellt werden?
2. Welche grundlegenden Fragen beantwortet das Entwicklungskonzept?
3. Wie kann das Entwicklungskonzept aufgebaut sein?
4. Inwiefern sind Hilfs- und Transportvorrichtungen bei der Erstellung des Entwicklungskonzepts zu bedenken?
5. Warum ist bei der Erstellung des Entwicklungskonzepts vom Groben zum Feinen vorzugehen?
6. Welche Dokumente sind beim Konstruktionskonzept zu bedenken?
7. Was beinhaltet das endgültige Konstruktionskonzept?
8. Welche typischen Fragen stellen sich in Bezug auf die Herstellung?
9. Welche Aspekte sind hinsichtlich der Entscheidung zur Eigenfertigung oder zum Fremdbezug („Make or Buy") zu bedenken?
10. Was beinhaltet das endgültige Herstellungskonzept?
11. Welche Kernfrage beantwortet das Verifikationskonzept?
12. Was sollte das Verifikationskonzept alles beinhalten?
13. Aus welchem Grunde ist für ein technisches Großprojekt auch ein Logistikkonzept zu erstellen?
14. Was beinhaltet das endgültige Logistikkonzept?
15. Was versteht im Zusammenhang mit dem Entwicklungskonzept und der Projektplanung unter „Kohärenz"?
16. Warum ist die Überprüfung der Kohärenz von Entwicklungskonzept und Projektplanung insbesondere bei Großprojekten so bedeutsam?

Erstellen eines Verifikationskonzepts

9.1 Vorüberlegungen

Flugzeugabstürze, Zugentgleisungen und andere Katastrophen – aber auch Reklamationen und Rückrufaktionen sind in vielen Fällen auf Mängel der Verifikation von Anforderungen zurückzuführen. Verifikation (von lat. *veritas* „Wahrheit" und *facere* „machen") bedeutet in diesem Zusammenhang, dass der Auftragnehmer nachweist, dass die Anforderungen des Auftraggebers tatsächlich erfüllt wurden. Die Verifikation der Anforderungen spielt in technischen Projekten grundsätzlich eine wichtige Rolle.

Abhängig von Branche und Produkt fallen Verifikationsverfahren unterschiedlich aufwendig aus. Immer dann, wenn hohe Kosten mit dem Projekt verbunden sind und/oder die Produkte das Leben von Menschen besonders gefährden könnten, ist eine sorgfältige Verifikation der Erfüllung der technischen Anforderungen von besonderer Bedeutung. Die Raumfahrt stellt dabei einen Extremfall dar, zumal hier neben der möglichen Gefährdung von Menschenleben und den enorm hohen Entwicklungskosten in vielen Fällen keine nachträglichen Korrekturen am Produkt mehr möglich sind („Was weg ist, ist weg"). Aus diesen Gründen darf davon ausgegangen werden, dass in der Luft- und Raumfahrt die konsequentesten und strengsten Verifikationsverfahren weltweit Anwendung finden. Zwar kann dieses Vorgehen in der dort üblichen Strenge schon aus Kostengründen nicht auf alle Branchen übertragen werden, jedoch ist die Übersicht über eine vollständige Verifikationssystematik für jeden Projektleiter von großem Nutzen. Grundsätzlich lassen sich vier Verfahrensfamilien der Verifikation in technischen Projekten unterscheiden (Abb. 9.1).

9.1.1 Verifikation durch Test

Tests sind das wichtigste Verifikationsverfahren in technischen Projekten. Ein Test (engl. „Probe") ist eine künstlich angelegte, reale Eignungsprüfung, mit der überprüft werden soll, ob sich ein Testobjekt innerhalb unter festgelegten Rahmenbedingungen wie vorgese-

© Springer Fachmedien Wiesbaden 2015
R. Felkai, A. Beiderwieden, *Projektmanagement für technische Projekte*,
DOI 10.1007/978-3-658-10752-9_9

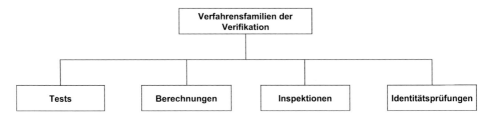

Abb. 9.1 Verfahrensfamilien der Verifikation in technischen Projekten

hen verhält. Sofern die Testbedingungen der Wirklichkeit annäherungsweise entsprechen, ist der Test ein wichtiges und wertvolles Verfahren, welches eine „harte" Aussage über das getestete Objekt erlaubt. In den Fällen, in denen es möglich und ökonomisch sinnvoll ist, die in der Wirklichkeit auftretenden Belastungen annähernd zu simulieren, sollte ein Test auf Grund seiner Überzeugungskraft durchgeführt werden. Es gibt vielfältige Testarten, die auf allen Ebenen des Systems durchgeführt werden können:

- Belastungstests (Abb. 9.2)
- Funktionstest (Abb. 9.3)
- Verformungstests (Abb. 9.4)
- statische Tests
- dynamische Tests
- Lebensdauertests
- Steifigkeitstest
- Thermaltest
- elektrische Tests
- elektronische Tests
- aerodynamische Tests
- Entflammbarkeitstests
- Gewichtsprüfungen
- Messungen
- usw.

Ein Problem dieses Verifikationsverfahrens liegt darin, dass der Test nicht immer sämtliche Bedingungen, denen das Produkt später ausgesetzt sein wird, vollständig simulieren und somit die technischen Anforderungen nur eingeschränkt verifizieren kann. Hier stellt sich die Frage, wie nah der einzelne Test den Wirklichkeitsbedingungen tatsächlich kommt.

Beispiel: Die Anforderung einer 20-jährigen Lebensdauer an einen Waschmaschinenmotor bei acht Stunden wöchentlicher Laufleistung lässt sich nicht durch einen 20-jährigen Test verifizieren. Deshalb werden hier „beschleunigte Tests" durchgeführt wie etwa ein mehrmonatiger Test mit Non-Stop-Betrieb und erhöhter Belastung.

Abb. 9.2 Belastungstest (Ermüdungstest) der Tragfläche des A 380. Durch die zweifache Belichtung wird die Größenordnung der Verformung erkennbar (Quelle: IABG)

Abb. 9.3 Motorenfunktionstest (Quelle: BMW)

Abb. 9.4 Verformungstest (Crashtest, Quelle: BMW)

Ein weiteres Problem liegt in der Natur der Tests von Einzelfertigungen wie etwa eines Passagierschiffes, eines Satelliten oder einer Brücke, denn hier kann zu Testzwecken natürlich nie das für den Kunden bestimmte Endprodukt zerstört werden. Die bis zur Zerstörung führende „direkte Verifikation" ist bei Komponenten bzw. Teilen des Gesamtprodukts sinnvoll und üblich. Um aber etwa die Belastbarkeit einer Brücke zu testen, wird man sie nicht so stark belasten, bis sie in sich zusammenbricht, sondern eher auf „indirekte Verifikationsverfahren" zurückgreifen, bei denen Test- und Berechnungsverfahren kombiniert werden.

Beispiel: *Wenn der Ingenieur herausfinden will, wie eine Brücke bei 100 + x % Belastung reagiert, ohne sie zu zerstören, so stellt er zunächst entsprechende Berechnungen an. Dann belastet er die Brücke schrittweise mit 60, 70, 80, 90 und 100 % der nominalen Last[1] (etwa mithilfe von LKWs, welche mit Stahlplatten beladen über die Brücke fahren), misst immer wieder die Verformungen und Spannungen und vergleicht anschließend die Testergebnisse mit den berechneten Werten. Damit findet er heraus, ob die Berechnung korrekt war. Ist das der Fall, kann er eine Aussage darüber abgeben, wie das Produkt bei 100 + x % reagiert.*

9.1.2 Verifikation durch Berechnung

Mithilfe einer Berechnung lässt sich die Erfüllung von Anforderungen theoretisch nachweisen. Ziel solcher Berechnungen („Dimensionierungen") ist es, frühzeitig – noch bevor die Teile gefertigt und getestet werden – nachzuweisen, dass die erdachte und konstruierte Lösung allen Belastungen standhalten kann. Welche Berechnungen auszuführen sind, hängt grundsätzlich vom Projekt ab. Sie werden üblicherweise vom Konstrukteur, in einigen Branchen vom Statiker bzw. vom Berechnungsingenieur festgelegt. Besonders in den Fällen, in denen Menschenleben von der Auslegung abhängen, sind die auszuführenden und abzuliefernden Dimensionierungen vorgeschrieben.

Um Berechnungen ausführen zu können, müssen die physikalischen Lasten bekannt sein. In manchen Fällen werden diese Lasten schon in der Anforderungsliste (Spezifikation) und/oder in anzuwendenden Vorschriften angegeben, in vielen anderen Fällen werden sie aus den allgemeinen Anforderungen abgeleitet, gelegentlich auch errechnet bzw. aus Versuchen abgeleitet. Diese Lasten werden in der Regel mit einem Sicherheitsfaktor multipliziert, sie werden also erhöht. Würde das Produkt lediglich derart dimensioniert, dass es nur den tatsächlich erwarteten Lasten standhielte, könnte der geringste Materialfehler zum Versagen führen. Der Sicherheitsfaktor ist folgendermaßen definiert:

$$\text{Sicherheitsfaktor} = \frac{\text{Mindestversagelast*}}{\text{Nominallast}}.$$

* Zum Beispiel Bruch, Fließen, Verformen, Knicken.

---

[1] Auslegungslast.

Für zahlreiche Produkte wie Kräne, Fahrstühle, Bauvorhaben, Brücken usw. sind Sicherheitsfaktoren normiert, ebenso kann der Auftraggeber sie fordern. Ist beides nicht der Fall, muss der Berechnungsingenieur sie vorschlagen und in Abstimmung mit dem Auftraggeber festlegen. Die Festlegung von Sicherheitsfaktoren ist allerdings keine einfache Entscheidung, denn sie ist mit vielschichtigen Auswirkungen verbunden. Hohe Sicherheitsfaktoren führen zwar zu hoher Sicherheit und verringern – auch im Falle nachträglicher Änderungen – die Gefahr des Produktversagens, gleichzeitig aber sind sie mit mehr Herstellungsaufwand und Produktgewicht verbunden. Mithilfe der festgelegten Lasten werden dann beispielsweise Spannungen und Verformungen berechnet. Je anspruchsvoller die nachfolgende Verifikation konzipiert ist, desto geringer können die Sicherheitsfaktoren angesetzt werden. Es gibt eine Vielzahl an Berechnungsarten, von denen an dieser Stelle nur einige Beispiele aufgeführt werden sollen:

- Festigkeitsberechnungen
- Steifigkeitsberechnungen
- Berechnungen von Verformungen unter Last und Temperatureinwirkung
- Berechnungen von Gewichten, Massen, Schwerpunkten und Trägheitsmomenten
- Vibrationsberechnungen (Eigenfrequenz, Beschleunigung)
- Berechnung der (Antriebs-)Leistung
- Tribologische Berechnungen[2]
- Wärmeleitungsberechnungen
- Thermische Berechnungen
- Hydraulische Berechnungen
- Schallbelastungsberechnungen
- Strömungstechnische Berechnungen
- Kinematische Berechnungen
- Berechnungen der Lebensdauer und Ermüdung.

In Forschungs- und Entwicklungsprojekten wird von Projektbeginn an sehr viel berechnet, mindestens aber immer dann, wenn Belastungen zu erwarten sind. Dabei handelt es sich in der Praxis stets um ein „iteratives"[3] Verfahren, bei dem Prozesse des Konstruierens und des Berechnens wechselseitig ineinandergreifen, schließlich kann der Ingenieur nicht konstruieren, ohne zu berechnen und vice versa. Dabei wird zunächst eine konstruktive Lösung skizziert und anschließend durch den Konstrukteur selbst oder durch einen Berechnungsingenieur rechnerisch überprüft. Bestätigen die Ergebnisse die angenommenen Blechstärken, Trägerquerschnitte, die gewählte Konstruktion usw., dann bleibt alles wie geplant und kann detailliert ausgearbeitet werden. Andernfalls ist das betreffende Element abzuändern. Dazu werden mithilfe der Ergebnisse die Zeichnungen überarbeitet und die Berechnungen erneut durchgeführt. Konstruktion und Berechnung sind also eng miteinander verzahnt.

---

[2] Tribologie ist die Wissenschaft über Reibung, Schmierung und Verschleiß.
[3] Iterativ: schrittweise, sich wiederholend.

Berechnungen zur Verifikation sind für Außenstehende nicht immer ohne Weiteres nachvollziehbar, Tests scheinen dagegen viel realer und eher plausibel. In diesem Zusammenhang sei auf ein geflügeltes Wort aus der Branche hingewiesen:

Dem Berechnungsingenieur glaubt keiner, nur er glaubt sich selbst. Dem Versuchsingenieur glauben alle, nur er glaubt sich selbst nicht.
   Alte Ingenieursweisheit

Tatsächlich können Berechnungsergebnisse der Wirklichkeit näher kommen, wie an folgenden Beispielen veranschaulicht werden soll:

Beispiele: Für den Start eines Satelliten mit einer Transportrakete konnte mithilfe von Berechnungen nachgewiesen werden, dass Vibrationslasten der Rakete, welche die Funktionsfähigkeit des Satelliten hätten gefährden können, im Resonanzbereich teilweise durch das Vibrationsverhalten den Satelliten aufgehoben wurden. Er wirkte wie ein Gegenschwinger. Wäre man hier den Testergebnissen des Raketenherstellers gefolgt, der die frequenzabhängigen Belastungen an der Schnittstelle „Rakete-Satellit" mit mehreren anderen Satelliten gemessen hatte, so wäre der Satellit – um den vermeintlich zu erwartenden hohen Beschleunigungen standhalten zu können – schwerer konstruiert worden und seine Leistungsfähigkeit damit beeinträchtigt.

In einem anderen Fall konnte der Hersteller eines Transportflugzeugs mithilfe von Tests in Form diverser Maschinentransporte nachweisen, dass die Erschütterungen im Transportraum des Flugzeugs eine gewisse Stärke nicht überschreiten und die transportierten Maschinen damit keinen Schaden nahmen. Jedoch führte der Transport andersartiger Maschinen mit entsprechend anderem Schwingungsverhalten zu unerwarteten Wechselwirkungen (Resonanzen bzw. Vibrationen mit eskalierenden Amplituden), welche die Maschinen beschädigten. Ursache für solche Effekte können verschiedene Parameter wie Steifigkeit, Masse, Dämpfungsverhalten der Materialien und Aufhängungsart sein. Auch hier hätten Berechnungen präzisere Verifikationsergebnisse liefern können.

Schließlich gibt es Fälle, in denen ein Test gar nicht oder nur unter unverhältnismäßigem Aufwand möglich ist. Auch hier kann häufig eine Berechnung Abhilfe schaffen:

Beispiel: Im Rahmen der Entwicklung eines neuen Satelliten kann das Schwingungsverhalten seiner Sonnenzellenträger bei einer Positionskorrektur im Weltall nicht getestet werden. Es lässt sich hingegen präzise berechnen, ob die Schwingungen nachlassen oder eskalieren und die Konstruktion zerstören.

In diesem Zusammenhang ist zu bedenken, dass, wie im Beispiel mit der Brücke beschrieben, Tests und Berechnungen auch miteinander kombiniert werden können.

9.1.3   Verifikation durch Inspektion

Die Inspektion (lat. „in = hinein" und „spicere = sehen, hineinsehen, Einsicht") ist ein einfaches subjektives Verifikationsverfahren, welches immer dann zum Einsatz kommt, wenn weder ein Test noch eine Berechnung möglich bzw. sinnvoll ist. Bei der Inspektion sieht sich der Prüfer das zu inspizierende Teil an und überprüft auf diesem subjektiven Wege, ob es den Anforderungen entspricht. Die Inspektion ist im weiteren Sinne zu verstehen, denn sie kann alle Sinne des Prüfers einbeziehen:

- Sehen (z. B. Überprüfen des Farbtons, einer Schmierung)
- Riechen (z. B. Lackierungen, Gase)
- Fühlen (z. B. von Griffen, Oberflächen, Schweißnähten, Leichtgängigkeit bewegter Teile)
- Hören (z. B. den Motorlauf oder das Einrasten von Autotürschlössern).

Dieses Verfahren hat den großen Vorteil, dass es geringe Kosten verursacht und in kurzer Zeit mit wenig Aufwand durchgeführt werden kann. Nachfolgende Fragen können durch eine Inspektion beantwortet werden:

- Liegen die erforderlichen Dokumente sachgerecht und rechtzeitig vor?
- Wurde die richtige Menge an Schmierung/Fettung fachgerecht an/eingebracht?
- Wurde die Verzinkung/Lackierung vollständig und gleichmäßig aufgetragen?
- Hat die Innenausstattung das verlangte Design?
- Schließen Türen wie verlangt (z. B. gleichmäßige Spalten)?
- Wurde der Teppich richtig verlegt?
- Treten Verformungen nach Anziehen von Schrauben auf?
- Beeinträchtigen Schweißnähte nicht die Optik?
- Wie sehen die Produkte einer Fertigungsmaschine aus?
- Entspricht das Motorenlaufgeräusch den Erwartungen des Prüfers?
- Funktionieren die Warnsignale bzw. alle Beleuchtungskörper?

9.1.4 Verifikation durch Identitätsüberprüfung

Vielfach können Teile, Komponenten und Geräte eingesetzt werden, die bereits in vergangenen Projekten durch den eigenen Betrieb verifiziert worden sind. Das gilt sowohl für selbst gefertigte wie auch für fremdbezogene Produkte. *Beispiel: In ein neues Kraftfahrzeugmodell sollen bewährte Kugellager und Leuchtkörper eingebaut werden, welche auch im Vorgängermodell installiert worden waren.* In solchen und ähnlichen Fällen kann häufig auf eine erneute kosten- und zeitaufwendige Verifikation durch Test oder Berechnung verzichtet werden. Statt dessen werden zwei Arten von Identität sorgfältig überprüft:

- **Identität des Produkts:** Das damalige und das gegenwärtige Produkt sind absolut identisch, das Produkt wurde zwischenzeitlich in keiner Weise abgeändert.
- **Identität der Anforderungen:** Die Anforderungen des damaligen Projekts sind in jeder Hinsicht absolut identisch mit den Anforderungen des gegenwärtigen Projekts.

Eine notwendige Voraussetzung dieses Verfahrens besteht darin, dass alle erforderlichen Dokumente (alte und neue Anforderungen sowie alte und neue Herstellungsunterlagen) vorliegen.

Die Identitätsprüfung ist vor allem mit dem Risiko verbunden, dass die gegenwärtigen Anforderungen an das Produkt nicht immer in jeglicher Hinsicht identisch sind mit den Anforderungen des zurückliegenden Projekts. Wenn nämlich das zu übernehmende Produkt in der bevorstehenden Anwendung abweichende Belastungen erfährt, ist die Erfüllung der damit verbundenen Anforderungen faktisch nicht verifiziert. Das aber ist in vielen Fällen schwer abschätzbar.

Beispiel: Der Absturz der Ariane 5-Rakete im Juni 1996 nach rund zehnjähriger Entwicklungszeit ist auf die Übernahme des größten Teils der bewährten und hinreichend verifizierten Bordelektronik der Ariane 4 zurückzuführen. Man hatte damals nicht bedacht, dass der Betrieb der Ariane 5 mit erheblich größeren Datenmengen verbunden war, als der Betrieb der Ariane 4. Die erfolgreiche Elektronik der Ariane 4 war in der Ariane 5 überfordert, stellte ihre Arbeit ein und trug damit zu dem tragischen Unglück bei.

Ein anderes Beispiel aus eigener Erfahrung im Satellitenbau soll verdeutlichen, mit welchen Risiken das Verifikationsverfahren verbunden sein kann:

Beispiel: Zum Ausfahren einer Teleskopantenne eines ESA-Satelliten wurde ein geeigneter Motor benötigt, der im Vakuum betrieben werden konnte. Ein Motorenhersteller aus den USA, der sich als langjähriger Lieferant der NASA für angeblich vergleichbare Zwecke profiliert hatte (und darauf nicht ohne Selbstbewusstsein hinwies), wurde mit der Lieferung eines Motors für diese Zwecke beauftragt und lieferte ein Exemplar samt zugehörigen Verifikationsunterlagen. Damit konnte der Motor prinzipiell als verifiziert gelten. Da die Verifikation in der Raumfahrt, wie oben ausgeführt, besonders strengen Vorgaben unterworfen ist, wurde der Motor zusätzlich einem weiteren Test des Satellitenherstellers unterzogen. Dabei stellte sich heraus, dass der Motor seinen Betrieb in einer Vakuumkammer schon nach relativ kurzer Zeit einstellte. Das aber konnte sich der Hersteller nicht erklären und lieferte ein weiteres Exemplar, welches ebenfalls nach kurzer Zeit seinen Dienst aufgab. Auch international anerkannte Motorexperten konnten nicht weiterhelfen, denn solche Probleme waren bei terrestrischen Anwendungen nie aufgetreten. Eine sorgfältige Untersuchung dieses Mysteriums lieferte die Erkenntnis, dass die Grafikbürsten dieses Elektromotors Feuchtigkeitspartikel aus der Luft als Schmierstoffe benötigten, welche im Vakuum aber nicht enthalten sind. Da die Restfeuchtigkeit, die sich noch in den Poren der Grafikbürsten befand, im Vakuum nach kurzer Zeit entwichen war, wurden die Kontaktflächen schon bald nicht mehr geschmiert, es kam zu Abrieb, der wiederum zum Kurzschluss innerhalb des Motors führte. Die Motoren, die der Hersteller all die Jahre zuvor an die NASA geliefert hatte, hatten aber nur einen kurzen Zeitraum nach dem Start funktionieren müssen. In diesem Zeitraum hatte die Restfeuchtigkeit zur Schmierung noch ausgereicht. Obwohl die Kundenanforderung „Lauffähigkeit im luftleeren Raum" explizit ausgewiesen worden war, hatte beim Hersteller niemand diese abweichenden Bedingungen und die damit verbundenen Belastungen bedacht. Der Hersteller hatte die Funktionsfähigkeit des Motors für einen kürzeren Zeitraum verifiziert, als es im gegen-

wärtigen Projekt erforderlich gewesen wäre und zog irrtümlich die Schlussfolgerung, dass der Motor dauerhaft im Vakuum funktionieren würde.

Bei Übernahme „bereits verifizierter Teile" ist also sehr sorgfältig zu überprüfen, ob die ursprünglichen Anforderungen und die neuen Anforderungen absolut deckungsgleich sind und ob das Produkt in der Zwischenzeit in keinerlei Hinsicht (Form, Material usw.) abgeändert wurde. Im Zweifelsfall sind eigene Verifikationsmaßnahmen in Form von Tests, Berechnungen, Inspektionen oder einer Kombination dieser Verfahren zu ergänzen. Der entscheidende Vorteil dieses Verfahrens liegt vor allem in den geringen Kosten und dem geringen Zeitbedarf.

9.1.5 Aufgaben des Verifikationskonzepts

Für eine qualifizierte Verifikation der technischen Anforderungen an das zu entwickelnde Produkt ist zunächst ein Verifikationskonzept zu entwickeln. Dabei handelt es sich um ein Teilkonzept des Entwicklungskonzepts (Kap. 8), das in grober Fassung bereits dem Angebot beiliegen sollte. Das Verifikationskonzept, welches wird auf Grund seiner Bedeutung und seiner Komplexität in diesem Kapitel gesondert behandelt wird, übernimmt zwei Funktionen:

- **Überzeugen des Auftraggebers:** Da das Verifikationskonzept (als Bestandteil des Entwicklungskonzepts) in grober Ausführung bereits dem Angebot beiliegt, wird dem Auftraggeber die Kompetenz des Auftragnehmers vor Augen geführt und die Wahrscheinlichkeit erhöht, den Auftrag zu erhalten.
- **Gewährleisten einer erfolgreichen Umsetzung der Verifikation:** Das Konzept stellt sicher, dass die Vielzahl an Überlegungen rund um die Verifikation (etwa zu Art und Anzahl erforderlicher Testanlagen, Beschaffung von Attrappen, Bereitstellung qualifizierten Personals, Dauer und Kosten der Maßnahmen usw.) im Gesamtzusammenhang vollständig durchdacht und geplant werden. Damit sinkt das Risiko unerwarteter Probleme in der Projektdurchführung.

9.1.6 Abgrenzung: Verifikation und Validierung (Validation)

Während die Verifikation (lat.: Wahrheitsbeweis) den Nachweis erbringen soll, dass alle Anforderungen an das Projektergebnis erfüllt werden, ist es Aufgabe der Validierung (lat.: Gültigkeitserklärung), die ziel- und sachgerechte Konzeption und Durchführung der Verifikation zu überprüfen und zu bestätigen. Mit anderen Worten: Die Validierung überprüft, ob die geplanten Verifikationsverfahren tatsächlich die richtigen Ziele verfolgen und anschließend sachgerecht umgesetzt werden. Entsprechend ist die Verifikation Aufgabe der Entwicklungsingenieure und die Validierung Aufgabe der Qualitätssicherung.

9.2   Was ist zu tun?

9.2.1   Erstellen einer Verifikationsvorschau

In einem ersten Schritt wird jeder Anforderung des Auftraggebers ein adäquates Verifikationsverfahren (Berechnung, Test, Inspektion, Identitätsprüfung) zugeordnet, mit dem im Verlauf der Realisierungsphase die Erfüllung der betreffenden Anforderung nachgewiesen wird. Diese Zuordnung kann durch einfaches Ankreuzen in einer einfachen tabellarischen „Verifikationsvorschau" erfolgen (Abb. 9.5).

Die Verifikationsvorschau gewährleistet, dass sämtlichen technischen Anforderungen des Auftraggebers ein Verifikationsverfahren zugeordnet wird. Dabei werden die Verifikationsverfahren in dieser Vorschau Anforderung für Anforderung ungeordnet erfasst. In den nachfolgenden Teilkonzepten bzw. Teilplänen werden sie nach Verfahren gruppiert und beschrieben.

9.2.2   Erstellen eines Berechnungskonzepts

Alle erforderlichen Berechnungen sind zu identifizieren, aufzulisten und zu planen. Das Berechnungskonzept kann in einem einfachen Formular umgesetzt werden (Abb. 9.10), in welchem für jedes Teil zu erfassen sind:

- Einheit Nr.
- Teil-/Baugruppenbezeichnung
- Systemebene (Gesamtsystem, Teilsystem, Gerät, Komponente, Einzelteil)
- Art der Berechnung (Festigkeitsberechnung, Verformungsberechnung usw.)
- Form der Berechnung bzw. Ergebnisse (Ausdruck, Datei usw.)
- Verwendete Software

Verifikationsvorschau					
Anforderungs-Nr.	Anforderung	Verifikationsverfahren			
		Berechnung	Test	Inspektion	Identitäts-prüfung
22	Die Teleskopantenne kann innerhalb von 24 Stunden 10 mal ein- und ausfahren.		X		
23	Das Kugellager der Drehantenne soll im Weltraum bei unverändertem Widerstand mindestens 2 Jahre vollständig funktionsfähig sein.		X	X	
24	...				X

Abb. 9.5 Verifikationsvorschau

- Verwendete Softwareversion
- Erforderliches Personal
- Verantwortliche Person
- Berechnungsdauer
- Berechnungskosten.

9.2.3 Erstellen eines Testkonzepts

9.2.3.1 Erfassen sämtlicher Tests in einem Testbaum

Der Testbaum ist eine strukturierte Übersicht über alle durchzuführenden Versuche des Projekts. Er ist hinsichtlich Funktion, Inhalt und Darstellungsform mit dem Projektstrukturplan verwandt, aber nicht mit diesem zu verwechseln. In Abb. 9.6 ist das allgemeine Prinzip des Testbaumes dargestellt, Abb. 9.11 liefert ein konkretes Beispiel. Aus dem Testbaum lässt sich ableiten, welche Testobjekte (Schrauben, Seilstücke, Fahrwerksstreben, Fahrzeuge usw.) im Einzelnen benötigt werden. Die im Folgenden vorgestellte 4-Stufen-Struktur des Testbaums ist allgemeingültig:

Erste Ebene des Testbaums: Teststufe
Auf der ersten Ebene des Testbaums wird unterschieden, in welchem Stadium der Produktentwicklung die Tests vorgenommen werden. Man unterscheidet dabei drei Teststufen:

- **Entwicklungstests:** Erste Versuche der vorläufig fertig gestellten Teile, die mit deutlich überhöhten Lasten durchgeführt werden. In diesem frühen Stadium der Produktentwicklung können Konstruktionen noch überdacht und Weichen der Weiterentwicklung gestellt werden. Unter Umständen ist dabei erlaubt, dass bei den Testobjekten bleibende Verformungen auftreten, d. h., dass die Teile später unbrauchbar sind. In Einzelfällen kann es dabei auch bis zum Bruch kommen. Der Auftraggeber ist im Normalfalle bei Entwicklungstests noch nicht anwesend.
- **Qualifikationstests:** Versuche mit fertigen Teilen, Teilsystemen bzw. dem fertigen Gesamtsystem. Auch diese Tests werden mit deutlich überhöhten Lasten durchgeführt, hier sollte aber nichts mehr modifiziert werden. Unter Umständen kann es auch hier erlaubt sein, dass die Testobjekte bleibende Verformungen erfahren und damit nach Testdurchführung unbrauchbar sind. Bei Qualifikationstests ist es üblich, dass der Auftraggeber teilnimmt.
- **Abnahmetests:** Diese werden mit dem abzuliefernden Endprodukt durchgeführt. Diese Tests werden ebenfalls mit erhöhten Lasten durchgeführt, aber die Größenordnung ist nicht vergleichbar mit den Lasten der Entwicklungs- und Qualifikationstests. Nun wird endgültig nachgewiesen, dass alle wesentlichen Anforderungen aus der Systemspezifikation erfüllt sind. Bei Abnahmetests ist der Auftraggeber stets anwesend.

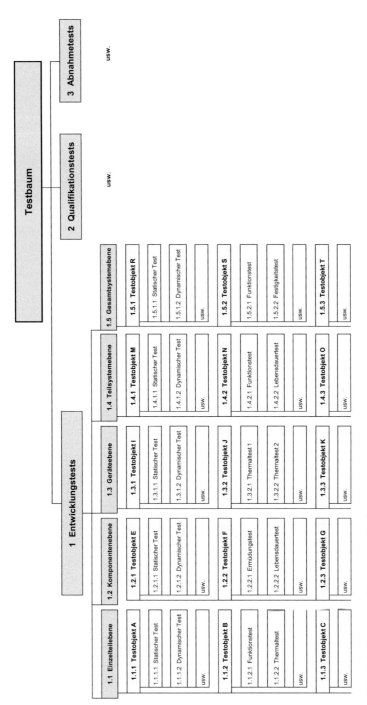

Abb. 9.6 Testbaum (allgemeine Struktur)

Abb. 9.7 Zugfeder als Antrieb von Satellitenarmen im
Entwicklungstest

*Beispiel Entwicklungstest: Der interplanetare Forschungssatellit HELIOS sollte zu
Forschungszwecken (unter anderem zur Erforschung des Magnetgürtels der Erde) mit
Magnetometern ausgerüstet werden. Diese hochsensiblen Sensoren müssen so weit wie
möglich vom metallischen Körper des Satelliten entfernt sein. Sie wurden dazu am Ende
von Armen angebracht, die während des Starts mit Hilfe von Gelenken zusammengefal-
tet und am Körper befestigt wurden. Nach Erreichen der gewünschten Bahn mussten sich
die Arme entfalten. Als Antrieb diente eine Zugfeder, die kostengünstiger, einfacher und
leichter war als Elektromotoren (Abb. 9.7).*

*Dabei trat das Problem auf, dass isolierte Kabel, die über Gelenke zu den Magnetome-
tern führten, bei höheren Temperaturen kaum Widerstand leisteten und bei geringen Temperaturen verhärteten und damit unelastisch wurden. Da wir nicht wussten, bei welchen
Temperaturen die Ausleger ausfahren sollten, mussten die Federn für den größtmöglichen
Widerstand ausgelegt werden.*

*So aber bestand die Gefahr, dass der Antrieb in warmem Zustand, da kaum Biege-
momente zu überwinden waren, die Ausleger so stark beschleunigte, dass sie brechen
konnten. Die Entwicklungsversuche führten zu der Erkenntnis, dass diese Lösung nicht
praktikabel war. Letztendlich fiel die Wahl auf eine geeignete Flüssigkeitsbremse, die ihre
Bremskraft abhängig von der Geschwindigkeit entfaltet.*

Zweite Ebene des Testbaums: Systemebene

Auf der zweiten Ebene des Testbaums wird unterschieden, in welcher Hierarchieebene
des Gesamtsystems (Einzelteil, Komponente, Gerät, Teilsystem, Gesamtsystem) das Testobjekt anzusiedeln ist.

Dritte Ebene des Testbaums: Testobjekt (Testmodell)
Auf der dritten Ebene des Testbaums werden die Testobjekte der einzelnen Systemebenen erfasst. Beispiele für Testobjekte auf den einzelnen Systemebenen eines PKW könnten sein:

- Testobjekte auf der Einzelteilebene: Kurbelwelle, Heizspirale, Schraube usw.
- Testobjekte auf der Komponentenebene: Auspuff, Felgen mit Reifen, Kugellager usw.
- Testobjekte auf der Geräteebene: Lichtmaschine, Elektromotor, Einspritzeinheit usw.
- Testobjekte auf der Teilsystemebene: Karosserie, Antriebsmotor, Bordelektronik usw.
- Testobjekte auf der Gesamtsystemebene: PKW.

Testobjekte mit einem hohen Komplexitätsgrad werden dem Testbaum in Form einer grafischen Darstellung beigelegt. Sofern es sich um einfache Testobjekte mit einem geringen Komplexitätsgrad handelt, reicht eine einfache Skizze in der Testmatrix (Abschn. 9.2.3.2).

Vierte Ebene des Testbaums: Testart
Auf der untersten Ebene werden nun die konkreten Testarten ausgewiesen, wie zum Beispiel „statische Tests", „dynamische Tests", „thermische Tests" usw.

9.2.3.2   Beschreiben der Tests in einer Testmatrix
Die Testmatrix hat die Aufgabe, die wichtigsten Informationen über alle vorgesehenen Versuche in einfacher, aber übersichtlicher Form darzustellen, so dass viele Tests und ihre Merkmale rasch überblickt werden können. Sie kann in einem einfachen Formular (Abb. 9.12) vorgenommen werden, in welchem für jeden einzelnen Test aus dem Testbaum (Abb. 9.11) zu erfassen sind:

- **Nr.:** Gemäß Testbaum.
- **Teststufe:** Gemäß Testbaum.
- **Systemebene:** Gemäß Testbaum.
- **Testobjekt:** Gemäß Testbaum.
- **Beschreibung des Testobjekts:** Kurzbeschreibung des Modells und seines Zustands, aus dem hervorgeht, ob es sich um ein Originalteil oder ein eigens für den Test hergestelltes Objekt handelt, welches mit Originalteilen oder mit Attrappen ausgerüstet ist. Schließlich ist anzugeben, ob eine reguläre oder vereinfachte Ausführung vorliegt.
- **Testart:** Gemäß Testbaum.
- **Testziel:** Kurze Zusammenfassung, was genau mit dem Test erreicht werden soll. Ausführliche Angaben zu den Testzielen sind der Testvorschrift (Werkzeug 12.4.6) zu entnehmen.
- **Testanlagenbetreiber/Testanlage/Testinfrastruktur:** Angaben dazu, ob es sich um betriebsinterne oder externe, rechtlich selbstständige Testinstitute (IABG, Tüv usw.) handelt und wo sich diese befinden. Hinweise zu den erforderlichen Testanlagen (z. B.

Reißmaschinen, Vibrationsstände usw.) und Geräten (z. B. Messgeräte) und ihrer Ausrüstung sowie zur Befestigung des Testobjekts.

- **Testablauf:** Beschreibung der Testdurchführung.

9.2.3.3   Planen der Tests

Die dritte Ebene des Testkonzepts kann in einem einfachen Formular (Abb. 9.13) umgesetzt werden, in welchem für jeden einzelnen Test zu erfassen sind:

- **Nr.:** Gemäß Testbaum.
- **Teststufe:** Gemäß Testbaum.
- **Systemebene:** Gemäß Testbaum.
- **Testobjekt (Testmodell):** Gemäß Testbaum.
- **Testart:** Gemäß Testbaum.
- **Testanlage/-infrastruktur:** Gemäß Testmatrix, zur Minimierung von Testdauer und -kosten sollten Zeiträume und Orte für die Tests möglichst zusammengelegt werden.
- **Spezielle Testvorrichtungen:** Testvorrichtungen sind technische Anlagen oder Anlagenteile, die für die Testdurchführung benötigt werden wie etwa ein Hebe-, Befestigungs- oder Drehgestell. An dieser Stelle müssen alle Testvorrichtungen erfasst und beschrieben werden. Für jede Testvorrichtung ist anzugeben, ob sie selbst zu fertigen oder fremd zubeziehen ist oder aber vom Testbetreiber gestellt werden soll.
- **Testtransportmittel/-vorrichtungen/-verantwortung:** Diese Angaben sind im Logistikkonzept (Abschn. 8.2.5) zu berücksichtigen. Um Redundanzen zu vermeiden, können an dieser Stelle auch nur Anforderungen formuliert werden, für die im Logistikkonzept konkrete Lösungen auszuweisen sind. Für alle Testobjekte muss geklärt werden, ...
  - ... welche Transportmittel (speziell ausgerüstete LKW's, LKW-Konvois, Güterwaggons der Bahn, Flugzeuge, Schiffe usw.) eingesetzt werden sollen,
  - ... welche Transportvorrichtungen (z. B. spezielle Dämpfungselemente, Stoßdämpfer, Aufsätze sowie Auflieger für Übergrößen) eingesetzt werden sollen,
  - Zuständigkeiten und Verantwortlichkeiten hinsichtlich Transportverpackungen, Containerbesonderheiten, verkehrstechnischen Maßnahmen, Versicherungen und Zoll.
- **Erforderliches Personal:** In jedem Fall muss der Versuchsingenieur bei allen Tests vor Ort sein, um Hand in Hand mit dem Betreiberingenieur der Testanlage zu arbeiten. Beide müssen also stets gemeinsam zum Zeitpunkt der Testdurchführung am Testort eingeplant werden. Unter Umständen müssen in einigen Fällen zusätzlich weitere, an der Entwicklung beteiligte Fachleute wie beispielsweise der Systemleiter, Konstrukteur und/oder der Berechnungsingenieur hinzukommen, etwa um bestimmte Kompromisse und Ergebnisse zu beurteilen und Entscheidungen hinsichtlich des weiteren Testverlaufs zu treffen.
- **Verantwortlich:** Person, die für die Durchführung des jeweiligen Tests verantwortlich ist.

- **Testdauer:** Die jeweilige Versuchsdauer soll alle Haupt- und Nebenaktivitäten einschließen, die vom Eintreffen des Testobjekts am Testort bis zur transportgerechten Verpackung nach Abschluss des Tests vergeht. Hauptaktivitäten sind die eigentlichen Belastungen und Funktionen, die im Mittelpunkt des Interesses stehen. Nebenaktivitäten umfassen Vorbereitung, Umrüstung, Umbau, Auswertung und Nachbereitung, Abrüstung, Verpackung, Anbringen der Messgeber, Ausrüstung mit Attrappen, Vorbereitung von Filmaufnahmen usw. Der Testingenieur erstellt auf Grundlage des Lösungskonzepts für alle Versuche, die im Testbaum aufgeführt sind, im Idealfall einen detaillierten Testzeitplan („Day-by-day-plan") und lässt ihn anschließend vom Projektleiter in den Gesamtzeitplan integrieren.
- **Vorgänger und Nachfolger:** Sofern keine äußeren Sachzwänge (z. B. eingeschränkter Zugriff auf bestimmte Testressourcen) vorliegen, sollten nachfolgende Kriterien bei der Testreihenfolge berücksichtigt werden:
  - **Komplexität:** Zuerst sollten die einfachen und dann die komplexen Tests durchgeführt werden: Zunächst werden kleinere Einheiten getestet, dann montiert bzw. integriert. Anschließend werden die montierten und integrierten Einheiten getestet, dann wiederum zu noch komplexeren Einheiten montiert und integriert usw.
  - **Belastung:** Es ist ökonomisch, mit den Versuchen zu beginnen, welche die geringsten Belastungen mit sich bringen, denn auf diese Weise kann der Versuchsingenieur schrittweise herausfinden, wo die Belastungsgrenzen sind.
  - **Auswirkung:** Schließlich ist zu prüfen, welche Versuchsergebnisse für die Gestaltung der Folgemodelle (z. B. Versteifungen) am wichtigsten sind. Die Versuche, von denen die folgenschwersten Auswirkungen erwartet werden, sollten so früh wie möglich stattfinden.
- **Testkosten:** Erfassung der Testkosten unter Berücksichtigung der Kosten für Attrappen. Die Kostenaufstellungen externer Versuchsinstitute muss eine eindeutige Zuordnung der betreffenden Kosten zu den einzelnen Projektkostenstellen erlauben.

Vertiefende Hinweise zu den Testobjekten (Testmodellen)

In einigen Branchen, wie etwa in der Luft- und Raumfahrt, im PKW- und auch im Schiffbau, wird für die zu testenden Testobjekte eine so genannte „Modellphilosophie" entwickelt, die alle Fragen rund um die Testobjekte beantwortet. Für die Testobjekte kann bei Bedarf ein separater Testobjektplan (Testmodellplan) mit folgenden Angaben entwickelt werden:

- **Anzahl der Testobjekte für die einzelnen Tests:** Für jeden im Testbaum (siehe oben) dokumentierten Versuch muss die genaue Anzahl der erforderlichen Testobjekte geklärt und mit diesen Versuchen abgestimmt sein. Dabei ist zu prüfen, ob mögliche Vorgaben zur Anzahl der Testobjekte verbindlich vorgeschrieben oder noch verhandelbar sind.
- **Beschreibung der Testobjekte:** Alle Anforderungen, die gegenüber den Testobjekten bestehen, werden hier sorgfältig erfasst. In diesem Zusammenhang ist festzulegen, ob

zu testende Produkte mit Originalteilen oder mit Attrappen (siehe unten) ausgerüstet werden sollen. Darüber hinaus ist zu klären, in welchem Zustand sich die einzelnen Testobjekte befinden müssen (neuwertig, bereits verwendet usw.).

- **Erstellung eines Testobjektzeitplans:** Aus dem Testzeitplan (siehe oben) ist für die einzelnen Testobjekte ein separater „Testobjektzeitplan" abzuleiten, und ebenfalls im Projektzeitplan zu integrieren. Dabei ist zu prüfen, …
  - … welcher Zeitbedarf für Konstruktion, Analyse, Materialbeschaffung, Fertigung, Montage, Transport der Testobjekte usw. anfällt, insbesondere dann, wenn es sich um komplexe Testobjekte handelt,
  - … welche zugehörigen Informationen bis wann wem bzw. wo vorliegen müssen.
- **Weiterverwendung von Testobjekten:** Möglicherweise kann das Testobjekt an anderer Stelle weiterverwendet werden. Für diesen Fall sind entsprechende Ressourcen für Modifikationen bzw. Reparaturen zu berücksichtigen.
- **Lagerung und Verbleib der Testobjekte:** Schließlich ist festzulegen, wo die Modelle zwischenzeitig gelagert und nach Testdurchführung endgültig verbleiben bzw. entsorgt werden, sofern keine Weiterverwendung vorgesehen ist (z. B. Schenkung an Hochschulen, Ausstellung in Museen usw.).

Vertiefende Hinweise zu Attrappen

Sofern Testobjekte mit Attrappen („Dummies", Abb. 9.8) ausgerüstet werden, sind folgende Aspekte zu bedenken:

- **Art und zugehörige Anzahl der benötigten Attrappen:** Sofern Attrappen eingesetzt werden sollen, ist zu klären, welche Ausrüstungsteile und Nutzlasten simuliert und wie viele welcher Attrappen konstruiert, analytisch geprüft, gefertigt, vermessen bzw. aus anderen Projekten übernommen werden sollen. Zu unterscheiden sind:
  - **Massenattrappen** (Simulation von Masse und Schwerpunkt)
  - **Mechanische Attrappen** (Simulation von Masse, Schwerpunkt und Trägheitsmoment)
  - **Dynamische Attrappen** (Simulation von Masse, Schwerpunkt, Trägheitsmoment und dynamischem Verhalten wie z. B. Eigenfrequenz, Eigenform)
- **Übernahme von Attrappen aus anderen Projekten:** In diesem Falle müssen folgende Fragen beantwortet werden:
  - **Eignung:** Erfüllen diese Attrappen alle Anforderungen, die sie erfüllen müssen?
  - **Eigentümer und Besitzer:** Wem gehören die Attrappen und wer verfügt über sie?
  - **Einverständniserklärung:** Sind Eigentümer/Besitzer einverstanden?
  - **Kosten:** Welche Kosten sind mit dem Einsatz der Attrappen für das Projekt verbunden?
- **Logistik:** Stehen die Attrappen zur rechten Zeit am rechten Ort zur Verfügung? Wer verpackt, transportiert und versichert die Attrappen?

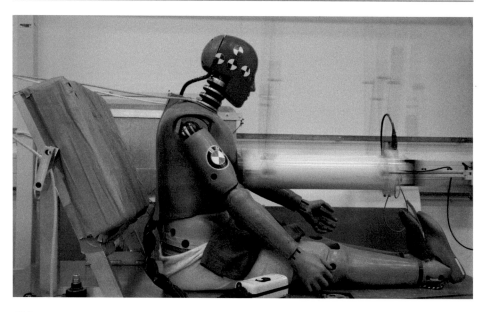

Abb. 9.8 Attrappe im Testbetrieb (Quelle: BMW)

Vertiefende Hinweise zur Einschaltung externer Testeinrichtungen

Falls das eigene Unternehmen nicht über die erforderlichen Testanlagen verfügt und falls der Auftraggeber diesbezüglich keine Testeinrichtungen vorschreibt, müssen externe Testinstitute ausfindig gemacht, ausgewählt und beauftragt werden. Beispiele für namhafte externe Testeinrichtungen in Europa sind:

- TÜV (Technischer Überwachungsverein in Deutschland, Österreich und der Schweiz)
- IABG (Industrieanlagen Betriebsgesellschaft in Ottobrunn, Deutschland)
- ESTEC (European Space Technology Center der ESA in den Noordwijk, Niederlande).

Alle relevanten Testeinrichtungen sollten stets hinsichtlich ihrer Vor- und Nachteile untersucht und verglichen werden. Bewertungsrelevant sind alle Parameter, die einen Einfluss auf die erfolgreiche technische Durchführung, die Testkosten sowie die Testdauer haben.

Eine besondere Bedeutung kommt dabei der technischen Ausrüstung, der Qualifikation des Personals, seiner Erfahrung, seiner Reputation, der Entfernung vom eigenen Betrieb, den Kosten und den verfügbaren Zeitfenstern zu. Es empfiehlt sich dabei, im Vorfeld die Umwelt- bzw. Umfeldbedingungen der Testeinrichtung vor Ort zu überprüfen wie zum Beispiel die Temperatur, die Luftfeuchtigkeit, den Luftdruck sowie Störungen aller Art (Lärm, Erschütterungen z. B. durch Bahn und LKW-Verkehr usw.), um aussagefähige Testbedingungen zu gewährleisten. Wenn die Anlage noch nicht bekannt ist, sollte der Versuchsingenieur – ggf. zusammen mit dem Qualifikationsfachmann – Vorgespräche am jeweiligen Testort mit den betreffenden Betreiberingenieuren führen. Auf diese Weise kann er alle Testbedingungen vor Ort in Augenschein nehmen und auf unerwartete Probleme aufmerksam werden (z. B. Kräne mit unzureichender Kapazität, nicht ausreichende Maße der Toreinfahrt der Testanlage usw.).

Im Idealfall ist gemeinsam mit dem Betreiber des betreffenden Testinstituts bzw. der innerbetrieblichen Testabteilung ein vollständiger Katalog der zu erbringenden Leistungen zu erstellen, in dem alle technischen und organisatorischen Leistungen dokumentiert werden. In diesem Zusammenhang ist der Projektleiter (bzw. System- oder Teilsystemleiter) als „Auftraggeber" und der Betreiber der Testanlage als „Auftragnehmer" zu interpretieren. Ein solcher Katalog kann folgendermaßen aufgebaut sein:

Vereinbarung mit Testeinrichtung: Katalog der zu erbringenden Leistungen
Einleitung
Einordnung und Zielsetzung der geplanten Tests, Hauptanforderungen an Lieferungen und Leistungen des Testlabors, Zielsetzung dieses Katalogs, anzuwendende Dokumente

Lieferungen und Leistungen des Auftragnehmers (Testlaborbetreiber)
- **Bereitzustellende Testanlagen:** Aufstellung der Hard- und Software (Prüfstände, Simulatoren, Kräne, Testvorrichtungen, Messinstrumente usw.) mit Angabe zu Ort und Zeit.
- **Anforderungen an die Testanlagen:** Sofern die Anlagen besonderen Anforderungen (Luftreinheitsbedingungen, Temperatur, Luftfeuchtigkeit, Vakuum, Qualitätssicherungssystem usw.) genügen müssen, werden diese vollständig und aussagefähig beschrieben.
- **Hauptleistungen:** Art und Umfang der Versuche, die zu durchführen sind sowie ergänzender Leistungen (z. B. Inanspruchnahme von Werkstattarbeit).
- **Nebenleistungen:** Dazu gehören Leistungen wie Umrüstungen, Hochgeschwindigkeitsfilm-/Fotoaufnahmen, die Bereitstellung von Kleinmaterial, Messgeber, Klebstoffen, Kamerazubehör, Speichermedien, Werkstätten, Lagerräumen, Umkleideräumen, abschließbaren Arbeitsräumen, Gewährleistung von Abschirmung, Bewachung bei Sabotagegefahr und Geheimhaltung usw.
- **Testergebnisse:** Angabe zu Inhalt und Form (Dateien, Ausdrucke usw.) sowie Anzahl von Exemplaren sämtlicher Testergebnisse sowie zu Ort und Zeit der Lieferung.
- **Form der Kostenaufstellung:** Angaben zur formalen Darstellung und Aufgliederung der Kosten (Anteile der einzelnen Tests, Verknüpfung mit Testbaum, Zuordnung zu Arbeitspaketbeschreibungen und Projektkostenstellen).

Leistungen des Auftraggebers
- **Angaben zum Testobjekt:** Ausführliche Beschreibung des Testobjekts, Angabe erforderlicher Daten (Abmessung, Gewicht, Schwerpunkt, Einspannung, usw.), Angaben zu Anlieferung, Lagerung und Bereitstellung

- **Beizustellende Soft- und Hardware:** Aufstellung der beizustellenden Hard- und Software (wie zum Beispiel Testvorrichtungen und Messinstrumente) mit Angabe zu Ort und Zeit
- **Geplante Tätigkeiten im Rahmen der Tests:** Aufgaben und Rechte der Versuchsingenieure des Auftraggebers während der Tests.

Sollte die Erstellung eines solchen Katalogs aus zeitlichen Gründen nicht möglich sein, so sollten zumindest die erforderlichen Laborbelegungen und die damit verbundenen Kosten mit dem Betreiber der Testeinrichtung schriftlich vereinbart werden.

9.2.4   Erstellen eines Inspektionskonzepts

Auch alle erforderlichen Inspektionen sind, ebenso wie die Tests, zu erfassen und zu planen. Dazu kann ebenfalls ein einfaches Formular (Abb. 9.14) eingesetzt werden, in welchem für jedes Teil bzw. jede Baugruppe zu erfassen sind:

- Einheit Nr.
- Teil-/Baugruppenbezeichnung
- Raumbedarf (Fläche, Höhe)
- Art der Inspektion (Ansicht, Hör-/Geruchsprobe usw.)
- Spezielle Inspektionshilfsmittel
- Erforderliche Vorbereitungen
- Erforderliches Personal
- Verantwortliche Person
- Inspektionsdauer
- Inspektionskosten.

9.2.5   Erstellen eines Identitätsprüfungskonzepts

Schließlich sind auch sämtliche Identitätsprüfungen (Abschn. 9.1) zu erfassen und zu planen, nicht zuletzt deswegen, weil dazu eine Vielzahl an Dokumenten zu beschaffen und sorgfältig zu prüfen ist. Schließlich kann auch hier ein einfaches Formular (Abb. 9.15) verwendet werden, in welchem für jedes Teil bzw. jede Baugruppe zu erfassen sind:

- Einheit Nr.
- Teil-/Baugruppenbezeichnung
- Hersteller (Firma) des zu überprüfenden Teils
- Erforderliche Dokumente

  – Alte und neue Anforderungen
  – Alte und neue Herstellungsunterlagen
- Spezielle Hinweise, die im Rahmen der Überprüfung besonders zu beachten sind
- Erforderliches Personal
- Verantwortliche Person
- Überprüfungsdauer
- Kosten der Überprüfung.

9.3 Beispielprojekt NAFAB

Verifikationsvorschau						
Anforderungs-Nr.	Anforderung	Verifikationsverfahren				
		Berechnung	Test	Inspektion	Identitäts-prüfung	
…	…					
5	Die Vorrichtung, an der der Vermessungssensor befestigt wird, muss eine Nutzlast von 80 kg tragen. Dabei dürfen keine störenden Verformungen auftreten (siehe Anforderungen 9, 10).	x	x			
…	..					
9	Die Positionierungsgenauigkeit muss +/- 0,1 mm für die drei translatorischen Achsen x (horizontal: nach vorne und zurück); y (horizontal: nach links und rechts) und z (vertikal: hinauf und herunter) betragen.		x			
…	…					
11	Zusätzlich muss als Option die Verfahrbarkeit auf Schienen von ca. 4,5 m Länge angeboten werden. Nach erfolgtem Verfahren muss die Anlage erneut ausrichtbar sein. Die Bewegung der Anlage muss manuell erfolgen können.		x			
…	…					

Abb. 9.9 NAFAB Verifikationsvorschau (Auszug)

Berechnungskonzept											
Einheit Nr.	Teil-/Baugruppenbezeichnung	Systemebene	Art der Berechnung (Festigkeit, Verformung usw.)	Form (Print, Datei usw.)	Verwendete Software	Software version	Erforderliches Personal	Verantwortlich	Berechnungsdauer	Berechnungskosten	Bemerkung
…	…	…	…	…	…	…	…	…	…	…	…
135	Bewegliche Plattform	Einzelteil	Verformung	Bericht als Datei	NASTRAN	4.6	Berg	Berg	1 Tag	1.600,00 €	keine
…	…	…	…	…	…	…	…	…	…	…	…
135	Bewegliche Plattform	Gesamtsystem	Vertikale Beschleunigung	Bericht als Datei	keine	keine	Tritsch	Tritsch	4 Std.	800,00 €	keine
…	…	…	…	…	…	…	…	…	…	…	…

Abb. 9.10 NAFAB Berechnungskonzept (Auszug)

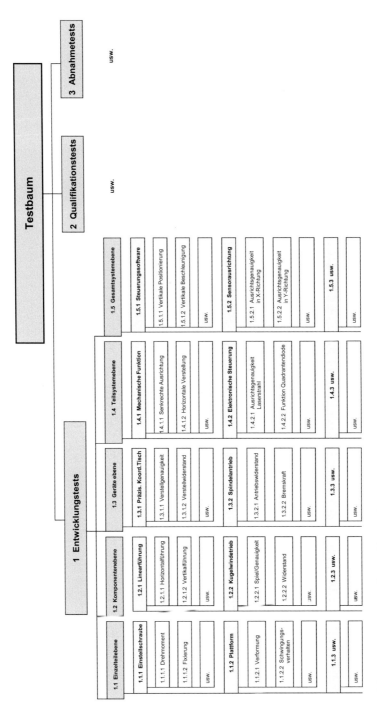

Abb. 9.11 NAFAB Testbaum (Auszug)

Testmatrix

Nr. im Test-baum	Teststufe	System-ebene	Testobjekt	Beschreibung des Testobjekts	Testart	Testziel	Testanlagenbetreiber Testanlage Testinfrastruktur	Testablauf
...	...	...	...	...	...	...	...	...
1.3.2.2	Entwick-lungs-test	Gerät	Spindel-antrieb	Spindelantrieb, eingebaut in die NAFAB-Anlage	Bremskraft (Belastungs-test)	Ermittlung und Überprüfung der Bremskraft	Keine separate Test-anlage erforderlich, der Test wird mit der NAFAB-Anlage im eigenen Betrieb durch-geführt	Die Motorbremse ist eingeschaltet, die Plattform wird schrittweise mit Gewichten belastet, bis sie beginnt, abzusinken.
...	...	...	...	...	...	...	...	...
1.5.1.1	Entwick-lungs-test	Gesamt-system	Steuerungs-software	Selbst-entwickelte Steuerungs-software für Betriebssystem UNIX	Vertikale Positionierung	Überprüfung, ob die eingestellte vertikale Positionierungshöhe der Plattform mit den geforderten Toleranzen erreicht wird	Theodolit, der Test wird mit der NAFAB-Anlage im eigenen Betrieb durchgeführt	Mithilfe des Laptops wird der Befehl eingegeben, dass die Plattform mit dem Sensor auf die Höhe von 5,322 m fahren soll. Nach Erreichen der eingegebenen Position wird mit dem Theodoliten überprüft, ob die erforderliche Toleranz eingehalten wird.
...	...	...	...	...	...	...	...	...

Abb. 9.12 NAFAB Testmatrix (Auszug)

Nr. im Test-baum	Test-stufe	System-ebene	Test-objekt	Testart	Test-anlage-/ infrastruktur	Spezielle Test-vorrichtungen	Transport-/ -mittel -vorrichtung -verantwortung	Erforderliches Personal	Verant-wortlich	Test-dauer	Vor-gänger-test Nr.	Nach-folger-test Nr.	Testkosten
1.1.1.1	Entwick-lungstest	Einzel-teil	Einstell-schraube	Dreh-moment	Gesamte aufgebaute NAFAB-Anlage	keine	keine	Hartmann Blank	Hartmann	2 Std.	1.4.6.2	1.4.6.5	300,00 €
...	...	...	...	...	...	...	...	...	...	...	...	...	...
1.2.1.1	Entwick-lungstest	Kompo-nenten-ebene	Linear-führung	Horizontal-führung	Gesamte aufgebaute NAFAB-Anlage	keine	Tieflader keine Vorrichtung Henke	Unsinger Blank	Unsinger	1 Tag	1.2.4.1	1.2.4.5	1.200,00 €
...	...	...	...	...	...	...	...	...	...	...	...	...	...

Testplan

Abb. 9.13 NAFAB Testplan (Auszug)

					Inspektionskonzept				
Einheit Nr.	Teil-/Bau-gruppen-bezeichnung	Raumbedarf (Fläche, Höhe)	Art der Inspektion (Ansicht, Hör-/ Geruchsprobe usw.)	Spezielle Inspektions-hilfsmittel	Erforderliche Vorbereitungen	Erforderliches Personal	Verantwortlich	Inspektions-dauer	Inspektions-kosten	Bemerkung
...	...	...	...	...	...	...	...	...	...	...
123	Horizontale Führungs-schiene	keine besondere	Sichtprüfung der Bewegbarkeit	keine	keine	Ohde	Ohde	40 Min.	80,00 €	keine
...	...	...	...	...	...	...	...	...	...	...
212	Spindel-antrieb	keine besondere	Sichtprüfung der Schmierung	Vergröße-rungsglas	keine	Ohde	Ohde	30 Min.	70,00 €	keine
...	...	...	...	...	...	...	...	...	...	...

Abb. 9.14 NAFAB Inspektionskonzept (Auszug)

Identitätsprüfungskonzept

Einheit Nr.	Teil-/Bau-gruppen-bezeichnung	Hersteller (Firma)	Erforderliche Dokumente		Überprüfung/Vergleich – sehr sorgfältig vorzunehmen –	Erforderliches Personal	Verantwortlich	Über-prüfungs-dauer	Kosten der Überprüfung	Bemer-kung
			Alte und neue Anforderungen	Alte und neue Herstellungs-unterlagen	Spezielle Hinweise					
…	…	…	…	…	…	…	…	…	…	…
1.2.1.1	Horizontal-führung	XYZ GmbH	Spezifikation Horizontalführung	Herstellungs-unterlagen und Testbericht Horizontalführung	keine	Ohde	Ohde	4 St.	1.000,00 €	keine
…	…	…	…	…	…	…	…	…	…	…
1.4.2.2	Quadranten-diode	ABC AG	Spezifikation Quadrantendiode	Herstellungs-unterlagen und Testbericht Quadrantendiode	keine	Otto	Otto	4 St.	1.200,00 €	keine
…	…	…	…	…	…	…	…	…	…	…

Abb. 9.15   NAFAB Identitätsprüfungskonzept (Auszug)

9.4 Werkzeuge

9.4.1 Formular: Verifikationsvorschau

Verifikationsvorschau					
Anforderungs-Nr.	Anforderung	Verifikationsverfahren			
		Berechnung	Test	Inspektion	Identitäts-prüfung

9.4.2   Formular: Berechnungskonzept

Berechnungskonzept										
Ein-heit Nr.	Teil-/Bau-gruppen-bezeichnung	Systemebene (Gesamtsystem, Teilsystem Gerät, Komponente, Einzelteil)	Art der Berechnung (Festigkeit, Verfomung usw.)	Form (Print, Datei usw.)	Verwendete Software	Software-version	Erforder-liches Personal	Verantwort-lich	Berech-nungs-dauer	Berech-nungs-kosten	Bemer-kung

9.4.3   Checkliste: Berechnungskonzept

Checkliste: Berechnungskonzept

☐ Wurden für alle Anforderungen, deren Erfüllung analytisch überprüfbar sind (z. B. Anforderungen an dynamisches Verhalten (Beschleunigung, Eigenform, Eigenfrequenz), Festigkeit, Spannungen, Verformungen, Leistung, Wärmeleitung, Ausdehnung, Ermüdung) Berechnungsarten ermittelt und festgelegt?

☐ Wurden für alle Belastungsformen Sicherheitsfaktoren festgelegt?

☐ Gibt es gesetzliche Vorschriften/Vorgaben hinsichtlich der Sicherheitsfaktoren?

☐ Wurden alle gesetzlichen Vorschriften/Vorgaben berücksichtigt?

☐ Wurden alle Sicherheitsfaktoren mit den relevanten Personen (z. B., Auftraggeber, Vorgesetzte, Projekt-, System-, Teilsystemleiter, Berechnungsingenieur) abgestimmt?

☐ Berücksichtigt das Konzept bzw. die Planung ...

    ☐ ... eine Internetrecherche zu bereits existierenden Formeln?

    ☐ ... die Überprüfung der Konstruktion auf Grundlage der Rechenergebnisse?

    ☐ ... eine Konstruktionsänderung für den Fall, dass die Berechnung die ursprünglichen Annahmen der Konstruktion widerlegt?

☐ Ist die Form der Ergebnisse für Dritte kompatibel (Dateiformat, Softwareversion usw.)?

9.4.4   Checkliste: Testbaum

Checkliste: Testbaum
☐ Sind alle Tests im Testbaum erfasst?
☐ Sind die Tests im Testbaum nach Teststufe gegliedert und vollständig zugeordnet?
☐ Entwicklungstests
☐ Qualifikationstests
☐ Abnahmetests
☐ Sind die Tests im Testbaum nach Systemebene gegliedert und vollständig zugeordnet?
☐ Einzelteilebene
☐ Komponentenebene
☐ Geräteebene
☐ Teilsystemebene
☐ Systemebene
☐ Sind die Tests im Testbaum nach Testobjekt gegliedert und vollständig zugeordnet?
☐ Sind die Tests im Testbaum nach Testart gegliedert und vollständig zugeordnet?
☐ Sind alle Tests im Testbaum aussagefähig, eindeutig und unmissverständlich benannt?
☐ Hat jeder Test im Testbaum eine Testnummer zur eindeutigen Identifizierung?

9.4.5   Formular: Testmatrix

Testmatrix

Nr. im Testbaum	Teststufe	System-ebene	Testobjekt	Beschreibung des Testobjekts	Testart	Testziel	Testanlagenbetreiber Testanlage Testinfrastruktur	Testablauf

Testplan

Nr. im Testbaum	Test-stufe	System-ebene	Test-objekt	Testart	Test-anlage	Spezielle Test-vorrichtungen	Transport-/-mittel -vorrichtung -verantwortung	Erforder-liches Personal	Verant-wortlich	Test-dauer	Vor-gänger-test Nr.	Nach-folger-test Nr.	Test-kosten

9.4.6   Formular: Inspektionskonzept

Inspektionskonzept

Einheit Nr.	Teil-/Bau-gruppen-bezeichnung	Raumbedarf (Fläche, Höhe)	Art der Inspektion (Ansicht, Hör-/ Geruchsprobe usw.)	Spezielle Inspektions-hilfsmittel	Erforderliche Vorbereitungen	Erforderliches Personal	Verantwortlich	Inspektions-dauer	Inspektions-kosten	Bemerkung

Identitätsprüfungskonzept

Einheit Nr.	Teil-/Bau-gruppen-bezeichnung	Hersteller (Firma)	Erforderliche Dokumente		Überprüfung/Vergleich – sehr sorgfältig vorzunehmen – Spezielle Hinweise	Erforderliches Personal	Verantwortlich	Über-prüfungs-dauer	Kosten der Überprüfung	Bemer-kung
			Alte und neue Anforderungen	Alte und neue Herstellungs-unterlagen						

9.5 Lernerfolgskontrolle

1. Was versteht man im Projektmanagement unter „Verifikation"?
2. Grenzen Sie die Begriffe „Verifikation" und „Validierung" voneinander ab.
3. Warum spielt die Verifikation in technischen Projekten in der Regel eine bedeutende Rolle?
4. Welche Verfahrensfamilien von Verifikationsverfahren in technischen Projekten grundsätzlich sind zu unterscheiden?
5. Welche Arten von Tests kennen Sie?
6. Welches Kernproblem ist mit Tests grundsätzlich verbunden – und wie ist diesem Problem zu begegnen?
7. Welches Problem ist mit Tests von Einzelfertigungen stets verbunden – und wie ist diesem Problem zu begegnen?
8. Wie ist der Sicherheitsfaktor bei der Verifikation durch Berechnungen definiert?
9. Welche Arten von Berechnungen im Rahmen der Verifikation kennen Sie?
10. Was versteht man unter einer „Inspektion" im Sinne eines Verifikationsverfahrens?
11. Welche Fragen kann eine Inspektion beantworten?
12. Was versteht man unter einer „Verifikation durch Identitätsüberprüfung" im Sinne eines Verifikationsverfahrens?
13. Welche beiden Arten von Identität sind bei der Verifikation durch Identitätsüberprüfung stets zu überprüfen?
14. Welches Risiko ist mit der Verifikation durch Identitätsüberprüfung stets verbunden – und wie sind diese Risiken zu begrenzen?
15. Welchem übergeordneten Konzept ist das Verifikationskonzept als Teilkonzept zuzuordnen?
16. Was beinhaltet das Verifikationskonzept?
17. Was versteht man unter einer „Verifikationsvorschau" – und was leistet sie?
18. Beschreiben Sie den Aufbau der einzelnen Teilkonzepte des Verifikationskonzepts.
19. Welche Kriterien zur Bewertung externer Testeinrichtungen kennen Sie?
20. Welche Vereinbarungen zu Lieferungen und Leistungen von Testeinrichtungen sollten schriftlich festgehalten werden?

Planen des gesamten Projekts

10

10.1 Vorüberlegungen

10.1.1 Bedeutung der Projektplanung

Da Projekte von Natur aus komplexe Vorhaben sind (Abschn. 2.2.1), müssen sie sorgfältig geplant werden. Doch eine systematische Projektplanung kommt im betrieblichen Projektalltag oft zu kurz: Häufig wird sie als lästige Zusatzaufgabe empfunden und nur oberflächlich und/oder unvollständig betrieben – manchmal auch ganz übersprungen, um früher mit der Realisierung beginnen zu können. Die offizielle Begründung dafür lautet meistens, dass für umfangreiche Planungen keine Zeit übrig sei. Bei überschaubaren Vorhaben mit geringer Innovationshöhe mag diese Begründung überzeugen, bei Projekten tut sie es nicht.

Tiefer liegende Gründe für eine möglicherweise unbewusste „Planungsvermeidungsstrategie" sind aus Erfahrung der Autoren zurückzuführen auf Ungeduld, Bequemlichkeit oder auch die Sorge, sich festzulegen und damit unnötige Angriffsflächen zu schaffen. Doch eine Projektleitung, die ihre Projekte nicht oder unzureichend plant, überlässt die Erreichung der Projektziele dem Zufall.

Eine konsequente Planung schafft dagegen die Transparenz, die erforderlich ist, den Prozess zur Erreichung der Projektziele systematisch zu steuern. Natürlich ist die Projektplanung keine hinreichende, wohl aber eine notwendige Voraussetzung für die Beherrschbarkeit eines Projekts.

10.1.2 Bestandteile der Projektplanung

Eine vollständige Projektplanung besteht aus folgenden Teilplänen, welche jeweils unterschiedliche Fragen beantworten:

© Springer Fachmedien Wiesbaden 2015
R. Felkai, A. Beiderwieden, *Projektmanagement für technische Projekte*,
DOI 10.1007/978-3-658-10752-9_10

- **Produktstrukturplan (Produktbaum):** Welche Teilsysteme, Geräte, Komponenten und Einzelteile sind zu unterscheiden und wie hängen sie zusammen?
- **Projektstrukturplan:** In welche Teilaufgaben und Arbeitspakete soll das Projekt zerlegt werden und wie lassen sich diese übersichtlich darstellen?
- **Arbeitspaketbeschreibungen:** Welche Tätigkeiten fallen in welchen Arbeitspaketen an und wer übernimmt für welche Arbeitspaketergebnisse die Verantwortung?
- **Zeitplan (Ablauf- und Terminplan):** Wann finden welche Vorgänge statt und welche Termine und Pufferzeiten lassen sich daraus ableiten?
- **Ressourcenplan:** Welche Personal- und Sachressourcen werden wann und wo benötigt?
- **Kostenplan:** Zu welchem Zeitpunkt fallen Kosten in welcher Höhe an?

Die Projektplanung setzt dabei am Lösungskonzept (Kap. 7) an und wird im Idealfall – mindestens aber bei Großprojekten – in enger Verzahnung mit dem Entwicklungskonzept (Kap. 8) erstellt, um die optimale Vorgehensweise und eine planerische Konsistenz zu gewährleisten.

10.1.3   Grob- und Feinplanung

Eine erste grobe Grobplanung wird dem Angebot beigelegt und ist erforderlich, um Aussagen über wichtige Termine (Meilensteintermine und Endtermin) und Kosten (für die Preiskalkulation) im Angebot abgeben zu können. Eine Feinplanung ist zu diesem Zeitpunkt noch nicht angebracht, da sie einerseits in der kurzen Phase der Angebotserstellung kaum bewältigt werden kann und andererseits der Aufwand nicht lohnt, so lange der Auftrag nicht erteilt ist. Lediglich der Projektstrukturplan und die Arbeitspaketbeschreibungen werden von Anfang an detailliert erstellt.

Nach Auftragserteilung wird die Projektplanung – gemeinsam mit dem Entwicklungskonzept – detailliert ausgearbeitet und etwa zeitgleich mit der Erstellung der Fertigungsunterlagen „vorläufig endgültig" abgeschlossen. Die Zeit-, Ressourcen- und Kostenplanung wird laufend an den Ist-Zustand angepasst und ist deshalb erst zu Projektende „endgültig" abgeschlossen.

10.1.4   Einbeziehung der Projektmitarbeiter

Das Projektmanagement sollte die Projektplanung niemals am „grünen Tisch" entwickeln, sondern stets die betreffenden Projektmitarbeiter in Planungsentscheidungen einbeziehen. Dafür sprechen gleich mehrere Gründe:

- Die Projektmitarbeiter, die in der Regel erfahrene und gut ausgebildete Fachleute sind, fühlen sich als vollwertige Teammitglieder ernst genommen und identifizieren sich mit ihrer Arbeit. Die dadurch freigesetzte Motivation führt dann häufig dazu, dass die Mitarbeiter über die vereinbarte Leistung hinausgehen.

- In dem Maße, in dem Planungsentscheidungen auf Aussagen der Projektmitarbeiter beruhen bzw. mit ihnen abgestimmt sind, fühlen sich diese verpflichtet, diese Pläne dann auch in die Tat umzusetzen.
- Die Projektleitung lernt durch den fachlichen Austausch mit den Projektmitarbeitern auf allen Systemebenen immer wieder dazu.

10.2   Was ist zu tun?

10.2.1   Entwickeln des Produktstrukturplans

Ausgehend vom Lösungskonzept, welches das zu entwickelnde bzw. zu erstellende Produkt in Entwurfsreife darstellt, kann nun ein Produktstrukturplan (Produktbaum) erstellt werden, welcher das Produkt in seine Teile, Baugruppen und Subsysteme zerlegt und in ihrer hierarchischen Struktur grafisch darstellt. Der Produktstrukturplan darf nicht verwechselt werden mit dem Projektstrukturplan (Abschn. 10.2.2), welcher das Projekt in seine Tätigkeiten untergliedert. Beim Produktstrukturplan lassen sich für das zu entwickelnde Produkt folgende Strukturebenen unterscheiden:

- Gesamtsystemebene: z. B. PKW
- Teilsystemebene: z. B. Antriebseinheit
- Subteilsystemebene: Motoreinheit
- Geräteebene: Verbrennungsmotor
- Komponentenebene, z. B. Verbrennungsraum
- Einzelteilebene, z. B. Zylinder.

Abhängig vom Verwendungszweck kann der Produktstrukturplan das zu fertigende Produkt nur grob oder bis zur letzten Schraube aufgliedern, fremdbezogene Teile werden nicht zerlegt. Je detaillierter dieser Plan gestaltet wird, desto weniger Überlegungen sind für das Herstellungskonzept (Abschn. 8.2.3) erforderlich.

In Abb. 10.1 wird das Prinzip des Produktstrukturplans am Beispiel eines Personenkraftwagens als Gesamtsystems dargestellt.

Aus dem Produktstrukturplan, welcher den Liefer- und Leistungsumfang des Auftragnehmers beschreibt, lassen sich Meilensteinergebnisse und Gliederungskriterien für den Projektstrukturplan ableiten, welcher im nächsten Abschnitt vorgestellt wird.

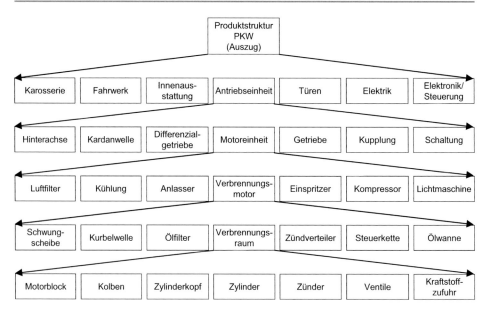

Abb. 10.1 Produktstrukturplan (Auszug)

10.2.2   Entwickeln des Projektstrukturplans (PSP)

Im Projektstrukturplan werden alle Aufgaben des Projekts erfasst und in einer Baumstruktur übersichtlich dargestellt. Dieser Plan stellt die Weichen für den weiteren Projektverlauf und wird deshalb auch als „Mutter aller Pläne" bezeichnet. Er ist Dreh- und Angelpunkt aller weiteren planerischen Überlegungen, da er der Zeitplanung (Ablauf- und Terminplanung), der Ressourcenplanung sowie der Kostenplanung zu Grunde liegt. Planungsfehler im Projektstrukturplan können sich im Projektverlauf entsprechend dramatisch auswirken und sollten durch sorgfältiges Vorgehen und durch Einbeziehung der betreffenden Fachleute so weit wie möglich ausgeschlossen werden. Das gelingt in der betrieblichen Projektpraxis leider häufig nicht.

Im Projektstrukturplan werden die Strukturen für das gesamte Projekt festgelegt. Aus diesem Grunde wird der Projektstrukturplan (gemeinsam mit den Arbeitspaketbeschreibungen) als einziger Plan bereits im Rahmen der Angebotserstellung „vorläufig endgültig" fertiggestellt. Zwar können sich auch hier nachträgliche Ergänzungen oder Korrekturen ergeben, jedoch sollte es sich dabei nur um Ausnahmefälle handeln wie etwa um Aufgaben, die übersehen worden sind oder Aufgaben, die sich durch nachträgliche Änderungswünsche des Auftraggebers ergeben. Der Projektstrukturplan sollte also im Laufe des Projekts möglichst nicht mehr geändert werden – anders als der Zeit-, der Ressourcen- und der Kostenplan, welche gewöhnlich bis zum Ende des Projekts immer wieder angepasst werden (Abschn. 12.2.6).

In seiner Abhandlung über die Methodik aus dem Jahre 1637 führt uns der französische Philosoph René Descartes in Form von 4 Regeln vor Augen, dass der Grundgedanke der Entwicklung eines Projektstrukturplans keineswegs eine Errungenschaft des modernen Managements ist, sondern den Philosophen des siebzehnten Jahrhunderts bekannt war:[1]

> Die erste Regel war, niemals eine Sache für wahr anzunehmen, ohne sie als solche genau zu kennen; d. h. sorgfältig alle Übereilung und Vorurteile zu vermeiden und nichts in mein Wissen aufzunehmen, als was sich so klar und deutlich darbot, dass ich keinen Anlass hatte, es in Zweifel zu ziehen.
>
> Die zweite war, jede zu untersuchende Frage in so viel einfachere, als möglich und zur besseren Beantwortung erforderlich war, aufzulösen.
>
> Die dritte war, in meinem Gedankengang die Ordnung festzuhalten, dass ich mit den einfachsten und leichtesten Gegenständen begann und nur nach und nach zur Untersuchung der verwickelten aufstieg, und eine gleiche Ordnung auch in den Dingen selbst anzunehmen, selbst wenn auch das Eine nicht von Natur dem Anderen vorausgeht,
>
> Endlich viertens, Alles vollständig zu überzählen und im Allgemeinen überschauen, um mich gegen jedes Übersehen zu sichern.

Nichts anderes ist Aufgabe des Projektstrukturplans. Auf der ersten Gliederungsebene wird das Gesamtprojekt in so genannte „Teilaufgaben" (z. B. Teilprojekte) zerlegt (Abb. 10.2). Jede Teilaufgabe wird entweder wiederum in weitere, untergeordnete Teilaufgaben oder schließlich in Arbeitspakete gegliedert. Je nach Umfang des Projekts können beliebig viele Ebenen an Teilaufgaben eingerichtet werden. Auf der untersten Ebene des Projektstrukturplans sind grundsätzlich die Arbeitspakete angeordnet, welche gemäß DIN 69901-5 stets die kleinsten Elemente des Projektstrukturplans darstellen.[2]

Der Projektstrukturplan kann von den Arbeitspaketen hoch bis zum Gesamtprojekt („bottom up") oder vom Gesamtprojekt herunter zu den Arbeitspaketen („top down") entwickelt werden. Bei technischen Projekten (vor allem im Anlagenbau) ist das Top-down-Verfahren verbreitet, da die Produktstruktur aus dem Produktstrukturplan bzw. Produktbaum (Abschn. 10.2.1) in der Regel bereits bekannt und für Fachleute gut vorstellbar ist.

10.2.2.1   Gliederungsprinzipien für den Projektstrukturplan

Der Projektstrukturplan kann ein Projekt nach unterschiedlichen Gesichtspunkten strukturieren. Üblich sind nachfolgende drei Arten:

- Objektorientierter Projektstrukturplan
- Funktionsorientierter Projektstrukturplan
- Kombinierter Projektstrukturplan.

---

[1] Aus: René Descartes (1870).
[2] Vgl. DIN Deutsches Institut für Normung (2009, DIN-Taschenbuch 472).

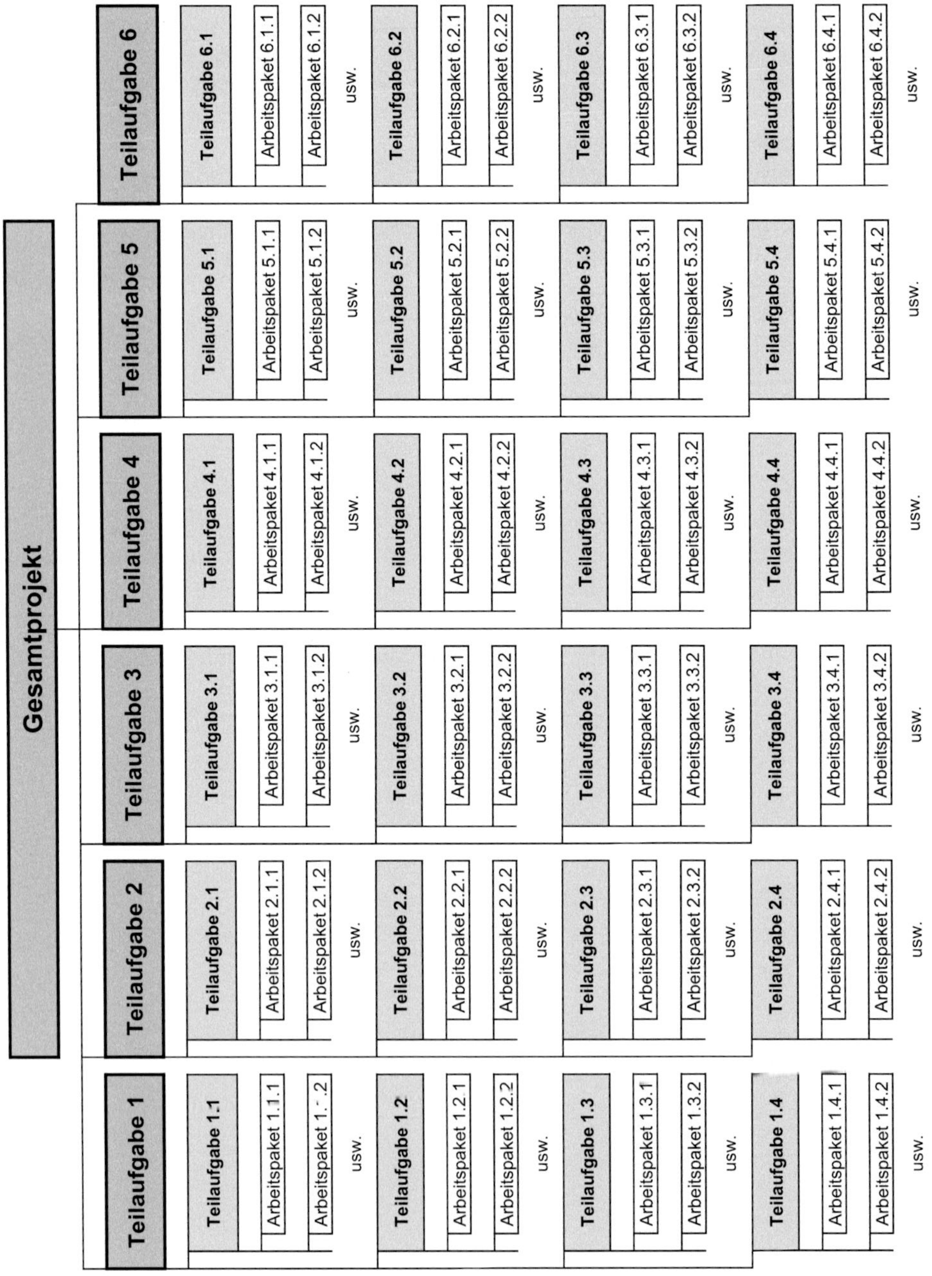

Abb. 10.2 Elemente eines Projektstrukturplans

Um das Prinzip zu veranschaulichen, werden im Folgenden sehr vereinfachte Projekt-strukturpläne vorgestellt. Großprojekte können tausende von Arbeitspaketen und viele Teilaufgabenebenen erfordern.

Objektorientierter Projektstrukturplan

Der objektorientierte Projektstrukturplan, der gelegentlich auch als „erzeugnis- oder produktorientierter Projektstrukturplan" bezeichnet wird, zerlegt das Gesamtsystem in Objekte bzw. Teilobjekte wie z. B. Teilsysteme, Geräte, Komponenten aber auch in Dokumente (Abb. 10.3). Mit anderen Worten: Im objektorientierten Projektstrukturplan werden die Teilaufgaben durch Objekte (bzw. Teilobjekte) repräsentiert, welche häufig mit Objekten des Produktstrukturplans identisch sind. Das Gliederungskriterium eines objektorientierten Projektstrukturplan ist also die technische Struktur des zu entwickelnden Gesamtsystems. Das Beispiel in Abb. 10.3 stellt einen objektorientierten Projektstrukturplan für einen PKW (sehr vereinfacht) dar.

Der objektorientierte Projektstrukturplan darf aber nicht mit dem Produktstrukturplan (bzw. Produktbaum) verwechselt werden. Während der Produktstrukturplan ausschließlich die Struktur des zu entwickelnden Produkts bzw. des Gesamtsystems darstellt, wird im Projektstrukturplan das Projekt hinsichtlich der zu erledigenden Arbeiten strukturiert. Zwar können bis zu einer bestimmten Ebene Produktstrukturplan und objektorientierter Projektstrukturplan identisch sein, jedoch finden sich spätestens auf der untersten Ebene des Produktstrukturplans physische Teile (z. B. „Schrauben"), wohingegen auf der untersten Ebene des Projektstrukturplans grundsätzlich Arbeitspakete (z. B. „Montage von Baugruppen") ausgewiesen werden. Kurz: Der Produktstrukturplan strukturiert das Produkt mit seinen Teilen, der Projektstrukturplan das Projekt mit seinen Aufgaben.

Der objektorientierte Projektstrukturplan wird häufig aus dem Produktstrukturplan abgeleitet und ist einfacher zu erstellen und auch leichter vorstellbar als der funktionsorientierte Projektstrukturplan, welcher im Folgenden vorgestellt werden soll.

Funktionsorientierter Projektstrukturplan

Der funktionsorientierte Projektstrukturplan gliedert die Arbeitspakete nicht nach den zu entwickelnden Objekten bzw. Teilobjekten, sondern nach betrieblichen Funktionen bzw. Aufgabenbereichen (Abb. 10.4). Abhängig vom Projekt und dem Betrieb können dabei folgende Funktionen in Frage kommen:[3]

- Analyse der Kundenanforderungen
- Entwurf
- Konstruktion
- Fertigungsvorbereitung
- Fertigung
- Montage

---

[3] Vgl. Schelle et al. (2005).

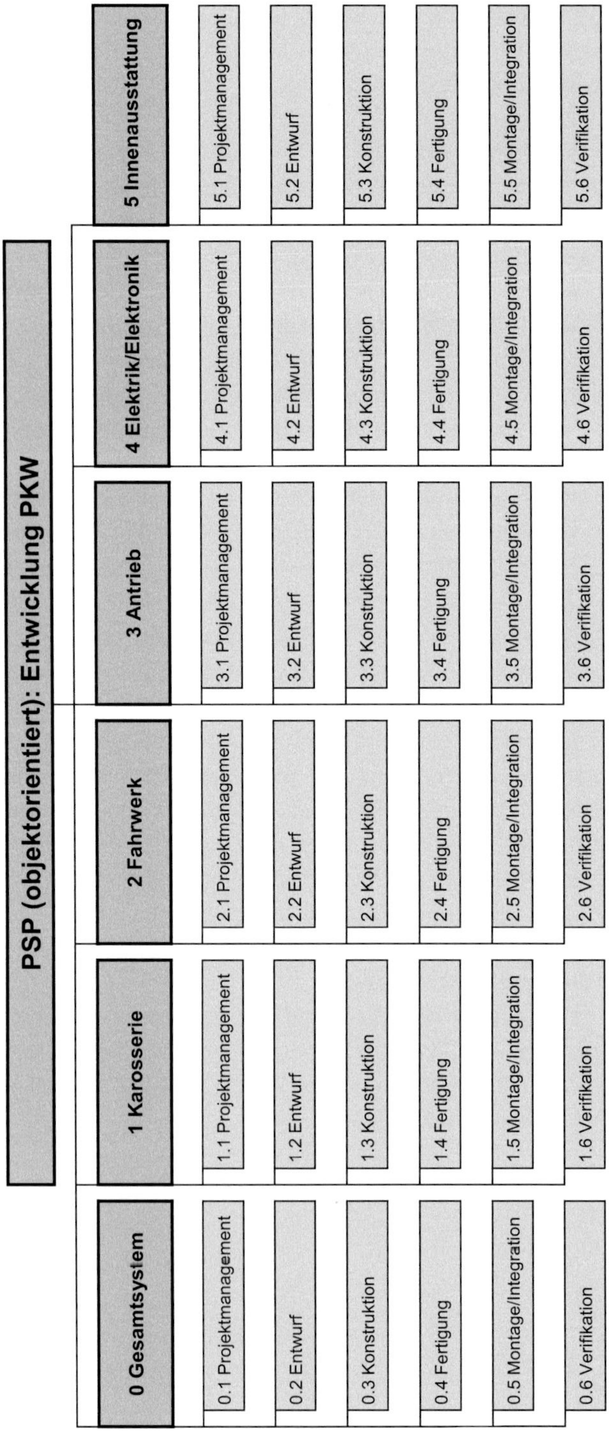

PSP (objektorientiert): Entwicklung PKW

0 Gesamtsystem	1 Karosserie	2 Fahrwerk	3 Antrieb	4 Elektrik/Elektronik	5 Innenausstattung
0.1 Projektmanagement	1.1 Projektmanagement	2.1 Projektmanagement	3.1 Projektmanagement	4.1 Projektmanagement	5.1 Projektmanagement
0.2 Entwurf	1.2 Entwurf	2.2 Entwurf	3.2 Entwurf	4.2 Entwurf	5.2 Entwurf
0.3 Konstruktion	1.3 Konstruktion	2.3 Konstruktion	3.3 Konstruktion	4.3 Konstruktion	5.3 Konstruktion
0.4 Fertigung	1.4 Fertigung	2.4 Fertigung	3.4 Fertigung	4.4 Fertigung	5.4 Fertigung
0.5 Montage/Integration	1.5 Montage/Integration	2.5 Montage/Integration	3.5 Montage/Integration	4.5 Montage/Integration	5.5 Montage/Integration
0.6 Verifikation	1.6 Verifikation	2.6 Verifikation	3.6 Verifikation	4.6 Verifikation	5.6 Verifikation

Abb. 10.3 Objektorientierter Projektstrukturplan (vereinfacht)

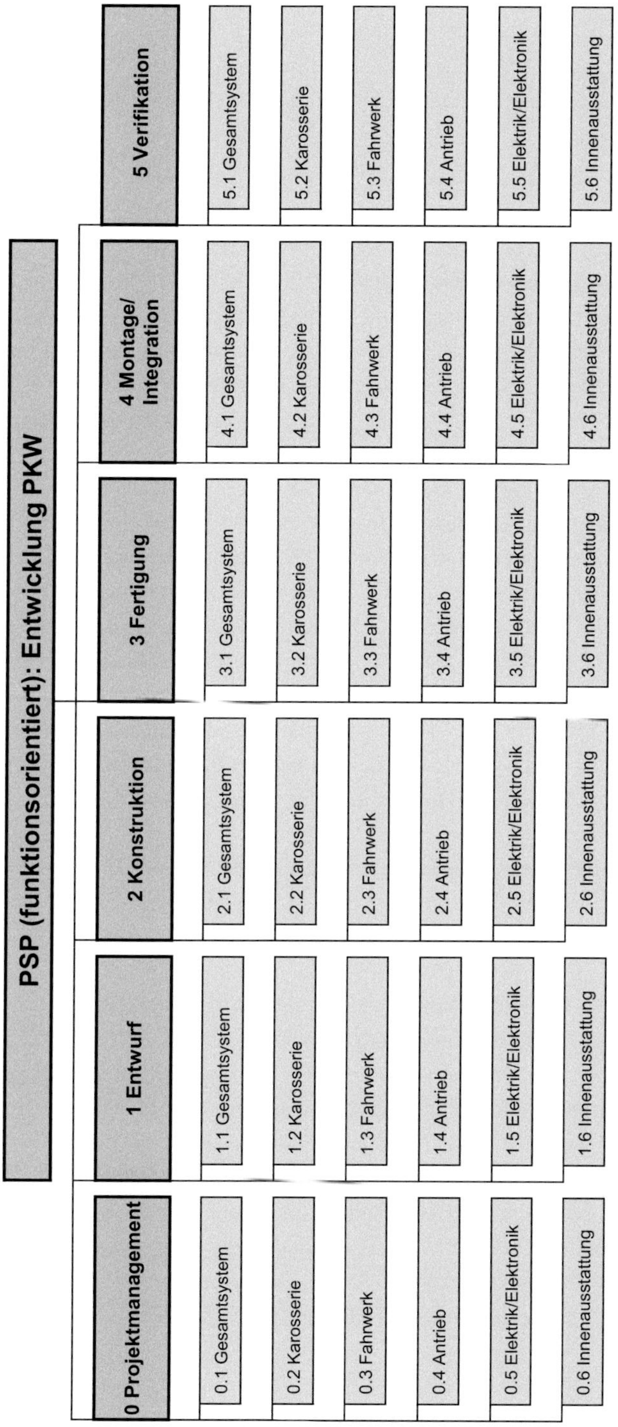

Abb. 10.4 Funktionsorientierter Projektstrukturplan (vereinfacht)

- Integration
- Verifikation/Test
- Projektmanagement
- Qualitätsmanagement
- usw.

Der funktionsorientierte Projektstrukturplan kommt den Bedürfnissen der einzelnen Fachabteilungen entgegen, denn ihre Aufgaben sind hier auf einen Blick einem vertikalen Ast zu entnehmen und nicht, wie bei beim objektorientierten Projektstrukturplan, über den gesamten Plan verteilt. Er erleichtert damit Aufgaben der Planung, Abrechnung und Kontrolle. Der funktionsorientierte Projektstrukturplan kommt häufig in einem frühen Stadium des Projekts zum Einsatz, wenn das Endprodukt noch kaum strukturiert ist.[4] Außerdem wird er vielfach bei abstrakten und schwer zerlegbaren Produkten bevorzugt, wie etwa bei der Entwicklung chemischer Produkte oder in der Softwareentwicklung.

Kombinierter Projektstrukturplan
In der Praxis werden üblicherweise objekt- und funktionsorientierte Projektstrukturpläne kombiniert (Abb. 10.5). Damit werden die Vorteile beider Gliederungsprinzipien genutzt: Der objektorientierte Anteil des Plans stellt sicher, dass alle Bestandteile des Produkts einbezogen sind, der funktionsorientierte Anteil visualisiert alle Aufgaben – und damit auch diejenigen, die neben der ausschließlich technischen Produktentwicklung anfallen wie beispielsweise Aufgaben des Projektmanagements, der Qualitätssicherung, der Qualifizierung von Mitarbeitern oder auch des Vertriebs. Die Kombination von objekt- und funktionsorientiertem Projektstrukturplan ist keinen spezifischen Regeln unterworfen und in der Praxis sehr verbreitet.

Abbildung 10.6 stellt beispielhaft dar, wie die Aufgaben des Projektmanagements in den einzelnen Teilsystemen eines großen Entwicklungsprojekts strukturiert werden können.

10.2.2.2   Hinweise zur Erstellung des Projektstrukturplans
Zunächst ist es für die Kommunikation der Projektmitarbeiter hilfreich, wenn sowohl die Teilaufgaben als auch die Arbeitspakete darunter **aussagefähig und eindeutig benannt** werden. Undeutlich benannte Arbeitspakete erschweren das Lesen von Projektstrukturplänen und erhöhen das Risiko von Missverständnissen.

Üblicherweise wird ein Arbeitspaket von einem Team bearbeitet, möglicherweise aber auch nur von einer Person. Grundsätzlich aber ist immer **eine Person** für den Erfolg des Arbeitspakets **verantwortlich**. Ob eine Teilaufgabe mit einem Verantwortlichen besetzt wird, hängt von der Komplexität des Teilsystems sowie von den verfügbaren Personalressourcen ab. In großen Projekten werden Teilaufgaben immer mit Teilsystemleitern besetzt.

---
[4] Vgl. ebd.

PSP (kombiniert): Entwicklung PKW

1 Projektmanagement
- 1.1 Gesamtsystem
  - 1.1.1 Planung
  - 1.1.2 Koordination
  - usw.
- 1.2 Karosserie
  - 1.2.1 Planung
  - 1.2.2 Koordination
  - usw.
- 1.3 Fahrwerk
  - 1.3.1 Planung
  - 1.3.2 Koordination
  - usw.
- 1.4 Antrieb
  - 1.4.1 Planung
  - 1.4.2 Koordination
  - usw.
- 1.5 Elektrik/Elektronik
  - 1.5.1 Planung
  - 1.5.2 Koordination
  - usw.

2 Karosserie
- 2.1 Entwurf
  - 2.1.1 Motorhaube
  - 2.1.2 Kotflügel
  - usw.
- 2.2 Konstruktion
  - 2.2.1 Motorhaube
  - 2.2.2 Kotflügel
  - usw.
- 2.3 Fertigung
  - 2.3.1 Motorhaube
  - 2.3.2 Kotflügel
  - usw.
- 2.4 Montage/Integration
  - 2.4.1 Motorhaube
  - 2.4.2 Kotflügel
  - usw.
- 2.5 Verifikation
  - 2.5.1 Motorhaube
  - 2.5.2 Kotflügel
  - usw.

3 Fahrwerk
- 3.1 Entwurf
  - 3.1.1 Stoßdämpfer
  - 3.1.2 Hinterachse
  - usw.
- 3.2 Konstruktion
  - 3.2.1 Stoßdämpfer
  - 3.2.2 Hinterachse
  - usw.
- 3.3 Fertigung
  - 3.3.1 Stoßdämpfer
  - 3.3.2 Hinterachse
  - usw.
- 3.4 Montage/Integration
  - 3.4.1 Stoßdämpfer
  - 3.4.2 Hinterachse
  - usw.
- 3.5 Verifikation
  - 3.5.1 Stoßdämpfer
  - 3.5.2 Hinterachse
  - usw.

4 Antrieb
- 4.1 Entwurf
  - 4.1.1 Getriebe
  - 4.1.2 Einspritzeinheit
  - usw.
- 4.2 Konstruktion
  - 4.2.1 Getriebe
  - 4.2.2 Einspritzeinheit
  - usw.
- 4.3 Fertigung
  - 4.3.1 Getriebe
  - 4.3.2 Einspritzeinheit
  - usw.
- 4.4 Montage/Integration
  - 4.4.1 Getriebe
  - 4.4.2 Einspritzeinheit
  - usw.
- 4.5 Verifikation
  - 4.5.1 Getriebe
  - 4.5.2 Einspritzeinheit
  - usw.

5 Elektrik/Elektronik
- 5.1 Entwurf
  - 5.1.1 Lichtmaschine
  - 5.1.2 Akkumulator
  - usw.
- 5.2 Konstruktion
  - 5.2.1 Lichtmaschine
  - 5.2.2 Akkumulator
  - usw.
- 5.3 Fertigung
  - 5.3.1 Lichtmaschine
  - 5.3.2 Akkumulator
  - usw.
- 5.4 Montage/Integration
  - 5.4.1 Lichtmaschine
  - 5.4.2 Akkumulator
  - usw.
- 5.5 Verifikation
  - 5.5.1 Lichtmaschine
  - 5.5.2 Akkumulator
  - usw.

6 Innenausstattung
- 6.1 Entwurf
  - 6.1.1 Innenverkleidung
  - 6.1.2 Sitze
  - usw.
- 6.2 Konstruktion
  - 6.2.1 Innenverkleidung
  - 6.2.2 Sitze
  - usw.
- 6.3 Fertigung
  - 6.3.1 Innenverkleidung
  - 6.3.2 Sitze
  - usw.
- 6.4 Montage/Integration
  - 6.4.1 Innenverkleidung
  - 6.4.2 Sitze
  - usw.
- 6.5 Verifikation
  - 6.5.1 Innenverkleidung
  - 6.5.2 Sitze
  - usw.

7 Gesamtsystem
- 7.1 Entwurf
  - 7.1.1 Prototyp
  - 7.1.2 Testmodelle
  - usw.
- 7.2 Konstruktion
  - 7.2.1 Prototyp
  - 7.2.2 Testmodelle
  - usw.
- 7.3 Fertigung
  - 7.3.1 Prototyp
  - 7.3.2 Testmodelle
  - usw.
- 7.4 Montage/Integration
  - 7.4.1 Prototyp
  - 7.4.2 Testmodelle
  - usw.
- 7.5 Verifikation
  - 7.5.1 Prototyp
  - 7.5.2 Testmodelle
  - usw.

Abb. 10.5 Kombinierter Projektstrukturplan (Auszug)

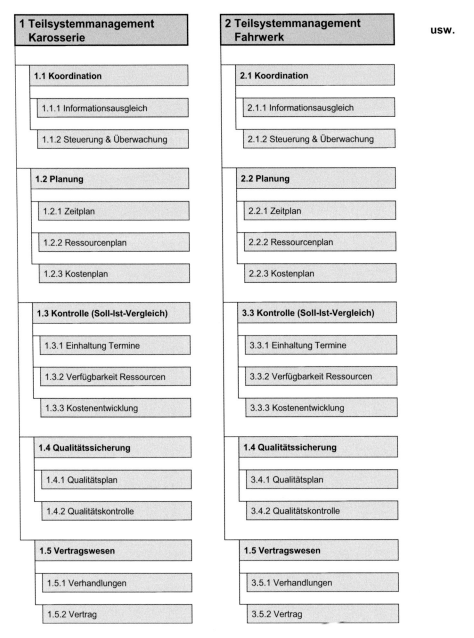

Abb. 10.6 Beispiel für die Planung des Projektmanagements der Teilsysteme im PSP eines großen Entwicklungsprojekts (Auszug)

Jedes Arbeitspaket muss in sich **steuer- und kontrollierbar** sein. Das ist dann der Fall, wenn sachlich und organisatorisch zusammengehörige Ergebnisse und zugehörige Aktivitäten in einem Arbeitspaket gebündelt und dort in abgeschlossene Einheiten zerlegt werden, welche wiederum sachlich und zeitlich überprüfbar sind. Dabei ist darauf zu achten, dass diese Ergebnisse und Aktivitäten eindeutig und unmissverständlich formuliert werden.

Eine stets wiederkehrende Frage, die sich bei der Entwicklung eines Projektstrukturplans stellt, ist die, wie groß die einzelnen Arbeitspakete dimensioniert werden sollen. Allgemein gilt hier der Grundsatz, dass **so wenig Arbeitspakete wie möglich, aber so viel Arbeitspakete wie nötig** eingerichtet werden: Je mehr Arbeitspakete eingerichtet werden, desto höher sind Planungsaufwand und die Anzahl der zu managenden Schnittstellen, aber auch desto höher die Transparenz und desto leichter die Steuerung und Überwachung der einzelnen Arbeitspakete hinsichtlich Ausführung, Terminen und Kosten. Abhängig vom Projekt und den Gegebenheiten der jeweiligen Organisation sind diese Größen nach Ermessen zu optimieren, einer generellen Empfehlung zur Quantifizierung der Arbeitspaketgröße (etwa über Arbeitspaketkosten oder Mannstunden) soll hier nicht gefolgt werden.

Darüber hinaus muss jedes Arbeitspaket leicht und ohne innerbetriebliche Konflikte abgerechnet werden können. Deshalb sollte jedes Arbeitspaket ausschließlich einer **Kostenstelle** zuzuordnen sein, gleichwohl können einer Kostenstelle mehrere Arbeitspakete zugeordnet werden. Der Arbeitspaketleiter sollte über die entsprechenden Befugnisse (im Idealfall die Kostenstellenleitung) verfügen und nicht in fremde Kostenstellen eingreifen müssen, da in diesem Fall Konflikte zu erwarten sind.

Sofern Lieferungen und Leistungen an **externe Betriebe** vergeben werden, sind auch diese als Arbeitspakete in den Projektstrukturplan aufzunehmen. Schließlich ist auch die Beauftragung von Unterauftragnehmern mit Aufgaben verbunden wie der Erstellung einer Spezifikation, einer Bezugsquellenermittlung, einem Angebotsvergleich, der Kontrolle des Fortschritts bis zur Abnahme.

Ist der Projektstrukturplan fertiggestellt, so muss noch einmal abschließend kontrolliert werden, ob wirklich alle Aufgaben, die im Rahmen des Projekts anfallen, erfasst sind und ob alle Arbeitspaketergebnisse zusammen den Projektauftrag erfüllen. Dabei darf jede Aufgabe stets nur einem Arbeitspaket zuzuordnen sein.

10.2.3   Erstellen der Arbeitspaketbeschreibungen

Sobald der Projektstrukturplan fertiggestellt ist, werden die darin auf der untersten Ebene ausgewiesenen Arbeitspakete ausführlich beschrieben. Sie liefern genau definierte Ergebnisse, die in ihrer Summe letztlich das gesamte Projektergebnis ausmachen. Arbeitspakete sind die Grundlage sowohl für alle weiteren Planungsschritte als auch für die Kontrolle und Abnahme von Ergebnissen.

Für jedes Arbeitspaket wird deshalb eine ausführliche Arbeitspaketbeschreibung angefertigt, in der alle für das Projektmanagement relevanten Informationen festgehalten werden. Dazu werden standardisierte Formulare eingesetzt, welche je nach Branche und Betrieb unterschiedlich ausgestaltet sein können. Eine Arbeitspaketbeschreibung besteht üblicherweise aus einem Formularkopf und einem inhaltlichen Teil (Abb. 10.7).

10.2.3.1 Angaben im Formularkopf der Arbeitspaketbeschreibung

Neben den üblichen formalen Angaben im Tabellenkopf – diese wurden in Abschn. 2.2.5.3 als formale Anforderungen für alle Dokumente vorgestellt – sind im Formular der Arbeitspaketbeschreibung zusätzlich aufzunehmen:

- **Arbeitspaketname:** Der Arbeitspaketname wird dem Projektstrukturplan entnommen. Er muss aussagefähig und unmissverständlich sein.
- **Arbeitspaket-Nr.:** Diese ist identisch mit der Gliederungsnummer aus dem Projektstrukturplan.
- **Arbeitspaketverantwortlicher:** Stets nur eine Person, deren Name an dieser Stelle einzutragen ist. Die Verantwortlichkeit für das Arbeitspaket bedeutet nicht, dass nur eine Person für ein Arbeitspaket zuständig ist, gewöhnlich wird ein Arbeitspaket von einem Team bearbeitet.
- **Übergeordnete Teilaufgabe:** Gliederungsebene, die im PSP hierarchisch über dem Arbeitspaket angeordnet ist.
- **Vorgänger/Startereignis:** Hier werden unmittelbare Vorgänger bzw. Ereignisse vor dem Arbeitspaket aus dem Netzplan eingetragen.
- **Nachfolger/Endereignis:** Hier werden unmittelbare Nachfolger bzw. Ereignisse im Anschluss an das Arbeitspaket aus dem Netzplan vermerkt.
- **Arbeitspaket überarbeitet am:** Auch für die Überarbeitung von Arbeitspaketbeschreibungen gilt die oben vorgestellte Faustregel: so selten wie möglich, so oft wie nötig.

10.2.3.2 Inhalt der Arbeitspaketbeschreibung

Arbeitspaketbeschreibungen können unterschiedlich ausgestaltet werden. Nachfolgende Inhalte haben sich in der Raumfahrt (NASA, ESA) bewährt. Die Nummern, auf die im Folgenden Bezug genommen wird, beziehen sich auf die Nummerierung in der Arbeitspaketbeschreibung (Abb. 10.7).

Zu 1 Arbeitspaketziel

Das Arbeitspaketziel ist nicht immer leicht zu benennen und ist in manchen Fällen nicht leicht vom Arbeitspaketergebnis zu unterscheiden. Hier ist die letzte Gelegenheit zu überdenken, ob und warum ein Arbeitspaket eingerichtet werden muss. *Beispiel: „Das Arbeitspaket ‚Statische Berechnungen' ist erforderlich, um die Fertigungsunterlagen erstellen zu können, welche wiederum gewährleisten, dass das Produkt allen Belastungen standhält."* Dieses Arbeitspaketziel ist nicht zu verwechseln mit dem Arbeitspaketergebnis (hier: Berechnungsdokumente). Das Arbeitspaketziel beantwortet folgende Fragen:

Arbeitspaketbeschreibung			
Dokument Nummer: MMB – HEL – APB – 016 – 008 – 02 – 03			
Projektname: HELIOS		Erstellungsdatum: 01. Jan. ...	
Arbeitspaketname: Fertigung		Erstell. Abteilung: RT ST 4	
Arbeitspaket Nr. 4.3		AP-Verantwortlicher Jensen	
Übergeordnete Teilaufgabe Projekt Helios		Seite 1 von 2	
Vorgänger/Startereignis 4.2		AP überarbeitet am: 16. Mai ...	
Nachfolger/Endereignis 4.4			

1 Arbeitspaketziel: „Warum wird dieses Arbeitspaket bearbeitet?"

Rechtzeitige und kostenoptimale Herstellung aller Teile in der gewünschten Menge und Qualität

2 Arbeitspaketvoraussetzungen: „Welche Unterlagen, Hard-/Software, Vorschriften, Gesetze, Informationen, Personalressourcen, Werkzeuge, Vorrichtungen, Gerätschaften usw. haben vor Beginn dieses Arbeitspakets vorzuliegen (Startvoraussetzungen)?"

Alle Fertigungsunterlagen wie Zeichnungen, Stücklisten, Fertigungs-(Schweiß-, Klebe- usw.)-, Montage & Integrations-, Handhabungs-, Transport- und Lagerungsvorschriften, alle Einkaufteile, Fräsmaschine, Hilfsvorrichtung, Transportvorrichtung, Testvorrichtungen, Spezialwerkzeug(...)

3 Arbeitspaketergebnis: „Was liegt nach Fertigstellung des Arbeitspakets an welchem Ort vor?"

Fertiggestellte Hardware entsprechend der Fertigungsunterlagen.

1. Testmodell T1 montiert und integriert nach Zeichnung 4312a
2. Flugmodell F1 montiert und integriert nach Zeichnung 4312b

Die Modelle werden auf dem ONRE Firmengelände in der Halle 4 zur weiteren Verwendung zur Verfügung gestellt.

4 Ausnahmen: „Welche nahe liegenden Aufgaben, die zu diesem Arbeitspaket gehören könnten oder sollten, sind ausdrücklich von diesem Arbeitspaket ausgenommen?"

Versicherungen für alle Transporte und für die Lagerungen

5 Arbeitspaketauswirkungen: „Auf welche weiteren Arbeitspakete haben die Ergebnisse dieses Arbeitspakets einen Einfluss?"

Die Fertigung ist Voraussetzung für die Verifikation

6 Arbeitspaket-Aktivitäten: „Welche Aufgaben sind im Rahmen dieses Arbeitspakets durchzuführen (detaillierte Beschreibung)?"

1. Fertigstellung aller Einzelteile, Komponenten und Gerätschaften sowie Beschaffung aller Kauf- und Normteile für die Modelle T1 und F1.
2. Montage und Integration der Modelle T1 und F1.
3. Verpackung und Transport aller Teile zum Montage- und Integrationsort
4. Verpackung und Transport der Modelle zur Halle 4 und Lagerung in der Halle 4 am ONRE Firmengelände

7 Zusätzliche Informationen: „Was sollte man sonst noch über dieses Arbeitspaket wissen?"

Die Halle 4 muss während der Lagerung des F1-Modells entsprechend der Vorschrift CL-26 klimatisiert sein.

Abb. 10.7 Arbeitspaketbeschreibung

- Welche Rolle spielt dieses Arbeitspaket im Gesamtzusammenhang?
- Warum muss dieses Arbeitspaket überhaupt erledigt werden?
- Was soll mit diesem Arbeitspaket erreicht werden?

Zu 2 Arbeitspaketvoraussetzungen
Welche Ressourcen (Personal- und Sachressourcen) und Dokumente (z. B. Protokolle, Verträge, Vorschriften, Gesetzestexte, Zeichnungen, Stücklisten usw.) müssen vor Beginn der Ausführung dieses Arbeitspakets vorliegen, um mit der Arbeit beginnen zu können?

Zu 3 Arbeitspaketergebnis
Was genau kommt dabei heraus und liegt an welchem Ort vor? Die Ergebnisse müssen nachvollziehbar und detailliert aufgelistet werden.

Zu 4 Ausnahmen
Welche Aufgaben, von denen man annehmen könnte, dass sie in diesem Arbeitspaket enthalten sind, sind ausdrücklich von diesem Arbeitspaket ausgenommen? So ist beispielsweise unstrittig, dass der Konstrukteur nicht für die Fertigung zuständig ist, aber ist der Transporteur für die Transportversicherung zuständig?

Zu 5 Arbeitspaketschnittstellen
Welche Einflüsse ergeben sich aus Schnittstellen zu anderen Arbeitspaketen? Diese Angaben müssen mit den Verknüpfungen im Netzplan kohärent sein.

Zu 6 Arbeitspaket-Aktivitäten
Welche Aufgaben fallen im Einzelnen an? Die einzelnen Aktivitäten werden detailliert aufgelistet und unmissverständlich beschrieben. Diese Aktivitäten müssen exakt die in Nummer 3 beschriebenen Arbeitsergebnisse (Punkt 3) hervorbringen, weitere Aktivitäten sollte es nicht geben.

Zu 7 Zusätzliche Informationen
Dieses Feld stellt einen nützlichen „Sammelbehälter" für wichtige Informationen dar, die durch die vorangehenden Felder nicht abgedeckt wurden.

Im Idealfall werden die Arbeitspaketbeschreibungen von den Arbeitspaketverantwortlichen selbst erstellt, damit sich diese über Art und Umfang des Arbeitspakets bewusst werden und qualifizierte Aussagen über Zeit- und Ressourcenbedarf abgeben können. Dabei sollten auch hier die ausführenden Mitarbeiter aus den in Abschn. 10.1 vorgebrachten Gründen einbezogen werden. Die Projektleitung (Projekt , System- und/oder Teilsystemleiter) überprüft anschließend alle Arbeitspaketbeschreibungen im Gesamtzusammenhang auf Kohärenz (In-sich-Stimmigkeit) und Vollständigkeit.

Arbeitspaketbeschreibungen stellen für die Projektleitung ein unverzichtbares Controllinginstrument dar und machen es möglich, den Projektverlauf in allen Ebenen effektiv zu steuern. Gleichzeitig sind sie Bestandteil des Vertrags, da sie den gesamten Leistungsumfang des Auftragnehmers abbilden.

10.2.4   Entwickeln des Zeitplans

Der Zeitplan wird auf Grundlage des Projektstrukturplans entwickelt und verfolgt das Ziel, allen Vorgängen und Meilensteinen kalendarisch bestimmbare Zeiträume bzw. Termine zuzuordnen. Er wird deswegen auch als „Ablauf- und Terminplan" bezeichnet. Die kleinste Planungseinheit stellt beim Zeitplan jedoch anders als beim Projektstrukturplan nicht das Arbeitspaket, sondern der „Vorgang" (engl. „activity") dar, bei dem es sich gemäß DIN 69900 um ein „Aufbauelement zur Beschreibung eines bestimmten Geschehens mit definiertem Anfang und Ende" handelt.[5] Jedem Vorgang wird eine Dauer (Jahre, Monate, Tage, Stunden, Minuten) zugewiesen. Ein Meilenstein ist ein Vorgang der Dauer „0". Aus Gründen der Übersicht sollen die Ausführungen zum Zeitplan folgendermaßen untergliedert werden:

- **Exkurs: Balken- und Netzpläne:** Kurzer Abriss der theoretischen Grundlagen beider Planungsvarianten mit einer Übersicht über verschiedene Netzplanarten
- **Entwickeln eines Zeitplans in sechs Schritten:** Anleitung zur Erstellung eines Zeitplans, der wahlweise als Balken- oder Netzplan dargestellt werden kann
- **Einsetzen von Balken- oder Netzplan im Projektablauf:** Vor- und Nachteile beider Darstellungsformen sowie Empfehlungen zu deren Einsatz im Verlauf des Projekts.

10.2.4.1   Exkurs: Balken- und Netzpläne
Die Zeitplanung kann in Form eines Netzplans wie auch eines Balkenplans dargestellt werden, denn beide Pläne greifen auf eine identische Datengrundlage zurück. Doch beim Netzplan handelt es sich, anders als beim Balkenplan, nicht nur um eine Darstellungsform. Vielmehr verbirgt sich hinter dem Netzplan eine komplexe Planungstechnik („Netzplantechnik", „NPT"), die in Abschn. 10.2.4.2 in ihren Grundzügen vorgestellt wird.

Der Balkenplan (Gantt-Diagramm)
Der Balkenplan (auch: Gantt-Diagramm oder Gantt-Chart) stellt die einzelnen Vorgänge untereinander angeordnet als Balken auf einer horizontalen Zeitleiste dar, sodass für jeden Vorgang dessen Dauer und zeitliche Lage leicht abgelesen werden können. Das Prinzip des Balkenplans ist in Abb. 10.8 dargestellt.

Anders als beim Netzplan werden beim Balkenplan nicht unbedingt Abhängigkeiten der Vorgänge untereinander ausgewiesen. Zwar können auch hier mithilfe handelsüblicher Planungssoftware gegenseitige Abhängigkeiten durch Pfeile abgebildet werden, welche von Vorgang zu Vorgang führen. In vielen Fällen sind diese Abhängigkeiten jedoch nicht

---

[5] DIN Deutsches Institut für Normung (2009, DIN-Taschenbuch 472).

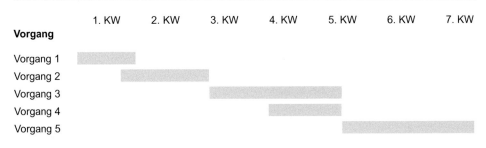

Abb. 10.8 Balkenplan

eindeutig zuzuordnen – nämlich immer dann, wenn Pfeile aus mehreren Vorgängen heraus in wiederum mehrere Folgevorgänge führen.

Der Netzplan

Der Netzplan stellt die gegenseitigen Abhängigkeiten der einzelnen Vorgänge in den Vordergrund und zwingt den Planer zu Vollständigkeit und Genauigkeit in der Planung. Da im internationalen Projektmanagement unterschiedliche Arten von Netzplänen verwendet werden, soll zunächst ein kurzer Überblick über die wichtigsten Arten von Netzplänen erfolgen (Abb. 10.9).[6]

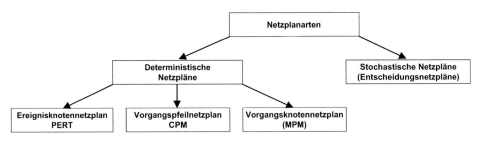

Abb. 10.9 Netzplanarten

Deterministische Netzpläne

Bei deterministischen Netzplänen sind alle Abläufe von vornherein bestimmt bzw. festgelegt und müssen vollständig durchlaufen werden. Sie sind üblich bei der Planung technischer Projekte und lassen sich in drei Arten einteilen:

- **Ereignisknoten-Netzplan (PERT: Programm Evaluation and Review Technique):**
  Beim Ereignisknoten-Netzplan werden nur Ereignisse und deren Abhängigkeiten dargestellt (Abb. 10.10). Dieses Verfahren wird vor allem zur Planung von Meilensteinen eingesetzt, doch für die Planung, Steuerung und Kontrolle des Projekts ist es ungeeignet.

---

[6] Burghardt (2007).

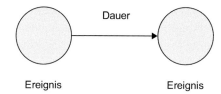

Abb. 10.10 Ereignisknoten-Netzplan (PERT)

- **Vorgangspfeil-Netzplan (CPM: Critical Path Method):** Dieses Verfahren ähnelt äußerlich dem Ereignisknoten-Netzplan, doch hier stehen die Pfeile für Vorgänge und werden stets von zwei Ereignisknoten eingegrenzt (Abb. 10.11). Diese Methode kommt aus den USA und ist vor allem im angelsächsischen Raum sehr verbreitet.

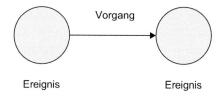

Abb. 10.11 Vorgangspfeil-Netzplan (CPM)

- **Vorgangsknoten-Netzplan (MPM: Metra Potencial Method):** Beim Vorgangsknotennetzplan werden die Vorgänge nicht als Pfeil, sondern als Knoten und die Abhängigkeiten der Vorgänge als Pfeile dargestellt (Abb. 10.12). In Deutschland hat sich der Vorgangsknoten-Netzplan durchgesetzt.[7]

Abb. 10.12 Vorgangsknoten-Netzplan (MPM)

Stochastische Netzpläne

Bei stochastischen Netzplänen können mithilfe von „Entscheidungsknoten" unterschiedliche Möglichkeiten für den weiteren Projektverlauf eingeplant werden: Abhängig von nicht prognostizierbaren Entwicklungen (z. B. unbekannten Ergebnissen der Forschung in der chemischen Industrie) bzw. äußeren, nicht planbaren Ereignissen (z. B. Ergebnissen einer Marktforschungsstudie) können entsprechend unterschiedliche Planungswege weiterverfolgt werden. Dabei werden alternativen Entscheidungswegen Wahrscheinlichkeiten zugeordnet. In technischen Projekten spielen stochastische Netzpläne zurzeit eine untergeordnete Rolle.

---

[7] Vgl. DIN Deutsches Institut für Normung (2009, DIN-Taschenbuch 472).

10.2.4.2 Entwickeln eines Zeitplans in 6 Schritten

Der Zeitplan kann in nachfolgenden 6 Schritten erstellt werden, unabhängig davon, ob die Planung manuell oder mithilfe einer Planungssoftware erstellt wird.

Schritt 1: Auflisten der Meilensteine
Schritt 2: Erfassen und Auflisten der Vorgänge
Schritt 3: Schätzen der Dauer der Vorgänge
Schritt 4: Identifizieren von Abhängigkeiten der Vorgänge
Schritt 5: Ermitteln von Terminen, Pufferzeiten und kritischem Weg
Schritt 6: Abstimmen des Zeitplans mit dem Projektteam und Prüfen der Kohärenz.

Schritt 1 Auflisten der Meilensteine

Zunächst werden sämtliche Meilensteine in einer „Vorgangsliste" (in jeder Planungssoftware enthalten) aufgelistet und die Vorgangsdauer „0" zugewiesen, damit sie von der Software als Meilensteine identifiziert werden (Abb. 10.13). Sofern bereits kalendarische Meilensteintermine vereinbart bzw. festgelegt wurden, können diese hier zugeordnet werden, andernfalls werden sie in den nachfolgenden Schritten ermittelt.

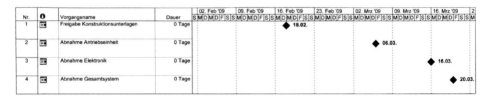

Abb. 10.13 Erfassen von Meilensteinen in einer Vorgangsliste

Schritt 2: Erfassen und Auflisten der Vorgänge

Dann werden mithilfe des Projektstrukturplans alle Vorgänge erfasst und ebenfalls in der Vorgangsliste aufgelistet. Dabei kann die kleinste Einheit des Zeitplans, der „Vorgang", von der kleinsten Einheit des Projektstrukturplans, dem „Arbeitspaket" abweichen. Abhängig vom Detaillierungsgrad der Planung sind drei Fälle zu unterscheiden:

- **Ein Vorgang umfasst mehrere Arbeitspakete („m:1-Beziehung"):** In einem frühen, noch sehr groben Planungsstadium können mehrere Arbeitspakete aus dem Projektstrukturplan zu einem gemeinsamen Vorgang zusammengefasst werden.
- **Ein Vorgang entspricht einem Arbeitspaket („1:1-Beziehung"):** In diesem „klassischen Fall" entspricht ein Vorgang im Zeitplan einem Arbeitspaket aus dem Projektstrukturplan.
- **Ein Vorgang entspricht einer Aktivität eines Arbeitspakets („1:n-Beziehung"):** Im Rahmen einer detaillierten Zeitplanung kann ein Arbeitspaket in mehrere Vorgänge zerlegt werden, nämlich dann, wenn einzelne Aktivitäten eines Arbeitspakets zu unterschiedlichen Zeitpunkten anfallen.

Schritt 3: Schätzen der Dauer der Vorgänge
Da Projekte definitionsgemäß einmalige Vorhaben sind, muss die Dauer der einzelnen
Vorgänge geschätzt werden. Dabei sind mögliche Wechselwirkungen mit der Ressour-
cenplanung (Abschn. 10.2.5) zu berücksichtigen, da bestimmte Arbeitspakete an knappe
Ressourcen gebunden sein können. Für die Schätzung sollten erfahrene Experten, die Ar-
beitspaketverantwortlichen sowie die Ergebnisse der Auswertung vorangehender Projekte
(Abschn. 13.2.3) einbezogen werden. Die Dauer der einzelnen Vorgänge wird in der Spalte „Dauer" der Vorgangsliste in der gewünschten Einheit eingegeben.

Schritt 4: Identifizieren von Abhängigkeiten der Vorgänge
Unter den Vorgängen bestehen sachlogische Abhängigkeiten, die wiederum mit minimalen oder maximalen Zeitabständen oder Überlappungen verbunden sein können. Grundsätzlich lassen sich vier Arten von **Anordnungsbeziehungen** unterscheiden:

Ende-Anfang-Beziehung (Normalfolge „NF")
Der Anfang des Vorgang B ist vom Ende seines Vorgängers A abhängig.
   *Beispiel: Der Test des Getriebes (B) kann beginnen, sobald die Fertigung (A) abge-
schlossen ist.*

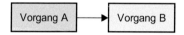

Anfang-Anfang-Beziehung (Anfangsfolge „AF")
Der Anfang des Vorgangs B ist vom Anfang seines Vorgängers A abhängig.
   *Beispiel: Die Lackierung von Teilen (B) kann beginnen, sobald Lack angeliefert wird
(A), sie setzt aber nicht die Anlieferung der gesamten Lacklieferung voraus.*

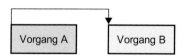

Ende-Ende-Beziehung (Endfolge „EF")
Das Ende des Vorgang B ist vom Ende des Vorgängers A abhängig.
   *Beispiel: Der Abtransport von Anlageteilen (B) kann zwar vor Beendigung der De-
montage (A) beginnen, aber nicht enden, die Beendigung des Abtransports setzt das Ende
der Demontage voraus.*

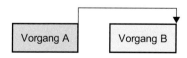

Anfang-Ende-Beziehung (Sprungfolge „SF")
Das Ende eines Vorgangs ist vom Anfang seines Vorgängers abhängig.
   (Hier nicht vertieft).

Sind alle Abhängigkeiten unter den Vorgängen identifiziert, werden diese mit Pfeilen visualisiert (vgl. Abb. 10.15), die Vorgangsknoten bleiben dabei zunächst noch leer.

Für alle vier Anordnungsbeziehungen können **minimale** oder **maximale Zeitabstände** angegeben werden, die zwingend eingehalten werden müssen. Gemeinsam mit der Art der Anordnungsbeziehung werden minimale Zeitabstände („MINZ") oberhalb des Pfeils und maximale Zeitabstände („MAXZ") unterhalb des Pfeils ausgewiesen. Für eine Normalfolge würden Minimal- und Maximalabstand folgendermaßen dargestellt:

Minimalabstände („MINZ")
Minimaler Zeitabstand, der eingehalten werden muss und überschritten werden kann. Dieser wird oberhalb des Pfeils im Netzplan vermerkt.
Beispiel: Ein Klebstoff muss 3 Tage durchtrocknen, bevor er belastet werden kann.

Maximalabstände („MAXZ")
Maximaler Zeitabstand, der nicht überschritten werden darf. Er wird unterhalb des Pfeils im Netzplan vermerkt. Der Maximalabstand ergibt sich aus dem kritischem Pfad bzw. dem Endtermin.
Beispiel: Zu klebende Stahlplatten müssen spätestens 2 Stunden nach Auftragen eines Klebstoffes zusammengepresst werden.

Sämtliche Anordnungsbeziehungen sowie Minimal- und Maximalabstände werden in der Vorgangsliste (in der Spalte „Vorgänger") festgelegt. Sofern keine Angabe zur Anordnungsbeziehung angegeben wird, liegt eine Normalfolge vor (übliche Voreinstellung der Software).

Schritt 5: Ermitteln von Terminen, Pufferzeiten und kritischem Weg
Mit Eingabe des geplanten Projektanfangs- oder -endtermins liefert die Planungssoftware automatisch alle Termine, Pufferzeiten und den kritischen Weg. Die entsprechenden Grundlagen der Netzplantechnik werden im Folgenden nur in Grundzügen vorgestellt:

Vorgangs-Nr.		Vorgangsdauer
Vorgangsbezeichnung		
Frühestmöglicher Anfangszeitpunkt (FAZ)	Gesamtpuffer (GP)	Frühestmöglicher Endzeitpunkt (FEZ)
Spätestmöglicher Anfangszeitpunkt (SAZ)	Freier Puffer (FP)	Spätestmöglicher Endzeitpunkt (SEZ)

Abb. 10.14 Vorgangsknoten

Gestalten der Vorgangsknoten

Die Vorgangsknoten und die darin enthaltenen Informationen können unterschiedlich gestaltet werden. Ein normgerechter und typischer Vorgangsknoten ist in Abb. 10.14 dargestellt und enthält alle relevanten Informationen zur Erstellung eines Netzplans.

Vorwärts- und Rückwärtsrechnen

Alle Termine und Zeitpuffer der Vorgänge sowie der kritische Weg werden in zwei Schritten ermittelt, nämlich zunächst der „Vorwärtsrechnung" und anschließend der „Rückwärtsrechnung". Bei den nachfolgenden Ausführungen werden einfache Normalfolgen unterstellt:

Vorwärtsrechnung

Ausgehend von einem Starttermin werden durch Aufaddieren der jeweiligen Vorgangsdauern alle frühestmöglichen Anfangs- und Endzeitpunkte der einzelnen Vorgänge sowie der Projektendtermin ermittelt. Allgemein gilt:

- $FAZ_{Startvorgang} = 0$
- $FEZ_{Vorgang\ X} = FAZ_{Vorgang\ X} + Dauer_{Vorgang\ X}$
- $FEZ_{Vorgang\ X} = FAZ_{Folgevorgang\ Y}$

Rückwärtsrechnung

Ausgehend vom Endtermin aus der Vorwärtsrechnung werden nun durch schrittweises Subtrahieren der Vorgangsdauern die spätestmöglichen Anfangs- und Endzeitpunkte aller Vorgänge ermittelt. Allgemein gilt:

- $FEZ_{Zielvorgang} = SEZ_{Zielvorgang}$
- $SAZ_{Vorgang\ X} = SEZ_{Vorgang\ X} - Dauer_{Vorgang\ X}$
- $SAZ_{Vorgang\ Y} = SEZ_{Vorgänger\ X}$

Puffer und kritischer Weg

Nun können für jeden Vorgang die Pufferzeiten und für das Projekt der „kritische Weg" ermittelt werden:

- Der *Gesamtpuffer* ist in der DIN 69900 definiert als „Zeitspanne zwischen frühester und spätester Lage eines Ereignisses bzw. Vorgangs."[8] In Abb. 10.15 sind das für die drei nichtkritischen Vorgänge 6 Tage. Sofern sich mehrere Vorgänge in einer Kette einen Gesamtpuffer teilen, verringert sich der Gesamtpuffer in dem Maße, in dem er von anderen Vorgängern in Anspruch genommen wird.
- Der *freie Puffer* ist nach DIN 69900 „die Zeitspanne, um die ein Ereignis bzw. Vorgang gegenüber seiner frühesten Lage verschoben werden kann, ohne die früheste Lage anderer Ereignisse bzw. Vorgänge zu beeinflussen."[9] Er kann also nicht größer sein als dessen gesamter Puffer.
- Der *kritische Pfad* ist die Vorgangskette, die keine Zeitreserven (Puffer) aufweist. Dabei handelt es sich laut DIN 69900 um den „Weg in einem Netzplan, der für die Gesamtdauer des Projekts (...) maßgebend ist. Eine Verzögerung eines Vorgangs auf dem kritischen Pfad führt zu einer Verschiebung des Endtermins des Projekts."[10] Auf Grund seiner erheblichen Bedeutung wird er gewöhnlich durch roten Fettdruck hervorgehoben.

Allgemein gilt:

- $GP_{\text{Vorgang X}} = SAZ_{\text{Vorgang X}} - FAZ_{\text{Vorgang X}} = SEZ_{\text{Vorgang X}} - FEZ_{\text{Vorgang X}}$
- $FP_{\text{Vorgang X}} = FAZ_{\text{Nachfolger Y}} - FEZ_{\text{Vorgang X}}$
- $GP_{\text{kritischer Vorgang}} = 0$

Der Netzplan in Abb. 10.15 und der Balkenplan in Abb. 10.16 fußen auf einer identischen Datengrundlage, sie stellen also ein- und dasselbe Projekt dar.

Schritt 6: Abstimmen des Zeitplans mit dem Projektteam und Prüfen der Kohärenz
Wie in Abschn. 10.1 beschrieben, sollten die Zeitpläne mit den betreffenden Projektmitarbeitern gemeinsam erstellt oder zumindest mit ihnen abgestimmt werden. Schließlich müssen die Zeitpläne spätestens vor ihrer Freigabe auf Kohärenz (Widerspruchsfreiheit) – vor allem mit dem Entwicklungskonzept (Kap. 8) überprüft werden.

10.2.4.3 Einsetzen von Balken- oder Netzplan im Projektablauf

Vor- und Nachteile von Balken- und Netzplänen
Um zu entscheiden, ob der Zeitplan als Balkenplan (Abb. 10.16) oder als Netzplan (Abb. 10.15) dargestellt werden soll, ist es ratsam, sich zunächst die Vor- und Nachteile beider Darstellungsformen vor Augen zu führen (Tab. 10.1).

---

[8] DIN Deutsches Institut für Normung (2009, DIN-Taschenbuch 472).
[9] Ebd.
[10] Ebd.

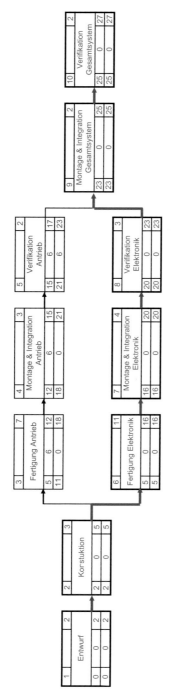

Abb. 10.15 Netzplan mit Terminen, Pufferzeiten und kritischem Weg

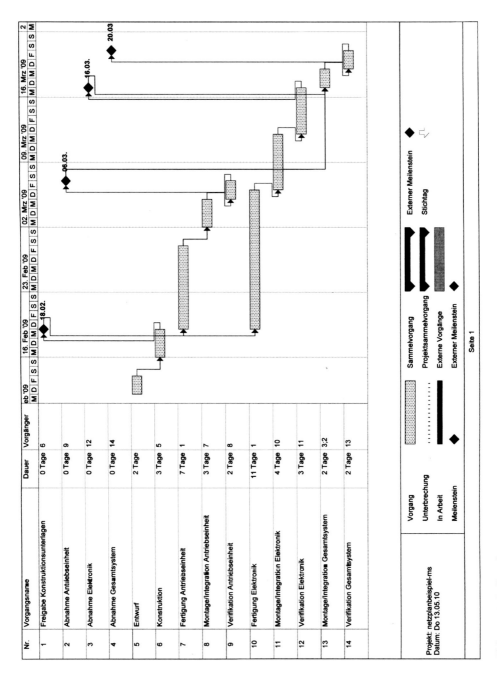

Abb. 10.16 Balkenplan

Tab. 10.1 Vor- und Nachteile von Netzplan und Balkenplan

	Vorteile	Nachteile
Balken-plan	Rasch zu skizzieren Einfach nachzuvollziehen (übersichtlich, selbsterklärend, aussagefähig, bedarf keiner Schulung) Stand der Arbeiten leicht überprüfbar Im Rahmen von Besprechungen leicht veränderbar Interdisziplinär bekannt und akzeptiert	Zeigt ggf. nur eingeschränkt nachvollziehbare Abhängigkeiten auf Visualisiert nicht eindeutig den kritischen Pfad
Netzplan	Visualisiert eindeutig alle Abhängigkeiten unter den Vorgängen und Terminen Kritischer Pfad darstellbar Zwingt zum genauen Durchdenken des Ablaufs Erleichtert die Kontrolle auf Vollständigkeit	Abstrakt und kompliziert, das Erlernen ist aufwendig Hoher Kontroll- und Aktualisierungsaufwand Genießt nur eingeschränkte Akzeptanz, da für einige Zielgruppen abstrakt bzw. unverständlich

Einsatzbereiche: Wann ist welcher Plan zu wählen?

Das Projektmanagement muss entscheiden, wann Balkenpläne und wann Netzpläne verwendet werden sollen. Nachfolgender Einsatz beider Varianten hat sich in der Praxis bewährt:

- **Erste Grobplanung im Angebot:** Hier bietet sich der *Balkenplan* an, er ist aussagekräftig, leicht zu entwickeln und leicht zu verstehen. Das ist von besonderer Bedeutung für die Kommunikation mit dem Auftraggeber. Die Vorgangsbalken fassen dabei noch ganze Teilaufgaben und/oder mehrere Arbeitspakete zusammen.
- **Erste Verfeinerung nach Auftragserteilung:** Nach Auftragserteilung wird der *Balkenplan* verfeinert. Die aggregierten (hochverdichteten) Vorgänge werden dazu weiter zerlegt.
- **Endgültige Präzisierung der Planung:** Die einmalige Erstellung eines *Netzplans* zwingt das Projektmanagement, alle Abhängigkeiten, Pufferzeiten und die Vollständigkeit hinsichtlich der Vorgänge mindestens einmal von Anfang bis Ende des Projekts im Detail zu durchdenken. Der Netzplan weist dabei den kritischen Weg aus.
- **Weiterer Projektverlauf:** Im weiteren Verlauf des Projekts erleichtert die Verwendung des *Balkenplans* die Kommunikation im Projektteam und gegenüber dem Auftraggeber. Er liegt üblicherweise den begleitenden Soll-Ist-Analysen zu Grunde.

In Projekten mit empfindlichen Zeitfenstern (z. B. die Großbaustelle Potsdamer Platz), bei denen eine Vielzahl an Vorgängen minutiös geplant werden muss, wird überwiegend mit Netzplänen gearbeitet.

10.2.5   Entwickeln des Ressourcenplans

Bei der Planung der Ressourcen ist – wie auch bei der Zeitplanung – vom Groben zum
Feinen vorzugehen, und auch hier ist die Planung kontinuierlich an die Ist-Situation anzupassen. Der Ressourcenplan soll die Antwort auf folgende Leitfrage liefern:

Leitfrage
Wen und was benötigen wir in welcher Menge wann und wo?

10.2.5.1   Wen und was?
Grundsätzlich sind Personalressourcen (Arbeitskräfte) und Sachressourcen (Maschinen,
Werkzeuge, Hilfsmittel und Materialien) zu unterscheiden. Im Ressourcenplan werden
nur die Ressourcen eingeplant, welche direkt und unmittelbar zur Bearbeitung der Arbeitspakete benötigt werden. In einem technischen Entwicklungsprojekt handelt es sich bei den
Personalressourcen beispielsweise um Konstrukteure, Fertiger, Monteure Testingenieure
und bei den Sachressourcen um die eingesetzte Hard- und Software wie etwa Konstrukti-
onsprogramme, Maschinen, Werkzeuge, Transport- und Testvorrichtungen usw. Die Mitarbeiter aus den übergreifenden Bereichen Personal, Finanzbuchhaltung, Vertrieb usw.
sowie die dort eingesetzten Sachressourcen werden nicht im Ressourcenplan erfasst.

10.2.5.2   In welcher Menge?
Für jedes Arbeitspaket sind die erforderlichen Ressourcenmengen (Mannstunden, Maschinenstunden usw.) hochzurechnen bzw. zu schätzen.

10.2.5.3   Wann?
Der Zeitpunkt ergibt sich aus dem Zeitplan, der Ressourcenbedarf richtet sich dabei nach
der zeitlichen Lage der entsprechenden Vorgänge. Hier kann es zu Wechselwirkungen
in der Entwicklung von Zeit- und Ressourcenplan kommen, nämlich immer dann, wenn
bestimmte Sach- oder Personalressourcen nur eingeschränkt zur Verfügung stehen. So
gibt es weltweit nur eine geringe Anzahl an Schwimmkränen, welche über 10.000 t Last
heben können und bei denen lange Anlieferungszeiten zu berücksichtigen sind. Ebenso
kann es sein, dass eine benötigte Fachkraft in andere Projekte eingebunden ist. Daher ist
der Ressourcenplan in enger Verzahnung mit der Zeitplanung zu entwickeln.

10.2.5.4   Wo?
Schließlich sollte der Ressourcenplan Auskunft über den Ort des Ressourceneinsatzes
geben, denn was nutzt der Versuchsingenieur in der Zentrale in Hamburg, wenn er im
Testlabor in München erwartet wird?

Ressourcenplan																
Ressource	Ort	Stunden	14. KW							15. KW						
			M	D	M	D	F	S	S	M	D	M	D	F	S	S
Herr Müller																
Vorgang 1: Vibrationstest (Montage)	Halle 1	8	8h													
Vorgang 1: Vibrationstest (Sinuserregung)	München	24			8h	8h	8h									
Vorgang 1: Vibrationstest (Randomerregung)	München	16								8h	8h					
Vorgang 2: Schalltest	Halle 2	16										8h	8h			
Testlabor 1 (München)																
Vorgang 1: Vibrationstest (Sinuserregung)	München	24			8h	8h	8h									
Vorgang 1: Vibrationstest (Randomerregung)	München	16								8h	8h					
Testlabor 2 (Stuttgart)																
Vorgang 5: Funktionstest (Entfaltungsvorgang)	Stuttgart	16								8h	8h					
Tieflader																
Vorgang 1: Vibrationstest (Transport)	Bremen – München	8	8h													
Vorgang 5: Funktionstest (Transport)	München – Stuttgart	8							8h							
usw.																

Abb. 10.17 Tabellarischer Ressourcenplan

10.2.5.5   Gestaltung von Ressourcenplänen

Tabellarischer Ressourcenplan

Es gibt unterschiedliche Möglichkeiten der Ausgestaltung von Ressourcenplänen. Beispielsweise können für jede Ressource alle zugehörigen Vorgänge mit Angabe zu Ort, gesamter Einsatzdauer und Einsatzterminen tabellarisch aufgelistet werden (Abb. 10.17).

Ressourcenplan als Diagramm

Homogene und damit austauschbare Ressourcen mit einer entsprechend homogenen Kostenstruktur lassen sich zu „Ressourcengruppen" („Kapazitätsgruppen", z. B. Programmiererstunden, Ingenieurstunden, Maschinenstunden) zusammenfassen und als Säulendiagramm im Zeitablauf darstellen (Abb. 10.18).

Abb. 10.18 Ressourcenplan als Säulendiagramm

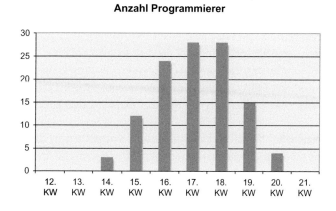

Anzahl Programmierer

10.2.5.6   Empfehlungen zur Erstellung von Ressourcenplänen:

- In der Ressourcenplanung sollte nicht zu optimistisch von der hundertprozentigen Verfügbarkeit von Mitarbeitern und Sachressourcen ausgegangen werden, sondern – abhängig von den betrieblichen Bedingungen – von etwa 75 bis 80 %. Die plangemäß erforderlichen Ressourcen werden den tatsächlich verfügbaren Ressourcen gegenübergestellt und für alle Abweichungen spezifische Lösungen gesucht („Ressourcen-" bzw. „Kapazitätsabgleich"). So kann es sein, dass bei reduzierter täglicher Verfügbarkeit einer Anlage ein Vorgang im Zeitplan verschoben oder gestreckt werden muss.
- Das Projektmanagement sollte sich alle Ressourcenzusagen stets schriftlich bestätigen lassen, um spätere Auseinandersetzungen und Konflikte aller Art zu vermeiden. Bei besonders empfindlichen Personalressourcen kann es erforderlich sein, rechtzeitig die Urlaubsplanung abzustimmen oder sogar Urlaubssperren zu verhängen.
- Im Idealfall ist ein Ressourcenplan immer gültig, tatsächlich aber ist das fast nie der Fall, da sich der Zeitplan und die Ressourcensituation häufig ändern. Die Projektleitung muss immer wissen, wann welche Ressourcenverfügbarkeit gefährdet ist und muss Änderungen unter Kontrolle behalten. Verfügt beispielsweise ein Testinstitut zum gewünschten Zeitraum über keine freien Kapazitäten, so muss ein anderer Standort gewählt werden. Das aber setzt voraus, dass das gesamte Prüfungsprozedere (Anfahrtswege und -zeiten, Überprüfung des Qualitätssicherungssystems usw., siehe Kap. 9) erneut durchzuplanen ist.

10.2.6   Entwickeln des Kostenplans

Der Kostenplan weist aus, welche Kosten in welcher Höhe und im Idealfall auch zu welchem Zeitpunkt erwartet werden.[11] Er baut auf den Projektstrukturplan, die Arbeitspaketbeschreibungen, den Zeitplan sowie den Ressourcenplan auf. Die Planung der Kosten beruht dabei auf erfahrungsbasierten Schätzungen sowie auf objektiven Berechnungen. Der Kostenplan, der die Schnittstelle zwischen der betrieblichen Kostenrechnung und der Technik darstellt, wird vor allem benötigt für …

- … die Budgetierung und die Angebotskalkulation
- … die Überwachung und Steuerung der Projektkosten
- … die Entscheidung zur Freigabe eines Projekts und der einzelnen Arbeitspakete
- … die Beschaffung der Finanzmittel im Zeitablauf.

10.2.6.1   Voraussetzungen einer sorgfältigen Kostenplanung
Für die Planung der Kosten ist zunächst eine sorgfältige Kostenschätzung erforderlich, für die im Idealfall folgende Voraussetzungen vorliegen:

---

[11] Vgl. DIN Deutsches Institut für Normung (2009, DIN-Taschenbuch 472).

- **Projektplanung:**
  - Allen Planungsbeteiligten liegen alle erforderlichen Pläne (Projektstrukturplan, Arbeitspaketbeschreibungen, Zeitplan, Ressourcenplan) vor.
  - Alle Pläne sind fertig erarbeitet und liegen in identischen Versionen vor.
  - Alle Pläne sind konsistent bzw. kohärent – also in sich und aufeinander abgestimmt.
- **Kostenanalysen:** Im Idealfall liegen statistische Auswertungen bereits abgeschlossener Projekte in einer Datenbank vor.
- **Experten-Know-how:** Erfahrene Fachleute stehen für die Kostenschätzungen zur Verfügung. Das können sowohl projektinterne Experten (z. B. Arbeitspaketverantwortliche, Teilsystemleiter) als auch projektexterne Experten zu unterscheiden.
- **Software:** Eine entsprechende Software ist installiert und kann bedient werden.

10.2.6.2   Schätzgleichungen

Schätzgleichungen unterstellen einen funktionalen Zusammenhang zwischen den Projektkosten und bekannten produktbezogenen Größen wie beispielsweise Gewicht (kg), Rauminhalt (m^3), Leistung (W), Geschwindigkeit (km), Quantität (Stck). Voraussetzung ist die statistische Auswertung einer Vielzahl repräsentativer Projekte. Die Produkte der untersuchten Projekte („Basisprodukte") müssen in enger Verwandtschaft mit dem Produkt des neuen Projekts stehen.

Kennzahlenmethode

Bei der Kennzahlenmethode besteht eine einfache lineare Abhängigkeit der Projektkosten von den oben genannten Produktgrößen. Mithilfe von Kennzahlen, die bei den statistischen Auswertungen ermittelt wurden, lassen sich die Projektkosten leicht hochrechnen. Beispiele für solche Kennzahlen sind:

- Euro je Kubikmeter Schiffsrumpf (Schiffstyp X)
- Euro je Kilogramm Elektronikschrank (Elektronikschranktyp Y)
- Euro je Codezeile (Softwaretyp Z)
- Euro je Kilogramm zu transportierender Nutzlast (Luft- und Raumfahrt).

Parametrische Kostenschätzung

Sofern eine nichtlineare Abhängigkeit der Projektkosten von den obengenannten Produktgrößen besteht, spricht man von parametrischer Kostenschätzung. Die folgenden Beispiele für parametrische Kostenschätzungen legen als Parameter das Gewicht und die Anzahl der Produktionseinheiten zu Grunde:[12]

Produktionskosten für einen Flugzeugrumpf

$$C = 2060 \times W^{0,766} \times Q^{-0,218}$$

---

[12] Vgl. Madauss (2000).

Produktionskosten der Flughydraulik

$C = 54{,}4 \times W \times Q^{-0{,}0896}$

Dabei sind: C = Gesamtkosten für Q Einheiten, W = Gewicht (lbs), Q = Produktions-einheiten.

Bedeutung

Schätzgleichungen werden herangezogen, wenn eine rasche Kostenschätzung noch vor der Erstellung der Projektplanung erforderlich ist. Darüber hinaus eignen sie sich grundsätzlich als Methode der Gegenrechnung, um die Ergebnisse einer detaillierten Kostenplanung auf Grundlage des Projektstrukturplans („Bottom-up-Planung", siehe unten) zu überprüfen. Den Vorteilen dieser Methode steht der Nachteil eines hohen Fehlerrisikos gegenüber, insbesondere bei Projekten mit hohem Innovationsgrad. Schätzgleichungen sollten daher nur als eine überschlägige Annäherungsrechnung betrachtet werden.

10.2.6.3   Top-down-Methode: Von den Gesamtkosten zum Arbeitspaket

Die Top-down-Methode eignet sich immer dann, wenn ein Budget vom Markt oder Auftraggeber vorgegeben wird. Im internationalen Wettbewerb werden Aufträge hart umkämpft und das Unternehmen tut gut daran, von wettbewerbsfähigen Marktpreisen auszugehen und die entsprechenden Kosten als Vorgabe festzuschreiben. Diese Aufgabe übernimmt die Zielkostenrechnung („target costing"). Entsprechend müssen die technischen Lösungen unter „harten" Kostengesichtspunkten entwickelt werden („design to cost").

Dazu werden die Zielkosten über prozentuale Verteilungswerte, die Erfahrungswerte aus vorangegangenen Projekten darstellen, zunächst auf der ersten Ebene des Projektstrukturplans auf die einzelnen Teilaufgaben „horizontal" verteilt. So lässt sich etwa aus bisherigen Projekten ableiten, in welchem prozentualen Verhältnis die Kosten auf die Teilaufgaben (z. B. Konstruktion, Fertigung, Montage, Test) zu verteilen sind. Auf unterster Ebene werden die verbleibenden Teilbeträge wiederum mithilfe eines prozentualen Schlüssels auf die Arbeitspakete verteilt (Abb. 10.19).

Diskussionsgrundlage konstruktiver Konsensverhandlungen zwischen Projektleiter und Teilsystemleiter bzw. Arbeitspaketverantwortlichem sind die Arbeitspaketbeschreibungen, welche detaillierte Angaben über Aufgaben und Ergebnisse des Arbeitspakets enthalten und damit realistische Kostenplanungen und Kompromisse ermöglichen, die für beide Seiten nachvollziehbar sind.

Dem Projektleiter sei auch hier dringend empfohlen, die Kosten der einzelnen Teilaufgaben und Arbeitspakete mit den betreffenden Teilsystem- bzw. Arbeitspaketverantwortlichen im gegenseitigen Einvernehmen abzustimmen („verhandeln") und nicht kraft der hierarchischen Stellung zu diktieren. Durch die Einbindung in die Kostenplanungsgespräche wird der Mitarbeiter ernst genommen und eher bereit sein, Verantwortung zu übernehmen. Außerdem wird er auf Grund eines zunehmenden Problembewusstseins das Arbeitspaket hinsichtlich der Kosten angemessen dimensionieren.

Der Projektleiter sollte grundsätzlich die verhandelten Ergebnisse protokollieren und von seinem Gesprächspartner gegenzeichnen lassen. So hat er einerseits die Zusage in

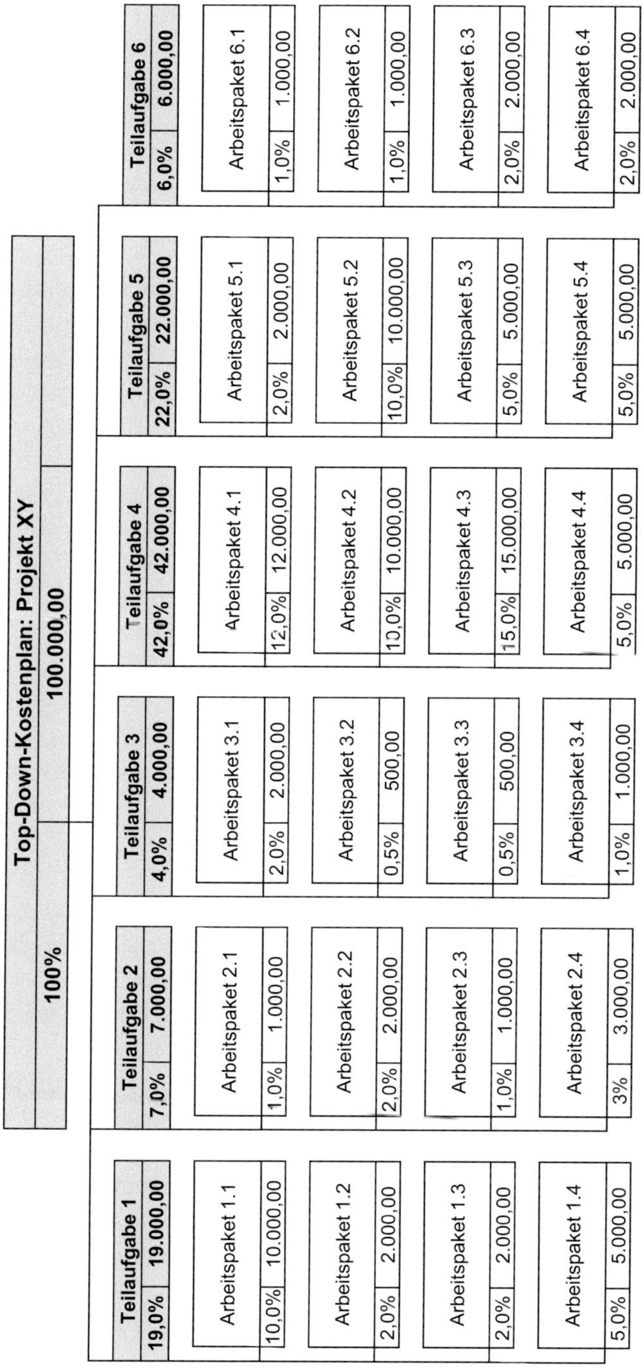

Top-Down-Kostenplan: Projekt XY

100.000,00 — 100%

Teilaufgabe	%	Betrag	Arbeitspaket	%	Betrag
Teilaufgabe 1	19,0%	19.000,00	Arbeitspaket 1.1	10,0%	10.000,00
			Arbeitspaket 1.2	2,0%	2.000,00
			Arbeitspaket 1.3	2,0%	2.000,00
			Arbeitspaket 1.4	5,0%	5.000,00
Teilaufgabe 2	7,0%	7.000,00	Arbeitspaket 2.1	1,0%	1.000,00
			Arbeitspaket 2.2	2,0%	2.000,00
			Arbeitspaket 2.3	1,0%	1.000,00
			Arbeitspaket 2.4	3%	3.000,00
Teilaufgabe 3	4,0%	4.000,00	Arbeitspaket 3.1	2,0%	2.000,00
			Arbeitspaket 3.2	0,5%	500,00
			Arbeitspaket 3.3	0,5%	500,00
			Arbeitspaket 3.4	1,0%	1.000,00
Teilaufgabe 4	42,0%	42.000,00	Arbeitspaket 4.1	12,0%	12.000,00
			Arbeitspaket 4.2	10,0%	10.000,00
			Arbeitspaket 4.3	15,0%	15.000,00
			Arbeitspaket 4.4	5,0%	5.000,00
Teilaufgabe 5	22,0%	22.000,00	Arbeitspaket 5.1	2,0%	2.000,00
			Arbeitspaket 5.2	10,0%	10.000,00
			Arbeitspaket 5.3	5,0%	5.000,00
			Arbeitspaket 5.4	5,0%	5.000,00
Teilaufgabe 6	6,0%	6.000,00	Arbeitspaket 6.1	1,0%	1.000,00
			Arbeitspaket 6.2	1,0%	1.000,00
			Arbeitspaket 6.3	2,0%	2.000,00
			Arbeitspaket 6.4	2,0%	2.000,00

Abb. 10.19 Top-Down-Kostenplanung

der Hand und führt andererseits dem Mitarbeiter die Verbindlichkeit des Gesprächsergebnisses vor Augen. Außerdem sichert er sich für den Fall ab, dass der Mitarbeiter – aus welchen Gründen auch immer – durch einen anderen ersetzt wird. Damit legt sich natürlich auch der Projektleiter fest, denn eine nachträgliche Kürzung eines zugesagten Budgets ist dann nicht mehr ohne weiteres möglich. Das gilt im Übrigen für die gesamte Planung und ist an dieser Stelle von besonderer Bedeutung. Lässt sich der betreffende Verantwortliche auf keine realistische Kostengrößenordnung ein, kommt es also zu keinem „Verhandlungsergebnis", so sollte der Projektleiter andere Abteilungen bzw. externe Lieferanten in Betracht ziehen.

10.2.6.4   Bottom-up-Methode: Vom Arbeitspaket zu den Gesamtkosten

Bei dieser Methode werden – ebenfalls auf Grundlage des Projektstrukturplans – Arbeitspaket für Arbeitspaket die Gesamtkosten berechnet und anschließend die Kosten aller Arbeitspakete aufsummiert. Hier wird also „von unten nach oben" vorgegangen.

Planen der Kosten mit dem Kalkulationsschema

Das Kalkulationsschema (Zuschlagskalkulation, Abb. 10.21) ist der „Klassiker" der Bottom-up-Kostenrechnung. Dabei sind Einzel- und Gemeinkosten zu unterscheiden:

- **Einzelkosten** („direkte Kosten") können dem jeweiligen Kostenträger (Arbeitspaket, Baugruppe) direkt zugerechnet werden. Beispiel: Kosten für Fertigungsmaterial oder -löhne.
- **Gemeinkosten** („indirekte Kosten") können dem einzelnen Kostenträger nicht unmittelbar zugerechnet werden, sie fallen für mehrere Kostenträger gemeinsam an. Typische Gemeinkosten sind Kosten für Hallenbeleuchtung, Raummiete oder Gebäudeabschreibungen.

Die Einzelkosten werden mithilfe der Mengengerüste (z. B. Anzahl erforderlicher Konstruktions- oder Fertigungsstunden), die von den Fachabteilungen geliefert werden, ermittelt und dem Kostenträger (Arbeitspaket, Baugruppe usw.) zugeordnet. Die Material- und Fertigungsgemeinkosten werden den Einzelkosten prozentual zugeschlagen, analog werden die Verwaltungs- und Vertriebsgemeinkosten den Herstellkosten zugeschlagen.

Planen mit Verrechnungssätzen

Alternativ können durch die Kostenrechnung pauschale „Verrechnungssätze" als Eurobetrag ermittelt werden, welche die Gemeinkosten bereits enthalten. Beispiele für solche Verrechnungssätze sind Ingenieurstundensätze, Fertigungsstundensätze, Maschinenstundensätze usw.

In einer Kostenliste können auf Grundlage des Projektstrukturplans, der Arbeitspaketbeschreibungen, des Zeitplans und des Ressourcenplans Vorgang für Vorgang die geplanten Mengen mit den betreffenden Verrechnungssätzen multipliziert und um Materialkos-

Kostenliste										
Vor-gangs-Nr.	Vorgang	Arbeits-paket	Kosten-stelle	Dauer (Wochen)	Ingenieurkosten		Fertigungskosten		Material-kosten (EUR)	Sonder-kosten (EUR)	Gesamt-kosten (EUR)
					Std.	EUR	Std.	EUR			
1	...	1.1	...	2	80	5.600,00	0	0,00	200,00	0,00	5.800,00
2	...	1.1	...	3	120	8.400,00	0	0,00	150,00	0,00	8.550,00
3	...	1.2	...	5	90	6.300,00	150	10.500,00	6.000,00	280,00	23.080,00
4	...	1.2	...	4	60	4.200,00	400	28.000,00	15.000,00	3.500,00	50.700,00
...	...	...	...	...	...	...	...	...	...	...	...
Summen						24.500,00		38.500,00	21.350,00	3.780,00	88.130,00

Abb. 10.20 Vorgangsorientierte Kostenplanung (Kostenliste)

ten und Sonderkosten ergänzt werden (Abb. 10.20).[13] Durch eine einfache Addition der Kosten der einzelnen Vorgänge lassen sich die Arbeitspaketkosten ermitteln.

Kostenplanung mit dem Mengen- und Kostenbogen

Für jedes Arbeitspaket kann auch ein Mengen- und Kostenbogen erstellt werden. Darin werden für jede Kostenstelle Anfangs- und Endtermin der beanspruchten Kostenstelle an-gegeben und die erforderliche Beanspruchungsmenge (z. B. Stunden) oder direkt angefal-lene Kosten in EUR (z. B. bei Fremdleistungen, Materialkosten, Reisekosten usw.) ange-geben. Sofern Mengen eingetragen werden, sind diese anschließend mit den betreffenden Kostensätzen (Einzelkosten oder Verrechnungssätzen) zu multiplizieren (Abb. 10.22).

Dabei kann jeder Kostenstelle eine Funktion zugeordnet werden, welche die Höhe der Kosten im Zeitablauf ausdrückt (Abb. 10.23).

Mithilfe statistischer Auswertungen vorheriger Projekte lässt sich jeder Kostenstelle eine typische Verteilungsfunktion zuordnen. Beispielsweise verursacht die Fertigung zu Projektbeginn geringe, im späteren Projektverlauf jedoch erhebliche Kosten usw. Abhän-gig vom Projekt kann sich aber auch eine andere Zuordnung ergeben. Aus diesem Grunde ist die Verteilungsfunktion den Kostenstellen in jedem Projekt erneut zuzuordnen.

Darstellung der Kosten im Zeitablauf

Mithilfe der Vorgänge (bzw. Vorgangsknoten) aus der Zeitplanung sowie der Verteilungs-kurven im Zusammenhang mit dem Mengen- und Kostenbogen lassen sich nun die Kosten auch im Zeitablauf ermitteln und grafisch darstellen (Abb. 10.24).

10.2.6.5 Trends in der Kostenrechnung

Mehr Verursachungsgerechtigkeit: Prozesskostenrechnung

Das oben vorgestellte traditionelle Kalkulationsschema führt immer dann zu Verzerrun-gen, wenn sich die Gemeinkosten nicht prozentual zu den Einzel- bzw. Herstellkosten entwickeln – und das ist bei vielen betrieblichen Prozessen der Fall. Beispielsweise kön-nen Beschaffungsprozesse von geringwertigen Gütern aufwendiger sein als die hochprei-

---

[13] Vgl. Dworatschek et al. (1972).
[14] VDMA (1982), zitiert nach: Wolf et al. (2006).

Kalkulationsschema: Arbeitspakete					
Pos.	Kostenarten	Arbeitspaket 1		Arbeitspaket 2	
		Mengen	Kosten	Mengen	Kosten
1.1	Material nach Materialarten				
1.2	Materialbeistellung durch Kunden				
1.3	Auswärtige Bearbeitung				
1.4	Selbsterstellte Lagerteile				
1.5	Rückstellung für fehlende Materialkosten				
1.6	Materialgemeinkosten (MGK)				
1	**MATERIALKOSTEN**				
2.1	Fertigungslöhne Handarbeit				
2.2	Fertigungsgemeinkosten (FGK) auf Handarbeit				
2.3	Fertigungslöhne mech. Bearbeitung				
2.4	Fertigungsgemeinkosten (FGK) auf mech. Bearbeitung				
2.5	Fertigungslöhne an Maschinen				
2.6	Fertigungsgemeinkosten (FGK) auf Maschinen				
2.7	Fertigungslöhne Montage (im Werk)				
2.8	Fertigungsgemeinkosten (FGK) auf Montage (im Werk)				
2.9	Wärme- und Oberflächenbehandlung				
2.10	Sonstige Bearbeitung				
2	**FERTIGUNGSKOSTEN**				
3.1	Modelle, Vorrichtungen, Sonderwerkzeuge				
3.2	Prüfungs- und Abnahmekosten im Werk				
3.3	Fertigungslizenzen				
3.4	Kalkulatorische Fertigungswagnisse				
3	**SONDERKOSTEN DER FERTIGUNG**				
4	**HERSTELLKOSTEN A (Summe 1–3)**				
5	**FORSCHUNGS- UND ENTWICKLUNGSKOSTEN**				
6.1	Konstruktionskosten durch eigenes Personal				
6.2	Konstruktionskosten durch fremdes Personal				
6.3	Konstruktionsgemeinkosten (KGK)				
6.4	Spezielle Auftragsabwicklungskosten				
6	**KONSTRUKTIONSKOSTEN**				
7	**AUSSENMONTAGEN**				
8	**HERSTELLKOSTEN B (Summe 4–7)**				
9	Verwaltungsgemeinkosten (VwGK)				
10	Vertriebsgemeinkosten (VtGK)				
11	Korrekturposten Materialbeistellung				
12	**SELBSTKOSTEN A (Summe 8–11)**				
13.1	Provisionen				
13.2	Lizenzen				
13.3	Frachten, Transport, Verpackung				
13.4	Versicherungen (inkl. Kreditversicherung)				
13.5	Reisen und Auslagen				
13.6	ausländische Steuern und Zölle				
13.7	Zinsen bei außergewöhnl. Zahlungsbeding./Vorfinanzierung.				
13.8	Erprobung, Abnahme, Inbetriebnahme				
13.9	Sonstige				
13	**SONDERKOSTEN DES VERTRIEBS**				
14	**WAGNISKOSTEN DES VERTRIEBS**				
15	**SELBSTKOSTEN (Summe 12–14)**				
16	**KALK: GEWINN/ERGEBNIS**				
17	**VERKAUFSPREIS/ERLÖS**				

Abb. 10.21 Kalkulationsschema für Arbeitspakete[14]

siger Güter. Aus diesem Grunde wurde die Prozesskostenrechnung entwickelt, welche die Gemeinkosten nicht mehr den Einzel- bzw. Herstellkosten pauschal zuschlägt, sondern den betrieblichen Prozessen verursachungsgerecht zuordnet. Dazu werden für einzelne

Mengen- und Kostenbogen		AP-Nr.:				Datum:		
		AP-Name:				AP-Manager:		
Projekt:		Mengen und Kosten je Zeitraum						
		Beginn		Ende		Verteilungs-funktions-typ	Menge	Kosten
Nr.	Kostenstelle	JJ	MM	JJ	MM			
1	Projektmanagement							
2	Qualitätssicherung							
3	Entwurf							
4	Konstruktion							
5	Berechnung							
6	Fertigung (einschl. Material)							
7	Drehmaschine	2009	16. Mai	2009	18. Juli	B	30 Stunden	1.800,00 EUR
8	CNC-Fräszentrum							
9	Montage/Integration							
10	Verifikation							

Abb. 10.22 Mengen- und Kostenbogen

Abb. 10.23 Kostenverlaufs-
funktionen

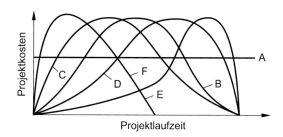

Prozesse (z. B. für Bezugsquellenermittlung, Angebotsvergleiche, Warenannahme und -
einlagerung usw.) so genannte „Prozesskostensätze" ermittelt, welche die Gemeinkosten
der einmaligen Prozessdurchführung ausdrücken. Der Kostenträger (Arbeitspaket, Baugruppe usw.) wird dann entsprechend der Anzahl der in Anspruch genommenen Prozesse
mit Gemeinkosten belastet. Dieses Verfahren setzt gleichartige und wiederkehrende Prozesse voraus.

Vom Markt her kalkulieren: Zielkostenrechnung (Target Costing)
Vor dem Hintergrund eines sich ständig verschärfenden Wettbewerbs wird in der Zielkostenrechnung nicht mehr ausgehend von den anfallenden Kosten kalkuliert, vielmehr
müssen sich die Kosten an marktfähigen Preisen orientieren. Es geht nicht also darum, was
ein Produkt kosten wird, sondern was es kosten darf. Die Zielkostenrechnung zeichnet sich
dadurch aus, dass sie der Produkt- und Produktionsprozessgestaltung vorgeschaltet wird,
denn mit der Konstruktion und der Festlegung der Produktionsprozesse werden bis zu
70 % der späteren Produktionskosten festgelegt.[15] Entsprechend muss bereits in der Entwicklung eine Lösung gefunden werden, die mit den vorgegebenen Kosten realisierbar ist
(„design to cost").

---

[15] Vgl. Schmidt (2005).

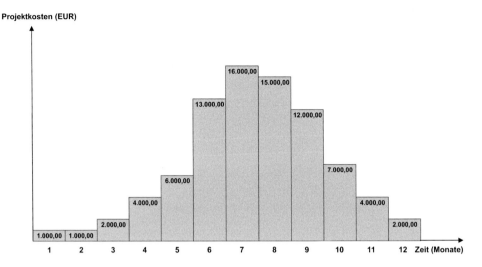

Abb. 10.24 Darstellung der Kosten im Zeitablauf

10.2.6.6 Schätzklausur

Die Schätzklausur (Expertenklausur) ist ein formales Verfahren der Kostenschätzung. Die Grundidee besteht darin, das Risiko von Fehleinschätzungen „im stillen Kämmerlein" zu minimieren, in dem man Experten einschaltet und sich im Dialog einer Lösung annähert. Bei der Schätzklausur handelt es sich um ein standardisiertes, formal festgelegtes Verfahren mit bestimmten Voraussetzungen, Rollenverteilungen und einem festen Ablaufschema[16]:

Schätzklausur	
Voraussetzungen	Der Projektstrukturplan und alle Arbeitspaketbeschreibungen liegen vor.
Rollen	Moderator, projektinterne und -externe Experten, Protokollführer

---

[16] Vgl. Schelle et al. (2005); Wolf et al. (2006); Burghardt (2007).

Schritte

1. Definition der Projektumgebung (eingesetzte Tools, Test)
2. Erläuterung der Arbeitspakete (ggf. nur repräsentative Referenzarbeitspakete)
3. Abgabe eines ersten Schätzwertes (jeder Experte schätzt für sich verdeckt)
4. Diskussion und Behandlung von Abweichungen über 20 % („Ausreißer")
5. Begründung der niedrigsten und höchsten Werte
6. Aufklärung und Korrektur der Annahmen und Irrtümer
7. Wiederholung der Schätzung
8. Analyse der Arbeitspakete mit signifikanten Schätzabweichungen
9. Erstellung eines Protokolls

Bei diesem Verfahren sollte bedacht werden, dass externe Experten keine Verantwortung für den Projekterfolg übernehmen, sie riskieren also wenig mit einer Fehleinschätzung. Dabei können sich Projektverantwortliche durch Experteneinschätzungen „bevormundet" fühlen und der oben beschriebene Vorteil der Einbindung und Identifikation der Teilsystemleiter bzw. Arbeitspaketleiter verschenkt werden. Werden die Schätzungen hingegen ausschließlich von Projektverantwortlichen vorgenommen, könnten diese wiederum das Verfahren dazu nutzen, sich mit überhöhten Angaben abzusichern.

Aus beiden Gründen sind die Ergebnisse einer Schätzklausur kritisch zu betrachten und sollten nicht als „verlässliche Vorgabe" interpretiert werden. Sie können aber auf jeden Fall als Diskussionsgrundlage bei Verhandlungen zwischen Projektleitung und Projektverantwortlichen sehr hilfreich sein. Auf die Kostenverhandlungen zwischen Projektleitung und Arbeitspaketverantwortlichen sollte daher nicht verzichtet werden – auch wenn sie von Natur aus zäh, konfliktträchtig und zeitraubend sein können.

10.3   Beispielprojekt NAFAB

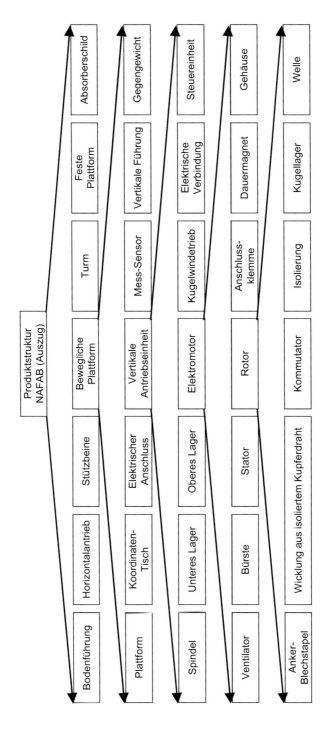

Fig. 10.25 NAFAB Produktstrukturplan (Auszug)

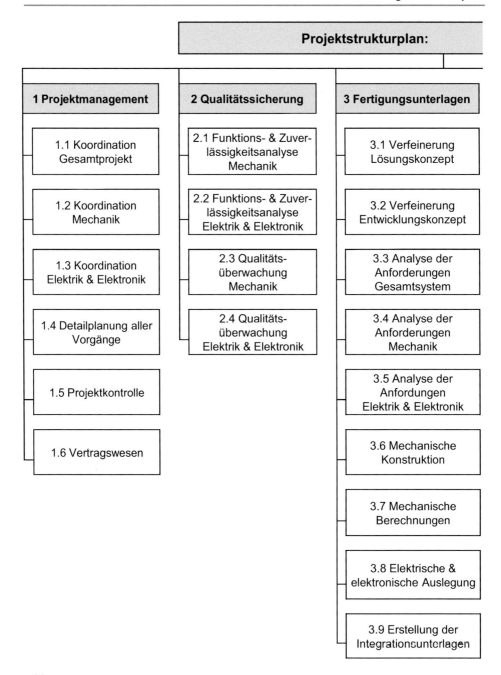

Abb. 10.26 NAFAB Projektstrukturplan

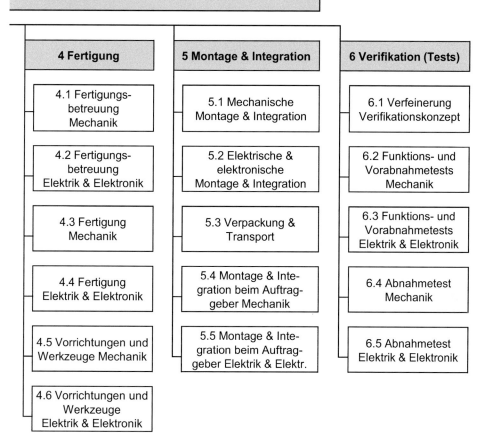

Beispiel für eine Arbeitspaketbeschreibung des NAFAB-Projekts

Arbeitspaketbeschreibung		
Dokument Nummer: ENO – NAF – APB – 004 – 012 – 02 – 01		
Projektname:	NAFAB	Erstellungsdatum: 20..-11-11
Arbeitspaketname:	Mechanische Konstruktion	Erstell. Abteilung: Konstruktion
Arbeitspaket Nr.	3.6	AP-Verantwortlicher Herr Genrich
Übergeordnete Teilaufgabe	Fertigungs- unterlagen	Seite 1 von 2
Vorgänger/ Startereignis	3.1 Verfeinerung Lösungskonzept	AP überarbeitet am:
Nachfolger/ Endereignis	Meilenstein: FMU	

1 Arbeitspaketziel: „Warum wird dieses Arbeitspaket bearbeitet?"

Ziel des Arbeitspakets ist das Endprodukt gedanklich so weit zu entwickeln und grafisch darzustellen, dass einerseits alle Teile gefertigt werden können und andererseits die Erfüllung der Anforderungen
ohne erheblichen Fertigungsaufwand überprüft werden kann.

2 Arbeitspaketvoraussetzungen: „Welche Unterlagen, Hard-/Software, Vorschriften, Gesetze, Informationen, Personalressourcen, Werkzeuge, Vorrichtungen, Gerätschaften usw. haben vor Beginn dieses Arbeitspakets vorzuliegen (Startvoraussetzungen)?"

- Arbeitsauftrag
- Freigegebene technische Anforderungen (Lastenheft)
- Freigegebenes Leistungsverzeichnis
- Genehmigter Entwurf

3 Arbeitspaketergebnis: „Was liegt nach Fertigstellung des Arbeitspakets an welchem Ort vor?"

Nachfolgende vollständige und mit der Fertigungsleitung und dem
Transportunternehmen abgestimmte Fertigungsunterlagen, die zur Fertigung des Produkts benötigt werden, liegen im Infosystem im Ver-
zeichnis „Konstruktionsunterlagen" als Dateien vor:

- Einzelteilzeichnungen
- Stücklisten
- Fertigungsvorschriften (Klebevorschriften, Schweißvorschrif-
  ten, Vorschriften für Oberflächenbehandlung und Korrosionsschutz)
- Fertigungsunterlagen für Hilfsmittel, Fertigungs-, Handhabungs-
  und Montagevorrichtungen
- Montagezeichnungen
- Montagevorschriften
- Handhabungsvorschriften
- Transportvorschriften

Abb. 10.27 NAFAB-Arbeitspaketbeschreibung

4 Ausnahmen: „Welche nahe liegenden Aufgaben, die zu diesem Arbeitspaket gehören könnten oder sollten, sind ausdrücklich von diesem Arbeitspaket ausgenommen?"

Die Verpackung und der Versand der Konstruktionsunterlagen an die Fertigung

5 Arbeitspaketauswirkungen: „Auf welche weiteren Arbeitspakete haben die Ergebnisse dieses Arbeitspakets einen Einfluss?"

Die gesamte Fertigung (Teilaufgabe Nr. 4 im PSP) sowie die Montage (Teilaufgabe Nr. 5 im PSP) und die Verifikation (Teilaufgabe Nr. 6) basiert auf den Konstruktionsunterlagen und ist von ihr abhängig.

6 Arbeitspaket-Aktivitäten: „Welche Aufgaben sind im Rahmen dieses Arbeitspakets durchzuführen (detaillierte Beschreibung)?"

Detaillierte Ausarbeitung folgender Unterlagen:

- Einzelteilzeichnungen
- Stücklisten
- Fertigungsvorschriften (Klebevorschriften, Schweißvorschriften, Vorschriften für Oberflächenbehandlung und Korrosionsschutz)
- Fertigungsunterlagen für Hilfsmittel, Fertigungs-, Handhabungs- und Montagevorrichtungen
- Montagezeichnungen
- Montagevorschriften
- Handhabungsvorschriften
- Transportvorschriften
- Abstimmen aller Unterlagen mit dem Fertigungsleiter.
- Abstimmen der Transportvorschriften mit dem Transportunternehmer.

7 Zusätzliche Informationen: „Was sollte man sonst noch über dieses Arbeitspaket wissen?"

keine Angabe

Abb. 10.27 (Fortsetzung)

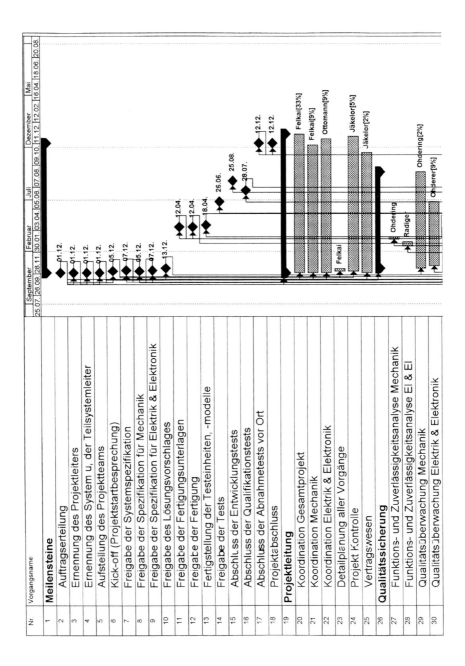

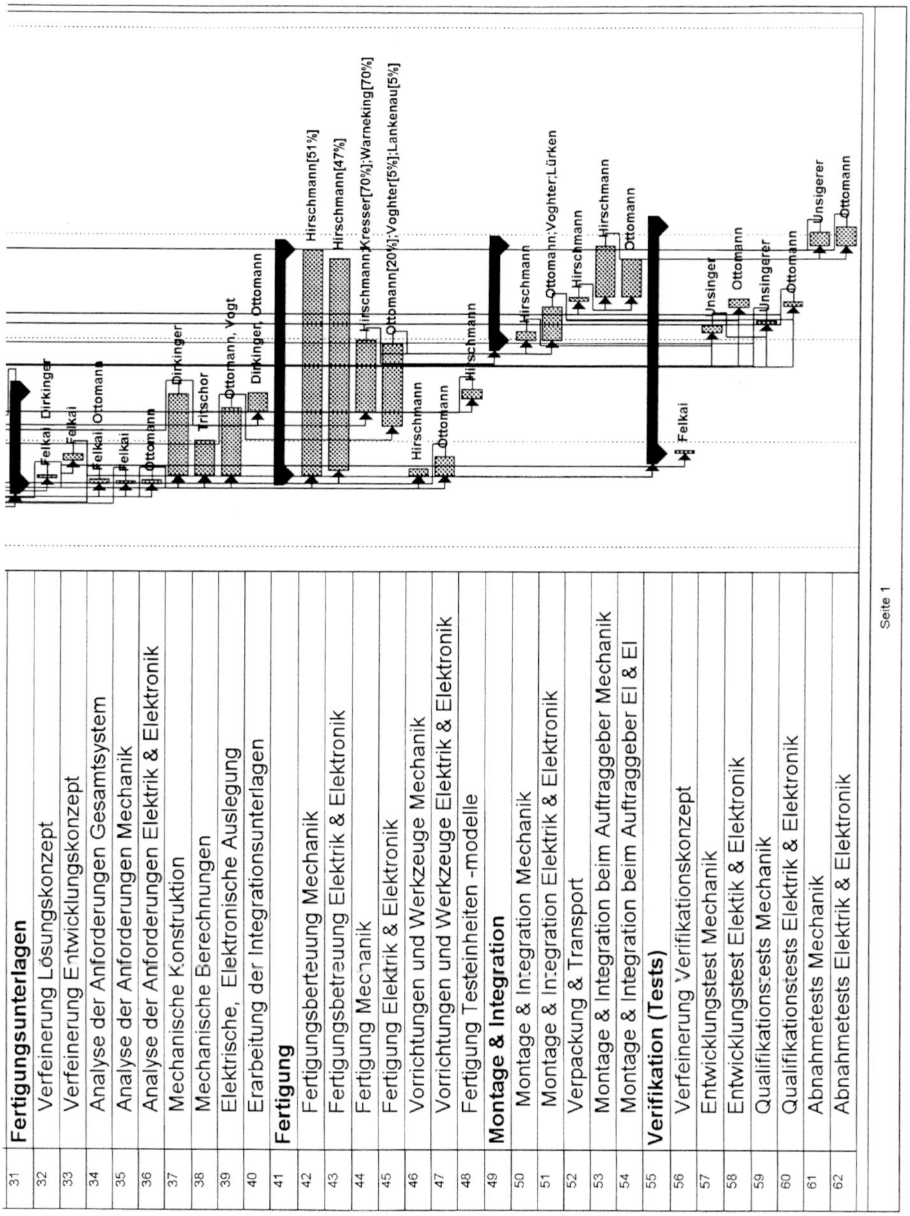

Abb. 10.28 NAFAB Zeitplan

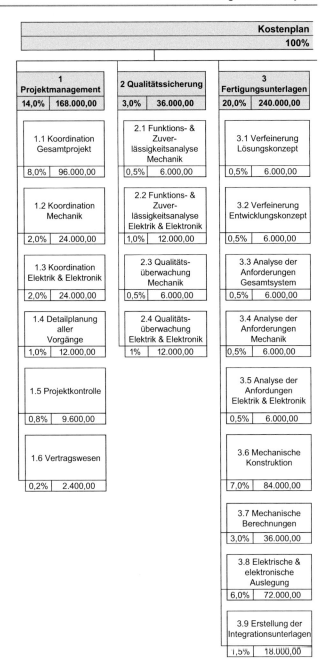

Abb. 10.29 NAFAB Kostenplan

| **NAFAB** |
| **1.200.000,00** |

4 Fertigung		**5 Montage & Integration**		**6 Verifikation (Tests)**	
36,0%	432.000,00	21,0%	252.000,00	6,0%	72.000,00

4.1 Fertigungs-betreuung Mechanik		5.1 Mechanische Montage & Integration		6.1 Verfeinerung Verifikationskonzept	
10,0%	120.000,00	1,0%	12.000,00	0,5%	6.000,00

4.2 Fertigungs-betreuung Elektrik & Elektronik		5.2 Elektrische & elektronische Montage & Integration		6.2 Funktions- und Vorabnahmetests Mechanik	
9,0%	108.000,00	9,0%	108.000,00	1,5%	18.000,00

4.3 Fertigung Mechanik		5.3 Verpackung & Transport		6.3 Funktions- und Vorabnahmetests Elektrik & Elektronik	
14,0%	168.000,00	4,0%	48.000,00	1,5%	18.000,00

4.4 Fertigung Elektrik & Elektronik		5.4 Montage & Inte-gration beim Auftrag-geber Mechanik		6.4 Abnahmetest Mechanik	
1,0%	12.000,00	4,0%	48.000,00	1,0%	12.000,00

4.5 Vorrichtungen und Werkzeuge Mechanik		5.5 Montage & Inte-gration beim Auftrag-geber Elektrik & Elektr.		6.5 Abnahmetest Elektrik & Elektronik	
0,5%	6.000,00	3,0%	36.000,00	1,5%	18.000,00

4.6 Vorrichtungen und Werkzeuge Elektrik & Elektronik	
1,5%	18.000,00

10.4   Werkzeuge

10.4.1   Checkliste: Projektstrukturplan

Checkliste: Projektstrukturplan

☐   Sind alle Teilaufgaben (z. B. Objekte, Meilensteine) im Projektstrukturplan erfasst?

☐   Ist der Projektauftrag vollständig erfüllt und liegen alle im Produktstrukturplan dargestellten Ergebnisse vor, wenn alle Teilaufgaben des Projektstrukturplans ausgeführt wurden?

☐   Decken die Arbeitspakete alle Aufgaben des Projekts vollständig ab?

☐   Ist der Projektstrukturplan so detailliert, dass das Projekt steuerbar ist?

☐   Können alle Arbeitspakete den übergeordneten Teilaufgaben zugeordnet werden?

☐   Können sämtliche Projektkosten den Arbeitspaketen eindeutig zugeordnet werden?

☐   Ist jedem Arbeitspaket nur eine einzige Kostenstelle zuzuordnen?

☐   Hat jedes Arbeitspaket einen aussagefähigen, nachvollziehbaren Namen?

☐   Sind so wenig Arbeitspakete wie möglich, jedoch so viele wie nötig eingerichtet?

☐   Ist jedes Arbeitspaket ist in sich steuer- und kontrollierbar?

☐   Lässt sich jede Aktivität (Tätigkeit) eindeutig einem Arbeitspaket zuordnen?

☐   Ist die Verwaltung von Rechten Dritter (z. B. Lizenzen) als Arbeitspaket eingerichtet?

☐   Sind alle Aufgaben, die an externe Unternehmen (Lieferanten, Unterauftragnehmer) vergeben werden, als Arbeitspakete eingerichtet?

10.4.2 Formular: Arbeitspaketbeschreibung

Arbeitspaketbeschreibung	
Dokument Nummer:	
Projektname:	Erstellungsdatum:
Arbeitspaketname:	Erstell. Abteilung:
Arbeitspaket Nr.	AP-Verantwortlicher
Übergeordnete Teilaufgabe	Seite von
Vorgänger/ Startereignis	AP überarbeitet am:
Nachfolger/ Endereignis	

1 Arbeitspaketziel: „Warum wird dieses Arbeitspaket bearbeitet?"

2 Arbeitspaketvoraussetzungen: „Welche Unterlagen, Hard-/Software, Vorschriften, Gesetze, Informationen, Personalressourcen, Werkzeuge, Vorrichtungen, Gerätschaften usw. haben vor Beginn dieses Arbeitspakets vorzuliegen (Startvoraussetzungen)?"

3 Arbeitspaketergebnis: „Was liegt nach Fertigstellung des Arbeitspakets an welchem Ort vor?"

4 Ausnahmen: „Welche nahe liegenden Aufgaben, die zu diesem Arbeitspaket gehören könnten oder sollten, sind ausdrücklich von diesem Arbeitspaket ausgenommen?"

5 Arbeitspaketauswirkungen: „Auf welche weiteren Arbeitspakete haben die Ergebnisse dieses Arbeitspakets einen Einfluss?"

6 Arbeitspaket-Aktivitäten: „Welche Aufgaben sind im Rahmen dieses Arbeitspakets durchzuführen (detaillierte Beschreibung)?"

7 Zusätzliche Informationen: „Was sollte man sonst noch über dieses Arbeitspaket wissen?"

10.4.3   Checkliste: Überprüfung der Arbeitspaketbeschreibungen

---

Checkliste: Überprüfung der einzelnen Arbeitspaketbeschreibungen

- ☐ Liegt für das Arbeitspaket eine *vollständig* ausgefüllte Arbeitspaketbeschreibung vor?

- ☐ Ist für das Arbeitspaket eine – und nur eine – verantwortliche Person angegeben?

- ☐ Wurden alle Arbeitspaketvoraussetzungen (Nr. 2) vollständig aufgelistet?

- ☐ Stehen alle Arbeitspaketvoraussetzungen rechtzeitig zur Verfügung?

- ☐ Sind alle Aktivitäten des AP unmissverständlich und vollständig beschrieben?

- ☐ Sind alle Ergebnisse des AP unmissverständlich und vollständig beschrieben?

- ☐ Ist das Arbeitspaket in sich schlüssig?

  - ☐ Sind Ziel (Nr. 1), Ergebnisse (Nr. 3) und Aktivitäten (Nr. 6) kompatibel?

  - ☐ Sind alle Ergebnisse (Nr. 3) sämtlicher Aktivitäten (Nr. 6) erfasst?

  - ☐ Sind alle Aktivitäten (Nr. 6) erfasst, die für das Ergebnis (Nr. 3) nötig sind?

  - ☐ Wird mit dem AP-Ergebnis (Nr. 3) das AP-Ziel (Nr. 1) erreicht?

10.4.4   Kreuzcheck: Kohärenz der Arbeitspaketbeschreibungen

Kreuzcheck: Kohärenz der Arbeitspaketbeschreibungen

☐ Liegen für alle Arbeitspakete vollständig ausgefüllte Arbeitspaketbeschreibungen vor?

☐ Wurden alle Arbeitspaketbeschreibungen sorgfältig überprüft (Checkliste 9.4.3)?

☐ Ist die Herkunft der Arbeitspaketvoraussetzungen (Nr. 2: „Startvoraussetzungen") geklärt: Sind sie das Ergebnis anderer Arbeitspakete oder werden sie von der Projektleitung, vom Auftraggeber, von Lieferanten usw. geliefert?

☐ Können Engpässe der Arbeitspaketvoraussetzungen (Nr. 2) ausgeschlossen werden?

☐ Enthält die Summe der Aktivitätsbeschreibungen (Nr. 6) aller Arbeitspakte sämtliche Tätigkeiten, die zur Erfüllung des Projektauftrages insgesamt erforderlich sind?

☐ Ist der Projektauftrag vollständig erfüllt, wenn die in den Arbeitspaketbeschreibungen beschriebenen Ergebnisse (Nr. 3) aller Arbeitspakete vorliegen?

☐ Ist sichergestellt, dass mit Fertigstellung aller Arbeitspaketergebnisse ...

  ☐ ... das in Auftrag gegebene System vollständig fertiggestellt und verifiziert ist?

  ☐ ... alle erforderlichen Dokumente (z. B. Vorschriften) vorliegen?

  ☐ ... alle erforderlichen Vorrichtungen, Zusatzgeräte usw. fertiggestellt sind?

  ☐ ... alle weiteren Leistungen (Einweisungen, Schulungen usw.) erbracht sind?

☐ Sind alle weiteren Vernetzungen unter den Arbeitspaketen berücksichtigt?

☐ Erscheinen alle Arbeitspakete im Projektstrukturplan an der richtigen Stelle?

☐ Sind alle Arbeitspakete mit dem Zeitplan kompatibel?

☐ Sind alle Arbeitspakete mit dem Ressourcenplan kompatibel?

☐ Sind alle Arbeitspakete mit dem Kostenplan kompatibel?

10.4.5   Formular: Meilensteinbeschreibung

Meilensteinbeschreibung	
Dokument Nummer:	
Projektname:	Erstellungsdatum:
Meilensteinname:	Erstell. Abteilung:
Meilenstein Nr.	MS-Verantwortlicher
Übergeordnete Teilaufgabe	Seite von
Vorgänger/ Startereignis	MS überarbeitet am:
Nachfolger/ Endereignis	

1 Meilensteinziel: „Warum wird die Meilensteinveranstaltung durchgeführt?" (Abschluss der Verifikation, Freigabe der nächsten Phase usw.)

2 Meilensteinvoraussetzungen: „Welche organisatorischen Vorbereitungen sind zur Durchführung der Veranstaltung erforderlich?" (Raum, Einladungen, Tischvorlagen, Berichte, Catering, Sekretariat, Onlinezugänge, Transporte usw.)

3 Meilensteinergebnis: „Welche konkreten Ergebnisse werden vorgestellt bzw. abgenommen?"

4 Meilensteindokumente: „Welche Dokumente müssen für einen reibungslosen Ablauf der Veranstaltung wann und wo vorliegen?"

5 Ausnahmen: „Welche naheliegenden Teilergebnisse, die zu diesem Meilenstein gehören könnten oder sollten, sind ausdrücklich von diesem Meilenstein ausgenommen?"

6 Meilensteinablauf: „Wie soll die Meilensteinveranstaltung im Einzelnen gestaltet werden?" (Raum- und Ablaufplan usw.)

7 Zusätzliche Informationen: „Was sollte man sonst noch über dieses Arbeitspaket wissen?"

10.4.6   Checkliste: Meilensteinveranstaltung

Checkliste: Meilensteinveranstaltung

Vorbereitung der Meilensteinveranstaltung

☐ Ist das Ziel der Meilensteinveranstaltung (Freigabe der nächsten Phase usw.) geklärt?

☐ Ist geklärt, ob der Auftraggeber in die Vorbereitungen einbezogen werden soll?

☐ Sind alle Ergebnisse des Meilensteins präzise beschrieben?

☐ Sind Ort und Ablauf der Meilensteinveranstaltung konkret beschrieben?

☐ Liegen alle erforderlichen Dokumente für die Teilnehmer ...

  ☐ ... am richtigen Ort,

  ☐ ... zum richtigen Zeitpunkt,

  ☐ ... in ausreichender Qualität,

  ☐ ... in ausreichender Anzahl vor?

☐ Sind Verantwortliche für die Dokumentation/Protokollführung ernannt?

☐ Ist der Rahmen der Veranstaltung organisiert (Raum, Einladungen, Catering usw.)?

Durchführung der Meilensteinveranstaltung

☐ Begrüßung

☐ Vorstellung

☐ Einleitung (Ziel und Ablauf der Veranstaltung, Protokoll, Pausen usw.)

☐ Präsentation der Meilensteinergebnisse

☐ Fragen und Diskussion

☐ Protokollierung aller Vereinbarungen (Freigabe, Änderungswünsche usw.)

☐ Auswertung Protokoll (Fehler, Einwände, weiterer Handlungsbedarf)

☐ Ausstehend Maßnahmen und Termine

10.5   Lernerfolgskontrolle

1. Was leistet eine professionelle Projektplanung?
2. Aus welchen Teilplänen besteht eine vollständige Projektplanung?
3. Wann erfolgt die Grob- und wann die Feinplanung?
4. Warum sollten Projektmitarbeiter in die Projektplanung einbezogen werden?
5. Was versteht man unter einem Projektstrukturplan – und was leistet er?
6. Auf welcher Grundlage kann der Projektstrukturplan erstellt werden?
7. Welche Gliederungsprinzipien für einen Projektstrukturplan gibt es?
8. Welche Aspekte sind bei der Entwicklung des Projektstrukturplans zu bedenken?
9. Aus welchem Grunde müssen die Arbeitspakete des Projektstrukturplans stets ausführlich beschrieben werden?
10. Wie ist das Arbeitspaketbeschreibungsformular aufgebaut?
11. Welche Arten von Zeitplänen sind grundsätzlich zu unterscheiden?
12. Nennen und erläutern Sie die Schritte der Erstellung eines Zeitplans.
13. Welche Beziehungen können zwischen Vorgängen und Arbeitspaketen bestehen?
14. Welche Beziehungen können unter Vorgängen bestehen?
15. Was versteht man unter dem „kritischen Weg"?
16. Unterscheiden Sie die drei Arten von Pufferzeiten.
17. Stellen Sie Vor- und Nachteile von Balken- und Netzplänen gegenüber.
18. Welche Fragen beantwortet ein Ressourcenplan?
19. Wie kann der Ressourcenplan ausgestaltet sein?
20. Wofür wird der Kostenplan benötigt?
21. Was versteht man unter Schätzgleichungen – und welche Einsatzgebiete haben diese?
22. Erläutern Sie den Unterschied der Top-down-Methode und der Bottom-up-Methode zur Erstellung von Kostenplänen.
23. Welche Arten von Kosten kennen Sie?
24. Wie kann ein Schema zur Kostenkalkulation aufgebaut sein?
25. Was versteht man unter einer Kostenverlaufsfunktion?
26. Erläutern Sie Voraussetzungen, Rollen und Schritte einer Schätzklausur und diskutieren Sie dieses Verfahren kritisch.
27. Begründen Sie, warum die gesamte Projektplanung aus einem Guss sein muss.

Verhandeln und Abschließen des Vertrags 11

11.1 Vorüberlegungen

In Kap. 6 wurde ausführlich beschrieben, wie ein Angebot zu erstellen ist und welche Aufgaben anfallen, bis es abgesendet werden kann. Nun ist der Auftraggeber am Zug und muss sämtliche ihm zugegangenen Angebote prüfen und vergleichen. Dieser Zeitraum kann, abhängig vom Projekt, von etwa drei Wochen bis zu etwa drei Monaten dauern.

Juristisch betrachtet würde der Auftraggeber bereits durch ein einfaches mündliches „Ja" zum Angebot gegenüber dem Anbieter den Vertrag besiegeln, denn damit lägen zwei übereinstimmende Willenserklärungen vor. Alle Vertragsinhalte wären in diesem Fall ausschließlich im Angebot enthalten. Tatsächlich aber gibt es diesen Fall in der gegenwärtigen Projektpraxis nicht. Vielmehr ist dem Auftraggeber nach Erhalt der Angebote noch etwas eingefallen, vielleicht hat er noch Fragen, möglicherweise möchte er weitere oder andere Schlüsselpersonen verpflichten, den Projektzeitraum verkürzen, den Preis drücken, das Leistungsspektrum erweitern oder andere Änderungen erwirken.

Hat der Anbieter das Glück, in der engeren Wahl zu sein, können die Vertragsverhandlungen beginnen, der „orientalische Markt" ist eröffnet. In diesen Verhandlungen werden Änderungen gegenüber dem Angebot sowie weitere Ergänzungen und Vereinbarungen diskutiert, verhandelt und letztlich schriftlich in einem ergänzenden Vertragsdokument dokumentiert. Hier werden auch die Auswirkungen auf die Sachlösung, auf die Termine und auf die Kosten beschrieben. Mit Unterzeichnung des Vertrags endet die Vertragsverhandlung und das Projekt beginnt.

In den offiziellen Vertragsverhandlungen werden in kurzer Zeit „harte Fakten" geschaffen. Der Anbieter muss sich dabei vor Augen führen, dass der Auftraggeber sein Angebot bereits mit den Angeboten anderer Anbieter verglichen hat und nun versucht, seinen Kenntnisvorsprung auszunutzen. Daher sollten die anstehenden Verhandlungen – ebenso wie zuvor die Angebotserstellung – durch qualifizierte Fachleute sorgfältig vorbereitet und mit Bedacht und Augenmaß geführt werden.

© Springer Fachmedien Wiesbaden 2015
R. Felkai, A. Beiderwieden, *Projektmanagement für technische Projekte*,
DOI 10.1007/978-3-658-10752-9_11

11.2   Was ist zu tun?

11.2.1   Führen von Vorverhandlungen

Üblicherweise meldet sich der Auftraggeber schriftlich oder telefonisch beim ausgewählten Anbieter und teilt diesem mit, dass dieser den Auftrag erhält, jedoch nur dann, wenn seine Änderungswünsche berücksichtigt werden können. Da so erhebliche wie unerwartete Auswirkungen von solchen Änderungswünschen ausgehen können, sollte der Anbieter versuchen, noch vor der offiziellen Vertragsverhandlung eine kleine Delegation von versierten Fachleuten zum Auftraggeber zu schicken. Diese soll vor Ort in so genannten „Vorverhandlungen" die Änderungswünsche anhören, diskutieren und alle Gesprächsergebnisse protokollieren, um mögliche Missverständnisse auszuschließen.

Nach Rückkehr in den eigenen Betrieb werden die protokollierten Änderungswünsche sorgfältig analysiert. Das kann bisweilen mit einigem Aufwand verbunden sein. Im Zuge dieser Analysen kommt es üblicherweise zu mehreren telefonischen wie persönlichen Kontaktaufnahmen mit dem Auftraggeber, möglicherweise um Fragen zu klären, möglicherweise aber auch, um Überzeugungsarbeit zu leisten. Jetzt versuchen beide Seiten, das Beste für sich herauszuhandeln.

Durch diese Vorverhandlungen stellt der Auftragnehmer sicher, dass er alle aktuellen Änderungswünsche des Auftraggebers und ihre Hintergründe kennt. So kann er das Risiko minimieren, im Eifer des Verhandlungsgefechts überrascht zu werden und Fehler zu machen.

11.2.2   Verhandeln und Abschließen des Vertrags

In der offiziellen Vertragsverhandlung werden letzte Unklarheiten ausgeräumt und vorverhandelte Änderungswünsche verbindlich festgeschrieben. Um so wichtiger, dass die Verhandlung gut vorbereitet wird. Dazu sollen die Leitfragen (Werkzeug 11.4) eine Hilfestellung anbieten. In der Verhandlung werden alle relevanten Besprechungsergebnisse (Entscheidungen, Vereinbarungen usw.) sorgfältig protokolliert.

Möglicherweise überrascht der Auftraggeber in dieser Sitzung mit neuen Anliegen, denn auch er hat aus den Vorverhandlungen neue Erkenntnisstände gewonnen. Die Auftragnehmerseite sollte auch für diesen Fall die Interessen und Wünsche des Auftraggebers stets ernst nehmen, sachlich analysieren und Lösungen suchen, um das Vertrauen und eine gute Atmosphäre aufzubauen. Im Übrigen können nachgeschobene Änderungswünsche sogar lukrativ für den Auftragnehmer sein.

Sofern unerwartet neue komplexe Änderungswünsche eingebracht werden, sollte der Auftragnehmer auf keinen Fall in der Verhandlung darüber befinden, denn es ist viel zu wahrscheinlich, dass Auswirkungen auf andere Komponenten, Projektdauer sowie Kosten übersehen werden. Statt dessen sind auch diese neuen Wünsche zu protokollieren und ein erneuter Termin zu vereinbaren – auch dann, wenn das nicht dem erhofften Verhandlungsverlauf entspricht.

Sind alle Ergänzungen und Änderungen dokumentiert, so ist abschließend zu überprüfen, ob die Vereinbarungen vollständig (einschließlich Verweisen auf Anlagen wie z. B. Protokolle usw.) und unter Berücksichtigung aller Vertragsteile widerspruchsfrei sind. Im Idealfall wird am Ende der Verhandlung der Vertrag unterschrieben. Ein gemeinsames Abschiedsritual (gemeinsames Essen, Umtrunk) rundet den juristischen Vorgang psychologisch ab.

11.3 Beispielprojekt NAFAB

Vorverhandlungen

Bei dem NAFAB-Projekt wurden die Vorverhandlungen telefonisch geführt. Gegenstand dieser Vorverhandlungen war unter anderem der Wunsch des Auftraggebers, den Abschlusstermin um einige Monate vorzuziehen. Nach zwei Wochen intensiver Überarbeitung und Verhandlungen mit Lieferanten gab es eine neue Planung, der Abschlusstermin konnte wunschgemäß vorverlegt werden.

Offizielle Vertragsverhandlung

In der offiziellen Vertragsverhandlung drängte der Auftraggeber nun doch auf eine höhere Hubgeschwindigkeit der Plattform als 7,5 m/min (wie im Angebot vorgeschlagen), nämlich auf 10 m/min. Technisch war dies nur durch einen stärkeren Elektromotor zu realisieren, was wiederum das Gewicht der Plattform erhöhte. Der Auftraggeber war damit einverstanden. Man einigte sich darauf, dass ein Team aus Fachleuten alle möglichen Konsequenzen noch einmal diskutiert und dem Auftraggeber das Ergebnis mitteilt.

Darüber hinaus wünschte der Auftraggeber zusätzlich eine systematische Schulung durch einen IT-Fachmann, einen Elektroniker sowie einen Mechaniker. In einem Protokoll wurden beide Änderungswünsche festgehalten und anschließend der Vertrag von beiden Seiten unterschrieben, obwohl diese beiden Verhandlungspunkte nicht endgültig geklärt worden waren. Allerdings konnten diese beiden offenen Punkte das Projekt auch nicht grundsätzlich gefährden. Das endgültige fünfseitige Vertragsdokument enthielt unter anderem eine Klausel, die das beiliegende Angebot (mit seinen Anlagen) als Bestandteil des Vertrags erklärte sowie einen Hinweis auf ergänzende Vereinbarungen im beiliegenden Protokoll.

11.4 Werkzeuge

11.4.1 Checkliste: Vorbereitung der Vertragsverhandlung

Checkliste: Vorbereitung der Vertragsverhandlung
☐ Ist für die Vertragsverhandlung geklärt und dokumentiert, ...
☐ ... welche Wunschziele wir verfolgen?
☐ ... welche Mindestziele wir erreichen müssen („Verhandlungsgrenze")?
☐ ... welche möglichen Kompromissziele zu erwarten bzw. realistisch sind?
☐ Könnten wir damit leben?
☐ Ist eine Strategie zur Durchsetzung unserer Ziele abgestimmt?
☐ Sind die Motive des Verhandlungspartners bekannt?
☐ Sind unsere Angriffsflächen identifiziert? Mit welchen Fragen müssen wir rechnen?
☐ Welche Forderungen könnte man uns gegenüber stellen?
☐ Wie könnte man diese Forderung begründen?
☐ Wären wir in der Lage, diese Forderungen zu erfüllen?
☐ Wären wir bereit, diese Forderungen zu erfüllen?
☐ Welche Leistungen wären dem Verhandlungspartner wichtig und für uns kein Problem?
☐ Welche Informationen wollen wir erhalten? Gibt es dazu eine Prioritätenliste?
☐ Welche Informationen dürfen wir weitergeben – und welche auf keinen Fall?
☐ Welche Entscheidungen müssen getroffen werden? Gibt es dazu eine Prioritätenliste?
☐ Welche Fachleute, Unterlagen, usw. werden für diese Entscheidungen benötigt?
☐ Wurden die Auswirkungen dieser Entscheidungen analysiert hinsichtlich Technik, Zeitbedarf und Kosten?
☐ Wurden alle relevanten Vertragsinhalte (siehe Seite 114 f.) bedacht?
☐ Falls in unserem Unternehmen verhandelt wird: Ist für Catering gesorgt?

11.5   Lernerfolgskontrolle

1. Kann ein einfaches mündliches „Ja" zu einem Projektangebot einen Projektvertragsabschluss bewirken?

2. Warum kommt es in der Praxis in aller Regel zu Vertragsverhandlungen, obwohl bereits ein ausführliches Angebot erstellt wurde?

3. Was sollte der Anbieter vor Beginn der offiziellen Vertragsverhandlungen versuchen – und in welcher personellen Besetzung?

4. Welche Fragen sollte der Anbieter für sich klären, bevor er sich in die offiziellen Vertragsverhandlungen begibt?

5. Wie sollte sich der Anbieter verhalten, wenn der Auftraggeber in gemeinsamen Verhandlungen unerwartete Änderungswünsche nachschiebt?

6. Woraufhin sind Ergänzungen und Änderungen gegenüber dem ursprünglichen Angebot bzw. zwischenzeitlichen Vereinbarungen zu prüfen?

Managen der Realisierung

Managen der Realisierung

12

12.1 Vorüberlegungen

Der Leser mag überrascht sein, dass die Realisierungsphase erst im elften Kapitel behandelt wird – im nächsten Kapitel folgt bereits der Projektabschluss. Dieser Sachverhalt macht deutlich, wie umfangreich und komplex die konzeptionellen und planerischen Vorarbeiten sind. Alle Versäumnisse im Vorfeld der Realisierung holen das Projektmanagement hier wieder ein und verursachen in dieser Phase erhebliche Mehrkosten.

In der Realisierungsphase ändern sich der Schwerpunkt und der Charakter der Aufgaben des Projektmanagements: Neben einer detaillierten Ausarbeitung der Pläne und Konzepte, die erst nach Auftragserteilung vorgenommen wird, rücken nun steuernde, unterstützende und begleitende Aufgaben in den Vordergrund, welche übergreifend für alle betrieblichen Funktionen (z. B. Konstruktion, Fertigung, Montage, Integration und Verifikation) anfallen:

- Ausarbeiten detaillierter Pläne und Konzepte
- Sichern der Produktqualität
- Managen von Konfigurationen und Änderungen
- Koordinieren und Überwachen der Realisierung
- Minimieren von Soll-Ist-Abweichungen bei Terminen und Kosten
- Anpassen der Projektplanung
- Antizipieren und Handhaben unerwarteter Probleme
- Aushandeln von Nachforderungen
- Erledigung weiterer Aufgaben

© Springer Fachmedien Wiesbaden 2015
R. Felkai, A. Beiderwieden, *Projektmanagement für technische Projekte*,
DOI 10.1007/978-3-658-10752-9_12

12.2   Was ist zu tun?

12.2.1   Ausarbeiten detaillierter Pläne und Konzepte

Erst nach Auftragserteilung werden, wie in der zeitlichen Übersicht des Projektablaufs (Kap. 1) dargestellt, folgende Konzepte und Pläne detailliert ausgearbeitet:

- Technisches Lösungskonzept
- Entwicklungskonzept
- Zeitplan
- Ressourcenplan
- Kostenplan

Diese Ausarbeitungen sollten etwa zeitgleich mit der Erstellung der Fertigungsunterlagen abgeschlossen sein. Der Zeit-, der Ressourcen- und der Kostenplan können nur „vorläufig" ausgearbeitet werden, da sie bis zum Projektende immer wieder an die Realität angepasst werden müssen (Abschn. 12.2.6).

12.2.2   Sichern der Produktqualität

In der Realisierungsphase hat der Qualitätssicherungsfachmann darauf zu achten, dass einerseits die Konstruktion zu einem Produkt führt, das die Anforderungen des Auftraggebers erfüllt und andererseits das Produkt gemäß Konstruktionsunterlagen entsteht. Zu diesem Zweck erstellt er zunächst einen Qualitätssicherungsplan und kontrolliert dann damit den Herstellungs- und Verifikationsprozess.

12.2.2.1   Erstellen eines Qualitätssicherungsplans
Der Qualitätssicherungsplan wird erst nach Auftragserteilung erstellt. Er muss nicht für jedes Projekt völlig neu entwickelt werden, sondern wird nur noch an die einzelnen Projekte angepasst. Der Qualitätssicherungsplan muss für das jeweilige Projekt mindestens Angaben zu folgenden Aspekten enthalten:

- Anzuwendende Vorschriften (z. B. Klebe-, Schweiß- und Montagevorschriften)
- Beschreibungen von Verfahren und Prozessen (z. B. Beschaffungsprozesse, Produktionsprozesse, Montageprozesse, Handhabung von Störfällen)
- Anzuwendende Formblätter (z. B. Störbericht)
- Verantwortlichkeiten und Entscheidungsbefugnisse

12.2.2.2   Kontrolle der Realisierung
Im Verlauf der Realisierungsphase begleitet und überwacht der Qualitätsmanager alle relevanten Ergebnisse und Prozesse. Dabei ist er aus Gründen der Unabhängigkeit nicht der

Projektleitung sondern der Unternehmensleitung unterstellt. Er kann keine Änderungen anweisen, wohl aber durch Verweigerung seiner Unterschrift das ganze Projekt stoppen. Seine wichtigsten Maßnahmen sind:

- Überprüfung von Entwurf und Konstruktion (hinsichtlich möglicher Fehlerquellen und Zuverlässigkeit, Berücksichtigung von Vorschriften und Normen usw.)
- Überprüfung der Materialienauswahl (gemäß freigegebener Materialkataloge)
- Überprüfung, ob die ausgewählten Materialien tatsächlich beschafft wurden
- Physische Prüfungen von Teilen und Komponenten (Maßprüfungen, Widerstandsprüfungen, Formprüfungen, Gewichtsprüfungen usw.)
- Wareneingangskontrollen
- Dokumentation der Ergebnisse von Qualitätsprüfungen
- Freigabe von Komponenten.

Ein guter Qualitätssicherungsfachmann denkt mit und berät das Team schon von Anfang an (auch schon bei der Erstellung der Konstruktionsunterlagen).

12.2.3   Managen von Konfigurationen und Änderungen

Leicht beieinander wohnen die Gedanken, doch hart im Raume stoßen sich die Sachen.
Friedrich Schiller (Wallenstein)

In der betrieblichen Praxis werden im Verlauf eines technischen Projekts zahlreiche Änderungswünsche eingebracht, da einerseits dem Auftraggeber nachträglich weitere Anforderungen einfallen und andererseits das Projektteam naturgemäß neue Anregungen und Ideen liefert. Doch jede Änderung stellt ein erhebliches Risiko dar, denn sie ist ein Eingriff in ein komplexes System mit vielfältigen Zusammenhängen und Wechselwirkungen. So ziehen Änderungen einerseits leicht neue Fehler nach sich und andererseits besteht die Gefahr, dass die Komponente nicht mehr den ursprünglichen Anforderungen genügt und mit anderen Komponenten nicht mehr kompatibel ist. Deshalb werden Änderungen von Praktikern gern als „Verschlimmbesserungen" bezeichnet. Wie also kann die Projektleitung in dieser komplexen und dynamischen Gemengelage sicher sein, dass am Ende noch alles zusammenpasst und den ursprünglichen Zweck erfüllt?

An dieser Stelle setzt das Konfigurationsmanagement an: Es hat die Aufgabe, die miteinander verbundenen funktionellen und physischen Merkmale von Systemen, Subsystemen und Bauteilen sowie die zugehörigen gültigen Dokumente zu identifizieren, alle Änderungen zu kontrollieren und den jeweils gültigen Status festzuhalten[1]. Die DIN 10007 definiert eine Konfiguration als „miteinander verbundene funktionelle und physische Merkmale eines Produkts, wie sie in den Produktionsangaben beschrieben

---

[1] Vgl. Department of Defense: Direktive 5010.19, zitiert nach: Madauss (2000).

sind."[2] Mit anderen Worten: Das Konfigurationsmanagement kennt stets die gegenwärtig gültige Konfiguration und kann jederzeit jede Änderung, die es zu genehmigen und freizugeben hat, zurückverfolgen. Damit schafft es die Voraussetzungen für eine kontrollierte, reproduzierbare Entwicklung und Fertigung.

Im Normalfalle nimmt das Konfigurationsmanagement seine Arbeit erst nach Auftragserteilung – also zu Beginn der Realisierungsphase auf. Dabei kommen nachfolgende Aufgaben auf das Konfigurationsmanagement zu.

12.2.3.1 Erstellen eines Konfigurationsmanagementplans

Die Aufgaben und Befugnisse des Konfigurationsmanagements sollten zunächst in einem Konfigurationsplan (auch „KM-Plan") unter Beachtung der DIN 10007 klar eindeutig geregelt sein. Darin werden für jedes Projekt alle Verantwortlichkeiten, Prozesse, Vereinbarungen und Vorschriften rund um das Konfigurationsmanagement festgelegt. Auch dieser Plan wird – ebenso wie der Qualitätssicherungsplan – nur einmal von Grund auf entwickelt (Werkzeug 12.4.2) und wird dann nur noch an die einzelnen Projekte angepasst. In der DIN ISO 10007 wird nachfolgender Grobaufbau eines Konfigurationsmanagementplans vorgeschlagen:[3]

Aufbau eines Konfigurationsmanagementplans nach DIN ISO 10007

1. Allgemeines
2. Einleitung
3. Grundsätze
4. Konfigurationsidentifizierung
5. Änderungslenkung
6. Konfigurationsbuchführung
7. Konfigurationsaudit

Mit der offiziellen Freigabe des Konfigurationsmanagementplans kann das Konfigurationsmanagement seine Arbeit aufnehmen. Diese sollen im Folgenden in enger Anlehnung an Saynisch beschrieben werden:[4]

12.2.3.2 Identifizieren der Konfiguration

Auswahl und Bestimmung von Konfigurationseinheiten

Das Gesamtsystem ist in so genannte „Konfigurationseinheiten" („Configuration Items", kurz „CI's") zu zerlegen. Diese können aus dem Produktstrukturplan (Produktbaum, Ab-

---

[2] DIN Deutsches Institut für Normung (2009, DIN-Taschenbuch 472).
[3] Vgl. ebd.
[4] Vgl. Saynisch und Bürgers (2008).

schn. 10.2.1) abgeleitet und ebenfalls in Form einer Baumstruktur dargestellt werden. Dabei können unterschiedliche (z. B. physische, organisatorische oder vertragliche) Auswahlkriterien angewendet werden. Konfigurationseinheiten können beispielsweise Zuliefereinheiten oder eigenständige Vertragsbestandteile sein.

Auflisten erforderlicher Dokumente

Alle Dokumente, die zur eindeutigen Beschreibung der Konfigurationseinheiten benötigt werden sind aufzulisten. Beispiele für solche Dokumente ("Konfigurationsangaben") sind[5]:

- Anforderungskataloge (Lastenhefte, Spezifikationen)
- Produktdokumentationen (Stücklisten, Konstruktionszeichnungen, Schaltpläne usw.)
- Herstellungsunterlagen (Fertigungs- und Montagevorschriften usw.)
- Verifikationsunterlagen (Testvorschriften, Testberichte usw.)

Festlegung einer Kennzeichnungssystematik

Um jedes Dokument einschließlich seiner Version (Ausgabe, Änderungsindex) im Projektverlauf eindeutig identifizieren und sämtliche zu erwartenden Änderungen nachvollziehen zu können, ist eine geeignete Dokumenten-Kennzeichnungssystematik zu entwickeln. Dabei sind mögliche Normen (z. B. die DIN EN 6779) und Vorschriften aller Art zu berücksichtigen. In Abschn. 2.2.5.2 wurde ein solches Kennzeichnungssystem vorgestellt.

Festlegung einer Bezugskonfiguration

Die Bezugskonfiguration ("Baseline") besteht aus der Gesamtheit aller freigegebenen Dokumente, welche die Merkmale des Produkts oder einer Konfigurationseinheit zu einem bestimmten Zeitpunkt – üblicherweise zur Freigabe der Fertigung – festschreibt. Mit ihr wird die Ursprungskonfiguration eingefroren. Alle nachfolgenden genehmigten Änderungen stellen eine Fortschreibung der Bezugskonfiguration bzw. Baseline dar.

12.2.3.3 Überwachen und Steuern der Konfiguration (Änderungsmanagement)

Änderungen gegenüber der ursprünglichen Bezugskonfiguration können vom Auftraggeber wie auch aus dem Projektteam angeregt werden. Das Konfigurationsmanagement ist – in Abstimmung mit der Projektleitung – für die geordnete Abwicklung eines offiziell definierten Änderungsprozesses verantwortlich. Dabei gilt der Grundsatz, dass sich das Konfigurationsmanagement zurückhält, solange sich die Fachleute an eine technische Lösung herantasten. Sobald jedoch offiziell gültige Dokumente geändert werden sollen, koordiniert das Konfigurationsmanagement den Änderungsprozess, der mit der Antragstellung beginnt und mit der Verifikation der Änderung endet (Abb. 12.1).[6]

---

[5] Vgl. DIN Deutsches Institut für Normung (2009, DIN-Taschenbuch 472).
[6] In enger Anlehnung an Saynisch und Bürgers (2008).

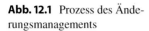**Abb. 12.1** Prozess des Ände-
rungsmanagements

Stellen eines Änderungsantrags

Für jede Änderung einer freigegebenen Konfiguration ist grundsätzlich ein Änderungs-
antrag zu stellen. Darin beschriebene Hinweise zur Dringlichkeit sowie Auswirkungen
der geplanten Änderungen müssen für Dritte problemlos nachvollziehbar sein. Um das
Verfahren zu vereinfachen, stellt das Konfigurationsmanagement ein Änderungsantragsformular (Werkzeug 12.4.3) zur Verfügung und überwacht nun die ordnungsgemäße Antragstellung.

Vorbereiten einer Änderungskonferenz

Die Änderungsanträge werden zunächst an zentraler Stelle gesammelt und alle formalen
und inhaltlichen Vorbereitungen zur Durchführung einer Änderungskonferenz vorgenommen. Dazu gehört die Kennzeichnung, die Klärung fachlicher Fragen, die Analyse sowie
die Klassifizierung der Änderung hinsichtlich Dringlichkeit einerseits und Grad der Auswirkungen andererseits.

Beurteilen und Genehmigen der Änderung

Ein Konfigurationsausschuss (bestehend aus einem Qualitätsfachmann, weiteren Fachleuten, deren Fachgebiet von der Änderung betroffen ist und des Systemleiters, bei Kleinprojekten ersetzt der Projektleiter den Ausschuss) führt die Änderungskonferenz durch.
Dort wird die Änderung unter Berücksichtigung ihrer Auswirkungen beurteilt und für
eine bestimmte Verwendung (z. B. nur für eine bestimmte Verifikationsmaßnahme oder
nur für ein Review) genehmigt. Die Genehmigung setzt allerdings das Einverständnis des
Projektleiters voraus, der die Termin- und Kostenauswirkungen verantworten muss. Die
Genehmigung wird dann (etwa in Form einer „Änderungsanweisung") an die betroffenen
Fachabteilungen übermittelt.

Überprüfen und Freigeben der Dokumentenänderung

Die Fachabteilungen arbeiten die Änderungen in die betreffenden Dokumente ein. Anschließend muss das Konfigurationsmanagement die geänderten Dokumente formal und inhaltlich überprüfen. Ist das der Fall und sind alle Angaben stimmig, erfolgt die endgültige Freigabe zur vorgesehenen Verwendung durch eine autorisierte Freigabestelle.

Verifizieren der Änderung

Ist das Produkt gemäß freigegebener Änderung modifiziert worden, erfolgt die Verifikation der vorgegebenen Änderung. Damit wird nachgewiesen, dass die Produktänderung auf Grundlage der freigegebenen Dokumentenänderungen vorgenommen wurde und damit die Konsistenz von Produkt und Konfigurationsangaben gewährleistet ist.

12.2.3.4 Buchführen von Konfigurationen und Konfigurationsänderungen

Die Konfigurationsbuchführung hat die Aufgabe, die Konfiguration und ihre Entwicklung zu dokumentieren. Dazu gehören vor allem folgende Aufgaben:

- Registrierung
- Ablage und Archivierung
- Berichterstattung zu Änderungen und aktuellem Produktzustand
- Gewährleistung der Rückverfolgbarkeit.

Dabei müssen für befugte Dritte alle Änderungen nachvollziehbar und bis zur Bezugskonfiguration rückverfolgbar sein. Entsprechend muss die Konfigurationsbuchführung auf Eindeutigkeit und Transparenz aller Informationen achten.

12.2.3.5 Auditieren

Schließlich hat das Konfigurationsmanagement die Aufgabe, Audits vorzubereiten und durchzuführen. Dabei sind zwei Arten von Audits zu unterscheiden:

Konfigurationsaudits

Im Rahmen von Konfigurationsaudits wird überprüft, ob der aktuelle Produktzustand und die zugehörigen Dokumentversionen genau übereinstimmen. Sie verifizieren damit eine bestimmte Konfiguration.

Konfigurationsmanagement-Audits

Konfigurationsmanagement-Audits werden periodisch durchgeführt und verifizieren die Effizienz des Konfigurationsmanagementsystems des Unternehmens und der Unterauftragnehmer. Der Impuls dazu kann vom Auftraggeber oder auch vom Qualitätsmanagement des eigenen Unternehmens ausgehen.

12.2.4 Koordinieren und Überwachen der Realisierung

Ausgangspunkt der Koordination und Überwachung sind die Anforderungen aus der Spezifikation. Diese müssen der Projektleitung stets vor Augen sein, um die Eignung von Lösungsentwürfen bzw. Konstruktionen beurteilen zu können. Vor allem aus Termin- und Kostengründen dürfen diese Anforderungen nicht „übererfüllt" werden. Der Kleinwagen muss nicht mit den Scheinwerfern der Luxuslimousine ausgerüstet werden. Die Lösung sollte die Anforderungen statt dessen harmonisch erfüllen. Die Koordination und Überwachung bezieht sich auf folgende betriebliche Funktionen:

- Konstruktion und zugehörige Berechnungen
- Beschaffung von Material, Normteilen und Komponenten
- Fertigung der Einzelteile
- Montage und Integration
- Verifikation
- Inbetriebnahme.

Das Projektmanagement hat dafür Sorge zu tragen, dass alle Informationen zur rechten Zeit am rechten Ort vorliegen. Keine Projektleitung darf sich darauf verlassen, dass das offizielle Informations- und Berichtswesen (Abschn. 2.2.5) den vollständigen Informationsausgleich bewältigt. In guten, eingespielten Projektteams mögen dadurch etwa 70 % der Informationen sachgerecht gesteuert werden, doch es bleibt immer ein nennenswerter Teil an Informationen, der nicht „automatisch" die betreffende Stelle erreicht. Deshalb muss der Projektleiter (bzw. System- oder Teilsystemleiter) von Abteilung zu Abteilung gehen und sich darüber informieren, in welchen Bereichen des Projekts wichtige Fragen geklärt, bedeutende Entscheidungen getroffen oder Beschlüsse gefasst wurden. Gleichzeitig achtet er darauf, dass alle Mitarbeiter über relevante Informationen verfügen.

Beispiel: Der Konstrukteur hat den Einsatz von 400 Titanschrauben eingeplant. Erst zum Zeitpunkt der Fertigung stellt sich heraus, dass für diese Schrauben sehr lange Lieferzeiten gelten. Das war dem Fertiger von Anfang an bewusst, doch er war in diese Details der Produktplanung nicht einbezogen worden und konnte das Problem nicht vorhersehen. Es wäre die Aufgabe der Projektleitung gewesen, diesen Zusammenhang zu erkennen und die Verbindung zwischen beiden Fachabteilungen herzustellen.

Folgende Aspekte sind für die Koordination und Überwachung von besonderer Bedeutung:

- Teile mit längeren Lieferzeiten (Norm-, Kauf-, Fertigteilen, besondere Materialien usw.)
- Änderungen aller Art (vgl. Abschn. 12.2.3)
- Kosten- und Terminkonflikte (vgl. Abschn. 12.2.5)

- Entscheidungen aller Art zu Schnitt-/Nahtstellen (vgl. Abschn. 12.2.7)
- Mitgestaltung und Überwachung der Erfüllung der Anforderungen.

Auch in diesem Zusammenhang spielt das menschliche Klima im Projekt eine wichtige Rolle: Fühlen sich die Mitarbeiter wertgeschätzt und gut behandelt, identifizieren sie sich ganz anders mit ihrem Projekt, denken mit, informieren die Führung rechtzeitig bei Problemen und unterstützen sie nach Kräften bei der Lösung dieser Probleme. Lesen Sie dazu bitte auch Kap. 15.

Darüber hinaus überprüft das Projektmanagement, ob die Voraussetzungen für bevorstehende Prozesse (z. B. die Reservierung von Fertigungs- und Montagehallen, Testlabors usw.) gegeben sind.

12.2.5   Minimieren von Soll-Ist-Abweichungen bei Terminen und Kosten

Die Projektleitung ist unter anderem verantwortlich für die Einhaltung von Termin- und Kostenzielen bei gleichzeitiger Erfüllung aller Anforderungen – das gilt für die Konstruktion, die Fertigung, die Montage/Integration sowie auch die Verifikation (vor allem den Tests). Diese Aufgabe gewinnt deswegen an Bedeutung, da durch Globalisierung und den damit verbundenen internationalen Wettbewerb die Termine und die Kosten immer kürzer bzw. knapper bemessen werden – und das bei steigenden Qualitätsanforderungen. Während jedoch die Anforderungen an das Produkt stets erfüllt werden müssen, kommt es bei Terminen und Kosten in jedem Projekt zu Soll-Ist-Abweichungen.

Termine und Kosten sind eng miteinander verzahnt, zwischen beiden gibt es naturgemäß einen Konflikt, den das Projektmanagement kontinuierlich auszubalancieren hat. Um stets „die Hand am Puls" zu haben, fragt die Projektleitung bei ihren Mitarbeitern laufend den Stand der Dinge sowie die absehbaren Entwicklungen und mögliche Kosten- bzw. Terminkonflikte ab. Da die Projektmitarbeiter in vielen Fällen zeitlich ausgelastet sind, bedienen sie im Normalfall zuerst die Vorgesetzten, die den höchsten Druck ausüben. Das ist menschlich, entsprechend sollte sich die Projektleitung im Zweifelsfall nicht einfach auf Zusagen verlassen, sondern die Einhaltung von Kosten und Terminen periodisch überprüfen. Außerdem sollte sie versuchen, die Projektmitarbeiter zur selbstständigen Meldung von absehbaren Termin- und Kostenüberschreitungen zu erziehen, also auch eine pädagogische Aufgabe übernehmen.

Ein Instrument zur Visualisierung der Soll-Ist-Abweichungen von Meilensteinterminen ist die Meilensteintrendanalyse („MTA", Abb. 12.2). Darin lässt sich mitverfolgen, ob die einzelnen Meilensteintermine zu den Berichtsterminen eingehalten werden können (horizontale Linie), verschoben werden müssen (ansteigende Linie) oder vorgezogen werden (fallende Linie).

Abb. 12.2 Meilensteintrendanalyse

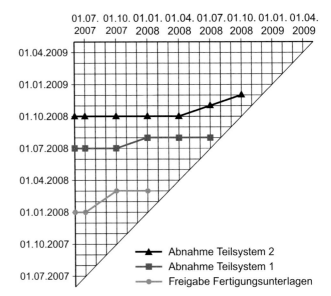

Sofern Soll-Ist-Terminabweichungen absehbar sind, kann die Projektleitung nachfolgende Maßnahmen zur Gegensteuerung ergreifen:

- Mehrarbeit für das Projektteam (Überstunden, Wochenendschichten usw.)
- Einsatz zusätzlicher Ressourcen (mehr Mitarbeiter, Maschinen usw.)
- Verkürzen nachfolgender Vorgänge (nur wenn unvermeidlich, Abschn. 12.2.6).

12.2.6 Anpassen der Projektplanung

Es ist das oberste Gebot für die Projektleitung, die Projektplanung in die Tat umzusetzen. Eine Plananpassung an die Realität darf auf keinen Fall leichtfertig vorgenommen werden, sondern stellt vielmehr die letzte Möglichkeit („ultima ratio") dar. Erst wenn alle anderen Möglichkeiten ausgeschöpft sind, kommt eine Plananpassung infrage. Dabei ist zu bedenken, dass eine vollständige Projektplanung bereits ein komplexes System darstellt, welches mit einem hohen Maß an gedanklicher Durchdringung entwickelt wurde. Jeder nachträgliche Eingriff kann zu unüberschaubaren Wechselwirkungen führen. Außerdem steigt die Gefahr, dass Vorgänge in späteren Projektphasen übermäßig gestaucht werden und damit die Einhaltung des Endtermins gefährden.

Sofern jedoch feststeht, dass Plan und Realität nicht mehr übereinstimmen können, ist eine Plananpassung unvermeidlich, denn Pläne dürfen grundsätzlich nicht veralten und damit an Verbindlichkeit einbüßen. Gründe für eine Plananpassung können Planungs- und Schätzfehler sowie unerwartete Störungen (Krankheit, Maschinenschaden, Abzug von Personal, Lieferungsverzögerungen usw.) sein. Plananpassungen betreffen den Zeit-, den

Ressourcen und den Kostenplan. Der Produktstrukturplan, der Projektstrukturplan sowie die Arbeitspaketbeschreibungen werden üblicherweise nicht mehr geändert.

12.2.7   Antizipieren und Handhaben unerwarteter Probleme

In den Kap. 2 bis 11 wurde ausführlich beschrieben, wie die Projektleitung das Projekt gedanklich durchdringt und vorbereitet. Dennoch können auch bei noch so guter Vorbereitung und Planung jederzeit überraschende Probleme auftreten.

Beispiele: Der einzige Konstrukteur fällt unerwartet wegen eines Krankenhausaufenthaltes für mehrere Wochen aus; ein Schlüssellieferant meldet unangekündigt Insolvenz an usw.

Aus diesem Grunde muss die Projektleitung alle Arten von Problemen im Projektverlauf so gut wie möglich antizipieren[7] und im Falle bereits eingetretener Probleme Schadensbegrenzung betreiben:

12.2.7.1   Allgemeine Empfehlungen zum Antizipieren von Problemen

- **Vorausschauend Denken:** Grundsätzlich sollte die Projektleitung sich mit Hilfe der Projektplanung die anstehenden Vorgänge und damit verbundene Risiken vor Augen führen. Die Checkliste zur Risikoanalyse (Werkzeug 12.4.5) kann dabei helfen.
- **Nahtstellenspezifikation fokussieren:** Die Projektleitung sollte stets die Naht- bzw. Schnittstellen im Blick behalten. Dabei stellen sich Fragen wie *„Sind die Bohrungen mit den geforderten Lochbildern deckungsgleich?" „Ist die Betriebsspannung des gelieferten Elektromotors für den Fensterheber identisch mit der Spannung des Akkumulators des PKW?" usw.*
- **Kritischen Pfad beachten:** Die Vorgänge auf dem kritischen Pfad (Abschn. 10.2.4) sind besonders zu beachten, da Zeitverzögerungen hier den Endtermin gefährden.

12.2.7.2   Empfehlung bei Auftreten von Problemen
Ein guter Projektleiter verlangt von seinen Mitarbeitern, dass sie ihn bei Auftreten eines Problems nicht nur über das Problem informieren, sondern zugleich einen konstruktiven Lösungsvorschlag unterbreiten. Auf diese Weise wird er gleichzeitig informiert und erheblich entlastet. In Abschn. 2.2.6 wurde dazu eine entsprechende Regel vorgeschlagen.

---

[7] Lateinisch *anticipio*: vorwegnehmen, gedankliche Vorwegnahme zukünftiger Ereignisse und Entwicklungen.

12.2.8   Aushandeln von Nachforderungen („Claim Management")

Gemäß DIN 69901-5 ist eine Nachforderung ein „von einem Vertragspartner erhobener Anspruch aufgrund von Abweichungen bzw. Änderungen"[8]. Das Aushandeln solcher Nachforderungen ist eine juristische Aufgabe und damit dem Vertragsmanagement zuzuordnen. Zu diesem Zweck sind erwartete Änderungen und ihre wirtschaftlichen Auswirkungen zu beurteilen, um angemessene Ansprüche gegenüber der anderen Vertragspartei abzuleiten, einvernehmlich zu klären bzw. durchzusetzen. Dabei greift das Vertragsmanagement auf das betriebliche Dokumentationssystem (Abschn. 2.2.5) zurück und arbeitet eng mit dem Konfigurations-/Änderungsmanagement (Abschn. 12.2.3) zusammen. Nachforderungen können nach Vertragsabschluss von beiden Vertragsparteien geltend gemacht werden, jedoch aus unterschiedlichen Gründen:

- **Nachforderungen des Auftraggebers** gegenüber dem Auftragnehmer resultieren gewöhnlich aus Fehlern des Auftragnehmers („mangelnde Erfüllung der vertraglich vereinbarten Pflichten").
- **Nachforderungen des Auftragnehmers** gegenüber dem Auftraggeber leiten sich im Normalfalle aus Änderungs- bzw. Ergänzungswünschen des Auftraggebers („Änderung bzw. Ergänzung der vertraglichen Pflichten") ab.

Handelt es sich um Änderungswünsche des Auftraggebers, leitet das Nachforderungsmanagement folgenden Prozess ein:

- Klären der Änderungswünsche (Zusatzanforderungen, betroffene Teile usw.)
- Erfassen und Dokumentieren der Änderungen gegenüber dem Vertrag
- Planen und Nachkalkulieren der Umsetzung der Änderungswünsche
- Unterbreiten eines Angebotes
- Verhandeln und Abschließen eines Ergänzungsvertrags
- Überprüfen der Pflichterfüllung beider Vertragsparteien

12.2.9   Erledigen weiterer Aufgaben

Schließlich begleiten zwei weitere Aufgabenbereiche die gesamte Realisierungsphase. Sie werden jedoch an anderer Stelle ausführlich behandelt:

- **Kontinuierliche Risikoanalyse:** Abschn. 4.2.4 (hier jedoch nicht mehr zur Überprüfung der prinzipiellen Durchführbarkeit, diese wurde in der Angebotsphase abgeschlossen).
- **Führung und Motivation der Mitarbeiter:** Kap. 15 (Schlüsselqualifikation).

---

[8] DIN Deutsches Institut für Normung (2009, DIN-Taschenbuch 472).

12.3 Beispielprojekt NAFAB

Qualitätssicherung

Nach Auftragserteilung wurde für das NAFAB-Projekt ein Qualitätssicherungsplan ange-
passt. Dazu wurde, auf einen standardisierten Qualitätssicherungsplan zurückgegriffen,
der nur noch einiger Ergänzungen bzw. Modifikationen bedurfte. Bei allen wichtigen
Prozessen der Konstruktion, der Fertigung, der Montage/Integration und vor allem der
Verifikation war der Fachmann des Qualitätsmanagements anwesend und überwachte den
Prozess und die Ergebnisse.

Konfigurationsmanagement

Das NAFAB-Projekt war zu klein, um das offizielle Konfigurationsmanagement einzu-
schalten, statt dessen war es die Aufgabe des Projektleiters. Dazu wurden alle Änderungsanträge gesammelt, zu einem Stichtag darüber befunden und dann die Änderungen veranlasst. Anschließend wurde kontrolliert, dass die neuen Versionen registriert und rechtzeitig
an alle betroffenen Mitarbeiter weitergeleitet und von diesen auch korrekt umgesetzt wurden.

Minimieren von Soll-Ist-Abweichungen

Zur Minimierung der Soll-Ist-Abweichungen wurde laufend überprüft, ob Vereinbarungen eingehalten wurden, ob die Arbeiten wie abgesprochen voranschritten, und ob keine
unvorhergesehenen Ereignisse und Probleme auftraten. Da die Zeitabstände der Kontrolle
gering waren, waren auch die Abweichungen insgesamt gering.

In diesem Projekt wurde viel Zeit verloren, weil erforderliche Tests durch unerwartete
Umweltstörungen verzögert wurden (Abschn. 4.3). Andererseits konnten beispielsweise die Fräsarbeiten an den langen U-Profilen schneller, kostengünstiger und mit höherer
Genauigkeit ausgeführt werden, als ursprünglich angenommen. Diese höhere Genauigkeit vereinfachte wiederum die Montage und die Ausrichtung der Führungsschienen, was
ebenfalls zu einer Zeitersparnis führte.

Koordinieren und Überwachen der Realisierung

Im Rahmen des offiziellen Informations- und Berichtswesens wurden anfangs wöchent-
lich, später zweiwöchentlich regelmäßige Besprechungen von etwa 08:00 bis 10:00 Uhr,
manchmal auch bis 12.00 Uhr durchgeführt. Bei unerwarteten Vorkommnissen wurden darüber hinaus „Ad-hoc-Besprechungen" einberufen. In den eineinhalb Jahren des
NAFAB-Projekts wurden etwa 60 regelmäßige und rund 15 Ad-hoc-Besprechungen ab-
gehalten. Die Besprechungen wurden mithilfe von Aktionslisten (Kleinbesprechungen)
sowie vollständigen Formularsätzen mit Aktionslisten als Anlage (Großbesprechungen)
protokolliert. Daneben wurden Statusberichte (monatlich), Kurzberichte, Störberichte und
Fachberichte eingesetzt.

Auf Grund der guten menschlichen Atmosphäre, die in diesem Projekt vorherrschte,
identifizierten sich die Mitarbeiter mit ihrer Arbeit, dachten in wichtigen Fragen mit und

informierten die Projektleitung zeitnah über alle relevanten Angelegenheiten. Das galt auch für eigene Fehler, da kein Mitarbeiter befürchten musste, unverhältnismäßig gerügt oder persönlich diffamiert zu werden.

Aushandeln von Nachforderungen

Gegen Ende des Projekts übermittelte das Rechnungswesen die Information, dass für das Projekt noch 20.000,00 EUR zur Verfügung ständen. Das Geld wurde in Produktverbesserungen investiert. Dann aber stellte sich heraus, dass dem Rechnungswesen ein Fehler unterlaufen war und damit doch kein Geld mehr zur Verfügung gestanden hatte – somit fehlten also 20.000,00 EUR. Es gab jedoch die Hoffnung, dass der Auftraggeber dem Auftragnehmer auf Grund der vorgenommenen Produktverbesserungen möglicherweise entgegenkommen würde.

Zur Klärung dieser Frage wurde eine Verhandlung mit dem Auftraggeber angesetzt, in der die Kostenursachen im Einzelnen erläutert werden konnten. Nach Vorbringen der Argumente erklärte sich der Auftraggeber bereit, dem Auftragnehmer mit 15.000,00 EUR entgegenzukommen. Dieser Kompromiss war ein großer Erfolg und basierte auf der Tatsache, dass der Verhandlungsschwerpunkt des Auftragnehmers auf fachliche Argumente und nachvollziehbare Leistungen gelegt und keine „Forderungshaltung" eingenommen wurde.

Leider wurde dieser Erfolg im letzten Moment durch den Hauptabteilungsleiter zunichte gemacht: Dieser hatte geglaubt, den Projektleiter unterstützen zu müssen und bestand auf eine Nachforderung in voller Höhe. Der Auftraggeber bedauerte die Wendung des Gesprächs, erinnerte daran, dass er zu nichts verpflichtet sei und zeigte sich nicht mehr kulant.

12.4 Werkzeuge

12.4.1 Checkliste: Konstruktion

<table>
<tr><th colspan="2" align="center">Checkliste: Konstruktion</th></tr>
<tr><td>☐</td><td>Wurden alle Hauptanforderungen des Kunden (Lastenheft) analysiert?</td></tr>
<tr><td>☐</td><td>Wurden alle Schnittstellenanforderungen analysiert?</td></tr>
<tr><td>☐</td><td>Wurden alle Anforderungen erfüllt?</td></tr>
<tr><td>☐</td><td>Werden die geforderten/festgelegten Sicherheitsmargen eingehalten/erfüllt?</td></tr>
<tr><td>☐</td><td>Sind alle Rohstoffe, Normteile, Halbzeuge u. a. Materialien rechtzeitig beschaffbar?</td></tr>
<tr><td>☐</td><td>Wurden die Materialien kosten-, qualitäts-, und zeitoptimal ausgewählt?</td></tr>
<tr><td>☐</td><td>Ist die Herstellungstechnologie bekannt und erprobt?</td></tr>
<tr><td>☐</td><td>Ist die Konstruktion grundsätzlich kosten- und zeitoptimal herstellbar?</td></tr>
<tr><td>☐</td><td>Ist das Produkt transportierbar?</td></tr>
<tr><td>☐</td><td>Liegen alle Fertigungsunterlagen vor?</td></tr>
</table>

12.4.2   Checkliste: Konfigurationsmanagementplan[9]

Checkliste: Konfigurationsplan (KM-Plan)

Rahmenbedingungen des Konfigurationsmanagements

☐ Sind die offiziellen KM-Organe (z. B. Konfigurationsausschuss usw.) eingerichtet?

☐ Sind die KM-Aufgabenbereiche und Weisungsbefugnisse eindeutig beschrieben?

☐ Sind alle Schnittstellen (z. B. zu Partnerunternehmen) abgestimmt?

☐ Liegen die Kriterien der Auswahl von Konfigurationseinheiten vor?

Konfigurationsidentifizierung

☐ Sind die Konfigurationseinheiten bestimmt und in einer Baumstruktur dargestellt?

☐ Sind den Konfigurationseinheiten die zugehörigen Dokumente zugeordnet?

☐ Ist ein geeignetes Nummerierungs-/Kennzeichnungssystem eingeführt?

  ☐ Ist jeder Änderungsstatus (Ausgabe, Änderungsindex) eindeutig identifizierbar?

  ☐ Ist jede Änderung rückverfolgbar?

☐ Ist die Bezugskonfiguration („Baseline") bestimmt?

Änderungssteuerung und Überwachung (Änderungsmanagement)

☐ Ist der Änderungsprozess lückenlos definiert und beschrieben?

☐ Liegt ein Änderungsantragsformular vor?

Konfigurationsbuchführung

☐ Sind die Verfahren zur Sammlung, Aufzeichnung, Verarbeitung, und Pflege aller KM-Daten eindeutig geklärt und beschrieben?

☐ Sind Inhalt und Format aller Berichte festgelegt?

Produktauditierung und Auditierung des KM-Systems

☐ Sind alle durchzuführenden Audits erfasst und zeitlich bestimmt?

☐ Sind erforderliche Vorbereitungen für die Audits getroffen bzw. bedacht?

---

[9] Vgl. DIN Deutsches Institut für Normung (2009, DIN-Taschenbuch 472).

12.4.3   Änderungsantrag[10]

Änderungsantrag	
Dokument Nr.:	Erstellungsdatum:
Projektname:	Erstellende Abteilung:
Antragsteller:	Ersteller:
Antrag Nr.:	Seite von
Betroffenes Bauteil	
Teil-Nr.:	Spezifikations-Nr.:
Teilbezeichnung:	Konfigurationseinheit:
Betoffene Baugruppe:	Zeichnungs-Nr.:
Ergebnisse der Änderungskonferenz	
Begründung der Änderung:	
Beschreibung der Änderung:	
Zu ändernde Unterlagen:	
Zu ändernde Geräte und Betriebsmittel:	
Auswirkungen:	
Änderungsklasse:	Änderungspriorität:
Stellungnahmen:	
Änderung wirksam ab:	Nachrüstung erfolgt ab:
Änderung beantragt: (Name, Datum, Unterschrift)	
Genehmigung durch Änderungskonferenz: (Name, Datum, Unterschrift)	

---

[10] In enger Anlehnung an Saynisch und Bürgers (2008).

12.4.4   Richtlinie: Vorbereitung von Vertragsabschlüssen mit Testinstituten[11]

Richtlinie: Vorbereitung von Vertragsabschlüssen mit Testinstituten

1   Bereitstellen der anzuwendenden Dokumente

1.1 Testvorschrift

1.2 Zeichnungen

1.3 Katalog der technischen Anforderungen an die Testanlagen

1.4 Katalog der zu erbringenden Leistungen der Testanlagenbetreiber

1.5 Testbaum

1.6 Testplan

1.7 Testmatrix

2   Auflisten und Beschreiben der Testobjekte

2.1   Auflisten der Testobjekte

2.2   Beschreiben der Testobjekte

2.2.1 Abmessungen

2.2.2 Gewicht (ggf. auch Schwerpunkt, Massenträgheitsmoment)

2.2.3 Befestigungsart an Hebevorrichtungen und Testanlagen

3   Auflisten von Anforderungen an die Testanlage

3.1 hinsichtlich durchführbarer Testart

3.2 hinsichtlich Art und Umfang der Aufzeichnung der Testergebnisse

3.3 hinsichtlich Art und Möglichkeiten der Umweltgestaltung im Testlabor

3.4 hinsichtlich Eigenschaften und Ausrüstung des Testlabors

4   Beurteilen und Priorisieren der verfügbaren Testanlagen

4.1 Einzelteilebene

4.2 Komponentenebene

4.3 Geräteebene

4.4 Teilsystemebene

4.5 Gesamtsystemebene

5   Auflisten erforderlicher Hilfsmittel des Auftragnehmers

5.1 Hebevorrichtungen

5.2 Transportvorrichtungen

5.3 Testvorrichtungen

5.4 Vorrichtungen zur Lagerung

---

[11] Im Sinne der Betreiber der Testanlagen.

6   Auflisten und Beschreiben eigener Tätigkeiten/Leistungen im Rahmen der Tests

7   Auflisten und Beschreiben erwarteter Tätigkeiten/Leistungen des Testinstituts

8   Auflisten und Beschreiben selbst bereitgestellter Hard-/Software

9   Auflisten und Beschreiben der vom Testinstitut bereitzustellenden Hard- und Software

10 Auflisten und Beschreiben der Verantwortlichkeiten

    10.1 Berechnungsingenieur

    10.2 Konstrukteur

    10.3 Versuchsingenieur

    10.4 Qualitätsmanager

    10.5 Versuchsanstaltbetreiber

    10.6 Fertigungsingenieur

    10.7 Teilsystemleiter

    10.8 Projektleiter

11 Erstellen eines Belegungszeitplans in Absprache mit den Testanlagenbetreibern

12 Ermitteln der Kosten für die Tests

13 Überprüfen bzw. Aktualisieren der Eichung aller Testanlagen

14 Auswählen des Testinstituts/Testanlagenbetreibers

15 Führen von Vertragsverhandlungen

16 Abschließen des Vertrags

12.4.5   Checkliste: Testattrappen

Checkliste: Testattrappen
☐ Wurde eindeutig bestimmt:
☐ Zuständigkeit für die Auswahl der Attrappenarten
☐ Art und Anzahl der Attrappen?
☐ Anforderungen, die die einzelnen Attrappen erfüllen müssen?
☐ Zuordnung der Attrappen zu den Testobjekten und Versuchen
☐ Anzuwendende Dokumente (Anforderungskatalog, Zeichnungen usw.)
☐ Nahtstellen (Befestigungsart und -geometrie) der Attrappen
☐ Erforderliche Hilfsvorrichtungen (Hebe-, Transport-, Lagervorrichtungen usw.)
☐ Wurde im Kosten- und Zeitplan berücksichtigt, dass die Attrappen ...
☐ ... konstruiert
☐ ... hergestellt, ausgeliehen bzw. beschafft
☐ ... transportiert, ein- und ausgebaut
☐ ... geprüft werden müssen?
☐ Wurde bei Entleihen von Attrappen aus anderen Projekten überprüft, ...
☐ ... wem sie gehören bzw. wer über sie verfügt?
☐ ... ob der Eigentümer mit der Verwendung/Änderung einverstanden ist?
☐ ... wer die Attrappen wann und wo zur Verfügung stellt?
☐ … ob sie alle Anforderungen erfüllen?
☐ ... ob die Befestigungsart und das Lochbild identisch sind?
☐ ... ob Änderungen bzw. Anpassungen vorgenommen werden müssen?
☐ ... wie hoch die damit verbundenen Gesamtkosten ausfallen?

12.4.6 Inhaltsverzeichnis: Testvorschrift

Inhaltsverzeichnis: Testvorschrift
1   Anwendungsbereich, Zweck der Versuche
2   Dokumente
    2.1   Anzuwendende Dokumente
        2.1.1 Testbaum
        2.1.2 Testmatrix
        2.1.3 Testplan
        2.1.4 PM-Handbuch
        2.1.5 Anforderungslisten und Vorschriften
        2.1.6 Zeichnungen und Stücklisten
    2.2   Referenzdokumente

3   Vorgaben der Qualitätssicherung (Produktsicherung)
    3.1 Verantwortlichkeiten
    3.2 Zugelassene Teilnehmer

4   Beschreibung des Prüfobjekts und seines Konfigurationsstatus
5   Anforderungen an das Testumfeld
    5.1 Anforderungen an das Personal
    5.2 Anforderungen an Umweltbedingungen
    5.3 Anforderungen an Kontrollmessmittel/Instrumentierung

6   Detaillierte Beschreibung der Tests
    6.1 Zu verwendende Testobjekte
    6.2 Ausrüstung der Testobjekte
    6.3 Testaufbau
    6.4 Beschreibung der Testdurchführung (Schritt für Schritt)
    6.5 Stufen der Testbelastungen und Art der Testlasten
    6.6 Aufzeichnung der Testergebnisse
    6.7 Qualitätsprüfungen
    6.8 Messgenauigkeiten/Definitionen
    6.9 Zulässige Toleranzen

7   Dokumentation
8   Verpackung, Lagerung, Transport
9   Anlagen
    Messstellenplan
    Zeichnungen und Stücklisten von Testobjekt, Attrappen, Vorrichtungen usw.

12.4.7   Inhaltsverzeichnis: Testprotokoll

Inhaltsverzeichnis: Testprotokoll
1   Beschreibung der Tests
   1.1   Testobjekte
         1.1.1 Ausrüstung der Testobjekte
         1.1.2 Beschreibung und Anbringung der Messgeber
         1.1.3 Getestete Konfiguration
   1.2   Durchgeführte Testarten
   1.3   Gewählte Belastungsarten
   1.4   Schritte der Testdurchführung

2   Testergebnisse
   2.1   Datensammlung aller Testschriebe
   2.2   Vorläufige Bewertung der Ergebnisse
   2.3   Abweichungen von erwarteten Ergebnissen
         2.3.1 Abweichungen von der Testvorschrift
         2.3.2 Abweichungen von der erwarteten Belastung
         2.3.3 Andere Abweichungen

3   Teilnehmer
   3.1 Teilnehmer der Auftraggeberseite
   3.2 Teilnehmer der Auftragnehmerseite
   3.3 Teilnehmer der Testanlage

4   Umweltverhältnisse
   4.1 Temperaturen
   4.2 Luftfeuchtigkeit
   4.3 Luftdruck
   4.4 Andere

5   Protokollierung der Eichtermine der Messanlagen

   Anlage
   Messprotokolle
   Messschriebe

12.4.8   Inhaltsverzeichnis: Testbericht

Inhaltsverzeichnis: Testbericht

0   Zusammenfassung
1   Beschreibung der durchgeführten Tests
   1.1   Testobjekte
       1.1.1 Ausrüstung der Testobjekte
       1.1.2 Beschreibung und Anbringung der Messgeber
       1.1.3 Getestete Konfiguration
   1.2   Durchgeführte Testarten
   1.3   Gewählte Belastungsarten
   1.4   Schritte der Testdurchführung

2   Analyse und Deutung der Testergebnisse
   2.1   Analyse der Datensammlung
   2.2   Auswertung und Bewertung der Ergebnisse
   2.3   Analyse aller Abweichungen von erwarteten Ergebnissen
       2.3.1 Analyse und Bewertung der Abweichungen von der Testvorschrift
       2.3.2 Analyse und Bewertung der Abweichungen von der erwarteten Belastung
       2.3.3 Analyse und Bewertung aller anderen Abweichungen

3   Auswertung der Ergebnisse
   3.1   Grad der Erfüllung aller Anforderungen
   3.2   Erforderliche Änderungen bei Nichterfüllung der Anforderungen
       3.2.1 Änderungen in der Konstruktion
       3.2.2 Änderungen in der Fertigung
       3.2.3 Änderungen in der Montage und der Integration
       3.2.4 Änderungen der Testvorschrift
   3.3   Begründung und Beschreibung erforderlicher Änderungen
   3.4   Erwartete Auswirkungen der Änderungen
       3.4.1 Technische Auswirkungen
       3.4.2 Kostenauswirkungen
       3.4.3 Zeitliche Auswirkungen

4   Anlage
   Messprotokolle
   Messschriebe

12.5   Lernerfolgskontrolle

1. Welche Planungsdokumente aus dem Angebot sind nach Auftragserteilung detailliert auszuarbeiten – und welche nicht?
2. Nennen Sie die Inhalte des Qualitätssicherungsplans.
3. Welche Maßnahmen hat die Qualitätssicherung in der Realisierungsphase durchzuführen?
4. Warum stellen Änderungswünsche bzw. Änderungen im Projektablauf ein erhebliches Risiko für den Projekterfolg dar?
5. Welches Ziel verfolgt das Konfigurationsmanagement?
6. Wie kann ein Konfigurationsmanagementplan aufgebaut sein?
7. Welche Aufgaben fallen im Rahmen des Konfigurationsmanagements an?
8. Warum muss die Projektleitung die Anforderungen aus der Spezifikation stets vor Augen haben?
9. Welche Aspekte sind für die Koordination und Kontrolle von besonderer Bedeutung?
10. Aus welchem Grunde gewinnt die Einhaltung von Kosten- und Terminzielen grundsätzlich an Bedeutung?
11. Welche Maßnahmen kann die Projektleitung ergreifen, um Soll-Ist-Abweichungen von Terminen zu verringern?
12. Erläutern Sie Aufbau und Nutzen der Meilensteintrendanalyse.
13. Aus welchem Grunde sollte eine Plananpassung immer nur im Notfall vorgenommen werden?
14. Welche Pläne sind gewöhnlich von einer Plananpassung betroffen – und welche nicht?
15. Welche Ansatzpunkte hat die Projektleitung, um Probleme in der Realisierungsphase zu antizipieren?
16. Was versteht man unter „Claim Management"?
17. Aus welchen Gründen können Nachforderungen erhoben werden – und von wem?
18. Welche Schritte sind im Rahmen des Claim Managements abzuarbeiten?

Abschließen des Projekts 13

13.1 Vorüberlegungen

Die Abschlussphase verfolgt im Kern drei wichtige Ziele:

- Zufriedenstellung des Kunden
- Formaljuristische Entlastung des Projektmanagements
- Nutzung von Lernpotenzialen für den kontinuierlichen Verbesserungsprozess.

Aus diesen Zielen leiten sich zwei Hauptaufgabenfelder für das Projektmanagement ab: Die Abwicklung der Endabnahme und die Absicherung der im Projekt gewonnenen Erfahrungen.

13.1.1 Wesen der Endabnahme

Die Endabnahme stellt den juristisch offiziellen Abschluss des Projekts dar. Hier sind alle vertraglich definierten Lieferungen zu übergeben und alle ausstehenden Leistungen zu erbringen. Art und Umfang einer Endabnahmeveranstaltung sind abhängig vom Produkt: So kann eine kleine Anlage in wenigen Stunden übergeben und die Anwender eingewiesen werden. Die Übergabe eines Passagierschiffes kann dagegen eine Woche in Anspruch nehmen. Der Erfolg der Endabnahme steht und fällt mit einer guten Vorbereitung.

13.1.2 Bedeutung der Erfahrungssicherung

Mit seinem Statement „*Projekte lernen schlecht*" umschreibt Schelle treffend das Problem, dass im betrieblichen Projektalltag viele Lernchancen vertan werden, da die ge-

© Springer Fachmedien Wiesbaden 2015 303
R. Felkai, A. Beiderwieden, *Projektmanagement für technische Projekte*,
DOI 10.1007/978-3-658-10752-9_13

machten Erfahrungen häufig nicht systematisch gesammelt und ausgewertet werden.[1] Das führt dazu, dass die Projektverantwortlichen im nächsten Projekt in vielen Entscheidungssituationen das Rad neu erfinden müssen. Natürlich verursacht eine systematische Erfahrungssicherung zusätzliche Kosten, doch diese sind eine lohnenswerte Investition in die Zukunft.

Projekterfahrung kann mit einem wertvollen Rohstoff verglichen werden, der jedoch erst einmal zutage gefördert und noch weiterverarbeitet werden muss, um zukünftig verfügbar und von Nutzen zu sein. Dieser Rohstoff kann aus allen Projekten bezogen werden, besonders aus den erfolglosen. Unmittelbar nach der Endabnahme ist der ideale – und oft auch einzig mögliche – Zeitpunkt für eine reguläre Erfahrungssicherung. Diese auszulassen bedeutet, wertvolle Ressourcen mit vollen Händen zu verschenken.

Die Erfahrungssicherung stellt im Übrigen für das Qualitätsmanagement einen wichtigen Baustein im Kreislauf des kontinuierlichen Verbesserungsprozesses dar. Ihre Ergebnisse sollten periodisch im Projekthandbuch (Abschn. 2.2.7) ihren Niederschlag finden.

13.1.3   Der Projektabschluss als Kleinprojekt

Ein professioneller Projektabschluss – insbesondere der Abschluss großer Projekte – hat nach Hamburger und Spirer selbst Projektcharakter:[2] Um die Ziele der Abschlussphase zu erreichen, ist, analog zu einem Projekt, ein Konzept der Endabnahmeveranstaltung zu entwickeln, ein Plan mit Aufgaben, Verantwortungsbereichen und zeitlichem Ablauf zu erarbeiten und schließlich die Durchführung zu koordinieren. Abbildung 13.1 zeigt beispielhaft einen „Miniprojektstrukturplan" für den Projektabschluss, der aus dem Konzept der Endabnahmeveranstaltung abzuleiten ist.

Dabei sind zwei Aspekte zu berücksichtigen:

- Die Aufgaben und Verantwortlichkeiten der Endverifikation sind bereits im regulären Projektstrukturplan geregelt. An dieser Stelle ist sie der Vollständigkeit halber aufgeführt.
- Die Endverifikation nimmt rund 80 % des Aufwandes der Abschlussphase in Anspruch.

Dieser *Miniprojektstrukturplan für die Abschlussphase* macht deutlich, dass das Projekt noch nicht vorbei ist und auch diese kurze Phase professionell abgewickelt werden kann.

---

[1] Schelle (2010).
[2] Vgl. Schelle (2008).

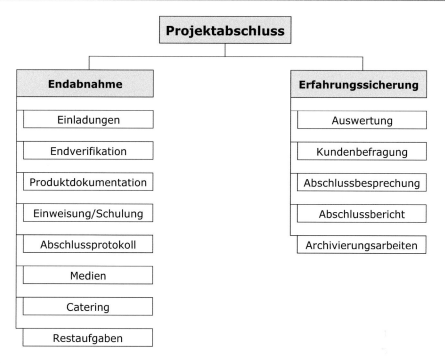

Abb. 13.1 Beispiel für einen Projektstrukturplan für den Projektabschluss

13.2   Was ist zu tun?

13.2.1   Vorbereiten der Endabnahme

Die Endabnahme ist kaufmännisch und juristisch von erheblicher Bedeutung und muss daher unbedingt gut vorbereitet werden. Dabei ist zu bedenken, dass im Verlauf der Endabnahme die eingeladene Prominenz aus unterschiedlichen Motiven den Kontakt zum Projektleiter und auch zu anderen hochrangigen Projektverantwortlichen suchen wird. Dabei können wertvolle Kontakte geknüpft und Bekanntschaften vertieft werden, die für zukünftige Projekte von Vorteil sein können. Deshalb bleibt nach Eintreffen der Gäste häufig nur noch wenig Zeit für Koordination der Abnahmeveranstaltung. Auch aus diesem Grunde ist eine sorgfältige Vorbereitung der Endabnahme unumgänglich. Sie ist mit folgenden Aufgaben verbunden:

- Konzipieren der Endabnahme
- Ableiten und Verteilen erforderlicher Aufgaben
- Überprüfen der abgeschlossenen Vorbereitungsmaßnahmen.

13.2.1.1 Konzipieren der Endabnahme

Zunächst ist ein – mindestens grob gehaltenes – Konzept für die Abnahmeveranstaltung zu erarbeiten, welches Antworten auf folgende Fragen liefern muss:

- Wer vertritt den Auftraggeber – und wer vertritt uns? Welche Mitarbeiter welcher hierarchischen Ebene werden das Produkt abnehmen – und wer sollte entsprechend von uns dabei sein? Was werden die hochrangigen Manager tun, während die Fachleute die Abnahmearbeiten ausführen?
- Sind weitere Gäste zu erwarten? Werden beispielsweise Presse oder Lokalpolitiker anwesend sein (siehe unten)?
- Welche Verifikationsmaßnahmen fallen an? Im Normalfall stehen Abschlusstests und Inspektionen im Vordergrund.
- Soll der Test beim Auftraggeber unter realen Einsatzbedingungen erfolgen?
- Werden Testvorrichtungen oder andere Gerätschaften benötigt?
- Welche Dokumente müssen in welcher Form vorliegen?
- Welche Abnahmeleistungen fallen an? Sind Mitarbeiter des Auftraggebers einzuweisen, zu schulen oder bei der Inbetriebnahme zu betreuen?
- Wie soll die Abnahme dokumentiert werden? Ist ein Abnahmeprotokoll ausreichend? Soll zusätzlich ein Abnahmebericht erstellt werden?
- Wie wird die Erfüllung aller Leistungen juristisch korrekt dokumentiert?
- Wie soll der Rahmen der Veranstaltung aussehen (z. B. Empfang, Catering, Pausen, Abschlussparty mit dem Auftraggeber)?
- In welchen Räumen soll zu welcher Zeit was stattfinden?

Ergebnis dieser Überlegungen ist ein mindestens grob skizziertes schriftliches Abnahmekonzept einschließlich Raum- und Ablaufplan.

13.2.1.2 Ableiten und Verteilen erforderlicher Aufgaben

Aus dem Abnahmekonzept lassen sich nun alle Aufgaben ableiten, die im Rahmen der Abnahme anfallen. Diese betreffen die Vorbereitung sowie die Durchführung der Veranstaltung und sollten in einer Liste vollständig erfasst werden. Beispiele für die wichtigsten Aufgaben sind:

- Einladen von Auftraggeber und Gästen
- Vorbereiten und Durchführen aller vertraglich vereinbarten Abnahmeleistungen (Tests, Einweisungen und Schulungen von Anwendern, Betreuen der Inbetriebnahme usw.)
- Bereitstellen von Test- und Inspektionsvorrichtungen
- Erstellen ausstehender Dokumente (Testvorschriften, Einweisungsunterlagen usw.)
- Vorbereiten des Abnahmeprotokolls (siehe unten)
- Zusammenstellen sämtlicher Dokumente, die übergeben werden sollen
- Einschalten von Medien (Beauftragung eines Pressesprechers, alle Medien sind zeitgleich zu informieren)

- Organisieren von Catering und Musik
- Bereitstellen von Ausweisen, Schutzhelmen, Kleidung usw.
- Empfangen und Betreuen der Vertreter des Auftraggebers und weiterer Gäste
- Führen des Abnahmeprotokolls
- Koordinieren aller Maßnahmen vor Ort
- Entsorgen von Hardware (Testmodelle, Vorrichtungen, ggf. Ausstellung in Museen/Vitrinen, Weiterverwendung in anderen Projekten/Betriebsteilen, Verschrottung).

Alle Aufgaben werden in der Aktionsliste (Werkzeug 2.4.2) erfasst und entsprechende Verantwortlichkeiten zugeordnet.

Vorbereiten eines Abnahmeprotokolls
Die Dokumentation der Abnahme wird in der Praxis in unterschiedlicher Form vorgenommen. So kann ein „Abnahmebericht" erstellt werden, welcher wiederum ein „Übergabeprotokoll" und ein separates „Übernahmeprotokoll" enthalten kann. Aus Sicht der Autoren ist jedoch ein Abnahmeprotokoll im Normalfall völlig ausreichend.

Das Abnahmeprotokoll wird in der Regel vom Auftragnehmer vorbereitet. Es dokumentiert den juristischen Abschluss des Projekts und knüpft inhaltlich am Projektvertrag an, welcher die Messlatte für die Abnahme darstellt. Die Übergabe der mängelfreien Lieferungen und die Erbringung aller Leistungen werden im Abnahmeprotokoll sorgfältig dokumentiert. Dazu sind alle Anforderungen aus dem Lastenheft bzw. der Spezifikation sowie alle zu erbringenden Leistungen aus dem Pflichtenheft bzw. dem Leistungsverzeichnis (Statement of Work) im Sinne einer Checkliste beizulegen. Für den Anhang sind eine Mängel- und eine Nachbesserungsliste vorzubereiten. Eine Übersicht über die wichtigsten Inhalte des Abnahmeprotokolls enthält Werkzeug 13.4.2.

13.2.1.3   Überprüfen der abgeschlossenen Vorbereitungsmaßnahmen
Vor Beginn der eigentlichen Endabnahme sollte die Projektleitung mithilfe der Checkliste (Werkzeug 13.4.3) überprüfen, ob alle Vorbereitungen sachgerecht abgeschlossen sind.

13.2.2   Durchführen der Endabnahme

Das Projektmanagement koordiniert den geordneten Ablauf der Endabnahmeveranstaltung oder delegiert die Koordination an entsprechende Führungskräfte. Im Mittelpunkt der Endabnahme steht die Verifikation des Endprodukts, vor allem in Form von Tests und Inspektionen. Alle Verifikationsergebnisse werden im Abnahmeprotokoll dokumentiert. Zu diesem Zweck haken Auftraggeber und Auftragnehmer gemeinsam alle Anforderungen im Lastenheft (bzw. Spezifikation) und alle Leistungen im Pflichtenheft (Leistungsverzeichnis, Statement of Work) nach und nach ab.

Sofern Anforderungen nicht erfüllt werden oder sonstige Mängel bemerkt werden, werden diese sofort in einer „Mängelliste" erfasst. Anschließend werden in einer Nachbesserungsliste alle erforderlichen Nachbesserungen aufgelistet. Die Auflistung von Nachbesserungen stellt in der betrieblichen Projektpraxis nicht die Ausnahme, sondern die Regel dar. Diese Nachbesserungen sowie weitere ausstehende Leistungen des Auftraggebers werden mit Terminen versehen und sind umgehend durchzuführen. Abhängig von Projekt und Geschäftsbeziehung beider Vertragsparteien können diese bereits zum Zeitpunkt der Endabnahmeveranstaltung oder erst nach Vornahme der Nachbesserungen mit ihrer Unterschrift das Projekt formaljuristisch abschließen. Die Nachbesserungsliste wird außerdem für die Erfahrungssicherung benötigt.

Die Endabnahme sollte schließlich durch eine feierliche Abschlussveranstaltung (Abschlussparty, kaltes Buffet usw.) mit dem Auftraggeber abgerundet werden. In diesem ungezwungenen Rahmen hat der Projektleiter noch einmal die Möglichkeit, in informellen Gesprächen die Kundenzufriedenheit abzufragen und auch mögliche Unstimmigkeiten zu bereinigen. Darüber hinaus kann hier die Akquisition neuer Aufträge eingeleitet werden.

Im Anschluss an die offizielle Abnahme fallen für die Projektleitung noch einige Restaufgaben an: Zunächst sind die Konten der Arbeitspakete zu schließen, um zu verhindern, dass diese mit offenen Positionen belastet werden, für die keine anderen Kostenträger gefunden wurden. Der Projektleiter muss in jedem Falle überprüfen, ob die ausstehenden Leistungen aus der Mängel- bzw. Nachbesserungsliste sachgerecht und zur Zufriedenheit des Auftraggebers erbracht wurden. Schließlich ist dem Auftraggeber die Abschlussrechnung zu stellen und die Überprüfung der ausstehenden Zahlungseingänge anzuordnen.

13.2.3 Absichern der Erfahrungen

Abschließend ist die große Chance zu Nutzen, sämtliche Erfahrungen, die im Rahmen des Projekts gesammelt wurden, zu erfassen, aufzubereiten, auszuwerten und zu archivieren. Dieses Vorgehen ist Voraussetzung für einen systematisch angelegten kontinuierlichen Verbesserungsprozess (KVP) im Sinne des Qualitätsmanagements und gleichzeitig ein wichtiges Element eines betrieblichen Wissensmanagements. In diesem Zusammenhang fallen folgende Aufgaben an:

- Erfassen und Auswerten quantitativer Projektdaten
- Befragen der Kunden
- Befragen der Mitarbeiter
- Aufbereiten der Informationen
- Leiten der Abschlussbesprechung
- Erstellen eines Abschlussberichts.

13.2.3.1 Erfassen und Auswerten quantitativer Projektdaten

Erfassen der Projektdaten

Zunächst sind alle relevanten Projektdaten als Planungswerte (Soll-Werte) sowie als tatsächlich realisierte Ist-Werte zu erfassen. Dabei gilt: Je genauer die Datengrundlage, desto aussagefähiger die Auswertung. Beispiele für solche Projektdaten sind:

- Umsatz (EUR)
- Gesamtkosten (EUR)
- Kosten je Kostenart (EUR)
- Dauer von Aktivitäten, Vorgängen, Phasen (in Stunden, Tagen, Wochen, Monaten, Jahren)
- Anzahl der Mitarbeiter (getrennt nach Funktion und Betriebszugehörigkeit)
- Anzahl der Änderungen am Produkt (je Konfigurationseinheit)
- Anzahl der Fehler/Ausfälle (des Gesamtsystems, und je Teilsystem)
- Technische Daten des Systems (Leistung, Volumen, Gewicht, Speicherbedarf usw.)
- Qualität der Ergebnisse (Hard/Software, Leistungen usw.)

Ermitteln von Kennzahlen und Kennzahlsystemen

Auf Grundlage der eingegebenen Daten lässt sich nun eine Vielfalt an Kennzahlen (Maßzahlen) ermitteln. Dabei sind absolute Kennzahlen (z. B. Anzahl der Mitarbeiter) und relative Kennzahlen (Verhältniszahlen, z. B. Kosten je Mitarbeiter) zu unterscheiden. Diese Kennzahlen machen es möglich, „Äpfel mit Birnen zu vergleichen", denn sie erlauben den Vergleich unterschiedlich gearteter Projekte. Beispiele für wichtige Kennzahlen werden in Tab. 13.1 vorgestellt. Kennzahlen können zu komplexen Kennzahlsystemen erweitert werden. Ein Beispiel dafür ist das ROI-Schema nach Dupont (Abb. 4.1 in Abschn. 4.2.2).

Analysieren von Soll-Ist-Abweichungen

In einer „Abweichungsanalyse" werden jeweilige Soll-Werte (Planwerte) und Ist-Werte gegenübergestellt und einer kritischen Analyse unterzogen. Die Ergebnisse der Abweichungsanalyse werden der internen Abschlussbesprechung als Diskussionsgrundlage zu Grunde gelegt.

Tab. 13.1 Beispiele für Projektkennzahlen

Kennzahl	Berechnung	Einheit
Gewinn	Umsatz – Kosten (EUR)	EUR
Rentabilität	Gewinn/durchschnittlich investiertes Kapital	Prozent
Kostenanteil Konstruktion	Konstruktionskosten/Gesamtkosten	Prozent
Zeitanteil Konstruktion	Konstruktionsdauer/Gesamtdauer	Prozent
Mitarbeiteranteil Konstruktion	Konstrukteure/Anzahl Projektmitarbeiter	Prozent
Fehlerquote	Anzahl fehlerhafter Teile/Gesamtanzahl Teile	Prozent

13.2.3.2   Befragen der Kunden

Die Ergebnisse der Kundenbefragung, die in zunehmendem Maße vom Qualitätsmanagement verlangt werden, stellen ebenso wie die Auswertung der quantitativen Projektdaten eine wichtige Diskussionsgrundlage für die Abschlussbesprechung dar. Die Kundenbefragung kann auf unterschiedliche Weise erfolgen:

- **Informelle Befragung im Rahmen der Abnahme:** Im Rahmen der offiziellen Endabnahme hat der Auftragnehmer üblicherweise die Möglichkeit, mit dem Kunden bei Sekt und Fischbrötchen ein informelles Gespräch zu führen, in dem er wichtige Informationen in Erfahrungen bringen kann. Informelle Gespräche liefern häufig Informationen, die auf offiziellem Wege nicht weitergeleitet werden würden.
- **Feedbackbesprechung mit dem Kunden:** Der Auftragnehmer kann mit den Kunden eine offizielle Feedbackbesprechung vereinbaren. Für den Fall, dass der Auftraggeber zur internen Abschlussbesprechung eingeladen wird, sollte dennoch ausreichend Zeit für eine interne Reflexion – ohne Anwesenheit des Auftraggebers – übrig bleiben.
- **Schriftliche Befragung:** Der Einsatz von Fragebögen ist so verbreitet wie problematisch: Ein qualifizierter Fragebogen hat den großen Vorteil, dass er einheitlich an alle Auftraggeber ausgegeben werden kann und damit die Auswertung erleichtert. Gleichwohl wird die Befragung in vielen Unternehmen bzw. Organisationen als lästige Modeerscheinung wahrgenommen. Über den Einsatz eines Fragebogens (Werkzeug 13.4.4) ist aus diesen Gründen mit Fingerspitzengefühl zu befinden.

13.2.3.3   Befragen der Mitarbeiter

Ebenso wie die Kundenbefragung kann auch eine systematische Mitarbeiterbefragung als Input für die bevorstehende Abschlussbesprechung genutzt werden. Und auch hier muss – analog zur Kundenbefragung – abgewogen werden, ob sie dem Betrieb und den Mitarbeitern zumutbar ist („Schon wieder eine Befragung?"). Dabei kann auf die Fragen aus Werkzeug 13.4.5 (Leitfragen zur Reflexion in der Abschlussbesprechung) zurückgegriffen werden.

13.2.3.4   Aufbereiten der Informationen

Dem Projektleiter liegen damit noch vor Beginn der Abschlussbesprechung folgende Informationen vor:

- Projektkennzahlen
- Ergebnisse der Abweichungsanalysen
- Ergebnisse der Kundenbefragung
- Ergebnisse der Mitarbeiterbefragung.

Diese Informationen sollten aufbereitet und in Form anschaulicher und aussagefähiger Diagramme visualisiert werden, um in der Abschussbesprechung keine Zeit zu verlieren. Die Originalunterlagen (Kalkulationen, Fragebögen usw.) sollten in der Abschlussbesprechung zur Beantwortung weiterführender Fragen vorliegen.

13.2.3.5   Leiten der Abschlussbesprechung

Ziel und Inhalt

Während die Startsitzung das Projekt betriebsintern eröffnete, schließt die Abschlusssitzung das Projekt betriebsintern ab. Im Mittelpunkt der Abschlussbesprechung steht die Reflexion („Manöverkritik") des Projekts, die auf die Ergebnisse der Auswertung der quantitativen Daten und der Befragungen (siehe oben) zurückgreift. Ziel der Reflexion ist es, Stärken und Verbesserungsbereiche des Projekts zu identifizieren und Empfehlungen für zukünftige Projekte abzuleiten. Im Kern müssen dabei folgende Fragen beantwortet werden:

Verbesserungsbereiche

- Was war unbefriedigend, was lief schief?
- Worin lagen die Ursachen?
- Was sollte wie verbessert werden?

Stärken

- Was ist gut gelaufen bzw. gelungen und sollte beibehalten werden?
- Worin lagen die Ursachen?
- Wie kann die Beibehaltung sichergestellt werden?

Bei der Analyse der Schwächen („Verbesserungsbereiche") sollte die Sitzungsleitung darauf achten, dass das Gespräch keinen destruktiven Verlauf nimmt. Frustrierte Projektmitarbeiter können dabei die Teamstimmung – häufig unter unfreiwilliger Zuhilfenahme gruppendynamischer Effekte – plötzlich und unerwartet verschlechtern.

Atmosphäre

Diese Abschlussbesprechung kann sehr hilfreiche Erkenntnisse liefern, wenn die Projektmitarbeiter riskieren, neben den positiven Erfahrungen auch Schwächen des Projektmanagements („Verbesserungsbereiche") beim Namen zu nennen. Das aber setzt voraus, dass Leitung und Mannschaft offen und fair miteinander umgehen und die Projektleitung das Vertrauen der Mitarbeiter genießt. Muss der einzelne Mitarbeiter hingegen befürchten, dass ihm kritische Äußerungen nachträglich Ärger und Probleme einbringen könnten, wird er die (wertvollen!) Informationen lieber für sich behalten.

Eine konstruktive Gesprächsatmosphäre wird durch einen entsprechenden Rahmen (Tagungshaus in idyllischer Atmosphäre) erheblich gefördert. Im Idealfall liegt der Projektleitung am Ende der Besprechung ein Katalog mit konkreten Verbesserungsvorschlägen vor, welche in die nächste Auflage des PM-Handbuches (Abschn. 2.2.7) eingearbeitet werden sollten.

13.2.3.6   Erstellen eines Projektabschlussberichts

In einem Abschlussbericht fasst der Projektleiter die wichtigsten Ergebnisse zusammen. Der Abschlussbericht sollte mindestens enthalten:

- Angaben zum Grad der Zielerreichung
- Statistiken und Abweichungsanalysen (Projekt und Produkt)
- Nachkalkulation
- Zufriedenheit des Kunden
- Identifizierte Verbesserungsbereiche
- Empfehlungen für weitere Projekte
- Ansprechpartner.

Der Projektabschlussbericht ist gemeinsam mit allen anderen Projektunterlagen (das können ganze Wandregale voller Akten sein) zu archivieren. Möglicherweise können auch interessante Aspekte des Projekts in Fachzeitschriften veröffentlicht werden. In diesen Fällen ist die Genehmigung der Unternehmensleitung und unter Umständen auch des Auftraggebers einzuholen.

13.3   Beispielprojekt NAFAB

Vorbereiten der Endabnahme

Konzept der Endabnahmeveranstaltung

Die Abnahmeveranstaltung findet beim Auftraggeber in München am Mittwoch und am Donnerstag, den 14. und 15. Dezember in Halle C3 statt. Geplanter Ablauf:

Mittwoch, 15. Dezember
- 09:00 Uhr: Begrüßung aller Teilnehmer, Vorstellung Ablauf
- 09:30 Uhr bis 13:00 Uhr: Funktionstests und Einweisung der Anwender
- 13:00 Uhr bis 13:45 Uhr: Mittagspause
- 13:45 Uhr bis 16:00 Uhr: Steuerungstests und Einweisung der Anwender

Donnerstag, 16. Dezember
- 09:00 Uhr bis 13:00 Uhr: Fortsetzung der Funktionstests und Einweisung
- 13:00 Uhr bis 13:45 Uhr: Mittagspause
- 13:45 Uhr bis 16:00 Uhr: Übergabe der Dokumente und Unterschreiben Abnahmeprotokoll
- Ab 16:00 Uhr: Dankesrede und geselliger Ausklang (Abschlussparty)

Einweisung

Alle Bedienungsschritte sollten mithilfe der Bedienungsanleitung von den Anwendern (betreffende Fachleute des Auftraggebers) unter der Aufsicht und Betreuung der Fachleute des Auftragnehmers ausgeführt werden. Die auftretenden Fragen sollten sofort geklärt werden.

Übergabe der Dokumente

Dem Auftraggeber werden folgende Dokumente übergeben:

- Bedienungsanleitung
- Sämtliche Prüfvorschriften
- Handhabungsvorschrift
- Wartungsvorschrift
- Kontrollvorschrift
- Steuerprotokoll
- HP Tischrechner mit Dokumentation
- HP Laser-Messsystem mit Dokumentation
- Ein Zeichnungssatz mit Stückliste.

Abschlussparty

Die Abschlussparty findet in der Halle statt, in der die NAFAB-Anlage steht.

Absichern der Erfahrungen

Die Ist-Kosten lagen am Ende drei Prozent über dem Sollwert, alle Termine konnten jedoch eingehalten werden. Im Projektverlauf waren zwar Kostenabweichungen bis zu 10 % der jeweils freigegebenen Kosten und auch zeitliche Abweichungen bis zu einer Woche aufgetreten. Doch diese Abweichungen konnten dank sofortiger Gegensteuerung in den oben genannten Grenzen gehalten werden.

Die Kundenbefragung fand in Form eines informellen Gesprächs auf der Abschlussveranstaltung statt, ein Fragebogen wurde als unangemessen eingeschätzt. Der Kunde war in jeder Hinsicht zufrieden. An dieser Stelle sei angemerkt, dass die Anlage bis heute (Zeitpunkt der Abgabe dieses Manuskripts) beim Auftraggeber erfolgreich in Betrieb ist (Abb. 13.2). Sie wurde seinerzeit vom United States Department of Commerce, National Bureau of Standards ausdrücklich als einmalige Anlage in der Welt gewürdigt. Auf eine Mitarbeiterbefragung wurde zugunsten einer Feedbackrunde in der Abschlussbesprechung verzichtet.

Die technischen Herausforderungen waren nicht als Problem wahrgenommen worden – diese trugen vielmehr zu einem „Wir-Gefühl" bei. Die ernsthaften Probleme lagen vielmehr im menschlichen Umgang – und zwar vor allem dann, wenn die Mitarbeiter unter hohem Druck standen. So wurden einige Kommunikationsprobleme und auch persönliche Kränkungen besprochen und Verhaltensregeln abgeleitet.

Abb. 13.2 Die fertige
NAFAB-Anlage (*links im Bild*)
bei der Vermessung des elek-
tromagnetischen Feldes einer
Satellitenfunkantenne (Quelle:
Astrium GmbH)

Der Abschlussbericht umfasste 12 Seiten. Auf 10 Seiten wurden die Soll-Ist-Abweichungen ausführlich beschrieben und analysiert und entsprechende Empfehlungen und
einige Kennzahlen abgeleitet. Auch die Kommunikationsprobleme wurden beschrieben
und entsprechende Verhaltensregeln für die Zukunft empfohlen.

13.4   Werkzeuge

13.4.1   Richtlinie: Projektabschluss

Richtlinie: Projektabschluss

1 Endabnahme

- [ ] Vorbereiten der Endabnahme
  - [ ] Konzipieren der Endabnahme (Ort und Ablauf der Veranstaltung)
  - [ ] Ableiten und Verteilen erforderlicher Aufgaben im Team
  - [ ] Überprüfen der abgeschlossenen Vorbereitungsmaßnahmen
- [ ] Durchführen der Endabnahme
  - [ ] Koordinieren aller Aktivitäten der Endabnahmeveranstaltung
  - [ ] Unterzeichnen des Abnahmeprotokolls
  - [ ] Überprüfen der Erledigung von Aufgaben der Mängel-/Nachbesserungsliste
  - [ ] Abschließen der Konten aller Arbeitspakete
  - [ ] Erstellen der Abschlussrechnung und Prüfung des Zahlungseingangs

2 Absichern der Erfahrungen

- [ ] Erfassen und Auswerten der quantitativen Daten (datenbankgestützt)
  - [ ] Erfassen aller Daten
  - [ ] Ermitteln und Analysieren von Kennzahlen und Kennzahlsystemen
  - [ ] Analysieren von Soll-Ist-Abweichungen
- [ ] Befragen der Kunden
- [ ] Leiten der Abschlussbesprechung
- [ ] Erstellen eines Abschlussberichts
- [ ] Archivieren aller Dokumente

13.4.2   Inhaltsverzeichnis: Endabnahmeprotokoll

Inhaltsverzeichnis Endabnahmeprotokoll

1   Ort, Datum und Uhrzeit der Endabnahmeveranstaltung
2   Teilnehmer der Endabnahmeveranstaltung
3   Zu übergebende Objekte (Hard- und Software)
   3.1 Auflistung aller Objekte mit Konfigurationsnummer
   3.2 Form der Übergabe

4   Zu übergebende Dokumente
   4.1 Auflistung aller zu übergebender Dokumente
   4.2 Form der Übergabe der Dokumente

5   Durchgeführte Verifikationsmaßnahmen
   5.1 Tests
   5.2 Inspektionen
   5.3 Andere

6   Mängelliste (einschließlich nicht verifizierter Anforderungen)
7   Nachforderungen des Auftraggebers
   7.1 Nachbesserungen
   7.2 Vertraglich ausstehende Lieferungen/Leistungen
   7.3 Kulanzleistungen

8   Fristen
9   Sonstige Vereinbarungen
10 Unterschriften beider Vertragsparteien

13.4.3   Checkliste: Vorbereitung der Endabnahme

Checkliste: Vorbereitung der Endabnahme
☐ Sind alle Verfahren der Abschlussverifikation vollständig vorbereitet?
☐ Steht das Produkt in seinem endgültigen Zustand zur Endabnahme bereit?
☐ Ist das Abnahmeprotokoll (mit allen Checklisten) vorbereitet?
☐ Ist überprüft, ob zusätzlich zum Abnahmeprotokoll ein Abnahmebericht werden soll?
☐ Liegen alle Dokumente für den Auftraggeber in endgültigem Zustand vor?
☐ Sind die erforderlichen Räume reserviert und vorbereitet?
☐ Stehen alle erforderlichen Hilfsmittel (Testvorrichtungen usw.) bereit?
☐ Sind alle Aufgaben für die eigentliche Abnahmeveranstaltung verteilt?
☐ Sind Raum- und Ablaufplan für die Endabnahme griffbereit?
☐ Sind alle Teilnehmer der Auftraggeberseite informiert bzw. eingeladen?
☐ Sind alle Teilnehmer der Auftragnehmerseite informiert bzw. eingeladen?
☐ Sind alle Gäste (Presse, Regionalpolitiker usw.) informiert bzw. eingeladen?
☐ Ist die Abschlussfeierlichkeit organisiert?
☐ Ist das Rahmenprogramm (Räume, Catering, Musik) organisiert?
☐ Sind erforderliche Aufträumarbeiten organisiert?

13.4.4   Fragebogen: Erhebung der Kundenzufriedenheit

Projektevaluation: Befragung zur Kundenzufriedenheit						
Aussage **(aus Sicht des Auftraggebers)**	Trifft voll zu	Trifft eher zu	Trifft weniger zu	Trifft nicht zu	Keine Angabe	**Begründung, Erläuterung,** **Hinweise** **des Auftraggebers**
1 Die Ziele unseres Projekts wurden erreicht.						
2 Bei der Entwicklung der Anforderungen (Lastenheft/Spezifikation) wurden wir durch den Auftragnehmer tatkräftig unterstützt.						
3 In den Verhandlungen/ Nachverhandlungen des Vertrages hat sich der Auftragnehmer stets fair verhalten.						
4 Die Projektplanung war für uns jederzeit nachvollziehbar und plausibel.						
5 Unsere Änderungswünsche wurden stets berücksichtigt und in angemesser Weise zu angemessenen Kosten umgesetzt.						
6 Wir fühlten uns in alle wichtigen Entscheidungsprozesse im Projektverlauf angemessen einbezogen.						
7 Die Betreuung des Projekts und unserer Mitarbeiter durch den Projektleiter des Auftragnehmers war einwandfrei.						
8 Die Mitarbeiter des Projektteams traten stets freundlich auf und arbeiteten engagiert an ihrer Aufgabe.						
9 Wir fühlten uns über den Projektverlauf jederzeit gut informiert.						
10 Was wir gern noch sagen würden:						

13.4.5   Leitfragen: Reflexion in der Abschlussbesprechung

Übersicht

I Allgemeine Fragen zum Projekterfolg und -verlauf

- In welchem Maße haben wir die Ziele erreicht (Sach-, Zeit-, Kostenziele), und in welchem Maße haben wir Abweichungen zu verzeichnen?
- Worin liegen Ursachen für Soll-Ist-Abweichungen der Zielerreichung?
- Worauf sind Unzufriedenheiten des Kunden zurückzuführen?
- Was war unbefriedigend, was lief schief?
- Worin lagen die Ursachen?
- Was sollte wie verbessert werden?
- Was ist gut gelaufen/gelungen und sollte beibehalten werden?
- Worin lagen die Ursachen?
- Wie kann die Beibehaltung sichergestellt werden?
- Welche Empfehlungen sind also für zukünftige Projekte ableiten?

II Spezielle Fragen zum Projektmanagement

Projektziele

- Waren die Projektziele qualifiziert (vollständig, unmissverständlich, nachvollziehbar usw.)?
- Lagen sie rechtzeitig vor?

Vorgehensmodelle

- Hat sich das eingesetzte Vorgehens- bzw. Phasenmodell bewährt?
- Sollten Prozesse anders oder neu definiert werden?

Informations- und Berichtswesen

- Fühlten Sie sich gut informiert? – und wenn nein, warum nicht?
- Empfanden Sie die Besprechungen als effektiv? – und wenn nein, warum nicht?

Dokumentationsmanagement

- Waren alle erforderlichen Dokumente für Sie jederzeit verfügbar?
- Waren jederzeit alle Versionen abgestimmt (Konfigurationsmanagement)?

Qualitätsmanagement: PM-Handbuch

- Ist unser PM-Handbuch aus Ihrer Sicht vollständig?
- Ist unser PM-Handbuch aus Ihrer Sicht nachvollziehbar?

Projektplanung

- Waren für Sie die Arbeitspaketbeschreibungen eindeutig und unmissverständlich?
- War für Sie die Zeitplanung und ihre Aktualisierung angemessen/nachvollziehbar?
- War für Sie die Ressourcenplanung und ihre Aktualisierung angemessen/nachvollziehbar?
- War für Sie die Kostenplanung und ihre Aktualisierung angemessen/nachvollziehbar?

13.5   Lernerfolgskontrolle

1. Warum kann man den Projektabschluss ggf. selbst als Projekt einordnen?
2. Warum sollte bei größeren Projekten für die Endabnahme des Produkts durch den Kunden ein Konzept erstellt werden?
3. Auf welche Fragen sollte ein solches Konzept eine Antwort liefern?
4. Welche konkreten Aufgaben lassen sich aus diesem Konzept ableiten?
5. Erläutern Sie die Bedeutung des Abnahmeprotokolls.
6. Was ist zu tun, sofern das Endprodukt vertraglich vereinbarte Anforderungen nicht erfüllt?
7. Inwiefern dient die Abnahmeveranstaltung zugleich dem Projektmarketing?
8. Was meinen Projektexperten, wenn sie sagen: „Projekte lernen schlecht"?
9. Erläutern Sie die Bedeutung der Erfahrungssicherung für die Projektarbeit des Unternehmens.
10. Welche Projektdaten sind im Rahmen der Erfahrungssicherung zu erfassen und auszuwerten?
11. Welche Kennzahlen sollten für die Erfahrungssicherung ermittelt werden?
12. Welche Befragungen sollten im Rahmen der Erfahrungssicherung durchgeführt werden – und warum?
13. Welches Ziel sollte die Abschlussbesprechung verfolgen – und wie könnte diese Besprechung aufgebaut sein?
14. Welche Ergebnisse der Erfahrungssicherung sollten in den Abschlussbericht eingehen?
15. Was sollte der Abschlussbericht darüber hinaus enthalten?

Teil II
Unterstützende Management-Techniken

Leiten von Besprechungen

14

14.1 Vorüberlegungen

14.1.1 Bedeutung von Besprechungen

Die Bedeutung von Besprechungen wird häufig unterschätzt: Besprechungen sind nicht nur ein wichtiges Instrument des betrieblichen Informationswesens (Abschn. 2.2.4) sondern auch eine wichtige Bühne für die Mitarbeiter, um ihre Kompetenzen unter Beweis zu stellen. Nicht selten werden berufliche Karrieren in Besprechungen entschieden. Dabei geht es in erster Linie darum, in wesentlichen Angelegenheiten gut vorbereitet zu sein, zur rechten Zeit die richtigen Fragen zu stellen und das betreffende Problem auf den Punkt bringen zu können.

14.1.2 Typische Probleme mit Besprechungen

Da die Teilnehmer einer Besprechung ihre eigene Arbeit für den Zeitraum der Besprechung unterbrechen müssen, erwarten sie eine gute Vorbereitung und eine straffe Besprechungsleitung. Leider sind jedoch in der betrieblichen Realität viele Besprechungen nicht effektiv und für die betroffenen Mitarbeiter ein lästiges Ärgernis. Typische Probleme in diesem Zusammenhang sind unklare Besprechungsziele, Verspätungen, Störungen, Machtkämpfe, unergiebige Monologe, Mängel in der Vorbereitung und der Dokumentation.

14.1.3 Begriffliche Abgrenzungen

- **Besprechung – Workshop:** Eine Besprechung wird hier verstanden als ein geleitetes Treffen von Mitarbeitern an einem gemeinsamen Ort zur Besprechung von Proble-

© Springer Fachmedien Wiesbaden 2015

R. Felkai, A. Beiderwieden, *Projektmanagement für technische Projekte*,

DOI 10.1007/978-3-658-10752-9_14

men, Entwicklung von Lösungen und Verteilung von Aufgaben. Die Begriffe „Besprechung", „Sitzung", „Konferenz", „Tagung" und „Meeting" werden im Folgenden synonym verwendet.[1] Der Workshop (engl.: Werkstatt) stellt eine Sonderform der Besprechung dar. Ihm liegt stets ein klar umrissenes Problem zu Grunde, zu dessen Lösung ein Team schrittweise ein konkretes Ergebnis entwickelt.[2]

- **Leitung – Moderation:** Sowohl die Besprechung als auch der Workshop müssen geleitet werden. Dabei kann die Leitung einen autoritären Charakter annehmen, etwa in der Form, dass der Besprechungsleiter die Teilnehmer tadelt, Druck auf sie ausübt bzw. inhaltlich die Linie vorgibt. Die Moderation stellt hingegen eine gemäßigte („moderate") Variante der Besprechungsleitung dar: Während der Besprechungsleiter inhaltlich eingreifen und auch Entscheidungen gegen das Team treffen kann, soll der Moderator („Mäßiger") als „Diener der Gruppe" lediglich den Gruppenprozess steuern und sich inhaltlich nicht einmischen. Er ist grundsätzlich nur der methodische, nicht aber der inhaltliche Experte.[3]

14.2   Was ist zu tun?

14.2.1   Vorbereiten der Besprechung

Die nachfolgenden Schritte der Besprechungsvorbereitung sind als idealtypisch zu betrachten und sollten bei großen und wichtigen Besprechungen systematisch abgearbeitet werden. Im Falle kleiner Besprechungen ist dieser Vorbereitungsaufwand natürlich nicht angemessen, aber auch hier können die nachfolgenden Abschnitte hilfreiche Anregungen liefern.

14.2.1.1   Festlegen der Besprechungsziele
In einem ersten Schritt sind die Besprechungsziele festzulegen, denn alle weiteren Überlegungen und Maßnahmen leiten sich aus diesen Zielen ab. Besprechungsziele geben explizit vor, was genau im Rahmen der Besprechung erreicht werden soll und sollten schriftlich aufgelistet werden. Sie beantworten beispielsweise folgende Fragen:

- Welche Entscheidungen müssen getroffen werden?
- Welche Verträge müssen abgeschlossen werden?
- Welche Vereinbarungen müssen getroffen werden?
- Welche Informationen müssen erarbeitet, weitergegeben oder empfangen werden?
- Für welche Probleme muss eine konkrete Lösung vorliegen?

---

[1] Vgl. Brockhaus (1995).
[2] Vgl. Kellner (2000).
[3] Vgl. Seifert (2009).

Dazu ist grundsätzlich zu klären, was im Vorfeld (z. B. in der letzten Besprechung) vereinbart wurde und wie der Status der Bearbeitung aussieht. Dazu sollte die Aktionsliste (Werkzeug 14.3.5) eingesetzt werden.

Vielfach ist zwischen vordergründigen und verdeckten Zielen zu unterscheiden. Beispielsweise werden Besprechungen häufig als „scheindemokratische" Alibiveranstaltungen inszeniert. Damit soll der Eindruck erweckt werden, das Team habe gemeinsam etwas erarbeitet, auch wenn das Ergebnis im Vorfeld bereits beschlossen war. Von diesem Vorgehen raten die Autoren dringend ab, da die wahre Intention kaum zu verbergen ist und die Teilnehmer dadurch erheblich demotiviert werden.

14.2.1.2 Ableiten der Besprechungsstrategien

Besprechungsstrategien sind ein Plan bzw. Weg zur Erreichung der Besprechungsziele. Eine durchdachte Besprechungsstrategie beantwortet vor allem folgende Fragen:

Inhaltliche Ebene

- Welche Motive und Ziele hat der bzw. haben die Gesprächspartner?
- Wie kann eine logische, lückenlose, nachvollziehbare und damit überzeugende Argumentation aufgebaut werden?
- Mit welchen Einwänden ist zu rechnen und wie können diese entkräftet werden?
- Mit welchen unangenehmen Fragen ist zu rechnen und wie sollen sie beantwortet werden?
- Wo liegen welche Verhandlungsgrenzen?
- Welche Gegenleistungen können angeboten werden?
- Wann sollten welche Inhalte und in welchem Umfang besprochen werden? (Viele Führungskräfte legen wichtige Entscheidungen an das Ende der Veranstaltung, um bei zunehmender Ermüdung und Ungeduld der Teilnehmer ihre Vorstellungen ohne großen Widerstand durchzusetzen. Die Autoren raten von dieser Strategie ab, da sie die Teilnehmer verärgert. Ein kurzfristiger Verhandlungserfolg wird erkauft durch langfristiges Misstrauen.)
- In welcher Reihenfolge sollten sich welche Teilnehmer der eigenen Seite zu Fragen und Problemen äußern und inwiefern sollten sie sich zurückhalten?
- Wie soll mit Änderungswünschen an der Tagesordnung umgegangen werden?

Formale Ebene

- Soll die Sitzung in Form einer klassischen Besprechung oder in Form eines Workshops oder in einer Kombination aus beiden stattfinden?
- Soll ein externer Moderator eingeschaltet werden?
- Welche Teilnehmer sollen eingeladen werden, welche bewusst nicht?
- Wie soll mit Verspätungen, Nichterscheinen, Mängeln in Kompetenz, Vollmacht oder Vorbereitung sowie vorzeitigem Verlassen der Veranstaltung umgegangen werden?

- Wie soll mit speziellen Taktiken (Zeitschinderei, aggressiven Zermürbungstechniken, überzogenen Detailfragen, übermäßiger Freundlichkeit, Schweigen auf unangenehme Fragen usw.) umgegangen werden?
- Wie soll verfahren werden, wenn die Besprechungszeit nicht ausreicht?

Leiten oder Moderieren?

Häufig muss der Projektleiter entscheiden, ob er eine Besprechung autoritär leiten oder moderieren soll. Dabei ist Folgendes zu bedenken:

Moderatoren ist untersagt, inhaltliche Positionen zu beziehen (siehe Abschn. 14.1). Was aber ist, wenn der Projektleiter – sei es, dass der die Moderation übernommen oder auch abgegeben hat – das Gruppenergebnis für nicht akzeptabel hält? Da er letztendlich für alle Aspekte des Projekts (Sachlösung, Kosten, Termine) verantwortlich ist, kann er kein Ergebnis akzeptieren, das er für unbefriedigend hält.

Die Autoren empfehlen deshalb, dass er sein Team rechtzeitig darüber informiert, dass das Ergebnis eines Workshops nur eine Entscheidungsvorlage und keine endgültige Entscheidung darstellen kann. Somit wird eine klare Rollentrennung vollzogen: Der Moderator sorgt dafür, dass alle Argumente und Ideen vorgebracht und ausführlich erläutert werden, der Projektleiter entscheidet. Auf diese Weise werden die Projektmitarbeiter ernst genommen – sie dürfen zwar nicht entscheiden, aber ihr Urteil ist gefragt. Dieses Verfahren steht der Übernahme der Moderation durch den Projektleiter nicht entgegen, er muss sich nur seiner jeweiligen Rolle bewusst sein und diese im Vorfeld unmissverständlich ausweisen.

14.2.1.3 Planen von Ablauf und Methoden

Der Ablauf der Besprechung (diese schließt im Folgenden den Workshop ein) kann aus den Besprechungszielen und -strategien abgeleitet werden. Grundsätzlich ist für jede Besprechung eine Einleitung, ein Hauptteil und ein Schlussteil zu durchdenken und konkret zu planen:

Einleitung

- **Begrüßung**
  - Name und Funktion des Sitzungsleiters (wenn erforderlich)
  - Würdigung wichtiger Repräsentanten (wenn angebracht)
- **Organisatorisches:** Einchecken, Zeiten, Pausen, Catering, Protokoll, Klären, wann Schlüsselpersonen bzw. Entscheidungsträger die Besprechung verlassen müssen
- **Vorstellung:** Bei Bedarf stellen sich alle Teilnehmer kurz vor (maximal 2 Min.)
- **Zielsetzung:** Übersicht über die Hauptbesprechungsziele und -inhalte
- **Ablauf:** Tagesordnung und methodische Hinweise
- **Protokoll:** Verbindliche Festlegung der Protokollführung
- **Verhaltensregeln:** Erinnerung an Verhaltensregeln (Abschn. 2.2.6)
- **Überprüfung/Abfrage** zurückliegende Vereinbarungen und zu erledigende Aufgaben.

Hinweise zur Protokollführung

Grundsätzlich sind das Verlaufs- und das Ergebnisprotokoll zu unterscheiden. Während im Verlaufsprotokoll der gesamte Sitzungsverlauf nachvollziehbar dokumentiert wird, erfasst das Ergebnisprotokoll lediglich die Besprechungsergebnisse. Aus Sicht der Autoren sollte ein Protokoll alle Ergebnisse mit einer Begründung sowie sehr bedeutsame Wortbeiträge enthalten.

Als Werkzeug dient einerseits das Formular „Aktionsliste" (Werkzeug 14.3.5), welches für kleine Besprechungen als Protokollformular ausreichend ist und bei umfangreichen Protokollen von Großbesprechungen als Anlage dienen kann. Es erleichtert die vollständige und systematische Erfassung aller Besprechungsinhalte und der zu erledigenden Aufgaben sowie die anschließende Kontrolle der Erledigung dieser Aufgaben. Für bedeutende und große Besprechungen sollte das Formular „Deckblatt für große Besprechungen" (Werkzeug 14.3.6) verwendet werden. Da Protokolle einen zentralen Baustein des projektinternen Informationswesens darstellen, werden sie in Abschn. 2.2.4 im Zusammenhang erläutert.

Hauptteil

Fall 1: Einfache Besprechung

Ablauf und Methoden der Besprechung leiten sich aus den Besprechungszielen und -strategien ab. Für den Ablauf wird eine entsprechende Tagesordnung (Agenda) mit Tagesordnungspunkten (Tops) entwickelt, die in der geplanten Reihenfolge abzuarbeiten sind.

Fall 2: Workshop

Für die Planung eines Workshops kann, anders als für eine klassische Besprechung, folgender Standardablauf empfohlen werden: [4]

- **Einstimmung:** Kurzvortrag (maximal 15 Minuten)
- **Aufgabenstellung:** Schriftliche und unmissverständliche Arbeitsanweisungen
- **Arbeitsphase:** Üblicherweise in Arbeitsgruppen, ohne Einfluss durch die Leitung
- **Ergebnispräsentation:** Präsentieren der Gruppenergebnisse im Plenum
- **Konsequenzen:** Ableiten von Entscheidungen, Maßnahmen, Erfolgskontrollverfahren.

Einsatz von Medien und Methoden

Die Effizienz von Besprechungen kann durch gezielten Medien- und Methodeneinsatz erheblich gesteigert werden. Dabei ist allerdings zu beachten, dass ihr Einsatz in der jeweiligen Besprechungsphase einerseits tatsächlich der Sache dient und auf keinen Fall um seiner selbst willen stattfindet und andererseits angemessen dosiert und nicht übertrieben wird (kein „Medienzauber"). Ist das nicht der Fall, werden die Teilnehmer Widerstände entwickeln, denn nicht selten werden Medien tatsächlich deswegen eingesetzt,

---

[4] Vgl. Kellner (2000).

Tab. 14.1 Medien

Medium	Hinweise
Beamerpräsentation	Visualisierung komplexer Informationen
Overheadprojektor	Visualisierung von Informationen, die nur in Papierform vorliegen oder wenn der Einsatz eines Beamers nicht lohnt, auch zur gemeinsamen Entwicklung von Skizzen, Zeichnungen und Stichworten
Flipchart	Gemeinsame Entwicklung von Skizzen, Zeichnungen und Stichworten in Kleingruppen
Pinnwand	Gemeinsame Entwicklung grafischer Darstellungen, Anbringen, Ordnen und Verschieben von Karteikarten
Einfaches Whiteboard	Skizzieren von kurzen Texten oder Grafiken
Interaktives Whiteboard	Wie Whiteboard, die Tafelinhalte können hier auf einem angeschlossenen Computer gespeichert und dem Protokoll beigelegt werden. Außerdem kann der Computer für alle Teilnehmer sichtbar vom Whiteboard aus bedient werden
Methode	Hinweise
Kartenabfrage	Erfassen, Strukturieren und Gewichten von Beiträgen *aller* Teilnehmer, vor allem dann, wenn diese sich in der Diskussion zurückhalten (Werkzeug 14.3.1)
Mindmap	Visualisierung und Strukturierung von Ideen (Werkzeug 14.3.2)
Brainstorming	Sammeln möglichst vieler Ideen (Werkzeug 14.3.3)
6-3-5-Methode	Wie Brainstorming, jedoch werden alle Ideen schriftlich weiterentwickelt und damit auch zurückhaltende Teilnehmer einbezogen (Werkzeug 14.3.4)

- weil sie nun mal im Hause sind (z. B. teure interaktive Whiteboards)
- weil ihr Einsatz einen eigenen Unterhaltungswert hat (der eher vom Thema ablenkt)
- weil Moderatoren ihre Methodenkenntnisse unter Beweis stellen wollen.

Der Einsatz von Medien und Methoden muss immer angemessen sein und begründet werden können. Tabelle 14.1 enthält die wichtigsten Medien und ihre Einsatzgebiete.

Schluss

Am Ende der Besprechung sind noch einmal die wichtigsten Ergebnisse und die zu erledigenden Aufgaben zusammenzufassen und ihre Dokumentation im Protokoll zu überprüfen. Bei wichtigen Besprechungen ist es angebracht, die protokollierten Vereinbarungen sofort von den Schlüsselpersonen unterzeichnen zu lassen und das Protokoll sofort zu kopieren und zu verteilen. Damit wird eine nachträgliche Änderung des Protokolls für alle Beteiligten ausgeschlossen.

Anschließend sollten, wenn angezeigt, Inhalt und Termin der nächsten Besprechung festgehalten werden, da noch alle Teilnehmer beieinander sitzen und in die Thematik involviert sind. Die Besprechung sollte mit einem Dank für die Mitarbeit und einer Verabschiedung enden.

14.2.1.4   Auswählen und Instruieren der Teilnehmer

Die Auswahl der Teilnehmer wird aus den Besprechungszielen und -strategien (siehe oben) abgeleitet. Dazu müssen hinreichend qualifizierte Fachleute (einschließlich Vertreter) bestimmt und auf ihren Einsatz und ihre Rolle vorbereitet werden, damit sie genau wissen, was von ihnen erwartet wird. Sofern Kompetenzlücken zu erwarten sind, können auch Berater eingeschaltet werden.

Bekanntlich büßen Besprechungen mit zunehmender Teilnehmerzahl an Effektivität ein. Daher sollte der Besprechungsleiter immer versuchen, die Anzahl der Teilnehmer möglichst gering zu halten. Die Bestimmung einer allgemeingültigen zahlenmäßigen Obergrenze ist jedoch nicht möglich, da abhängig von Projektgröße und Besprechungsanlass eine bestimmte Mindestanzahl von Teilnehmern unvermeidlich ist. Deshalb sollte auch hier auf die allgemeingültige und bewährte Regel zurückgegriffen werden: „So wenig wie möglich, aber so viel wie nötig."

Sind alle Teilnehmer benannt, ist eine Teilnehmerliste mit Kontaktdaten (Unternehmen, Abteilung, Telefonnummern, E-Mail-Adresse) zu erstellen.

14.2.1.5   Zuordnen der Verantwortlichkeiten

Stehen alle Teilnehmer fest, können die erforderlichen Verantwortlichkeiten zugewiesen werden. Dabei sind vor allem folgende Fragen zu beantworten:

- Wer leitet bzw. moderiert die Sitzung (Abschn. 14.2.1.2)?
- Wer wird Protokoll führen? Ist die ausgewählte Person ausreichend qualifiziert?
- Wer ist für welches Thema verantwortlich?
- Wer beschafft bzw. erstellt welche Dokumente (z. B. Handouts, Einladungen usw.)?
- Wer übernimmt welche Organisationsaufgaben (nächster Abschnitt)?

14.2.1.6   Organisieren der Rahmenbedingungen

Zu den organisatorischen Rahmenbedingungen gehören:

- Auswahl von Ort und Raum (Auswahlkriterien: Gute Erreichbarkeit mit allen Verkehrsmitteln, angemessene Größe, Verfügbarkeit erforderlicher Medien, Catering, gute Ausleuchtung, Belüftung, angemessene Dekoration, sanitäre Anlagen usw.)
- Medien: Beamer und Overheadprojektor mit Projektionsfläche, Flipchart, Pinnwänden, (ggf. interaktives) Whiteboard, Moderationskoffer mit Stiften, Rednerpult usw.
- Mobiliar: Tische in U-Form (Tische für Projekt-, System- und Teilsystemleiter und Leinwand an der offenen Seite), Reservestühle
- Bei Großbesprechungen: Lautsprecheranlage (sollte vor Sitzungsbeginn getestet werden)
- Catering
- Wegweiser im Haus (ggf. neu zu erstellen)
- Namensschilder (für Kleidung und Tisch, siehe Abschn. 14.2.1.9)

- Bei anreisenden Gästen oder externen Besprechungen: Organisatorische Unterstützung bzw. Organisation von Flugtickets, Währungen, Hotelzimmer, Taxi, Mietwagen usw.
- Sonstiges: Präsente, spezielle Medien (z. B. Kamera), Kultur- und Abendprogramm für alle Teilnehmer und Programm für Damenbegleitung usw.

14.2.1.7   Erstellen und Vervielfältigen von Teilnehmerunterlagen

Sofern die Teilnehmer in der Besprechung – oder bereits mit der Einladung – Teilnehmerunterlagen (Handouts) erhalten sollen, sind dazu Form, Umfang und Inhalt festzulegen. Den Unterlagen sind grundsätzlich ein Deckblatt und ein Inhaltsverzeichnis voranzustellen. Anschließend sind die Teilnehmerunterlagen zu erstellen und in ausreichender Anzahl zu vervielfältigen.

14.2.1.8   Erstellen und Verteilen der Einladungen

Die zeitliche Verfügbarkeit wichtiger Schlüsselteilnehmer muss im Vorfeld sichergestellt werden. Anschließend ist allen Teilnehmern rechtzeitig eine Einladung zuzuleiten, der alle relevanten Informationen zu entnehmen sind, wie vor allem:

- Besprechungsziel (z. B. Entscheidungen, die getroffen werden sollen)
- Tagesordnung (Agenda) mit Themen und Zuordnung der geplanten Zeiträume
- Besprechungsleitung bzw. Moderation
- Protokollführer
- Hinweis auf Unterlagen, die mitzubringen sind oder bekannt sein sollten
- Hinweis auf erforderliche Vollmachten
- Verhandlungssprache (bei internationalen Projekten)
- Ort der Besprechung (Land, PLZ, Stadt, Straße, Hausnummer, Raumnummer, Anfahrtsbeschreibung)
- Datum der Besprechung
- Uhrzeit von Beginn und Ende der Besprechung.

Die Einladung sollte dem Adressaten so früh wie möglich und so spät wie nötig Tage vor Sitzungsbeginn zugehen und mit einer Empfangsbestätigung versehen werden.

14.2.1.9   Gestalten rot-grün markierter „Wortmeldungs-Namenskarten"

Für die Moderation von Gruppendiskussionen haben sich „Wortmeldungs-Namenskarten" besonders bewährt.

Dabei handelt es sich um gewöhnliche Namenskarten der Teilnehmer, die mit einem roten und einem grünen Streifen gekennzeichnet werden (Abb. 14.1). Wenn ein Mitarbeiter um das Wort bittet, stellt er einfach die gefaltete Karte vor sich senkrecht auf den Tisch. Dabei gilt:

Abb. 14.1 Rot-grün markierte Wortmeldungs-Namenskarten

- Grün markierte Seite oben: „Ich möchte etwas sagen, aber es eilt nicht."
- Rot markierte Seite oben: „Ich möchte etwas sagen und bitte um Vorrecht." (Beitrag zum Vorredner).

Der Moderator kann die Meldungen notieren und die Teilnehmer in der richtigen Reihenfolge aufrufen.

Diese Karten entlasten den Moderator und geben den Teilnehmern das gute Gefühl, dass die Dringlichkeit ihres Beitrags wahrgenommen wird. Außerdem wird mit dieser Methode sichergestellt, dass auch der zurückhaltende Teilnehmer zu Wort kommt.

14.2.1.10   Maßnahmen unmittelbar vor Besprechungsbeginn

Unmittelbar vor Beginn der Besprechung sind nachfolgende Aufgaben zu erledigen:

- Anbringen der Wegweiser im Haus – vom Pförtner bis zum Besprechungsraum
- Raum vorbereiten bzw. überprüfen (Aufschließen, Lüften, Temperatur einstellen, Überprüfen der Technik auf Vollständigkeit und Funktionsfähigkeit, der Medienausstattung, der Anordnung des Mobiliars und der Kaltgetränke)
- Verteilen aller Teilnehmerunterlagen (einschließlich Tagesordnung) sowie Namenskarten gemäß Sitzordnung und Zurückhalten einiger Reserveexemplare
- Namen mit der Teilnehmerliste noch einmal in Erinnerung rufen
- Empfangen der Teilnehmer und für ein entspanntes Klima sorgen.

14.2.2 Durchführen der Besprechung

14.2.2.1 Eröffnen der Sitzung

Der Sitzungsleiter bzw. Moderator trägt die Verantwortung dafür, dass die Sitzung pünktlich beginnt. Ein unpünktlicher Sitzungsbeginn wird als Führungsschwäche ausgelegt und ermutigt zu Regelverstößen. Ein pünktlicher Sitzungsbeginn ist daher ein nicht zu unterschätzendes psychologisches Signal.

Eine überzeugende Einleitung ist eine erste Voraussetzung für das Vertrauen und die Akzeptanz der Teilnehmer. Entsprechend ist die Einleitung sorgfältig zu planen (Abschn. 14.2.1.3).

14.2.2.2 Umsetzen der Besprechungsplanung

Der Besprechungsleiter bzw. Moderator muss nun seine Besprechungsplanung in die Tat umsetzen. Dazu sollte er unbedingt …

- … für die Einhaltung der Verhaltensregeln sorgen (Abschn. 2.2.6)
- … die Besprechungsziele und -strategien (Abschn. 14.2.1.1 und 14.2.1.2) stets vor Augen behalten und konsequent seinem roten Faden folgen
- … höflich aber bestimmt auftreten
- … das Gespräch für alle Teilnehmer erkennbar und mit Augenmaß (nicht zu eng aber auch nicht zu großzügig) zu führen
- … die Reihenfolge der Wortbeiträge berücksichtigen (Abschn. 14.2.1.9)
- … allen Teilnehmern eine wertschätzende Haltung entgegenbringen und niemals jemanden persönlich angreifen bzw. einschüchtern (verletzte Teilnehmer werden sich kaum noch an der Problemlösung beteiligen, Abschn. 15.2.2.2)
- … alle Ergebnisse explizit und schriftlich festhalten lassen (Werkzeuge 14.3.5 und 14.3.6).

14.2.2.3 Umgehen mit unterschiedlichen Persönlichkeiten

Jeder Sitzungsleiter macht die Erfahrung, dass nicht nur Sachfragen, sondern auch persönliche Eigenarten und Befindlichkeiten der Teilnehmer zu verwalten sind. Das Erreichen der Sitzungsziele ist daher – insbesondere für Berufsanfänger – eine anspruchsvolle Herausforderung. Für die einzelnen Charaktere in Besprechungen gibt es in der Literatur unterschiedliche Typologien, von denen an dieser Stelle beispielhaft die Konferenztypologie nach Wolf vorgestellt werden soll (Abb. 14.2):[5]

Nr. 1 Der listige Frager: Er will den Leiter ausfragen und hereinlegen. Seine Fragen sollten, wie auch beim Alleswisser, an die Teilnehmer weitergegeben werden.

---

[5] Nach Wolf et al. (2006).

Abb. 14.2 Typologie der Teilnehmer einer Besprechung

Nr. 2 Der Überhebliche:	Er sieht sich als hohes Tier, mindestens auf Augenhöhe zum Projektleiter und unterstreicht gerne gute Kontakte zu wichtigen Persönlichkeiten. Allerdings ist er sehr empfindlich gegenüber Kritik. Seine Beiträge sollten stets mit Respekt zur Kenntnis genommen werden.
Nr. 3 Der Dickfällige:	Er gibt sich desinteressiert. Hier muss der Leiter abwägen, ob er eine Chance sieht, ihn zu produktiver Mitarbeit zu bewegen. Wenn ja, so sollte er Beiträge aus seinem Interessengebiet beisteuern.
Nr. 4 Der Widerspenstige:	Es gilt, seinen Ehrgeiz zu packen. Zu diesem Zweck sollte der Leiter seine Erfahrungen und Kenntnisse anerkennen und Nutzen daraus ziehen.
Nr. 5 Der Schüchterne:	Der Leiter sollte ihn mit einfachen Fragen motivieren, um sein Potenzial nutzen zu können. Dieser Typ von Teilnehmer kann durch die Kartenabfrage oder die 6-3-5-Technik (Werkzeuge 14.3.1 und 14.3.4) aktiv einbezogen werden.
Nr. 6 Der Geschwätzige:	Er nutzt die Redezeit, um sich mitteilen zu können. Der Leiter sollte seine Redezeit begrenzen und ihn höflich unterbrechen. Das wird er auch nicht übel nehmen, da er es nicht anders kennt.

Nr. 7 Der Alleswisser: Seine Beiträge sollten an die anderen Teilnehmer weitergegeben werden, damit sie alles weitere mit ihm klären können.

Nr. 8 Der Positive: Er unterstützt den Besprechungsleiter bei der Erreichung der Sitzungsziele. Der Leiter sollte ihn häufig einbeziehen und Ergebnisse zusammenfassen lassen.

Nr. 9 Der Streitsüchtige: Der Leiter sollte sich auf keine Auseinandersetzung einlassen sondern die Ruhe bewahren und die anderen Teilnehmer mit ins Gespräch ziehen und schließlich darauf achten, dass er nicht zu viel Redeanteile erhält.

14.2.2.4 Reagieren auf unerwartete Probleme

Auch die beste Vorbereitung und Menschenkenntnis schützt nicht vor überraschenden Problemen, die spontan gelöst werden müssen. In Tab. 14.2 sind typische solcher Probleme und angemessene Reaktionen aufgelistet. Generell sollte der Besprechungsleiter bzw. Moderator höflich aber bestimmt vorgehen – das wird im Übrigen auch von ihm erwartet.

Tab. 14.2 Reagieren auf unerwartete Probleme

Problem Einer oder mehrere Teilnehmer …	Empfohlene Reaktion Der Sitzungsleiter bzw. Moderator sollte …
… diskutieren Details, die nicht zum Ziel führen oder geraten in Konflikt,	… darauf hinweisen, dass die Klärung dieser Probleme nicht in der Sitzung möglich ist und ausgelagert werden sollten (Arbeitsgruppe oder Konfliktlösung, Abschn. 15.2.3),
… schweifen vom Thema ab,	… darauf aufmerksam machen, dass die Ausführung nicht mehr zum Thema gehört und zum roten Faden zurückführen,
… will einen abgeschlossenen Tagesordnungspunkt wieder aufrollen,	… sich nur dann auf die erneute Besprechung abgeschlossener Tagesordnungspunkte einlassen, wenn tatsächlich neue Aspekte eingebracht werden. Ist das der Fall, könnte das Übergehen dieses Anliegens fahrlässig sein.
… stören die Veranstaltung,	… sich nach Gründen der Störung erkundigen, möglicherweise liegt tatsächlich ein zu klärendes Problem vor. Andernfalls sollte er darauf hinweisen, dass er sich gestört fühlt („Ich-Botschaft", Abschn. 15.2.2), das kann auch in einer Pause unter vier Augen geschehen.
… wollen die Tagesordnung umwerfen,	… differenzieren, ob das Anliegen sachlich begründet bzw. im Interesse der Gruppe ist. Je komplexer die Besprechung und ihre Planung sind, desto größer das Risiko, dass eine spontane Änderung zu weiteren Problemen führt.
… übernehmen die Führung der Besprechung,	… die Entscheidung der Führungsübernahme anbieten oder in einer Pause unter vier Augen das Problem offen klären.
… greifen den Sitzungsleiter bzw. Moderator persönlich an	… die Ebene wechseln (von der Sach- zur Beziehungsebene, Abschn. 15.2.2.4) und unter Hinweis auf die Verhaltensregeln einen angemessenen Umgang einfordern.

14.2.2.5   Abschließen und Nachhaken

Auch der Schluss der Besprechung sollte im Vorfeld durchdacht sein und ist deshalb Gegenstand von Abschn. 14.2.1.3.

Sofern Mitarbeitern Aufgaben (To do's) übertragen werden, so sei die goldene Regel empfohlen: „*Vereinbare nie etwas, das du nicht überprüfst, überprüfe nie etwas, das du nicht vorher vereinbart hast.*"

14.2.3   Auswerten wichtiger Besprechungen

Neben der themenspezifischen Auswertung sollten im Anschluss an jede Besprechung folgende Fragen beantwortet werden:

- Was lief gut und sollte beibehalten werden?
- Was lief nicht gut und wie kann man das zukünftig vermeiden?
- Welche Verbesserungsvorschläge sollten in das Projekthandbuch übernommen werden?

14.3   Werkzeuge

14.3.1   Gebrauchsanweisung: Kartenabfrage

Gebrauchsanweisung: Kartenabfrage	
Kurz- beschreibung	Methode zum Sammeln, Visualisieren und Ordnen von Ideen aller Art (Probleme, Lösungen usw.) – auch der Teilnehmer, die sich nicht an Diskussionen beteiligen. Das Ergebnis ist eine strukturierte Übersicht von Ideen auf einer Pinnwand.
Ziel	Sammeln, Visualisieren und Strukturieren von Ideen aller Teilnehmer
Dauer	45 bis 90 Minuten
Voraussetzungen	• Moderator • Pinnwand mit großem Blatt Papier (querliegend) • Farbige Stifte • Karteikarten (verschiedener Größen und Farben)
Ablauf	1 Vereinbaren, ob die Abfrage anonym erfolgen soll. 2 Die Ausgangsfrage wird für alle Teilnehmer sichtbar visualisiert. 3 Die Teilnehmer füllen – jeder für sich – die Karteikarten aus. 4 Die Karten werden mit Nadeln ungeordnet an der Pinnwand befestigt. 5 Clustern: Sachlich zusammengehörige Karten werden gruppiert und mit gemeinsamen Überschriften versehen. 6 Alle Karten werden vorgestellt und besprochen.
Regeln	1 Die Karten müssen mit großen Filzstiften gut lesbar beschriftet werden. 2 Je Karte ist nur ein Gedanke bzw. Aspekt zu erfassen. 3 Die Teilnehmer dürfen so viele Karten ausfüllen, wie sie wollen. 4 Während der Beschriftung darf nicht gesprochen werden.
Hinweise	• Die anonyme Kartenabfrage verbietet die spätere Klärung der Bedeutung bzw. Intention einzelner Karten. • Doppelnennungen sind als Gewichtungen zu interpretieren.

14.3.2   Gebrauchsanweisung: Mindmap

Gebrauchsanweisung: Mindmap	
Erfinder	Tony Buzan
Kurz-beschreibung	Methode zur gehirngerechten Erschließung, Strukturierung und übersichtlichen Visualisierung eines Themengebietes. Dabei wird das Thema als Zentralbegriff in der Mitte eines Blattes eingetragen und zugehörige Haupt- und Nebenaspekte in Form von unterschiedlich starken Linien abgezweigt. Assoziatives Denken steht im Vordergrund.
Ziel	Sammeln, Visualisieren und Strukturieren von Ideen
Dauer	20 bis 30 Minuten
Voraussetzungen	• Moderator • Pinnwand mit großem Blatt Papier (querliegend) • Farbige Stifte • Alternativ: Laptop mit Mindmap-Software und Beamer
Ablauf	1 Das Problem wird in der Mitte in ein Oval eingetragen. 2 Aus dem Zentralbegriff wird für jeden Hauptaspekt eine Linie abgezweigt und beschriftet. 3 Aus den Hauptaspekten werden wiederum zugehörige Nebenaspekte als Unteräste abgezweigt und beschriftet. 4 Das Verfahren ist abgeschlossen, wenn keine Ideen mehr geliefert werden bzw. der Moderator den Beschluss trifft.
Regeln	1 Alle Linien laufen aus Gründen der Lesbarkeit horizontal aus. 2 Alle Linien werden in Großbuchstaben horizontal beschriftet. 3 Jede Linie wird mit nur einem aussagefähigen Begriff beschriftet. 4 Es sind möglichst viele Farben einzusetzen (z. B. für Ebenen). 5 Wenn möglich sind Bilder und Symbole einzuzeichnen. 6 Alle Arten von Ideen sowie Humor sind erlaubt.

Beispiel:

14.3.3 Gebrauchsanweisung: Brainstorming

Gebrauchsanweisung: Brainstorming	
Erfinder	Alex Osborn
Kurz-beschreibung	Sehr verbreitete und einfache Methode, bei der alle Teilnehmer spontan möglichst viele Vorschläge unterbreiten und ihre Assoziationen zu diesen Vorschlägen äußern, ohne aber diese zu bewerten. Die Bewertung der Ideen erfolgt zu einem späteren Zeitpunkt.
Ziel	Suchen und Sammeln neuartiger Lösungen
Dauer	15 bis 30 Minuten
Voraussetzungen	• Ein Moderator • 8 bis 12 Teilnehmer • Dokumentationsmedien (Flipchart, Whiteboard, Computer mit Beamer usw.)
Ablauf	1 Die Regeln werden zu Sitzungsbeginn bekannt gegeben. 2 Das Problem wird vorgestellt. 3 Alle Ideen werden frei und ungezwungen geäußert. 4 Alle Ergebnisse werden zeitgleich sorgfältig protokolliert. 5 In einer neuen Sitzung werden die Ideen bewertet.

Regeln	1 *Kritik zurückstellen*
	   In der Sitzung darf kein Vorschlag kommentiert/bewertet werden.
	2 *Der Phantasie freien Lauf lassen*
	   Alle Arten von Ideen sind willkommen.
	3 *Ideen aufgreifen und weiterentwickeln*
	   Ideen dürfen jederzeit aufgegriffen und ggf. in eine ganz andere Richtung gelenkt werden.
	4 *Quantität vor Qualität*
	   Es sollen so viele Vorschläge wie möglich entwickelt werden.

Hinweise	Die vorgegebene Zeit sollte unbedingt ausgenutzt werden, da erfahrungsgemäß nach einigen Minuten den Teilnehmern vorläufig die Ideen ausgehen, jedoch nach und nach weitere Ideenschübe nachfolgen, die sehr konstruktiv sein können.

14.3.4 Gebrauchsanweisung: 6-3-5-Methode

Gebrauchsanweisung: 6-3-5-Methode	
Erfinder	Bernd Rohrbach
Kurz-beschreibung	Methode aus der Gruppe der „Brainwriting-Verfahren": 6 Teilnehmer sitzen im Kreis, formulieren 3 Ideen innerhalb von 5 Minuten in der ersten Zeile einer Tabelle mit 3 Spalten und 6 Zeilen. Anschließend reicht jeder Teilnehmer seine Tabelle im Uhrzeigersinn weiter und entwickelt neue Ideen oder lässt sich durch die 3 Ideen seines Vorgängers zu neuen Ideen anregen, die er in der nächsten Zeile einträgt usw. So können bis zu 108 Ideen entwickelt werden.
Ziel	Suchen und Sammeln neuartiger Lösungen
Dauer	30 bis 40 Minuten
Voraussetzungen	• 1 Zeitwächter • 6 Teilnehmer • 6 Formblätter (6-3-5-Tabelle, siehe Folgeseite)
Ablauf	1 Das Problem wird vorgestellt 2 Jeder Teilnehmer trägt seine 3 Ideen innerhalb von 5 Minuten ein 3 Die Formulare werden im Uhrzeigersinn weitergegeben. In der nächsten Zeile werden die 3 vorliegenden Ideen weiterentwickelt, ergänzt, variiert oder neue Ideen eingetragen 4 usw., bis alle 18 Felder auf jedem Blatt ausgefüllt sind
Regeln	1 Deutlich schreiben 2 Die Idee unmissverständlich ausdrücken 3 Während der Sitzung nicht sprechen
Hinweise	Die 6-3-5-Methode grenzt sich vom Brainstorming dadurch ab, dass jeder Teilnehmer dazu angehalten ist, vorliegende Ideen weiterzuentwickeln. Außerdem werden alle Ideenressourcen genutzt, also auch die von ruhigen, eher zurückhaltenden Mitarbeitern. Schließlich werden auf diese Weise unerwünschte Diskussionen ausgeschlossen. Auf der nächsten Seite finden Sie das zugehörige Formblatt.

Formblatt zur 6-3-5-Methode

6-3-5-Methode		
Problem:		
Teilnehmer 1:	Teilnehmer 4:	
Teilnehmer 2:	Teilnehmer 5:	
Teilnehmer 3:	Teilnehmer 6:	
1.1	1.2	1.3
2.1	2.2	2.3
3.1	3.2	3.3
4.1	4.2	4.3
5.1	5.2	5.3
6.1	6.2	6.3

14.3.5 Formular: Aktionsliste

Aktionsliste (To-Do-Liste)

Dokument Nr.:		Erstellungsdatum:
Besprechung:		Seite von
Projektname:		

	Teilnehmer	Unterschrift		Teilnehmer	Unterschrift
Ort:	1			6	
Uhrzeit	2			7	
Protokollführer:	3			8	
Abteilung:	4			9	
	5			10	

Verteiler:

Nr.	Informationen//Aussagen Vereinbarungen/Festlegungen Beschreibung durchzuführender Aufgaben (Aktionen)	Bearbeitung durch/ verantwortlich	Ergebnis (z. B. Bericht)	Form (z. B. pdf)	Abgabe-termin	Empfänger	erledigt am	Bemerkung

14.3.6   Formular: Deckblatt für Protokoll einer wichtigen Besprechung

Besprechungsprotokoll							
Dokument Nr.:				Erstellungsdatum:			
Projektname:				Erstellende Abteilung:			
Projekteiter:				Protokollant:			
Ort:				Seite: von			
Uhrzeit: von bis				Termin der nächsten Sitzung:			

Teilnehmer/innen und Verteiler							
Name	Abteilung	Bitte ankreuzen		Name	Abteilung	Bitte ankreuzen	
		Teilnahme	Verteiler			Teilnahme	Verteiler

Besprechungsziele:

enthält:

Teilnehmerliste (zu unterschreiben)
Inhalte & Ergebnisse
Aktionsliste
Anlagen

14.4 Lernerfolgskontrolle

1. Warum können Besprechungen nicht nur für den Betrieb sondern auch den einzelnen Mitarbeiter von großer Bedeutung sein?
2. Welche typischen Probleme mit Besprechungen treten in der Praxis immer wieder auf?
3. Was ist der Unterschied zwischen einer „Besprechung" und einem „Workshop"?
4. Was ist der Unterschied zwischen der „Leitung" und der „Moderation" einer Besprechung?
5. Welche Schritte umfasst eine vollständige Besprechungsvorbereitung?
6. Welche Ziele lassen sich durch eine Besprechung erreichen?
7. Unterscheiden Sie inhaltliche und formale Besprechungsstrategien.
8. Inwiefern kann der Sitzungsleiter in einen Rollenkonflikt geraten, wenn er eine Besprechung „moderiert"?
9. Wie lässt sich dieser Rollenkonflikt auflösen?
10. Warum sollten Einleitung, Hauptteil und Schluss einer Besprechung bereits im Voraus geplant werden?
11. Wie kann die Einleitung einer Besprechung aussehen?
12. Erläutern Sie den Unterschied zwischen einem Verlaufsprotokoll und einem Ergebnisprotokoll.
13. Wie kann der Hauptteil eines Workshops aussehen?
14. Welche Medien können in einer Besprechung bzw. einem Workshop eingesetzt werden?
15. Welche konkreten Maßnahmen sind für den Abschluss einer Besprechung einzuplanen?
16. Welche Verantwortlichkeiten sollten im Zusammenhang mit der Vorbereitung und der Durchführung der Besprechung verteilt werden?
17. Welchen Nutzen stiften „Wortmeldungs-Namenskarten" in einer Besprechung?
18. Welche Aufgaben kommen auf den Leiter bzw. Moderator im Verlauf der Besprechung zu?
19. Welche Persönlichkeitstypen können in der Besprechung vertreten sein?
20. Mit welchen Störungen muss der Sitzungsleiter rechnen – und wie kann er diesen begegnen?

15.1 Vorüberlegungen

15.1.1 Führung und Motivation

Führung ist ein „kommunikativer Prozess, der darauf gerichtet ist, das Verhalten der Mitarbeiter eines Unternehmens zielorientiert zu beeinflussen".[1] Die Erreichung von Zielen technischer Projekte ist in erheblichem Maße davon abhängig, ob sich alle Mitarbeiter mit ihrem Projekt identifizieren und sich tagtäglich mit vollem Einsatz für die Lösung immer neuer Probleme engagieren – und das nicht selten unter erheblichem Zeitdruck. Entsprechend spielt die Förderung und der Erhalt der Teammotivation eine Schlüsselrolle in der Führung der Projektmitarbeiter.

15.1.2 Was motiviert die Mitarbeiter?

Bedürfnispyramide nach Maslow[2]
Der amerikanische Psychologe Abraham H. Maslow führt die Motivation menschlichen Handelns auf Bedürfnisse zurück, die er in einer Pyramide hierarchisch anordnet (Abb. 15.1).

Nach seiner Theorie versucht der Mensch zuerst die Bedürfnisse der untersten Ebene (Grundbedürfnisse bzw. Existenzbedürfnisse) zu befriedigen, bevor er sich der nächst höheren Ebene (Sicherheitsbedürfnisse) zuwendet. Sind diese befriedigt, wendet er sich wiederum der nächst höheren Ebene zu usw.

Dabei sind „Defizitbedürfnisse" (die ersten drei Stufen) und „Wachstumsbedürfnisse" (die oberen beiden Stufen) zu unterscheiden: Wird ein Defizitbedürfnis nicht befrie-

---

[1] Olfert und Steinbruch (2008).
[2] Vgl. Kasper und Mayhofer (2009).

© Springer Fachmedien Wiesbaden 2015
R. Felkai, A. Beiderwieden, *Projektmanagement für technische Projekte*,
DOI 10.1007/978-3-658-10752-9_15

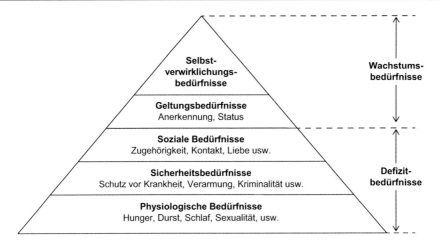

Abb. 15.1 Bedürfnispyramide nach Maslow

digt, wird der Mensch krank. Wird es jedoch befriedigt, so wird es verhaltensunwirksam
(wer satt ist, hört auf zu essen usw.). Wachstumsbedürfnisse sind als Bedürfnisse der
Selbstverwirklichung hingegen „unstillbar", sie können nie wirklich befriedigt werden
(nach Fertigstellung eines Gemäldes hat der Künstler bereits Ideen für neue Kunstwerke).
Wachstumsbedürfnisse entfalten deshalb eine dauerhafte Motivation („Erfolg will mehr
Erfolg").

Das Modell spielt bis heute in Theorie und Praxis des Managements eine bedeutende
Rolle, nicht zuletzt deswegen, weil es verständlich, in einigen Kernaussagen plausibel und
auf ganze Teams übertragbar ist.

Zwei-Faktoren-Theorie nach Herzberg[3]

Die Zwei-Faktoren-Theorie nach Herzberg unterscheidet zwei Einflussgrößen der Arbeitszufriedenheit und Arbeitsmotivation:

- **Motivatoren** (Inhaltsfaktoren): Diese stehen in direktem Zusammenhang mit der Arbeit (Erfolgserlebnisse, Anerkennung durch Vorgesetzte, Aufstieg, Übernahme von
  Verantwortung, Entfaltungsmöglichkeiten usw.). Motivatoren können im günstigsten
  Fall zu Zufriedenheit und im ungünstigsten Fall zu „Nicht-Zufriedenheit" führen.
- **Hygienefaktoren** (Kontextfaktoren): Diese stehen in keinem direkten Zusammenhang
  mit der Arbeit (Gehalt, organisatorische Rahmenbedingungen, persönliche Beziehungen zu Mitarbeitern, persönliche Arbeitsplatzsicherheit, Firmenpolitik usw.). Hygiene-
  faktoren können im günstigsten Fall eine „Nicht-Unzufriedenheit" und ungünstigsten
  Fall eine Unzufriedenheit bewirken.

---

[3] Vgl. ebd.

Nach dieser Theorie ist Arbeitszufriedenheit also nicht das Gegenteil von Arbeitsunzufriedenheit, sondern es sind zwei Gegensatzpaare zu unterscheiden:

- „Zufriedenheit" ist das Gegenteil von „Nicht-Zufriedenheit" und
- „Unzufriedenheit" das Gegenteil von „Nicht-Unzufriedenheit".

Hygienefaktoren können danach keine nachhaltige Arbeitszufriedenheit erzeugen, sondern nur verhindern, dass das Team unzufrieden wird. Nachhaltige Arbeitszufriedenheit und Motivation können danach ausschließlich durch Arbeitsinhalte erreicht werden. Vereinfacht lässt sich diese Theorie folgendermaßen zusammenfassen: „Arbeitsinhalte können Arbeitszufriedenheit bewirken und Arbeitsbedingungen können Arbeitsunzufriedenheit verhindern."

Obwohl dieser Theorie Unschärfen, Widersprüche und auch methodische Unstimmigkeiten vorgeworfen werden und obwohl jüngere Untersuchungen abweichende Ergebnisse (vor allem in der Gewichtung der Faktoren) lieferten, ist diese Theorie in ihren Kernaussagen in der Managementtheorie und in vielen Unternehmen anerkannt und sehr verbreitet.

15.1.3 Mitarbeiter in technischen Projekten

In technischen Projekten – insbesondere in F&E-Projekten – ist zu bedenken, dass die Mitarbeiter mit ihrer Herkunft, ihrer Ausbildung und in ihrem Fachgebiet nicht selten ihren Vorgesetzten ebenbürtig oder auch überlegen sind. Sie wollen die ihnen aufgetragenen Arbeitsaufträge und alle Antworten auf ihre Fragen nachvollziehen können. Außerdem erwarten sie, dass sie respektvoll behandelt werden. Gleichzeitig aber verlangen sie eine klare Führung.

Häufig arbeiten in solchen Projekten Fachleute aus unterschiedlichen Nationen zusammen. Unterschiedliche Kulturen, Kommunikationsgewohnheiten, Sprachen und weitere Aspekte können dabei erhebliche Problemquellen und damit Herausforderungen für die Projektleitung darstellen. Empfehlungen für die Arbeit in internationalen Projekten liefert Kap. 17.

15.1.4 Schlussfolgerungen für Führungskräfte

Aus vorangehenden Überlegungen lässt sich ableiten, dass in technischen Projekten ...

- ... kein autoritärer Führungsstil und ebenso kein „Laissez-Faire-Führungsstil", sondern vielmehr ein kooperativer Führungsstil angebracht ist
- ... die Mitarbeiter vorrangig durch die Arbeitsinhalte, die übertragene Verantwortung und die damit verbundenen Erfolgserlebnisse motiviert werden können

- … die betrieblichen Arbeitsbedingungen angemessen gestaltet und offenkundige Missstände beseitigt werden sollten, um Unzufriedenheiten im Team vorzubeugen
- … mit Mitarbeitern aus mehreren Nationen eine frühzeitige Auseinandersetzung mit Unterschieden in Kultur und Kommunikation die Führung erheblich erleichtert (siehe Kap. 17).

15.2 Was ist zu tun?

15.2.1 Entwickeln eines kooperativen Führungsstils

15.2.1.1 Einbeziehen der Mitarbeiter

Der in Abschn. 15.1 beschriebene Mitarbeitertypus sollte in alle relevanten Sachfragen und Entscheidungsprozesse so weit wie möglich einbezogen und seine Meinung eingeholt werden. Ebenso sollten Ziele für die Mitarbeiter gemeinsam vereinbart werden. Für die Einbeziehung von Mitarbeitern sprechen mehrere gute Gründe:

- Die Mitarbeiter fühlen sich ernst genommen und identifizieren sich mit ihrer Arbeit
- Die Mitarbeiter fühlen sich verpflichtet, abgegebene Zusagen einzuhalten
- Die Projektleitung wird vor Ort auf mögliche Probleme aufmerksam gemacht
- Die Projektleitung lernt auf allen Ebenen fachlich etwas dazu.

15.2.1.2 Gemeinsames Überprüfen der Arbeitsergebnisse

Der „kooperative Führungsstil" darf nicht dahingehend missverstanden werden, dass auf eine Kontrolle der Arbeitsergebnisse verzichtet werden kann. Die Überprüfung von Arbeitsergebnissen ist auch beim kooperativen Führungsstil aus mehreren Gründen unerlässlich:

- **Fehler bei der Ausführung:** Jedem noch so versierten Fachmann können Fehler unterlaufen, nicht zuletzt deswegen, weil die Arbeitsbelastung in Zeiten der Globalisierung in vielen Betrieben steigt. Das gilt auch für Arbeitsergebnisse der Führungskräfte selbst. Mitarbeiter können im Übrigen mit einer Aufgabe überfordert sein, ohne dass ihnen und der Projektleitung das bewusst ist.
- **Missverständnisse:** Diese können bei zwischenmenschlicher Kommunikation grundsätzlich nie ausgeschlossen werden.
- **Ausweichstrategien:** In Zeiten hohen Arbeitsaufkommens bedienen die Projektmitarbeiter zuerst die Vorgesetzten, die den höchsten Druck ausüben – und das kann zu Lasten des eigenen Projekts gehen.
- **Motivation und Lernchancen:** Die Überprüfung von Arbeitsergebnissen macht das Interesse des Vorgesetzten an der Arbeit des Mitarbeiters deutlich und kann über geäußerte Anerkennung zusätzliche Motivation freisetzen. Im Falle unzureichender Arbeitsergebnisse stellt das Feedback eine wertvolle Lernchance für den Mitarbeiter dar.

Mit dem Mitarbeiter sollte von Anfang an eine gemeinsame Überprüfung der Arbeitsergebnisse in Verbindung mit einem Feedback vereinbart werden. Auf diese Weise kann
er sich darauf einstellen und wird nicht durch eine Kontrolle überrascht bzw. verunsichert.
Die Zyklen der Überprüfung sollten zunächst kürzer bemessen und nach und nach ausge-
weitet werden.

15.2.1.3   Gewährleisten der Einhaltung von Verhaltensregeln

Verhaltensregeln wurden im PM-Handbuch (Abschn. 2.2.6) dokumentiert, andernfalls
sind sie neu aufzustellen bzw. im Team gemeinsam zu entwickeln und verbindlich zu
vereinbaren. Doch Regeln stiften nur dann einen Nutzen, wenn ihre Einhaltung auch
überprüft wird.

*Beispiel: Obwohl die Regeln eines Fußballspiels jedem Spieler bekannt sind, findet
kein bedeutendes Spiel ohne Schiedsrichter statt. Niemand würde den Schiedsrichter für
überflüssig erklären, weil jeder weiß, dass ohne ihn ungestraft gegen die Regeln verstoßen
werden würde.*

Das ist bei einem Projekt nicht anders. Mit der Duldung von Regelverstößen demotiviert der Projektleiter die Projektmitarbeiter, die sich an die Regeln halten. Man wird ihm
früher oder später Führungsschwäche vorwerfen.

Auch über kleine Regelverstöße (z. B. verspätetes Erscheinen bei einer Besprechung)
sollte der Projektleiter nicht hinwegsehen, sondern den Konflikt mit dem betreffenden
Mitarbeiter austragen. Das ist nie angenehm, aber es lohnt sich und es wird auch von ihm
erwartet. Ebenso sollte sich der Projektleiter auch selbst an die Regeln halten.

15.2.1.4   Fördern einer Feedbackkultur

Viele Mitarbeiter fürchten Kritik bzw. ein negatives Feedback, sie fühlen sich an den Pran-
ger gestellt und empfinden die Veranstaltung als schmerzhafte Abwertung ihrer Person.
An dieser Stelle sind die Führungskräfte gefordert, ein gemeinsames Umdenken herbeizuführen und eine andere Seite der Medaille zu betonen: Feedback ist eine wertvolle
Lernchance. Ohne Feedback hat der Mitarbeiter keine Chance, sich weiterzuentwickeln.
Das gilt nicht nur für berufliches Miteinander, sondern auch für alle Bereiche des Privat-
lebens.

Aus diesem Grund sollte die Projektleitung eine faire Feedbackkultur entwickeln, die in
beide Richtungen zielt, d. h. Mitarbeiter und Vorgesetzte geben sich gegenseitig Feedback.
Dabei gilt: Kein Feedback ohne Feedbackregeln (Tab. 15.1). Diese sollten zu Beginn der
Feedbackveranstaltung stets in Erinnerung gerufen werden.

15.2.2   Effektiv Kommunizieren

Es liegt in der Natur der Sache, dass die zwischenmenschliche Kommunikation eine Schlüsselrolle in der Mitarbeiterführung spielt. Um Kommunikationsprozesse zu
verstehen und erfolgreich kommunizieren zu können, sollten Führungskräfte mit den

Tab. 15.1 Feedbackregeln

Feedbackregeln	
Regeln für den Feedbackgeber	Regeln für den Feedbacknehmer
Bieten Sie Ihr Feedback zeitnah an und zwingen Sie es niemandem auf. Beginnen Sie mit positivem Feedback. Beschreiben Sie nur konkret wahrgenommene Einzelheiten. Bleiben Sie sachlich, werden Sie nicht persönlich. Interpretieren und bewerten Sie nicht. Liefern Sie nur Beiträge, die den Feedbacknehmer weiterbringen.	Betrachten Sie das Feedback als Lernchance. Hören Sie nur zu und argumentieren Sie nicht bzw. verteidigen Sie sich nicht. Fragen Sie nach, wenn Sie etwas nicht verstanden haben. Bedanken Sie sich für das Feedback. Entscheiden Sie für sich selbst, welche Informationen Sie annehmen und welche nicht.

wichtigsten kommunikationspsychologischen Grundlagen vertraut sein. An dieser Stelle werden zwei hilfreiche und leicht anwendbare Kommunikationsmodelle vorgestellt:

15.2.2.1 Vier Seiten einer Nachricht unterscheiden

Das Modell[4]

Friedemann Schulz von Thun hat unterschiedliche Ansätze bedeutender Kommunikationspsychologen (vor allem von Karl Brühler und Paul Watzlawick) in ein so einfaches wie erfolgreiches Kommunikationsmodell integriert. Die Kernaussage des Modells besteht darin, dass jede Nachricht der zwischenmenschlichen Kommunikation stets vier Seiten aufweist (Abb. 15.2). Dabei können die Botschaften einerseits verbal wie nonverbal und anderseits gewollt wie ungewollt mitgeteilt werden.

- **Sachseite:** Was der Sender an Sachinhalten mitteilt
- **Beziehungsseite:** Was der Sender vom Empfänger hält bzw. wie er zu ihm steht
- **Selbstbekundungsseite:** Was der Sender über sich selbst aussagt
- **Appellseite:** Wozu der Sender den Empfänger veranlassen möchte.

Beispiel: Der Vorgesetzte betritt am Montagmorgen lautstark das Büro und teilt dem Mitarbeiter in strengem Tonfall mit: „Ich habe gestern sechs mal versucht, bei Ihnen anzurufen!" Der Vorgesetzte bringt mit dieser Mitteilung unter anderem zum Ausdruck, dass ...

- *Sachseite:* ... *er am Sonntag sechs mal versucht hat, seinen Mitarbeiter zu erreichen*
- *Beziehungsseite:* ... *er seinen Mitarbeiter für arbeitsscheu hält und auf ihn herabschaut*

---

[4] Vgl.: Schulz von Thun (1994).

Abb. 15.2 Vier Seiten einer
Nachricht

- **Selbstbekundungsseite:** ... *er auch sonntags engagiert arbeitet und nun sehr wütend ist*
- **Appellseite:** ... *sein Mitarbeiter auch am Sonntag für ihn erreichbar sein muss.*

Nun kommt der Empfänger ins Spiel: Er hat jetzt die freie Auswahl und kann auf „vier Ohren" einige Botschaften heraushören – oder auch nicht heraushören (Abb. 15.3). Die Botschaften, die er letztlich heraushört, sind unter anderem abhängig von seinem Selbstwertgefühl, dem Bild, das er vom Empfänger hat und seinen Denkgewohnheiten bzw. erlernten Assoziationen.

Typische Kommunikationsstörungen lassen sich mithilfe dieses Modells beispielsweise dadurch erklären, dass der Sender seine Kernbotschaft nicht offen ausweisen will. So ist ein vermeintliches „Fachgespräch" häufig deswegen so unergiebig, weil ein verdeckter Machtkampf ausgetragen wird. In vielen Fällen werden Kommunikationsstörungen durch den Empfänger verursacht, der auf allen vier Seiten Botschaften heraushören kann, die niemals gesendet wurden.

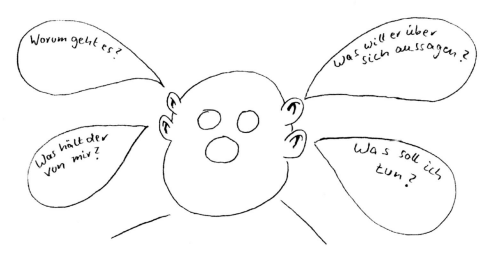

Abb. 15.3 Vier Ohren des Empfängers

Schlussfolgerungen für die betriebliche Praxis

- **Sach- und Beziehungsebene trennen:** Beim Äußern von Kritik an Mitarbeitern dürfen die Sach- und die Beziehungsebene nicht vermischt werden. Der Projektleiter muss auf Versäumnisse hinweisen, aber er darf die kritisierte Person nicht abwerten.
- **Auf die Beziehungsebene wechseln:** Bei vermuteten Beziehungskonflikten sollte die Ebene gewechselt („Metaebene") und überprüft werden, ob ein tiefer liegendes Beziehungsproblem vorliegt. Dabei sind unbedingt „Ich-Botschaften" einzusetzen, siehe unten.
- **Geltungsbedürfnisse identifizieren:** In vielen Besprechungen werden vermeintliche Sachaussagen genutzt, um sich zu profilieren. *Beispiel: „Da kann ich vielleicht etwas ausrichten. Ich kenne den Minister persönlich, weil ich damals alle Projekte für das Verteidigungsministerium koordiniert habe."* usw. In diesem Beispiel stellt der Sender seine Kontakte und seine Bedeutung in den Vordergrund (Selbstbekundung).
- **Missverständnisse ausräumen:** Insbesondere Mitarbeiter mit einem wenig ausgeprägten Selbstbewusstsein neigen dazu Appelle zu hören, die niemand von sich gegeben hat. Das kann zunächst unproblematisch sein, doch mittelfristig kommen diese Mitarbeiter an ihre Belastungsgrenzen und fühlen sich ungerecht behandelt.

15.2.2.2   Drei Ebenen der Persönlichkeit unterscheiden

Die Transaktionsanalyse ist ein einfaches Kommunikationsmodell, das bereits in den fünfziger Jahren von Eric Berne entwickelt wurde und auf Grundgedanken der Psychoanalyse zurückgreift. Im Gegensatz zur Psychoanalyse handelt es sich hier jedoch um ein einfaches und unmittelbar anwendbares Modell, das aus mehreren Teilanalysen besteht:[5]

Das Modell
Strukturanalyse
In diesem Modell besteht die menschliche Persönlichkeit aus drei verschiedenen, unbewussten „Ich-Zuständen" (Abb. 15.4), die in unterschiedlichen Situationen aktiv sind:

- **Eltern-Ich:** Dieses erfasst von Geburt an äußerliche Ereignisse und dabei besonders elterliches Kommunikationsverhalten, welches im Gehirn wie von einem Tonband aufgezeichnet wird und ein Leben lang abrufbar ist. Zu unterscheiden sind zwei Varianten mit nachfolgenden Merkmalen:
  - **Kritisches Eltern-Ich:** moralisch beurteilend, maßregelnd, fordernd, verbietend
  - **Fürsorgliches Eltern-Ich:** beratend, ermutigend, schützend, mitfühlend.
- **Erwachsenen-Ich:** Dieses ist der reife, rationale und selbstverantwortliche Ich-Zustand, er ist fähig zur objektiven und adäquaten Verarbeitung und Vermittlung von Informationen.

---

[5] Berne (2002).

Abb. 15.4 Strukturanalyse: „Ich-Zustände" einer Persönlichkeit

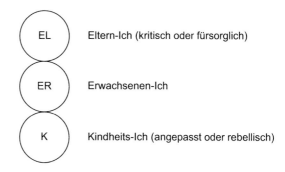

EL   Eltern-Ich (kritisch oder fürsorglich)

ER   Erwachsenen-Ich

K   Kindheits-Ich (angepasst oder rebellisch)

- **Kindheits-Ich:** Dieses erfasst, analog zum Eltern-Ich, von Geburt an innerliche Ereignisse emotionaler, ursprünglicher und archaischer Natur. Zu unterscheiden sind auch hier zwei Varianten mit nachfolgenden Merkmalen:
  - **Angepasstes Kindheits-Ich:** ängstlich, angepasst, vorsichtig, gehemmt, absichernd
  - **Natürliches Kindheits-Ich:** unvoreingenommen, spielerisch, spontan, begeisterungsfähig – aber auch: trotzig, aggressiv, wütend, unvernünftig.

Transaktionsanalyse

In der Transaktionsanalyse werden die Botschaft des Senders (Stimulus) und die Reaktion des Empfängers (Response) als „Transaktion" bezeichnet und grafisch als Pfeile dargestellt (Abb. 15.5 bis 15.8). Grundsätzlich sind zwei Arten von Transaktionen zu unterschieden:

- **Komplementäre Transaktionen** (parallele Pfeile): Der Sender wendet sich mit einem der drei Ich-Zustände an einen der drei Ich-Zustände des Empfängers, welcher wie erwartet reagiert. Der Kommunikationsprozess verläuft also parallel und damit „reibungslos" (Abb. 15.5 und 15.6).
- **Gekreuzte Transaktion** (überkreuzte Pfeile): Der Sender wendet sich mit einem der drei Ich-Zustände an einen der drei Ich-Zustände des Empfängers, doch dieser reagiert mit einem anderen Ich-Zustand und wendet sich unerwartet an einen ebenfalls anderen Ich-Zustand beim ursprünglichen Sender. Der Kommunikationsprozess wird „gestört" (Abb. 15.7 und 15.8).

Abb. 15.5 Komplementäre Transaktion Typ I

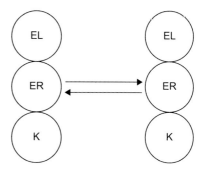

Abb. 15.6 Komplementäre
Transaktion Typ II

Abb. 15.7 Gekreuzte Transaktion Typ I

Abb. 15.8 Gekreuzte Transaktion Typ II

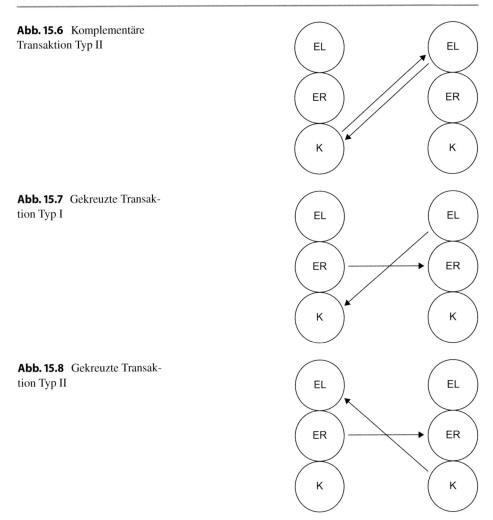

Beispiele:

Komplementäre Transaktion Typ I (Abb. 15.5)
Stimulus: „Wissen Sie, wo der Projektvertrag geblieben ist?"
Response: „Ja, der müsste noch bei Krause liegen, der wollte etwas überprüfen."

Komplementäre Transaktion Typ II (Abb. 15.6)
*Stimulus (mit gequälter Stimme): „Ach Herr Ley, ich kann den Projektvertrag nicht fin-
den . . . "*
Response: „Keine Sorge, liebe Frau Braun, den finden wir schon wieder."

Gekreuzte Transaktion Typ I (Abb. 15.7)
Stimulus: „Wissen Sie, wo der Projektvertrag geblieben ist?"
Response: „Da, wo Sie ihn gelassen haben! Achten Sie fortan besser auf Ihre Ordnung!"

Gekreuzte Transaktion Typ II (Abb. 15.8)
Stimulus: „Wissen Sie, wo der Projektvertrag geblieben ist?"
Response: „Ach Mensch! Warum muss ich mich da jetzt wieder drum kümmern?"

Skriptanalyse

Eine weitere Teilanalyse der Transaktionsanalyse ist die Skriptanalyse[6]. Danach lebt der Mensch nach einem in ihm selbst angelegten „Drehbuch" und verinnerlicht bereits in früher Kindheit eine der folgenden vier Lebensanschauungen, die sich in allen Kommunikationsprozessen niederschlägt:

- Ich bin nicht O.K., Du bist O.K.
- Ich bin nicht O.K., Du bist nicht O.K.
- Ich bin O.K., Du bist nicht O.K.
- Ich bin O.K., Du bist O.K.

Schlussfolgerungen für die betriebliche Praxis

Natürlich ist es nicht die Aufgabe des Projektleiters, seine Mitarbeiter zu analysieren oder gar zu therapieren. Doch dieses Modell erklärt den Hintergrund vieler Kommunikationsprozesse und Kommunikationsstörungen. Mithilfe dieses Modells kann versucht werden, …

- … parallele Transaktionen auf der Ebene des Erwachsenen-Ichs anzustreben, um rational und selbstverantwortlich zu kommunizieren
- … die Lebensanschauung „Ich bin O.K., Du bist O.K." zu fördern, da sie die Voraussetzung für eine parallele Transaktion auf der Erwachsenenebene ist.

15.2.2.3   Aktiv zuhören

In vielen Gesprächssituationen hören sich die Menschen gegenseitig nicht wirklich zu. Führungskräfte sollten jedoch dazu in der Lage sein. Sie sollten vielmehr das „aktive Zuhören" beherrschen, welches von dem amerikanische Psychotherapeuten Carl Rogers entwickelt wurde und folgende Grundsätze verlangt:[7]

- Sich in den Gesprächspartner hineinfühlen („emphatische Grundhaltung")
- Dem Gesprächspartner Aufmerksamkeit, Interesse und Akzeptanz entgegenbringen
- Authentisches und kongruentes Auftreten.

Nachfolgende Techniken lassen sich im Rahmen des aktiven Zuhörens einsetzen (Tab. 15.2).

---

[6] Harris (2010).
[7] Vgl.: http://de.wikipedia.org/wiki/Aktives_Zuhören. Version 26-Feb-2010, Datum 03-Mai-2010.

Tab. 15.2 Techniken des Aktiven Zuhörens

Technik	Erläuterung
Authentisch und entspannt bleiben	Das beruhigt den Gesprächspartner. Außerdem beugt diese Haltung unruhigen Unterbrechungen vor.
Pausen aushalten	Häufig braucht der Gesprächspartner seine Zeit, um den nötigen Mut bzw. die erforderliche Klarheit aufzubringen.
Bewertungen vermeiden	Die eigene Meinung sollte (noch) nicht geäußert werden.
Blickkontakt halten	Das zeigt dem Gesprächspartner, dass der Zuhörer ihm ganz zugewandt ist und die Informationen aufnimmt.
Aussage mit eigenen Worten zusammenfassen	„Sie fühlten sich nach dem Gespräch also betrogen …"
Gefühle ansprechen	„Das hat Sie sehr gekränkt …"
Unklares klären	„Das verstehe ich nicht. Was genau hat er Ihnen gesagt?"
Gedanklich weiterführen	„Und dann? Waren Ihre Mitarbeiter überrascht?"

15.2.2.4 „Ich-Botschaften" senden

„Du-Botschaften" werten laut dem amerikanischen Psychologen Thomas Gordon den Gesprächspartner ab und bringen keinen Respekt zum Ausdruck. Beispiele:

- **Unterstellungen:** „Sie wussten doch ganz genau …"
- **Befehle:** „Sie fahren gleich morgen nach …"
- **Drohungen:** „Wenn Sie das nicht machen …"
- **Belehrungen:** „Das müssen Sie anders machen …"

„Du-Botschaften" werden vom Empfänger im Normalfall als Vorwurf, Herabsetzung, Maßregelung oder sogar als Angriff aufgefasst und es wird eine wenig konstruktive Abwärtsspirale in Gang setzen. „Ich-Botschaften" sind hingegen „friedlicher Natur", sie greifen den Gesprächspartner nicht an, sondern bringen statt dessen die eigenen Wahrnehmungen, Interessen, Befindlichkeiten und auch Emotionen zum Ausdruck.

Beispiel: „Weil Sie die Originale mitgenommen haben, konnte ich nicht weiterarbeiten und musste noch einmal zum Kunden fahren. Das hat mich sehr geärgert …"

Auf diese Weise wird der Gesprächspartner nicht abgewertet oder in die Defensive gedrängt, sondern erhält die Chance, die Situation und Befindlichkeit des Gesprächspartners nachzuvollziehen. Dadurch wird die Chance eines konstruktiven Gesprächsverlaufs erhöht.

15.2.3 Lösen von Konflikten

Der Projektleiter sollte sensibilisiert sein für Spannungen und Konflikte im Team und frühzeitig dazu beitragen, diese im Rahmen seiner Möglichkeiten abzubauen bzw. zu lösen.

15.2.3.1   Voraussetzungen einer Schlichtung

Zunächst ist abzuschätzen, ob die Schlichtung eines Konflikts in eigener Regie realistisch ist und ob gewünschte Konfliktziele erreicht werden können. Schwerwiegende Konflikte sollten an Experten (Mediatoren, Psychologen) abgegeben werden.

Konfliktgespräche sollten nicht geführt werden, so lange die Gemüter übermäßig erhitzt sind, jeder Konflikt ist daher erst einmal zu überschlafen. Der Konflikt sollte aber auch nicht verdrängt oder unnötig vertagt werden, da schwelende Konflikte häufig Unheil anrichten.

15.2.3.2   Schritte einer Konfliktlösung

Im Folgenden sollen die klassischen Schritte einer Konfliktlösung, wie sie in der Mediation üblich sind, skizziert werden.[8] Die Struktur ist allgemeiner Natur und kann auch für innerbetriebliche Konfliktlösungsgespräche als Orientierung dienen:

- **Vorgespräch:** Bereitschaft zur Klärung überprüfen, Auftragserteilung an den Schlichter
- **Einführung:** Klärungen erreichbarer Ziele (hier ist stets eine „Win-win-Situation" anzustreben), Ablauf und Verhaltensregeln für das Konfliktlösungsverfahren
- **Konfliktdarstellung:** Darstellungen der Sichtweise der Betroffenen („Dampf ablassen"), im Idealfall als Vier-Augen-Gespräch und im Plenum
- **Konflikterhellung:** Identifizieren von Wünschen, Bedürfnissen, Interessen und Gefühlen, Herausarbeiten von Gemeinsamkeiten (Integration statt Polarisierung), im Idealfall als Vier-Augen-Gespräch und im Plenum
- **Lösungsideen:** Sammeln alternativer und kreativer Lösungsideen, im Idealfall als Vier-Augen-Gespräch und im Plenum
- **Lösungsauswahl:** Vorliegende Lösungsideen auf Realisierbarkeit überprüfen, priorisieren, auf Grundlage der Interessen bewerten und die Konsequenzen ableiten, anschließend gemeinsames Auswählen einer Lösung
- **Vertrag:** Gemeinsame Einigung auf eine Lösung, schriftliche Dokumentation des Ergebnisses, Unterschreiben beider Parteien
- **Nachgespräch:** Spätere Erfolgskontrolle zur Umsetzung und zur Zufriedenheit mit dem Ergebnis.

---

[8] Vgl. Hösl (2002).

15.3   Werkzeug: 10 Goldene Regeln für Führungskräfte

1 **Fragen Sie sich, ob Ihnen Menschenführung Freude macht.**
   Führen ist ein anderer Beruf als der des Konstruierens oder Berechnens. Häufig werden Mitarbeiter in Positionen befördert, die ihnen nicht liegen.
2 **Respektieren Sie Ihre Mitarbeiter.**
   Menschen wollen ernst genommen und respektiert werden, dann ziehen sie auch in schweren Stunden mit – und sie gehen wiederum fair mit Ihnen um.
3 **Vereinbaren Sie Regeln – und achten Sie auf ihre Einhaltung.**
   Aufstellen von Regeln ist das eine, Beachten ihrer Einhaltung das andere.
4 **Beziehen Sie Ihre Mitarbeiter so weit wie möglich ein.**
   Sie werden sich mit den Aufgaben identifizieren und die Lösungen als „ihr Kind" betrachten.
5 **Loben Sie und Tadeln Sie – aber richtig.**
   Mitarbeiter brauchen Anerkennung. Vermischen Sie bei Kritik nicht die Sach- und die Beziehungsebene, setzen Sie mit die Feedbackregeln ein.
6 **Gehen Sie mit gutem Beispiel voran.**
   „*Wie der Herr, so's Gscherr:*" Mitarbeiter achten auf das, was Sie tun, nicht auf das, was Sie sagen.
7 **Verlangen Sie nichts von ihren Mitarbeitern, was Sie von sich selbst nicht verlangen würden.**
   Grundsatz der Gleichbehandlung bzw. Gerechtigkeit. Die Mitarbeiter werden Unglaubliches leisten, wenn sie sehen, dass ihr Vorgesetzter das auch tut.
8 **Seien Sie sensibel gegenüber Ihren Mitarbeitern.**
   Kein Mensch kann große private Sorgen abschalten, sie schwingen in Besprechungen und bei der Lösung von Sachproblemen mit. Klären Sie in Vier-Augen-Gesprächen, ob Sie den betreffenden Mitarbeiter entlasten können.
9 **Seien Sie loyal mit Ihren Mitarbeitern.**
   Stellen Sie ihre Mitarbeiter nie bloß – und schon gar nicht öffentlich. Stellen Sie sich stattdessen stets vor Ihre Mitarbeiter.
10 **Schaffen Sie Transparenz.**
   Das hat Nachteile (damit werden Sie überprüfbar), aber viel mehr Vorteile (man wird Ihnen Vertrauen entgegenbringen).

15.4 Lernerfolgskontrolle

1. Was versteht man unter Führung?
2. Erläutern Sie die Bedürfnispyramide nach Maslow.
3. Erläutern Sie die Zwei-Faktoren-Theorie nach Herzberg.
4. Welche Ansprüche an den Führungsstil sind bei Mitarbeitern in technischen Projekten in aller Regel zu erwarten – und warum?
5. Welche Schlussfolgerungen ergeben sich für die Führung von Mitarbeitern in technischen Projekten?
6. Welche Maßnahmen eines kooperativen Führungsstils kennen Sie?
7. Wie lässt sich der Widerspruch zwischen Vertrauen und Kontrolle im Rahmen eines kooperativen Führungsstils auflösen?
8. Aus welchem Grunde sollten Führungskräfte stets auf die Einhaltung von Spielregeln achten?
9. Warum ist ein qualifiziertes Feedback eine notwendige Voraussetzung für die Weiterentwicklung der Mitarbeiter sowie auch des Projektteams?
10. Welche Regeln sollten Feedbackgeber und Feedbacknehmer einhalten?
11. Unterscheiden Sie die vier Seiten einer Nachricht nach dem Kommunikationsmodell nach Schulz von Thun.
12. Welche Schlussfolgerungen lassen sich aus diesem Modell für die betriebliche Praxis ziehen?
13. Welche Ebenen der Persönlichkeit werden in der Strukturanalyse der Transaktionsanalyse unterschieden – und was bedeuten diese?
14. Welche Transaktionen zwischen den einzelnen Persönlichkeitsebenen werden in der Transaktionsanalyse unterschieden?
15. Was versteht man unter der Skriptanalyse?
16. Welche Schlussfolgerungen lassen sich aus Transaktionsanalyse für die betriebliche Praxis ziehen?
17. Was versteht man unter „aktivem Zuhören" – und welche Techniken sind damit verbunden?
18. Warum erhöhen „Ich-Botschaften" die Chance eines konstruktiven Gesprächsverlaufs?
19. Welche Voraussetzungen müssen gegeben sein, damit eine Schlichtung Aussicht auf Erfolg hat?
20. Welche Schritte sind im Rahmen einer Konfliktlösung abzuarbeiten?

Informieren und Überzeugen durch Präsentationen

16

16.1 Vorüberlegungen

Vom Anfang bis zum Ende eines Projekts stehen Führungskräfte immer wieder vor der Aufgabe, ihr Publikum (Unternehmensleitung, Lenkungsausschuss, Projektmitarbeiter, Kunden usw.) zu informieren oder zu überzeugen. Eine Präsentation wird hier als ein Vortrag verstanden, der durch visuelle Medien unterstützt wird. In betrieblichen Projekten handelt es sich dabei meistens um softwaregestützte Folienpräsentationen.

In manchen Managementkreisen häufen sich die Vorbehalte gegen solche Folienpräsentationen – nicht zuletzt deswegen, weil mithilfe der Medien vielfach inhaltliche Mängel mit technischen Effekten überspielt werden sollen. Aus Sicht der Autoren ändert das jedoch nichts an den Effizienzvorteilen einer Präsentation gegenüber einem Vortrag ohne Medieneinsatz, wie in Abb. 16.1 ablesbar ist.

Diese Ergebnisse sind nicht überraschend, da mehrere Sinneskanäle gleichzeitig bedient werden. Außerdem werden die linke (unter anderem logisch analytische) und die rechte (unter anderem visuell emotionale) Hirnhälfte gleichzeitig angesprochen und die Informationen somit ganzheitlicher verarbeitet und erinnert.

16.2 Was ist zu tun?

16.2.1 Entwickeln der Präsentationsinhalte

16.2.1.1 Festlegen des Präsentationsziels

Der erste Schritt der Vorbereitung einer Präsentation ist die Festlegung des Präsentationsziels: Was genau soll mit der bevorstehenden Präsentation erreicht werden? Hier lassen sich grundsätzlich drei Zielrichtungen unterscheiden:

© Springer Fachmedien Wiesbaden 2015
R. Felkai, A. Beiderwieden, *Projektmanagement für technische Projekte*,
DOI 10.1007/978-3-658-10752-9_16

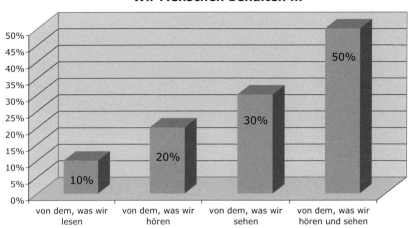

Abb. 16.1 Behaltensleistungen[1]

- **Informieren:** Die Zuhörer sollen über bestimmte Informationen verfügen.
- **Überzeugen:** Die Meinung der Zuhörer soll beeinflusst werden.
- **Motivieren:** Das Verhalten der Zuhörer soll beeinflusst werden.

Die Festlegung des Präsentationsziels ist eine wichtige Voraussetzung und Orientierungshilfe für alle nachfolgenden Entscheidungen der Vorbereitung und Durchführung der Präsentation.

16.2.1.2 Analysieren der Zielgruppe

Nun sollte der Redner herausfinden, wer seine Zielgruppe ist und „wo sie steht", denn von dort muss er sie zum Präsentationsziel führen. Zu diesem Zweck sollte er versuchen, nachfolgende Fragen zur Zielgruppe so gut wie möglich zu beantworten:

- **Vorkenntnisse:** Was wissen die Zuhörer bereits zu diesem Thema? Welche Vorkenntnisse kann ich voraussetzen und welche nicht?
- **Einstellungen:** Wie steht das Publikum zu diesem Thema? Welche Interessen, Sorgen, Wünsche usw. gibt es in diesem Zusammenhang? Wie stehen die Zuhörer zu mir als Person bzw. in meiner Funktion?
- **Erwartungen:** Was erwartet das Publikum von mir? Welche dieser Erwartungen kann bzw. will ich erfüllen und welche nicht?
- **Gemeinsamkeiten und Unterschiede:** Handelt es sich hinsichtlich der Vorkenntnisse, Einstellungen und Erwartungen um eine homogene oder eine heterogene Gruppe?

---

[1] Vgl. Mentzel (1997).

16.2.1.3 Eingrenzen des Inhalts

Prinzipiell lässt sich jedes Thema beliebig vertiefen – aber auch beliebig kurz fassen. Die Probleme der Entwicklung des Militärtransporters A 400 M könnten in mehreren Stunden, aber ebenso in einer Minute erläutert werden.

Abhängig vom Ziel der Präsentation, der Zielgruppe und der zur Verfügung stehenden Zeit, muss für jedes Thema die Abgrenzung und Schwerpunktsetzung festgelegt werden:

- **Abgrenzung:** Welche Aspekte sollen bewusst nicht behandelt werden?
- **Schwerpunktsetzung:** Welche Aspekte sollen im Mittelpunkt der Präsentation stehen?

16.2.1.4 Entwickeln einer Gliederung

Ist das Thema abgegrenzt, kann nun der Aufbau der Präsentation ersonnen werden. Auch hier ist, wie so oft im Projekt, vom Groben zum Feinen vorzugehen. Eine gute Gliederung zeichnet sich durch einen erkennbaren roten Faden aus. Für die Zuhörer sollte jeder Gedanke von Anfang bis Ende der Präsentation nachvollziehbar und plausibel sein. Im Idealfall beantwortet der Redner immer genau die Fragen, die sich den Zuhörern nach und nach selbst stellen bzw. die er in ihnen weckt. Dabei ist zwischen einer Gliederung der Gesamtpräsentation (Einleitung, Hauptteil und Schluss) und der Gliederung des Hauptteils zu unterscheiden.

Die Einleitung

Die Einleitung ist ein sehr wichtiger Abschnitt einer Präsentation. Sie soll das Publikum dort abholen, wo es steht und es zum Thema führen. Mithilfe der Einleitung lässt sich der Kontakt zum Publikum herstellen, Vertrauen aufbauen, Erwartungen kanalisieren und Interesse wecken. Sie kann folgendermaßen aufgebaut sein (Tab. 16.1).

Tab. 16.1 Schritte der Einleitung

Schritt	Funktion und Hinweise
Begrüßung	„Startschuss": Offizieller Beginn der Präsentation, indirekte und höflich geäußerte Bitte um Aufmerksamkeit.
Vorstellung	Name und Funktion: Das Publikum möchte vor allem die Rolle des Redners in diesem Zusammenhang einordnen können.
Thema	Durch Ausweisen von Schwerpunktsetzung und Abgrenzung lassen sich nachträgliche Enttäuschungen vermeiden.
Gliederung	Die Gliederung ist der „Fahrplan" durch das Thema und schafft Orientierung. Sie muss visualisiert werden (siehe unten).
Organisatorisches	Servicegedanke: Wann darf das Publikum Fragen stellen? Gibt es Handouts? Wie lange dauert die Präsentation? usw.
Einstimmung	Interesse wecken durch Humor, Aufzeigen eines Zuhörernutzens, Provokationen, Benennen eines gemeinsamen Problems usw.

Der Hauptteil

Abhängig von Inhalt und Ziel der Präsentation kann entweder auf eine klassische Standardgliederung zurückgegriffen oder eine neue Gliederung entwickelt werden:

Klassische Gliederungsbeispiele

- Problem – Ursache – Lösung
- Pro – Contra – Fazit
- Ausgangssituation – Zielsetzung – Planung – Durchführung – Kontrolle
- Soll-Situation – Ist-Situation – Schlussfolgerungen
- Chronologisch (nach Jahren oder bedeutsamen Etappen).

Allgemeine Gliederungsregeln

Für selbst entwickelte Gliederungen gelten nachfolgende Regeln:

- Die Gliederung sollte bereits einen roten Faden erkennen lassen.
- Auf jeder Gliederungsebene müssen grundsätzlich mindestens zwei Gliederungspunkte erscheinen („Wer A sagt, muss auch B sagen").
- Für jeden Gliederungspunkt muss geprüft werden, ob er tatsächlich unter die jeweils übergeordnete Ebene gehört. Die Gliederungspunkte der obersten Ebene müssen entsprechend darauf hin überprüft werden, ob sie zum Thema gehören.
- Inhalte einer Ebene müssen auch auf einer Gliederungsebene liegen.
- Inhalte mit gemeinsamem Nenner sind unter einem Gliederungspunkt zusammenzufassen.

Der Schluss

Das Publikum sollte nicht durch das Ende der Präsentation überrascht werden. Ebenso wie die Einleitung, ist auch ein guter Schluss entscheidend für den Gesamteindruck. In Tab. 16.2 werden Inhalt und Aufbau des Schlussteils beschrieben.

Tab. 16.2 Schritte des Abschlusses

Schritt	Sinn und Hinweise
Schlussankündigung	Das Publikum sollte explizit darauf aufmerksam gemacht werden, dass der Hauptteil abgeschlossen ist und nun der Schlussteil folgt.
Abrundung	Themenabhängig: Zusammenfassung der Hauptaussagen, Fazit, Aufruf (Appell), Ausblick, persönlicher Kommentar usw.
Fragen	Raum zur Klärung von Unklarheiten – auch dann, wenn im Verlauf der Präsentation bereits Fragen gestellt werden konnten.
Dank und Abschied	Höfliche Geste fördert Sympathie: „Ich danke Ihnen für Ihre Aufmerksamkeit und möchte mich hiermit von Ihnen verabschieden."

16.2.2   Visualisieren der Präsentationsinhalte

16.2.2.1   Medienübersicht

Die Präsentationsinhalte können mithilfe unterschiedlicher Medien visuell unterstützt werden. Eine ausführliche Medienübersicht wurde in Tab. 14.1 vorgestellt. Die Entscheidung für die Auswahl der Medien sollte jederzeit begründbar sein, um oben beschriebenen Vorbehalten entgegentreten zu können. In der betrieblichen Projektpraxis werden in den meisten Fällen Beamerpräsentationen eingesetzt.

16.2.2.2   Regeln der Mediengestaltung

Lesbarkeit

Alle Medien müssen auch für die Zuschauer in der letzten Reihe gut lesbar sein. Auf Medien, die nicht bzw. kaum lesbar oder erkennbar sind, sollte in jedem Fall verzichtet werden. Eine Alternative sind Handouts (siehe unten).

Vier Verständlichmacher

Für die Gestaltung von Texten entwickelte der Hamburger Kommunikationspsychologe Schulz von Thun die so genannten „vier Verständlichmacher", die überwiegend auch auf die Gestaltung grafischer Darstellungen übertragbar sind:[2]

- **Einfachheit:** Es sollten einfache, geläufige Worte und kurze Sätze verwendet werden, unbekannte Fachbegriffe und Abkurzungen sind zu erklären oder zu vermeiden.
- **Gliederung und Ordnung:** Inhalte müssen logisch aufeinander aufbauen („roter Faden"), Texte sind in Absätze mit Zwischenüberschriften („optische Blöcke") zu unterteilen, für Aufzählungen sind Aufzählungspunkte zu verwenden.
- **Kürze und Prägnanz:** Der Redner sollte sich auf das Wesentliche beschränken und die eigentlichen Aussagen auf den Punkt bringen.
- **Stimulanz:** Die Inhalte sollten durch anschauliche Beispiele, Metaphern oder auch durch den Einsatz grafischer Abbildungen belebt und veranschaulicht werden.

Bild vor Text

Grundsätzlich gilt für die Mediengestaltung die überlieferte Journalistenweisheit „Ein Bild sagt mehr als tausend Worte". Sofern möglich, sollte stets der grafischen Darstellungsform Vorrang vor Text gegeben werden. Tabellen mit Zahlen sollten durch Diagramme (Säulen-, Kreis-, Liniendiagramm usw.) ersetzt werden.

16.2.2.3   Handouts

Handouts unterstützen das Publikum mit Informationen, auf die sie über den gesamten Vortrag zurückgreifen können, wie etwa einer Gliederung oder vertiefenden Informationen zum Thema. In Rhetorikseminaren wird häufig davon abgeraten, Handouts vor dem

---

[2] Schulz von Thun (1994).

Vortrag zu verteilen, da sie angeblich das Publikum ablenken können. Die Autoren sind hier anderer Meinung. Handouts können für das Publikum eine große Hilfe sein, denn Folien an der Leinwand liefern häufig nur Stichworte und sind nur begrenzte Zeit sichtbar. Verfügt der Zuschauer hingegen über ein Handout, so kann er darin alles in Ruhe verfolgen und Notizen ergänzen. Damit können die Inhalte auch jederzeit wieder eingesehen und besser verinnerlicht werden. Handouts, die im Anschluss an die Präsentation ausgeteilt werden, landen häufig unbeachtet in der Ablage. Zum Argument der Ablenkung: Wenn der Redner die Zuhörer nicht fesselt, werden diese sich anderweitig zu beschäftigen wissen – auch wenn ihnen kein Handout vorliegt.

16.2.3 Organisieren der Rahmenbedingungen

Abhängig von den Gegebenheiten des Einzelfalles kommen auf den Redner auch organisatorische Vorbereitungen zu. Diese sind identisch mit den Vorbereitungen der Rahmenbedingungen einer Besprechung (Abschn. 14.2.1.6).

Zusätzlich können ergänzende Hilfsmittel herangezogen werden: Die traditionell empfohlenen Karteikarten werden heute überwiegend durch den Laptop, der aus Sicht des Redners unmittelbar vor dem Publikum steht, ersetzt. Lediglich für die Einleitung lohnt die Vorbereitung einer einzelnen Karteikarte. Schließlich sollte der Redner im Präsentationsverlauf eine Uhr vor Augen haben.

16.2.4 Durchführen der Präsentation

16.2.4.1 Authentizität
Die Autoren haben die Erfahrung gemacht, dass – allen Verhaltensregeln zum Trotz – ein authentisches Auftreten von größter Bedeutung für Akzeptanz und Anerkennung eines Redners ist. Er sollte sich also nicht verstellen, Vorbilder imitieren oder versuchen, Publikumserwartungen zu entsprechen, sondern vielmehr „er selbst", also authentisch bleiben. In diesem Sinne ist auch der Erfolg durch Humor nur jenen Rednern vorbehalten, die über das entsprechende Talent verfügen.

16.2.4.2 Nonverbale Kommunikation („Körpersprache")
Nach einer Untersuchung von Vorträgen durch Albert Mehrabian und Susan Ferris werden 55 Prozent der Wirkung auf das Publikum durch Körpersprache (Körperhaltung, Gestik, Blickkontakt) des Redners bestimmt, weitere 38 Prozent durch Stimmlage und nur 7 Prozent durch den Vortragsinhalt.[3] An dieser Stelle sei empfohlen:

---

[3] Mehrabian und Ferris (1967).

- **Körperhaltung:** Der Redner sollte aufrecht und ruhig stehen, einen Fußabstand von etwa 15 cm einhalten, das Gewicht auf beide Beine gleich verteilen und stets dem Publikum – und nicht der Leinwand – zugewandt sein.
- **Hände/Gestik:** Die Hände sollten oberhalb der Gürtellinie („Positivzone") bleiben, sie sollten nicht in die Hosentasche oder den Gürtel gesteckt werden, Arme sind nicht zu verschränken. Vielmehr sollen die Hände das gesprochene Wort durch Gestik optisch untermalen, die Handflächen sollten dabei nach oben weisen, um Offenheit zum Ausdruck zu bringen. Ein Pointer oder ein Stift kann die Gestik sehr erleichtern.
- **Mimik:** Redner sind Stimmungsmacher, ein freundlicher Blick schafft Sympathien und überträgt sich auf das Publikum. Allerdings bewirkt ein aufgesetztes, maskenhaftes Lächeln das Gegenteil, es steht für Unaufrichtigkeit und kann vor keinem Publikum bestehen. Im Zweifel sollte auch die Mimik authentisch sein.
- **Blickkontakt:** Blickkontakt stellt den Kontakt zum Publikum her, die Vermeidung von Blickkontakt verhindert entsprechend eine Kontaktaufnahme. Blickkontakt ist eine Voraussetzung für Vertrauen. Redner, die überwiegend auf die Leinwand sehen, werden vom Publikum nicht ernst genommen. Der Redner sollte nach und nach das *ganze* Publikum in den Blick nehmen und die einzelnen Zuschauer jeweils nur wenige Sekunden ansehen.

16.2.4.3   Verbale Kommunikation

Hinsichtlich der Sprache ist zu beachten:

- **Akustische Verständlichkeit:** Eine ausreichende Lautstärke, eine deutliche Aussprache sowie ein angemessenes Sprechtempo (in den meisten Fällen wird zu schnell gesprochen) sind die Voraussetzungen dafür, dass das Publikum alle Inhalte verstehen kann.
- **Inhaltliche Verständlichkeit:** Die oben genannten vier Verständlichmacher (Abschn. 16.2.2) gelten auch hier.
- **Synchronisation von Wort und Bild:** Der Redner muss darauf achten, dass seine Ausführungen und die gleichzeitig sichtbaren Präsentationsfolien aufeinander abgestimmt sind.
- **Füllwörter:** Viele Redner haben sich bestimmte Füllwörter („äh", „ähm", „halt" usw.) angewöhnt. Einmal bemerkt, lenken sie das Publikum vom Inhalt ab und veranlassen den einen oder anderen Zuhörer, die Anzahl dieser Füllwörter mitzuzählen.

16.2.4.4   Fragen aus dem Publikum

Spätestens am Ende der Präsentation sollte das Publikum die Möglichkeit bekommen, Fragen zu stellen (siehe „Schluss" in Abschn. 16.2.1.4). Dabei sollte der Redner das Publikum stets in freundlicher Weise zu Fragen ermutigen. Sofern Fragen nicht beantwortet werden können, sollte der Redner offen dazu stehen und anbieten, der Sache nachzugehen und die Antwort nachträglich mitzuteilen.

Ein verbreitetes Problem besteht darin, dass Fragen gar nicht die Klärung eines Sachverhalts bezwecken, sondern vielmehr der Profilierung des Fragestellers dienen oder den Redner bloßstellen sollen. In diesen Fällen greifen die Empfehlungen zum Umgang mit den verschiedenen Persönlichkeitstypen aus Abschn. 14.2.2.3.

16.2.4.5   Empfehlungen gegen Lampenfieber

Im Kern sind drei Strategien gegen Lampenfieber zu unterscheiden:

- **Gute Vorbereitung:** Blackouts sind häufig auf Mängel in der Vorbereitung zurückzuführen (logische Brüche in der Argumentation, fehlende Materialien usw.). Eine gute Vorbereitung ist eine notwendige Voraussetzung für eine entspannte Präsentation.
- **Übung:** Wie in allen anderen Disziplinen so gilt auch hier, dass die Übung den Meister macht. Aus diesem Grunde sollte jede Gelegenheit genutzt werden – auch dann, wenn sie nicht beruflicher Natur ist (Rede vor Freunden, in Vereinen usw.).
- **Bewertungsmuster ändern:**[4] Ein Werkzeug der Verhaltenstherapie ist das so genannte „ABC-Modell", welches die Entstehung von Emotionen (hier: Lampenfieber) erklärt. Danach sind weniger die Situationen als mehr die in Bruchteilen von Sekunden unbewusst ablaufenden Bewertungsmuster die Ursache für die Emotionen. Diese Bewertungsmuster sind subjektiv und geprägt durch eigene, in diesem Falle oft negative, Erfahrungen. Die Lösung des Problems besteht darin, nach und nach neue Erfahrungen zu sammeln und dadurch zu neuen Bewertungsmustern zu gelangen.

---

[4] Vgl. Stavemann (1999).

16.3 Werkzeug: Checkliste Präsentationsvorbereitung

Checkliste: Präsentationsvorbereitung

Entwickeln der Präsentationsinhalte

☐ Ist das Ziel der Präsentation geklärt und abgestimmt?

☐ Sind Vorkenntnisse, Einstellungen und Erwartungen der Zielgruppe analysiert?

☐ Sind Schwerpunktsetzung und Abgrenzung der Zielsetzung angemessen?

☐ Sind alle Gliederungsregeln eingehalten?

☐ Gibt es einen logischen roten Faden durch alle Gliederungspunkte?

☐ Gibt es eine Einleitung und einen Schluss?

☐ Sind die ersten Sätze auf einer Karteikarte verfasst?

Visualisieren der Präsentationsinhalte

☐ Sind alle Medien für alle Zuschauer gut lesbar – auch in der letzten Reihe?

☐ Enthalten die Medien eine Gliederung?

☐ Sind bei jeder Folie die vier Verständlichmacher berücksichtigt?

☐ Sind die Handouts erstellt und vervielfältigt?

Organisieren der Rahmenbedingungen

☐ Ist ein geeigneter Raum mit ausreichender Bestuhlung reserviert?

☐ Sind alle Teilnehmer eingeladen (einschl. Wegbeschreibung)?

☐ Sind die folgenden technischen Voraussetzungen sichergestellt:

    ☐ Sind für die geplante Technik Verlängerungskabel erforderlich?

    ☐ Ist eine kompatible Hard- und Software vor Ort?

    ☐ Erfordert der PC vor Ort ein Kennwort – und ist dieses bekannt?

    ☐ Schreiben die Stifte gut lesbar oder sind sie ausgetrocknet?

16.4   Lernerfolgskontrolle

1. Welchen Vorteil hat die Präsentation gegenüber dem einfachen Vortrag?
2. Welche Ziele können mit einer Präsentation verfolgt werden?
3. Welche Informationen sollte die Zielgruppenanalyse liefern?
4. Was versteht man unter „Abgrenzung und Schwerpunktsetzung"?
5. Welche Schritte sollte eine Einleitung beinhalten?
6. Welche klassischen Standardgliederungen kennen Sie?
7. Welche Regeln gelten für die Entwicklung einer Gliederung?
8. Welche Schritte sollte der Schluss beinhalten?
9. Welche Medien können für eine Präsentation eingesetzt werden?
10. Was versteht man unter den „vier Verständlichmachern"?
11. Warum sollten Handouts ausgeteilt werden - und wann?
12. Aus welchem Grunde sollte der Präsentierende stets authentisch bleiben?
13. Inwiefern kommuniziert der Präsentierende stets auch nonverbal?
14. Wie kann der Präsentierende sicherstellen, dass man ihn gut versteht?
15. Was versteht man unter der „Synchronisation von Wort und Bild"?
16. Warum sollten Füllwörter vermieden werden?
17. Wie ist mit Fragen aus dem Publikum umzugehen, wenn diese verdeckte Ziele verfolgen (Profilierung, Angriff usw.)
18. Welche Maßnahmen helfen gegen Lampenfieber?

Managen internationaler Projekte

17.1 Vorüberlegungen

17.1.1 Problemstellung und Zielsetzung

Durch die Globalisierung nimmt der Anteil internationaler Projekte weltweit zu, insbesondere in technischen Projekten verlieren Landesgrenzen stetig an Bedeutung. Dabei kann das Aufeinandertreffen unterschiedlicher Kulturen leicht zu Befremdlichkeiten und Irritationen führen, wie ein Beispiel aus eigener Erfahrung veranschaulichen soll:

Beispiel: Im Rahmen des ESA-Projekts ERM (Extendable and Retractable Mast) war eine ganztägige Besprechung bei unserem spanischen Partnerunternehmen in Madrid vereinbart worden. Unsere Delegation betrat die Eingangshalle etwa 10 Minuten vor Sitzungsbeginn, der um 09:00 Uhr angesetzt war. Die Empfangsdame, die nichts von der Besprechung wusste, führte uns in den Besprechungsraum, in dem zu unserer Überraschung niemand war, ebenso war nichts vorbereitet. Ab 09:20 Uhr trafen nach und nach freundliche Mitarbeiter mit einer Tasse Kaffee ein, die uns zwar herzlich begrüßten, aber keinerlei Unterlagen bei sich hatten. Wir begannen wie gewohnt mit einer kurzen Einleitung und präsentierten die Tagesordnungspunkte. Daraufhin eilten viele in ihre Büros, um ihre Unterlagen zu holen. Als wir endlich so weit waren, lenkten unsere spanischen Partner das Gespräch jedoch immer wieder auf spanische Sehenswürdigkeiten, auf unser Befinden und auf Details aus unserem Privatleben. Nun sahen wir uns endgültig vor die Entscheidung gestellt, entweder einen harten Konflikt zu riskieren und deutlich zu sagen, dass wir nicht für viel Geld nach Madrid gereist sind, um Belanglosigkeiten auszutauschen – oder aber diesen Verhandlungsstil zu akzeptieren. Da eine mehrjährige Zusammenarbeit auf dem Spiel stand, entschieden uns für die zweite Variante. Erst nach der Mittagspause kamen wir endlich zur Sache. Zu unserer eigenen Überraschung haben wir noch alle Sitzungsziele erreicht. Später erfuhren wir, dass es bei Besprechungen in südeuropäischen Ländern nicht üblich ist, „gleich zur Sache" zu kommen, sondern sich erst einmal kennen zu lernen und Vertrauen aufzubauen.

© Springer Fachmedien Wiesbaden 2015
R. Felkai, A. Beiderwieden, *Projektmanagement für technische Projekte*,
DOI 10.1007/978-3-658-10752-9_17

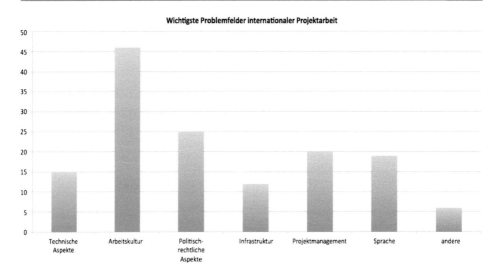

Abb. 17.1 Problemfelder internationaler Projektarbeit (Quelle: Hoffmann 2004)

Eine Fachgruppe der Deutschen Gesellschaft für Projektmanagement führte im Jahre 2002 eine Befragung international erfahrener Projektmanager zu den größten Herausforderungen internationaler Projektarbeit durch, dabei wurden Unterschiede in der Arbeitskultur als größtes Problemfeld identifiziert (Abb. 17.1).[1] Wissenschaftliche Untersuchungen in den 1990er Jahren bezifferten in diesem Zusammenhang das Volumen vorzeitig abgebrochener Auslandseinsätze von Führungskräften auf 10 % bis 40 %.[2] Hinzu kommen die Führungskräfte, die ihren Auslandseinsatz nicht abbrechen, sich aber im Ausland nicht wohl fühlen und nicht die erwartete berufliche Leistung erbringen.[3] Sogar das Scheitern grenzüberschreitender Fusionen, Übernahmen, Joint Ventures und strategischer Allianzen wird in vielen Fällen auf die Unvereinbarkeit von Kulturen und das Unverständnis für deren Andersartigkeit zurückgeführt.[4] Ein bekanntes Beispiel ist die im Jahre 2007 gescheiterte Fusion des DaimlerChrysler Konzerns.[5]

Aus diesen Gründen müssen Manager internationaler Projekte über ein entsprechendes Maß an „interkultureller Kompetenz" verfügen. Darunter versteht man die Fähigkeit, Denken, Fühlen und Handeln anderer Kulturen zu begreifen und gegenüber Personen und Gruppen anderer Kulturen angemessen und erfolgreich interagieren zu können. Mit diesem Kapitel verfolgen die Autoren das Ziel, den Leser für typische interkulturelle

---

[1] Hoffmann (2004).

[2] Vgl. Stahl (1998).

[3] Vgl. ebd.

[4] Vgl. Apfelthaler (2000).

[5] http://www.welt.de/wirtschaft/karriere/leadership/article12878747/Warum-grosse-Firmenfusionen-immer-wieder-scheitern.html, abgerufen am: 06. März 2013.

Probleme zu sensibilisieren und grundlegende Handlungsempfehlungen für den internationalen Projektalltag herzuleiten.

17.1.2 Kulturbegriff

Der Begriff „Kultur" ist so komplex wie umstritten: Bis heute gibt es keine über alle Fachrichtungen anerkannte einheitliche Begriffsdefinition, jedoch besteht in großen Teilen der Wissenschaft ein Konsens darüber, dass Kultur als Orientierungssystem für Werte, Normen und Verhaltensweisen ihrer Mitglieder beschrieben werden kann.[6] Nach Brockhaus ist Kultur die „Gesamtheit der typischen Lebensformen größerer Gruppen einschließlich der sie tragenden Geistesverfassung, besonders der Werteinstellungen; Kultur gilt im weiteren Sinne als Inbegriff für die im Unterschied zur Natur und durch deren Bearbeitung selbst geschaffene Welt des Menschen (...)."[7]

Zur Veranschaulichung des Kulturbegriffs wird in der Literatur vielfach auf das Bild eines Eisbergs zurückgegriffen (vgl. Abb. 17.2), bei dem bekanntlich nur ein kleiner Teil (1/7) aus dem Wasser ragt und der größte Teil (6/7) sich unterhalb der Wasseroberfläche befindet. Ebenso setzen sich Kulturen aus einem kleinen Anteil sichtbarer Elemente (Architektur, Technik, Kleidung, Essen, Sitten usw.) und einem großen Anteil nicht sichtbarer Elemente (Einstellungen, Glaubenssätze, Werte, Normen usw.) zusammen.

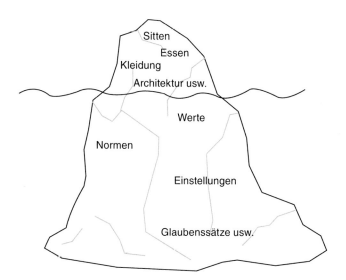

Abb. 17.2 Eisbergmodell: Nur ein kleiner Teil kultureller Merkmale ist sichtbar

---

[6] Vgl. Bannys (2013).
[7] Brockhaus (1995).

17.1.3   Kulturdimensionen

Um Gemeinsamkeiten und Unterschiede von Landeskulturen vergleichen, einordnen und auch messen zu können, haben mehrere Forscher und Forscherteams (Wissenschaftler und Praktiker) in den zurückliegenden Jahrzehnten in groß angelegten Studien versucht, weltweit gültige „Kulturdimensionen" zu identifizieren. Da diese Dimensionen bis heute eine große Rolle in der internationalen Kulturforschung und damit auch in der internationalen Managementliteratur spielen, werden im Folgenden wichtige Ergebnisse ausgewählter Studien vorgestellt:

Kulturdimensionen nach Hall[8]

Der amerikanische Anthropologe und Kulturforscher Edward Hall erforschte in den 1960er bis 1990er Jahren gemeinsam mit seiner Frau Mildred kulturelle Eigenheiten ausgewählter Länder und identifizierte vier Kulturdimensionen:

- **Raum:** Jede Kultur hat ihr eigenes, historisch begründetes Verhältnis zum Raum. Beispielsweise ist der Respektsabstand gegenüber anderen Personen in Nordeuropa größer als in arabischen Ländern.
- **Zeit:** Hall unterscheidet ein „monochromes" (streng linear verlaufendes) und eines „polychrones" (nicht linear verlaufendes) Zeitverständnis. In monochromen Kulturen (z. B. Nordeuropa, Nordamerika) werden Aktivitäten eher nacheinander bearbeitet, in polychronen Kulturen (z. B. Asien, Lateinamerika, Frankreich) eher gleichzeitig.
- **Informationsgeschwindigkeit:** Die Zeit, die eine Information benötigt, um von einem Teil einer Organisation zu einem anderen Teil zu gelangen und die gewünschte Handlung auszulösen, ist laut Hall abhängig von der Kultur. Beispielsweise ist die Informationsgeschwindigkeit in Deutschland wie auch den USA eher gering und in Spanien, Frankreich und Japan sehr hoch. Unterschiedliche Informationsgeschwindigkeiten sind danach eine Hauptursache für interkulturelle Kommunikationsprobleme.
- **„Kontext":** Hall unterscheidet „High-Context-Kulturen" und „Low-Context-Kulturen": In High-Context-Kulturen ist in der zwischenmenschlichen Kommunikation nur ein geringer Anteil der Informationen in der explizit formulierten Botschaft enthalten, der größte Teil ist bereits in den Kommunikationspartnern vorhanden, etwa weil sie eine gemeinsame Geschichte bzw. Kultur oder eine enge Beziehung verbindet. Entsprechend ist in Low-Context-Kulturen ein größerer Anteil der Information einer Botschaft explizit zu codieren, hier wird nur ein geringer Kontext vorausgesetzt. Zur Veranschaulichung beschreibt Hall gemeinsam aufgewachsene Zwillinge, die sich mit wenigen Andeutungen vollständig verstehen (High-Context) und zwei Anwälte, die in einer Verhandlung jedes Detail ausführlich erlautern müssen (Low-Context). Nach Hall sind Südeuropäer, Japaner und Araber, die in engen sozialen Netzwerken leben, als High-Context-Kulturen einzuordnen, während Nordeuropäer und Amerika-

---

[8] Hall und Hall (1990).

ner den Low-Context-Kulturen angehören. Angehörige von High-Context-Kulturen werden ungeduldig, wenn Mitglieder von Low-Context-Kulturen jeden („selbstverständlichen") Gedanken explizit aussprechen müssen – andersherum verlieren letztere die Orientierung, wenn ihre High-Context-Gesprächspartner sie nur unzureichend mit Informationen versorgen. Moran/Harris greifen in ihrer Gegenüberstellung nationaler Verhandlungsstile (Abb. 17.3, Zeile 4) unter anderem auf diese Dimension zurück.[9]

Kulturdimensionen nach Geert Hofstede[10]

Die vermutlich bekannteste Studie der Kulturforschung der Welt geht auf den holländischen Psychologen Geert Hofstede zurück, der in den 1960er Jahren als Beschäftigter des IBM-Konzerns rund 116.000 IBM-Mitarbeiter unterschiedlicher Berufsgruppen in 60 Ländern befragte. Hofstede identifizierte mithilfe von Faktor- und Korrelationsanalysen die Kulturdimensionen „Machtdistanz", „Unsicherheitsvermeidung", „Individualismus (versus Kollektivismus)", „Maskulinität (versus Femininität)" und „Langzeitorientierung (versus Kurzzeitorientierung)".

Bis heute finden die Kulturdimensionen Hofstedes viel Beachtung in der internationalen Kulturforschung. Da sie unter anderem der GLOBE-Studie zu Grunde liegen, welche im nächsten Abschnitt ausführlich vorgestellt wird, wird hier auf die Darstellung der deutlich älteren Ergebnisse Hofstedes verzichtet.

Kulturdimensionen der GLOBE-Studie[11]

Die GLOBE-Studie ist ebenfalls eine weltweit angelegte Untersuchung von Kulturdimensionen, die im Jahre 1993 von dem amerikanischen Professor Robert J. House (Universität Pennsylvania) initiiert und von einem internationalen Forscherteam (Hanges, Javidan, Dorfman, Gupta u. a.) durchgeführt wurde. Befragt wurden 17.370 Manager mittlerer Führungsebenen aus 951 lokalen Betrieben unterschiedlicher Branchen in 62 Ländern. Die GLOBE-Studie greift auf die Kulturdimensionen Hofstedes zurück, sie werden hier jedoch weiter entwickelt, ausdifferenziert und ergänzt:

- **Machtdistanz:** Ausmaß, in dem Mitglieder einer Gesellschaft Autoritäten, Machtunterschiede und Statusprivilegien akzeptieren und für richtig halten.
- **Unsicherheitsvermeidung:** Ausmaß, in dem Mitglieder einer Gesellschaft Ordnung, Stabilität, Strukturen, formale Prozesse und Regeln zur Bewältigung von Unsicherheit suchen – und zwar selbst dann, wenn sie zu Lasten von Innovationen gehen.
- **Institutioneller Kollektivismus:** Ausmaß, in dem institutionelle Praktiken (des Staates, des Managements) kollektives Handeln und die Verfolgung gemeinsamer Ziele

---

[9] Vgl. Moran et al. (2011).
[10] Hofstede (2001); Hofstede (2011).
[11] House et al. (2004): Culture, Leadership and Organisations – The GLOBE Study of 62 Societies; GLOBE steht für: „Global Leadership and Organisational Behavior Effectiveness Research Programm".

Verhandlungsprofile unterschiedlicher Nationen

Nr.	Kriterium	Deutschland	Indien	China	Brasilien	Russland
1	Grundlegende Vorstellung vom Verhandlungsprozess	Direkt, explizit, analytisch, logisch	Aufbauen guter Beziehungen, Anstreben von Unterhaltungen, Betonung korrekter Umgangsformen	Beschaffen von Informationen, Betonen der Freundschaft, Unnachgiebig in der Sache	Aufbau von Vertrauen, auch unter Inkaufnahme langwieriger Verhandlungen	Verhandlung als Wettbewerb, bei dem eine Seite gewinnt
2	Kriterien der Auswahl der Verhandlungsführer	Fachkompetenz und Qualifikation	Fachkompetenz und hohe Stellung in der Unternehmenshierarchie	Fachkompetenz	Akademische Ausbildung, Dienstalter, Redekunst, soziale und politische Beziehungen	Akademische Ausbildung mit hohem Spezialisierungsgrad
3	Annäherung an die Verhandlungsinhalte	Deutsche machen sich gleich an die Aufgabe und sind ehrlich und direkt	Wichtig sind ein gutes Arbeitverhältnis, Preisverhandlungen, Zuverlässigkeit, Glaubwürdigkeit, lokaler Service	Im Vordergrund stehen persönliche Beziehungen und gute Verbindungen, gleichzeitig harter Verhandlungsstil	Ein frühzeitiger Aufbau persönlicher Beziehungen wird angestrebt	Im Vordergrund steht hartes Verhandeln, persönliche Beziehungen sind unbedeutend
4	Komplexität der Ausdrucksweise und Kontextbezug	Geringer Kontextbezug, aufrichtig und realistisch	Hoher Kontextbezug, wenn Inder sagen, das sei kein Problem, so sollte man das nicht wörtlich nehmen	Sehr hoher Kontextbezug mit impliziten, nicht geäußerten Wünschen	Weniger direkt, hoher Kontextbezug	Direkt und geringer Kontextbezug
5	Argumentations-/Überzeugungsstil	Fachlich fundierte Arbeit, strukturierte und überzeugende Präsentation der Argumente	Hoher Stellenwert von Reife, Weisheit und Selbstkontrolle	Geringe Kompromissbereitschaft in der Sache	Überzeugen mit gesundem Menschenverstand ("Common Sense")	Verzögern von Verhandlungen und Zermürben des Verhandlungspartners
6	Grundlage der Vertrauensbildung	Vertrauen durch Kompetenz, Leistung, Fakten und Taten	Vertrauen muss man sich "verdienen"	Entscheidend für die Vertrauensbildung ist die Vorgeschichte	Vertrauen ist nach und nach zu entwickeln	Vorsicht ist wichtiger als Vertrauen
7	Risikobereitschaft	Hohe Risikovermeidung, Beibehaltung bekannter Wege	Tendenz zu erhöhter Risikobereitschaft	Vermeidung von Risiken durch akribische und harte Verhandlungen	Geringe Risikobereitschaft	Hohe Risikobereitschaft
8	Bedeutung von Zeit	Pünktlichkeit ist wichtig	Pünktlichkeit ist wichtig, gleichzeitig wird viel Geduld verlangt	Chinesen denken langfristig und sind "Meister im Zeit gewinnen"	Wenig Eile, "polychrones Zeitverständnis"	Langwierige Verhandlungen
9	Form der Vereinbarungen	Schriftliche und verbindliche Dokumente	Üblich sind detaillierte Einigungen	Die Verträge werden sorgfältig formuliert, gleichzeitig fehlt die gesetzliche Infrastruktur	Einem Handschlag und Ehrenwort folgen von Anwälten formell bekräftigte Details	Verträge werden geschickt formuliert und Details oft weggelassen

Abb. 17.3 Verhandlungsprofile unterschiedlicher Nationen (vgl. Moran et al. 2011)

fördern und belohnen, auch dann, wenn individuelle Ziele zurückgesteckt werden müssen.

- **Gruppenkollektivismus:** Ausmaß, in dem die Mitglieder einer Gesellschaft Stolz, Loyalität und Zusammengehörigkeit mit der Gruppe (ihrer Familie bzw. ihrer Organisation) zum Ausdruck bringen.
- **Leistungsorientierung:** Ausmaß, in dem die Gesellschaft ihre Mitglieder zu Innovationen, hohen Standards und Leistungssteigerungen ermutigt und dafür belohnt.
- **Bestimmtheit:** Ausmaß, in dem sich die Mitglieder einer Gesellschaft in sozialen Beziehungen durchsetzungsfähig, konfrontativ und aggressiv gegenüber anderen Menschen verhalten.
- **Zukunftsorientierung:** Ausmaß, in dem die Gesellschaft ihre Mitglieder zu zukunftsorientiertem Verhalten (z. B. Planen, Investieren) ermutigt und dafür belohnt.
- **Geschlechtergleichheit:** Ausmaß, in dem eine Gesellschaft die Gleichbehandlung beider Geschlechter vorantreibt.
- **Humanorientierung:** Ausmaß, in dem die Mitglieder einer Gesellschaft zu fairem, mitfühlendem, tolerantem und uneigennützigem Verhalten ermutigt werden.

Die Messung der Kulturdimensionen erfolgte mithilfe einer 7-Punkte-Likert-Skala (Skala mit 7 Werten mit jeweils gleichem Abstand, 1 Punkt = Minimalwert, 7 Punkte = Maximalwert). In Abb. 17.4 und 17.5 werden die Ergebnisse der GLOBE-Studie für ausgewählte Länder dargestellt. Die angegebenen Maximal- und Minimalwerte stellen erreichte Extremwerte dar. Beispielsweise wurde der Minimalwert 3,20 (Ist-Wert) der Kulturdimension „Leistungsorientierung" von Griechenland erzielt.

Anders als bei Hofstede wird in der GLOBE-Studie grundsätzlich zwischen wahrgenommener Ist-Situation („As Is") und für richtig befundener Soll-Situation („Should Be") unterschieden. Beispielsweise ist die tatsächlich wahrgenommene „Unsicherheitsvermeidung" („Wie sie ist") in der Schweiz mit 5,37 Punkten sehr hoch und in Russland hingegen mit 2,88 Punkten sehr gering ausgeprägt. Auf der Ebene der gesellschaftlichen Werte („Wie sie sein sollte") kehren sich diese Werte allerdings nahezu um, zwischen Verhalten und Werten gibt es also große Unterschiede.

Kulturdimensionen nach Fons Trompenaars[12]

Der niederländische Unternehmensberater Fons Trompenaars untersuchte grundlegende Zusammenhänge zwischen Kultur und Management. Dazu befragte er in den 1980er und 1990er Jahren (zeitweise gemeinsam mit dem Cambridge Professor Charles Hampden Turner) 30.000 Beschäftigte aus unterschiedlichen Unternehmen in 50 Ländern, davon waren 75 % Manager und 25 % Sachbearbeiter aus der Verwaltung. Trompenaars unterscheidet die Kulturdimensionen „Universalismus versus Partikularismus", „Individualismus versus Kollektivismus", „Affektivität versus Neutralität", „Spezifität versus Diffusität", „Statuszuschreibung versus Statuserreichung" sowie den kulturspezifischen Umgang

---

[12] Vgl. Trompenaars und Hampden-Turner (1997).

Machtdistanz

Land	Wie sie ist	Wie sie sein sollte
Maximalwert:	**5,80**	**3,65**
Südkorea	5,61	2,55
Türkei	5,57	2,41
Deutschland (Ost)	5,54	2,69
Russland	5,52	2,62
Spanien	5,52	2,26
Indien	5,47	2,64
Italien	5,43	2,47
Brasilien	5,33	2,35
Frankreich	5,28	2,76
Deutschland (West)	5,25	2,54
England	5,15	2,80
Kuwait	5,12	3,17
Japan	5,11	2,86
China	5,04	3,10
Österreich	4,95	2,44
Schweiz	4,90	2,44
Schweden	4,85	2,70
USA	4,88	2,85
Niederlande	4,11	2,45
Dänemark	3,89	2,76
Minimalwert:	**3,89**	**2,04**

Unsicherheitsvermeidung

Land	Wie sie ist	Wie sie sein sollte
Maximalwert:	**5,37**	**5,61**
Schweiz	5,37	3,16
Schweden	5,32	3,60
Dänemark	5,22	3,82
Deutschland (West)	5,22	3,32
Österreich	5,16	3,66
Deutschland (Ost)	5,16	3,94
China	4,94	5,28
Niederlande	4,70	3,24
England	4,65	4,11
Frankreich	4,43	4,26
Kuwait	4,21	4,77
Indien	4,15	4,73
USA	4,15	4,00
Japan	4,07	4,33
Spanien	3,97	4,76
Italien	3,79	4,47
Türkei	3,63	4,67
Brasilien	3,60	4,99
Südkorea	3,55	4,67
Russland	2,88	5,07
Minimalwert:	**2,88**	**3,16**

Gruppenkollektivismus

Land	Wie sie ist	Wie sie sein sollte
Maximalwert:	**6,36**	**6,52**
Indien	5,92	5,32
Türkei	5,88	5,77
China	5,80	5,09
Kuwait	5,80	5,43
Russland	5,63	5,79
Südkorea	5,54	5,41
Spanien	5,45	5,79
Brasilien	5,18	5,15
Italien	4,94	5,72
Österreich	4,85	5,27
Japan	4,63	5,26
Deutschland (Ost)	4,52	5,22
Frankreich	4,37	5,42
USA	4,25	5,77
England	4,08	5,55
Deutschland (West)	4,02	5,18
Schweiz	3,97	4,94
Niederlande	3,70	5,17
Schweden	3,66	6,04
Dänemark	3,53	5,50
Minimalwert:	**3,53**	**4,94**

Institutioneller Kollektivismus

Land	Wie sie ist	Wie sie sein sollte
Maximalwert:	**5,22**	**5,65**
Schweden	5,22	3,94
Südkorea	5,20	3,90
Japan	5,19	3,99
Dänemark	4,80	4,19
China	4,77	4,56
Russland	4,50	3,89
Kuwait	4,49	5,15
Niederlande	4,46	4,55
Indien	4,38	4,71
Österreich	4,30	4,73
England	4,27	4,31
USA	4,20	4,17
Schweiz	4,06	4,69
Türkei	4,03	5,26
Frankreich	3,93	4,86
Spanien	3,85	5,20
Brasilien	3,83	5,62
Deutschland (West)	3,79	4,82
Italien	3,68	5,13
Deutschland (Ost)	3,56	4,68
Minimalwert:	**3,25**	**3,83**

Leistungsorientierung

Land	Wie sie ist	Wie sie sein sollte
Maximalwert:	**4,94**	**6,58**
Schweiz	4,94	5,82
Südkorea	4,55	5,25
USA	4,49	6,14
China	4,45	5,67
Österreich	4,44	6,10
Niederlande	4,32	5,49
Deutschland (West)	4,25	6,01
Indien	4,25	6,05
Dänemark	4,22	5,61
Japan	4,22	5,17
Frankreich	4,11	5,65
Deutschland (Ost)	4,09	6,09
England	4,08	5,90
Brasilien	4,04	6,13
Spanien	4,01	5,80
Kuwait	3,95	6,03
Türkei	3,83	5,39
Schweden	3,72	5,80
Italien	3,58	6,07
Russland	3,39	5,54
Minimalwert:	**3,20**	**4,92**

Bestimmtheit

Land	Wie sie ist	Wie sie sein sollte
Maximalwert:	**4,89**	**5,56**
Deutschland (Ost)	4,73	3,23
Österreich	4,62	2,81
Deutschland (West)	4,55	3,09
USA	4,55	4,32
Türkei	4,53	2,66
Schweiz	4,51	3,21
Spanien	4,42	4,00
Südkorea	4,40	3,75
Niederlande	4,32	3,02
Brasilien	4,20	2,91
England	4,15	3,70
Frankreich	4,13	3,38
Italien	4,07	3,82
Dänemark	3,80	3,39
China	3,76	3,76
Indien	3,73	4,76
Russland	3,68	2,83
Kuwait	3,63	3,76
Japan	3,59	5,56
Schweden	3,38	3,61
Minimalwert:	**3,38**	**2,66**

Zukunftsorientierung

Land	Wie sie ist	Wie sie sein sollte
Maximalwert:	**5,07**	**6,20**
Schweiz	4,73	4,79
Niederlande	4,61	5,07
Österreich	4,46	5,11
Dänemark	4,44	4,33
Schweden	4,39	4,89
Japan	4,29	5,25
England	4,28	5,06
Deutschland (West)	4,27	4,85
Indien	4,19	5,60
USA	4,15	5,31
Südkorea	3,97	5,69
Deutschland (Ost)	3,95	5,23
Brasilien	3,81	5,69
China	3,75	4,73
Türkei	3,74	5,83
Spanien	3,51	5,63
Frankreich	3,48	4,96
Kuwait	3,26	5,74
Italien	3,25	5,91
Russland	2,88	5,48
Minimalwert:	**2,88**	**4,33**

Geschlechtergleichheit

Land	Wie sie ist	Wie sie sein sollte
Maximalwert:	**4,08**	**5,17**
Russland	4,07	4,18
Dänemark	3,93	5,08
Schweden	3,84	5,15
England	3,67	5,17
Frankreich	3,64	4,40
Niederlande	3,50	4,99
USA	3,34	5,06
Italien	3,31	4,99
Japan	3,24	4,88
Deutschland (West)	3,19	4,33
Österreich	3,10	4,89
Deutschland (Ost)	3,09	4,83
China	3,05	3,68
Spanien	3,01	4,82
Schweiz	2,97	4,92
Indien	2,90	4,51
Türkei	2,89	4,50
Kuwait	2,58	3,45
Südkorea	2,50	4,22
Minimalwert:	**2,50**	**3,18**

Abb. 17.4 Werte der Dimension „Machtdistanz", „Unsicherheitsvermeidung", „Institutioneller Kollektivismus", „Gruppenkollektivismus", „Leistungsorientierung", „Bestimmtheit", „Zukunftsorientierung" und „Geschlechtergleichheit" in der GLOBE-Studie

Abb. 17.5 Werte der Dimension „Unsicherheitsvermeidung" in der GLOBE-Studie

Humanorientierung		
Land	Wie sie ist	Wie sie sein sollte
Maximalwert:	**5,23**	**6,09**
Indien	4,57	5,28
Kuwait	4,52	5,06
Dänemark	4,44	5,45
China	4,36	5,32
Japan	4,30	5,41
USA	4,17	5,53
Schweden	4,10	5,65
Türkei	3,94	5,52
Russland	3,94	5,59
Niederlande	3,86	5,20
Südkorea	3,81	5,60
Österreich	3,72	5,76
England	3,72	5,43
Brasilien	3,66	5,68
Italien	3,63	5,58
Schweiz	3,60	5,54
Deutschland (Ost)	3,40	5,44
Frankreich	3,40	5,67
Spanien	3,32	5,69
Deutschland (West)	3,18	5,46
Minimalwert:	**3,18**	**4,49**

mit der Zeit und der Natur. Beispielhaft wird hier die Dimension „Universalismus" (versus „Partikularismus") vorgestellt:

Universalismus drückt aus, in welchem Maße die Mitglieder einer Kultur bei ihren Entscheidungen allgemeine Gesetze und Regeln („universalistisches Verhalten") oder die besonderen Umstände der gegebenen Situation („partikularistisches Verhalten") berücksichtigen. Zur Messung dieser Dimension wurde Probanden aus unterschiedlichen Ländern unter anderem ein Übungsfall präsentiert, in dem ein „guter Freund" mit seinem Auto gegen Verkehrsregeln verstoße und dadurch einen Fußgänger verletze, der Proband sei der einzige Zeuge. Anschließend wurde gefragt, ob dieser Freund einen Anspruch darauf habe, dass der Proband unter Eid die Unwahrheit sage, um ihn zu schützen. Das Ergebnis dieser Befragung wird in Abb. 17.6 dargestellt.

Nach Trompenaars misstrauen im internationalen Geschäftsleben die Universalisten den Partikularisten, weil diese „nur ihren Freunden helfen" und andersherum misstrauen die Partikularisten den Universalisten, da diese „nicht einmal ihrem Freund helfen würden."

Kritische Einwände

Kulturdimensionen können als Meilenstein der Kulturforschung betrachtet werden, denn sie erlauben die Beschreibung, Einordnung und Messung von Unterschieden und Gemeinsamkeiten einer Vielzahl von Kulturen. Gleichwohl blieben sie nicht ohne Kritik:[13]

---

[13] Vgl. Kutschker und Schmid (2011).

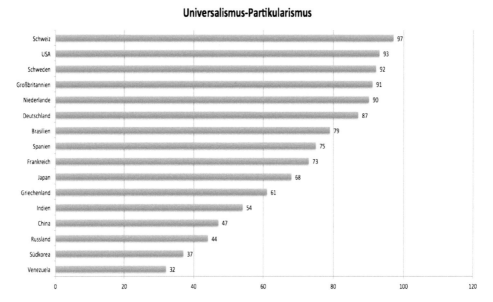

Abb. 17.6 Kulturdimension „Universalismus" nach Trompenaars: Anteil der Befragten, die sich für ein universalistisches Verhalten aussprechen (hier: die Wahrheit zu Lasten des Freundes zu sagen)

Grundsätzlich wurde bei allen Studien die Gleichsetzung von Ländern und Kulturen kritisiert – zumal insbesondere große Länder wie China, Indien oder die USA aus mehreren, zum Teil völlig unterschiedlichen Kulturen bestehen.[14]

Der vielbeachteten Studie von Hofstede wurde unter anderem vorgeworfen, dass ausschließlich Mitarbeiter des Großunternehmens IBM befragt worden waren, welches als weltweites Unternehmen eine eigene Unternehmenskultur pflege und deshalb die Ergebnisse nicht aussagefähig seien.[15] Darüber hinaus vermische Hofstede die gesellschaftliche Verhaltensebene („wie es aus Sicht der Befragten in der eigenen Kultur ist") mit der gesellschaftlichen Wertebene („wie es aus Sicht der Befragten in der eigenen Kultur sein sollte"). Diese beiden Ebenen wurden in der späteren GLOBE-Studie konsequent getrennt. Dabei wurde deutlich, dass Verhaltens- und Wertebene sich diametral entgegenstehen können (siehe Abb. 17.4 und 17.5).

Schließlich ist zu bedenken, dass die meisten Forschungsergebnisse zu den Kulturdimensionen mehrere Dekaden alt sind. Kulturen sind aber naturgemäß einem ständigen Veränderungsprozess unterworfen – das gilt insbesondere in einer globalisierten Welt. Der Siemens-Manager Detlef Hanisch, der über mehrere Jahre ein Management-Training für Führungskräfte entwickelte, wies schon vor Jahren darauf hin, dass sich in den industrialisierten Zentren Chinas „viele der aus den Kulturdimensionen ableitbaren Tendenzaussa-

---

[14] Vgl. Kutschker und Schmid (2011).
[15] Vgl. ebd.

gen so in der Praxis nicht bestätigen."[16] Beispielsweise sei eine Annäherung der „Young Urban Professionals" an westliche Werte zu beobachten, die mit einer grundlegenden Akzeptanz westlicher Trainingselemente einhergehe.[17]

Risiko von Fehlinterpretationen

Neben der Frage der Validität der Untersuchungsergebnisse stellt sich dem Projektmanager ein weiteres Problem: Kulturdimensionen wurden von vielen Forschern und Forscherteams über mehrere Jahrzehnte entwickelt, die Ergebnisse sind entsprechend komplex, vielschichtig und auslegungsbedürftig. Die Deutung der Ergebnisse und die Ableitung von Schlussfolgerungen erfordern vielfach eine differenzierte Auseinandersetzung mit den Untersuchungsdetails – doch diese ist den meisten Projektmanagern schon aus Zeitgründen gar nicht möglich. Da sich aber hinter identischen Begriffen unterschiedliche Konstrukte verbergen können, führt der Versuch einer raschen „Sichtung der Hauptaussagen" leicht zu Fehlinterpretationen, wie folgendes Beispiel zeigt:

Die Kulturdimension „Unsicherheitsvermeidung" wird für das Land Japan in der Studie von Hofstede als hoch eingestuft (Rang 11 von 66).[18] Dieses Ergebnis verträgt sich mit der verbreiteten Auffassung, dass die Projektplanung in Japan relativ viel Projektzeit in Anspruch nimmt. Die GLOBE-Studie hingegen verortet Japan in der gleichen Dimension im Mittelfeld (Rang 33 von 61 auf der Verhaltensebene („As is") und Rang 44 von 61 auf der Wertebene („Should Be").[19] In diesem Zusammenhang verweisen die Autoren der GLOBE-Studie auf eine Untersuchung von Ueno und Sekaran aus dem Jahre 1992, in der nachgewiesen wurde, dass keine signifikanten Unterschiede in der Planungspraxis zwischen japanischen und US-amerikanischen Unternehmen bestehen.[20]

Schlussfolgerungen

Kulturdimensionen spielen eine wichtige Rolle in der Kulturforschung und sollten dem Projektmanager internationaler Projekte bekannt sein. Jedoch ist die Ableitung von Handlungsempfehlungen für den Managementalltag kaum möglich. Deshalb wird im Folgenden ein selbst entwickelter „Common-Sense-Ansatz" vorgestellt, der konkrete und allgemeingültige Handlungsempfehlungen aus eigenen beruflichen Erfahrungen einerseits sowie einer Analyse ausgewählter Erfahrungsberichte international tätiger Projektmanager andererseits ableitet. Die nachfolgenden Empfehlungen gelten daher für die Zusammenarbeit mit allen Kulturen und sind unabhängig vom Betrachtungszeitraum.

---

[16] Hanisch (2003).
[17] Vgl. ebd.
[18] Vgl. Hofstede (2011).
[19] Vgl. House et al. (2004).
[20] Vgl. Ueno und Sekaran (1992).

17.2   Was ist zu tun?

17.2.1   Vorbereiten auf die Arbeit in internationalen Projekten

Um das Verhalten von Projektbeteiligten anderer Kulturen besser zu verstehen und im Projektalltag angemessen interagieren zu können, ist eine frühzeitige Auseinandersetzung mit den beteiligten Kulturen unerlässlich. Diese umfasst folgende Maßnahmen:

17.2.1.1   Studieren von Kultur und Umfeld

Zunächst sind die am Projekt beteiligten Kulturen sowie das Projektumfeld sorgfältig zu studieren. Folgende Schwerpunkte sollten dabei gesetzt werden:

- **Geschichte**: Die Geschichte einer Kultur bzw. eines Landes prägt in erheblichem Maße das gegenwärtige Denken, Fühlen und Handeln einer Gesellschaft. *Beispiele: Die Tendenz französischer Manager, Besprechungen zu unterbrechen, um sich telefonisch rückzuversichern, ist auf eine jahrhundertealte Tradition des Zentralismus in Frankreich zurückzuführen.*[21] *In Russland wurde bereits unter dem Zaren der Grundstein für Korruption gelegt, da er aus Geldmangel den Beamten freie Hand für private Bereicherung ließ.*[22]
- **Religionen und Morallehren:** Abhängig davon, ob ein Mitarbeiter dem Christentum, dem Judentum, dem Hinduismus, dem Buddhismus, dem Islam oder einer anderen Morallehre angehört, wird er viele alltägliche Situationen wahrnehmen und beurteilen. *Beispiel: In mehreren asiatischen Ländern gilt es nicht als anrüchig, Produkte anderer Hersteller zu kopieren. Das Prinzip, durch Nachahmung die Meisterschaft zu erreichen, gilt vielmehr als tugendhaft und ist auf die Lehren des Konfuzius zurückzuführen.*[23]
- **Kommunikations- und Umgangsformen:** Jede Kultur hat ihre eigenen Kommunikations- und Umgangsformen. *Beispiel: In China wird Zustimmung durch mehrfache Wiederholungen und Ablehnung durch Ausweichen und Auslassungen zum Ausdruck gebracht, da eine direkte Ablehnung als unhöflich gilt.*
- **Soziale Netzwerke:** Persönliche Verbindungen und Beziehungen und die damit verbundenen Macht- und Einflussgrößen entscheiden in vielen Kulturen über den Erfolg eines Vorhabens. *Beispiel: Die Kenntnis von Aufbau und Funktionsprinzip der traditionsreichen „Keiretsu" in Japan, der „Guanxi" in China oder der „Chaebol" in Korea ist die notwendige Voraussetzung für eine qualifizierte Stakeholderanalyse in diesen Ländern.*
- **Statistische Daten:** Schließlich sollten auch aktuelle Zahlen, Daten und Fakten über das Land in Erfahrung gebracht werden. Dazu gehören Umfang, ethnische Zusammensetzung und Religionszugehörigkeit der Bevölkerung, Wirtschaftsleistung und

---

[21] Dahan-Feucht (2009).
[22] Rothlauf (2006).
[23] Schaefer (2008).

Wirtschafsstruktur, Klima (extreme Temperaturen, Luftfeuchtigkeit usw.), geografische Fakten (Rohstoffvorkommen, Entfernungen, Zeitzonen usw.) sowie verbreitete Krankheiten.

17.2.1.2 Erlernen der Landessprache

Für die Arbeit in internationalen Projekten stellt sich grundsätzlich die Frage, in welchem Umfang welche Fremdsprachenkenntnisse zu erwerben sind. Zur Beantwortung dieser Frage ist zunächst zu klären, welches Ziel mit dem Erwerb von Fremdsprachenkenntnissen verfolgt werden soll: Geht es darum, mit ausgewählten Redewendungen Sympathie zu erzeugen oder soll das Projekt in der betreffenden Sprache gemanagt werden? Das erste Ziel sollte in jedem Falle angestrebt werden – das zweite jedoch nur dann, wenn die Sprache in Wort und Schrift hinreichend beherrscht wird.

In einer Studie des Instituts der deutschen Wirtschaft aus dem Jahre 2000 werden „Englischkenntnisse" als mit Abstand wichtigste Qualifikation für einen Auslandseinsatz von Führungskräften genannt.[24] Doch nicht immer ist Englisch das Mittel der Wahl. Beispielsweise wird Projektmanagern, die längere Zeit in Frankreich arbeiten, empfohlen, die französische Sprache zu erlernen, da Franzosen viel Wert auf ihre Sprachkultur legen und gewöhnlich wenig Rücksicht auf sprachliche Defizite von Ausländern nehmen.[25]

17.2.1.3 Teilnehmen an interkulturellen Trainings

Kulturelle Trainings dienen der intensiven Auseinandersetzung mit anderen Kulturen sowie der Reflexion der eigenen Kultur als „relativer Größe". Sie können über die Vermittlung von Kenntnissen hinausgehen und auch affektive Elemente beinhalten. Die Vielzahl interkultureller Trainings wird von Bergemann folgendermaßen klassifiziert:[26]

- **Informationsorientiertes kulturallgemeines Training:** Die Teilnehmer sollen durch Informationen über Gemeinsamkeiten und Unterschiede für interkulturelle Problemstellungen sensibilisiert werden. Folgende Methoden werden unter anderem eingesetzt: Vorträge, Diskussionen, Videos, Culture-Assimilator-Training (auch „Intercultural-Sensitizer-Training": Trainingstechnik, in der den Teilnehmern interkulturelle Handlungssituationen und dazu mehrere Deutungsmöglichkeiten vorgestellt werden, von denen aber nur eine tatsächlich auf die andere Kultur zutrifft).
- **Informationsorientiertes kulturspezifisches Training:** Dieses entspricht dem informationsorientierten kulturallgemeinen Training, es wird jedoch nur auf eine einzige Kultur (i. d. R. das Gastland) bezogen.
- **Erfahrungsorientiertes kulturallgemeines Training:** Den Teilnehmern soll durch eigene Erfahrungen das Denken, Fühlen und Handeln anderer Kulturen näher gebracht werden. Entsprechend werden kognitive, emotionale und verhaltensbezogene Elemente

---

[24] Vgl. DIW in: Die Welt, 21.04.2001, zitiert nach: Rothlauf (2006), befragt wurden 1,6 Mio. Mitarbeiter in 775 Betrieben.

[25] Vgl. Dahan-Feucht (2009).

[26] Bergemann und Sourisseaux (2003).

kombiniert. Neben den obengenannten Methoden werden vor allem eingesetzt: Kultursimulationsspiele, Rollenspiele, multikulturelle Workshops (mit Teilnehmern aus mehreren Ländern).

- **Erfahrungsorientiertes kulturspezifisches Training:** Dieses entspricht dem erfahrungsorientierten kulturallgemeinen Training, es wird aber nur auf eine einzige Kultur bezogen (z. B. durch bikulturelle Workshops).

Bei diesen Vorbereitungen ist zu bedenken, dass auch in den Partnerländern interkulturelle Studien betrieben werden. So kann es passieren, dass der deutsche Ingenieur seinen indischen Kollegen mit einstudierter Verbeugung begrüßt, während dieser ihm die Hand reichen will.

17.2.1.4 Sonstige Vorbereitungen

Bei längeren Auslandsaufenthalten sind weitere Vorbereitungen zu treffen. Dazu gehört unter anderem die Beschaffung erforderlicher Papiere (Visa, internationaler Führerschein usw.), die Vorbereitung der Familie, die Klärung der Beschulung eigener Kinder, der Verfügbarkeit wichtiger Medikamente sowie der Qualität und Erreichbarkeit von Ärzten. Schließlich kann die Mitgliedschaft in internationalen Clubs (Rotary, Lions usw.) in Betracht gezogen werden, welche in vielen großen Städten vertreten sind und das Aufbauen von Kontakten erleichtern.

Wie in allen anderen Lebensbereichen ist auch für den Projekterfolg der Aufbau vertrauensvoller Beziehungen von großer Bedeutung. Dieses Thema wird im folgenden Abschnitt vertieft.

17.2.2 Aufbauen vertrauensvoller Beziehungen

In vielen Kulturen, insbesondere in Südeuropa, in Asien, in Südamerika und in arabischen Ländern ist der Aufbau vertrauensvoller Beziehungen eine notwendige Voraussetzung für eine gute Zusammenarbeit. Während in Nordeuropa oder Nordamerika ein Vertrauensverhältnis durch eine gute Zusammenarbeit entstehen kann, ist in den erstgenannten Kulturen eine gute Zusammenarbeit erst *nach* Aufbau einer vertrauensvollen Beziehung möglich.

17.2.2.1 Abbauen von Vorurteilen

Die erste Maßnahme zum Aufbau vertrauensvoller Beziehungen besteht im Abbau von Vorurteilen. Der Mensch ist von Natur aus geneigt, anderen Kulturen bzw. Nationen bestimmte Eigenschaften zuzuschreiben. Typische Beispiele dafür sind:

- *„Deutsche bauen gute Autos aber sind humorlos.“*
- *„Amerikaner sind ungezwungen aber oberflächlich“.*
- *„Franzosen sind kreativ aber chaotisch“.*

- *„Inder sind freundlich aber unzuverlässig".*
- *„Chinesen sind freundlich aber unverbindlich".*

Vorurteile sind unabhängig von ihrem Wahrheitsgehalt dem Wesen nach Unterstellungen und stehen deshalb dem Aufbau vertrauensvoller Beziehungen grundsätzlich im Wege. Darüber hinaus bringen sie mit sich, dass neue, abweichende Erfahrungen ausgeblendet und übereinstimmende Erfahrungen bewusst eingeprägt werden. Dieses Phänomen wird in der Psychologie als „selektive Wahrnehmung" bezeichnet und begünstigt nachweislich das Eintreten „selbst erfüllender Prophezeiungen", welche wiederum die entsprechende Überzeugung verstärken. Aus beiden Gründen ist es wichtig, der anderen Kultur unvoreingenommen zu begegnen.

17.2.2.2 Respektvoll auftreten

Ein respektvoller Umgang mit allen Projektbeteiligten ist die Grundvoraussetzung für Vertrauen und gegenseitige Akzeptanz im Team. Ein höflicher, respektvoller und wertschätzender Umgang ist die wichtigste Grundlage für eine gute Zusammenarbeit. Das gilt auch dann, wenn Probleme auftreten, Fehler gemacht wurden oder Befremdlichkeiten einzuordnen sind. Geringschätzendes oder gar demütigendes Verhalten sollte deshalb in jedem Falle vermieden werden.

Welches Verhalten als geringschätzend oder demütigend empfunden wird, kann von der jeweiligen Landeskultur abhängen. Wird beispielsweise ein chinesischer Projektmitarbeiter vor den Augen seines Teams kritisiert, so „verliert er sein Gesicht" – das aber ist für Chinesen eine dramatische Niederlage. Selbst im europäischen Nachbarland Frankreich sollte Kritik mit diplomatischem Geschick (indirekt und höflich) formuliert werden, da dort nicht zwischen Person und Sache unterschieden und Kritik deshalb oft als Abwertung der Person interpretiert wird.[27]

> Die Kunst des Umgangs mit Menschen besteht darin, sich geltend zu machen, ohne andere unerlaubt zurückzudrängen.
> Adolph Freiherr von Knigge (1752–1796)

Daraus folgt nicht, dass Kritik grundsätzlich vermieden werden sollte, diese ist im Sinne des Projekts unvermeidbar. Vielmehr geht es darum, sachgerechte Kritik in angemessener Form zu kommunizieren, so dass sich niemand gedemütigt fühlen muss. Wird gegen diesen Grundsatz verstoßen, so kann das zu irreparablen Schäden führen. So berichtet Sredic aus einem indischen Großprojekt, dass sich Mitarbeiter, die „das Gesicht verloren" haben, sich von der Projektleitung abwendeten und wichtige Informationen nicht mehr weiterleiteten.[28]

Die erhebliche Bedeutung des respektvollen Umgangs mit anderen Menschen lässt sich auch aus den Ergebnissen einer Längsschnittstudie bei kanadischen Entwicklungshelfern

---

[27] Dahan-Feucht (2009).
[28] Sredic (2012).

aus dem Jahre 1989 von Ruben und Kealey ableiten, in der unter anderem die Merkmale „Sensibilität", „Einfühlungsvermögen", „Wertschätzung anderer Menschen" und „Selbstbeherrschung" als hocheffektive Merkmale für den Einsatzerfolg eingestuft wurden.[29]

17.2.2.3   Interesse an Person und Kultur zeigen

Wie oben beschrieben, ist es in vielen Kulturen selbstverständlich, sich im Team erst einmal näher kennenzulernen, bevor man mit der eigentlichen Arbeit beginnt. In diesen Ländern wird das sofortige „zur Sache kommen" als kalt und wenig menschlich empfunden. Für den Aufbau und die Pflege guter Beziehungen ist also ausreichend Zeit einzuplanen und Geduld für diese andere Herangehensweise an die Zusammenarbeit aufzubringen.

Dem „Small-Talk" kommt in diesem Zusammenhang eine ganz andere Bedeutung zu, als in Deutschland. Beispielsweise wird in Frankreich der Small Talk um seiner selbst willen geführt und dabei nicht kategorisch zwischen Dienst und Privatleben unterschieden. In China hört man – bei scheinbar belanglosem Small-Talk über Kultur und Privatleben – gut zu und erwartet das auch von der Gegenseite. Wird nach einiger Zeit deutlich, dass es bei vorangegangenen Gesprächen an Aufmerksamkeit und Interesse mangelte, kann das zu Vertrauensverlust auf der chinesischen Seite führen. Entsprechend wichtig ist es, den Gesprächspartnern echtes Interesse an ihrer Person und ihrer Kultur zu zeigen. In solchen Gesprächen sollte auch Persönliches von eigener Seite preisgegeben werden, um Vertrauen zu signalisieren und nicht das Gefühl zu vermitteln, man wolle einseitig ausfragen. Sozialkritische Themen (Menschenrechte in China, das Kastensystem in Indien usw.) gelten in den meisten Ländern als unhöflich und sollten gemieden werden.

Zum Aufbau vertrauensvoller Beziehungen ist schließlich auch die Annahme privater Einladungen anzuraten, sofern sie wörtlich zu verstehen ist – denn in manchen Kulturen kann so eine Einladung auch nur eine wohlwollende Floskel sein.[30]

Damit wird das Thema des Vermeidens interkultureller Missverständnisse berührt, welches als wichtigste Querschnittsaufgabe des Projektmanagements auf allen Ebenen des Projekts verstanden werden muss. Aus diesem Grunde wird dieses Thema im nächsten Abschnitt ausführlich behandelt.

17.2.3   Missverständnissen vorbeugen

Ein zentrales Problem in internationalen Projekten besteht darin, dass in der Kommunikation zwischen allen Projektbeteiligten auf allen Hierarchieebenen immer wieder Missverständnisse auftreten, die auf kulturelle Unterschiede zurückzuführen sind.

---

[29] Vgl. Kealey (1989), zitiert nach: Stahl (1998).
[30] Hasenfratz und Alban (2012).

Beispiele:

- *In Indien bedeutet Kopfschütteln nicht „Nein" sondern „Ja" – jedoch nicht im Sinne einer Zustimmung oder Einverständniserklärung, statt dessen signalisiert der indische Gesprächspartner, dass er folgen kann und den Gesprächsinhalt verstanden hat.*
- *Unterschiedliche Maßeinheiten (Zoll/Inch und cm, Gallonen und Liter usw.) haben in technischen Großprojekten bereits mehrfach zu fatalen Folgen geführt.*
- *Zwischen Deutschen und Franzosen können auf Grund unterschiedlicher Konnotationen Missverständnisse entstehen (Tab. 17.1).*

Tab. 17.1 Missverständnisse zwischen Deutschen und Franzosen (Quelle: JFB Consulting 1993)

Wie Deutsche und Franzosen aneinander vorbeireden		
Was der Franzose sagt	**Was der Franzose wirklich meint**	**Was der Deutsche versteht**
„Ich habe ein Konzept."	Ich habe eine Idee.	Er hat einen konkreten Plan.
„Ich bin nicht überzeugt, dass dieses Projekt das beste ist."	Ich halte das Projekt für Unsinn.	Ich muss nur noch ein paar bessere Argumente bringen.
„Wenn Sie wollen, meinetwegen ..."	Ich schalte ab.	Jetzt habe ich ihn endlich auf meiner Linie.
„Es wäre vielleicht sinnvoll, sich um diese Akte zu kümmern."	Ich möchte, dass *Sie* das sofort erledigen.	Er fragt mich, wer das wohl machen könnte.
„Wir werden sehen."	Irgendwie werden wir das schaffen. Hauptsache, wir fangen endlich an.	Er ist verantwortungs- bzw. konzeptlos.
„Das ist ein netter Kollege."	Er lässt sich leicht ausnutzen.	Er muss nett sein.
Was der Deutsche sagt	**Was der Deutsche wirklich meint**	**Was der Franzose versteht**
„Hier ist mein Konzept."	Ich habe einen konkreten Plan ausgearbeitet.	Er will mir seine Idee aufzwingen.
„Zunächst mal zum Prozedere."	Ohne Ablaufplanung kein Erfolg.	Er will mich in sein Schema zwängen.
„Ich habe einen Verbesserungsvorschlag."	Ich bin im Prinzip einverstanden.	Er will mein Projekt verhindern.
„Ehrlich gesagt ..."	Ich will ganz offen sein.	Er verbirgt etwas.
„Wir müssen das ausdiskutieren."	Der Teufel steckt im Detail.	Das ist Kleinkrämerei.
„Was kommt unter dem Strich dabei heraus?"	Bleiben wir auf dem Boden der Tatsachen.	Der Deutsche hat immer nur die Rentabilität im Kopf.

17.2.3.1 Allgemeine Empfehlungen zu Vermeidung von Missverständnissen

Neben der in Abschn. 17.2.1 beschriebenen Auseinandersetzung mit den beteiligten Kulturen senken nachfolgende Maßnahmen das Risiko von Missverständnissen:

- **Zuhören:** Ein fundamental wichtiger Beitrag zur Vermeidung von Missverständnissen besteht darin, der anderen Seite gut und geduldig zuzuhören (vgl. Abschn. 15.2.2.3). Wer Mitarbeitern aller hierarchischen Ebenen zuhören kann, gewinnt einen guten Überblick über alle Perspektiven des Projekts und kann die Verhaltensweisen aller Beteiligten (z. B. gruppendynamische Effekte) besser nachvollziehen.[31]
- **Nachfragen:** In vielen Gesprächssituationen scheint ein Konsens hergestellt, der in Wirklichkeit nicht besteht. Das betrifft offizielle Besprechungen ebenso wie die alltägliche Anleitung von Mitarbeitern. Durch geduldiges und höfliches Nachfragen (*„Habe ich Sie richtig verstanden, dass …?"*, *„Was werden Sie morgen erledigen?" usw.*) können viele Missverständnisse aufgedeckt werden. Aus diesem Grunde wird in vielen Kommunikationsseminaren eine Diskussionsübung angewendet, in der die Teilnehmer die Position des Vorredners sinngemäß wiedergeben müssen, bevor sie ihr eigenes Argument vorbringen dürfen – eine Technik, die bereits im römischen Senat angewandt wurde.
- **Anpassen der Sprache:** Grundsätzlich steht dem Wunsch, erworbene Sprachkenntnisse anzuwenden, das Risiko sprachlicher Missverständnisse entgegen. In jedem Fall sollte stets eine einfache Wortwahl sowie ein einfacher Satzbau (kurze Hauptsätze) gewählt und dabei langsam und deutlich gesprochen werden.
- **Ernennen von Kulturbeauftragten:** Kulturbeauftragte dienen der Vorbeugung bzw. Vermeidung von Missverständnissen und Konflikten innerhalb der bzw. unter den internationalen Teams. Als Vertreter der jeweiligen Kultur können sie sich in regelmäßigen Sitzungen über Irritationen und Anliegen ihrer Seite austauschen. Dabei sollten auch auffallende kulturelle Unterschiede angesprochen und die andere Seite somit sensibilisiert werden. *Beispielsweise kann ein arabischer Kulturbeauftragter den deutschen Kulturbeauftragten darauf hinweisen, dass Visitenkarten in Saudi-Arabien durch deutsche Manager nicht mit der linken Hand übergeben werden sollten, da diese unter Arabern als unrein gilt.*
- **Einplanen entsprechender Zeitreserven:** In der Projektplanung sollte ein angemessener Zeitanteil für die Kommunikation im Team (z. B. für den Prozess des Dolmetschens) eingeplant werden. Diese Zeit ist gut investiert, denn Missverständnisse, die erst im späteren Projektverlauf deutlich werden, sind mit einem Vielfachen an Aufwand verbunden. Das gilt in besonderem Maße für gemeinsame Visionen und Projektziele.

17.2.3.2 Empfehlungen für Besprechungen

- **Auswählen angemessener Kommunikationswege:** Die Kommunikationswege für Teambesprechungen sind abhängig von den beteiligten Kulturen auszuwählen. So ist

---

[31] Robinson (2009).

eine Telefonkonferenz für Chinesen problematisch, da in der chinesischen Kommunikation viele Botschaften nonverbal (Mimik, Gestik und Körperhaltung) ausgedrückt werden.[32]

- **Wichtige Ergebnisse eindeutig dokumentieren und visualisieren:** Wichtige Besprechungsergebnisse müssen grundsätzlich schriftlich und unmissverständlich (bzw. nicht interpretierbar) abgefasst werden. Zu diesem Zweck sind alle Ergebnisse im ganzen Satz zu formulieren. Ganze Sätze, denen das gesamte Team zustimmen kann, bergen ein geringes Risiko für Missverständnisse. Im Idealfall wird die gesamte Protokollerstellung für alle Teilnehmer gut sichtbar visualisiert (z. B. via Laptop mit Beamer). So werden allen Beteiligten von Anfang an alle Ergebnisse vor Augen geführt – und nicht erst zu Sitzungsende.

- **Einschalten eines (Kultur-) Dolmetschers:** Für wichtige Besprechungen bzw. Verhandlungen sollte ein qualifizierter Dolmetscher eingeschaltet werden. Eine Beschränkung auf eine einfache Übersetzung des gesprochenen Wortes kann dabei unzureichend sein, da wichtige Botschaften in einigen Kulturen zwischen den Zeilen oder nonverbal kommuniziert werden. Ein qualifizierter Kulturdolmetscher kann über das Gesagte hinaus Stimmungen und Verhaltensweisen deuten und Empfehlungen ableiten. Die Besprechungsziele sollten mit ihm im Vorfeld abgestimmt werden.

Die vorangehenden Vorschläge setzen ein geordnetes Projektmanagement voraus. Vielfach aber kann in der Realität „Projektmanagement nach Lehrbuch" nicht problemlos umgesetzt werden. Statt dessen wird vom Projektmanager Flexibilität erwartet. Diese Anforderung ist Gegenstand des nächsten Abschnitts.

17.2.4   Ausbalancieren von Flexibilität und Managementdisziplin

17.2.4.1   Das Problem

Nicht selten genießen „bewährte Projektmethoden" im dynamischen Alltag internationaler Projekte eine geringe Akzeptanz. Unter Hinweis auf völlig andere Bedingungen werden dann traditionelle Projektmanagementstandards infrage gestellt und ein hohes Maß an Flexibilität verlangt. Aber was bedeutet das? Soll der Projektmanager Verträge, Pläne, Protokolle und andere Instrumente „nicht so ernst nehmen" oder gar „vergessen", wie immer wieder zu lesen und zu hören ist? Verkommt das Projektmanagement zu realitätsferner „Theorie", weil die Bedingungen und die Akzeptanz in anderen Kulturen nicht gegeben sind? Schließlich trägt der Projektleiter die Verantwortung dafür, dass alle Projektziele erreicht werden. Wie aber soll er den Erfolg garantieren und gleichzeitig auf bewährte Managementmethoden verzichten?

---

[32] Schaefer (2008).

17.2.4.2 Erhöhen der eigenen Flexibilität

„Flexibilität" bedeutet „Anpassungsfähigkeit". Für das Projektmanagement bedeutet das, gewohnte Managementmethoden, die sich im neuen Umfeld nicht bewähren, durch erfolgreichere Methoden zu ersetzen. Dafür sprechen grundsätzlich drei gute Gründe:

- Anpassung ist eine Jahrmillionen alte Überlebensstrategie in der Evolution, man darf sie also als sehr erfolgreich bezeichnen. Tier- und Pflanzenarten, die sich ihrer Umwelt nicht anpassen, sind in der Folgegeneration nicht mehr vertreten.
- In anderen Kulturen führen oft andere Wege zum Ziel. Im Sinne eines respektvollen Miteinanders sollte grundsätzlich versucht werden, diese Wege mitzugehen anstatt der anderen Seite eigene Wege aufzuzwingen. *Beispiel: In vielen Besprechungen erscheinen Franzosen zu spät und wollen lediglich Ideen austauschen, aber keine Entscheidungen treffen.*[33]
- Auf Grund anderer Bedingungen in fremdem Umfeld müssen für technische Probleme oft spontan andere, ggf. ungewöhnliche Lösungen in Betracht gezogen werden. *Beispiel: Wenn der benötigte Bagger in Indien nicht rechtzeitig beschafft werden kann, so können indische Bauarbeiter bereit sein, in der Nacht die Baugrube mit der Schaufel zu graben.*[34]

17.2.4.3 Bewerben eines systematischen Projektmanagements

Ein hohes Maß an Flexibilität steht jedoch einer beharrlichen und „sanften" Bewerbung systematischer Vorgehensweisen nicht im Wege. So berichtet Hasenfratz, dass Brasilianer ihre Sitzungen zwar nicht unbedingt akribisch planen, gleichwohl dankbar darauf zurückgreifen, sofern sie nur höflich vorgeschlagen wird.[35] Auch wenn in bestimmten Situationen auf gewohnte Methoden verzichtet werden muss, so sollte der Ausbau eines systematischen Projektmanagements angestrebt werden. Möglichen Akzeptanzproblemen ist dabei stets mit Einfühlungsvermögen und Respekt zu begegnen. Folgendes Vorgehen können die Autoren aus eigener Erfahrung empfehlen:

Zunächst ist sicherzustellen, dass sich beide Seiten (Vertragsparteien, Vorgesetzte und Projektmitarbeiter) in den Projektzielen einig sind. Auf Grundlage der Projektziele arbeitet die eigene Seite dann einen konkreten Projektplan aus, welcher den Bedingungen vor Ort Rechnung trägt (z. B. Zusammenfassung mehrerer Detailvorgänge zu einem Grobvorgang im Balkenplan). Anschließend wird dieser Plan der anderen Seite in höflicher Form vorgeschlagen und um ein Urteil gebeten. Gewöhnlich geht von einem konkreten Vorschlag bereits eine große Überzeugungswirkung aus. Ist die andere Seite jedoch nicht einverstanden, so wird diese um einen Alternativvorschlag gebeten, der anschließend mit der eigenen Planung verglichen und weiter diskutiert werden kann.

---

[33] Dahan-Feucht (2009).
[34] Sredic (2012).
[35] Hasenfratz und Alban (2012).

Doch selbst dann, wenn der Einsatz bestimmter Projektmanagementinstrumente erfolgreich vereinbart wurde, ist die Einhaltung dieser Vereinbarung noch lange nicht sicher gestellt. Dieses Thema wird im nächsten Abschnitt behandelt.

17.2.5   Erzeugen von Verbindlichkeit

Ein verbreitetes Problem in internationalen Projekten besteht darin, dass sich einzelne Projektbeteiligte nicht an Vereinbarungen (Verträge, Zusagen, vereinbarte Projektmanagementstandards usw.) gebunden fühlen.
Beispiele:

- *In der chinesischen Rechtstradition gelten Verträge als ernstgemeinte Absichtserklärungen, die aber prinzipiell im Nachhinein verhandelbar sind.*[36]
- *In arabischen Ländern wird vielfach mit der Redewendung „Inshalla" („so Gott will") offen gelassen, ob einer Verpflichtung tatsächlich nachgekommen wird.*
- *In Indien werden Termin- und Budgetpläne vielfach nicht als verbindlich betrachtet.*[37]

17.2.5.1   Analysieren der Problemursachen
Das Problem der „Unverbindlichkeit" kann mehrere Ursachen haben, deshalb ist zunächst eine Ursachenanalyse erforderlich. Diese sollte in einer vertrauensvollen Atmosphäre vorgenommen werden, denn den betreffenden Personen fällt es oft nicht leicht, Problemursachen offen anzusprechen. Häufige Ursachen sind:

- **Mangelnde Akzeptanz der Vereinbarungsinhalte:** Die Vereinbarungen werden nicht (mehr) akzeptiert, weil sich seit Abschluss der Vereinbarung etwas geändert hat, weil der Vereinbarung ein Missverständnis zu Grunde liegt oder weil er nicht zum Nutzen beider Seiten ist. *Beispiel: Chinesen fühlen sich nicht an einen Vertrag gebunden, wenn sie sich übervorteilt fühlen und davon überzeugt sind, dass die andere Seite nur einen kurzfristigen Vorteil im Auge hat.*[38]
- **Mangelnde Akzeptanz der Person:** Die Person, welche die Umsetzung der Vereinbarung verlangt, wird nicht (mehr) akzeptiert, weil sie sich aus Sicht der anderen Seite fehlverhalten hat oder weil sie nicht mehr die ist, mit der die Vereinbarung getroffen wurde. *Beispiel: Chinesen fühlen sich weniger an den formaljuristischen Vertrag mit einem Unternehmen als vielmehr an die Person gebunden, mit welcher der Vertrag abgeschlossen wurde.*[39]

---

[36] Vgl. Vermeer (2007).
[37] Vgl. Sredic (2012).
[38] Vgl. ebd.
[39] Vgl. ebd.

- **Mangelnde Eindeutigkeit des Verantwortungsbereichs:** Die Verantwortung wurde nicht eindeutig geregelt bzw. nicht eindeutig kommuniziert. Die betreffende Person konnte die Verantwortung nicht erkennen oder behaupten, dass sie nicht erkennbar war.

Abhängig davon, welche dieser Ursachen vorliegt, ist eine der folgenden Maßnahmen oder eine Kombination daraus zu ergreifen:

17.2.5.2 Sicherstellen der Akzeptanz der Vereinbarungsinhalte

Sofern die andere Seite nicht (oder nicht mehr) hinter den Vereinbarungsinhalten steht, sollten diese noch einmal überprüft werden *("wollen wir das gleiche?")*. Möglicherweise ist eine neue Lösung zu suchen, die für beide Seiten vorteilhaft ist ("Win-win-Situation"). Dazu kann aktive Überzeugungsarbeit erforderlich sein. Gelingt dies nicht, wird sich die andere Seite auch weiterhin nicht an die Vereinbarung gebunden fühlen.

17.2.5.3 Sicherstellen der Akzeptanz der Person

In vielen Ländern (z. B. in Asien, Südeuropa, Südamerika und in arabischen Ländern) sollte das Projektmanagement personelle Kontinuität auf der eigenen Seite anstreben, damit sich die Projektbeteiligten bei allen Vereinbarungen und Verträgen persönlich verpflichtet fühlen. Der Austausch von Führungskräften weicht eine solche Verbindlichkeit auf.

Fühlt sich die andere Seite hingegen deswegen nicht mehr an eine Vereinbarung gebunden, weil sie dem Vereinbarungspartner ein Fehlverhaften anlastet, so sollte versucht werden, das Problem unter Einschaltung des Kulturbeauftragten (Abschn. 17.2.3) zu entschärfen. Voraussetzung dafür ist, dass das Vertrauensverhältnis nicht zu sehr beschädigt ist.

17.2.5.4 Unterschreiben wichtiger Vereinbarungen

In jedem Falle sollten wichtige Vereinbarungen und Ergebnisse (Verantwortung für Aufgabenbereiche, Besprechungsprotokolle, vereinbarte Standards und Regeln, usw.) schriftlich aufgesetzt und von allen beteiligten Parteien unterschrieben werden. Eine persönliche Unterschrift unterstreicht die Bedeutung der Willenserklärung und legt die Unterzeichner symbolisch fest. Das Abverlangen einer Unterschrift kann eine unangenehme Angelegenheit sein, etwa dann, wenn es als „typisch deutsch" belächelt wird oder wenn es gegenüber einer Respektsperson durchzusetzen ist.

Beispiel: Dem jungen Ingenieur, der als Schiffbauleiter Produktverantwortung trägt, kann es sehr unangenehm sein, einem dienstälteren und erfahrenen Maschinisten eine schriftliche Bestätigung der Entgegennahme konkreter Transportanweisungen abzuverlangen, deren Nichtbeachtung mit erheblichen Risiken für das Endprodukt verbunden ist.

Doch selbst dann, wenn das Management ein hohes Maß an Verbindlichkeit erzeugt, so bedeutet das noch lange nicht, dass alle Ergebnisse wie erwartet abgeliefert werden. Die Ausgestaltung der Ergebniskontrollen wird im nächsten Abschnitt behandelt.

17.2.6   Anpassen der Ergebniskontrollen

In manchen Kulturkreisen kann die Abnahme von Ergebnissen zur bösen Überraschung werden. Beispielsweise berichtet Sredic von indischen Bauprojekten, in denen Mitarbeiter Anweisungen mit einem höflichen „Yes, Sir!" entgegennehmen und gleichwohl zum vereinbarten Termin kein brauchbares oder überhaupt kein Ergebnis vorlegen.[40] Darüber hinaus kann eine emotionale Reaktion des Projektmanagers auch noch weitere schwerwiegende Probleme nach sich ziehen, etwa dann, wenn Mitarbeiter wegen einer unbedacht vorgebrachten Kritik „ihr Gesicht verlieren."

17.2.6.1   Anpassen der Kontrollfrequenz

Die Frequenz der Ergebniskontrollen muss an die jeweilige Kultur und die Mitarbeiter angepasst werden. Während Mitarbeiter in Nordeuropa oder den USA gewohnt sind, nach Zielvorgabe selbstständig zu arbeiten, wird etwa in asiatischen Kulturen eine enge Führung mit kleinschrittiger Anleitung und engmaschigen Ergebniskontrollen erwartet und ggf. sogar als Bringschuld des Vorgesetzten angesehen. In diesen Kulturen können moderne Führungsinstrumente, die auf selbstständiges Arbeiten ausgerichtet sind (z. B. „Management by Objectives") bei den Mitarbeitern zu großer Verunsicherung führen, da sie sich allein gelassen fühlen und glauben, der Vorgesetzte vertraue ihnen nicht mehr.[41] So wurden im oben zitierten Bauprojekt in Indien gute Erfahrungen damit gemacht, morgens und abends jeweils eine etwa fünfzehnminütige Teambesprechung anzusetzen.[42] Durch eine spätere Lockerung der Kontrollfrequenz in Verbindung mit einem Lob des Mitarbeiters können Anerkennung und Vertrauen zum Ausdruck gebracht und dadurch auch die Mitarbeitermotivation gesteigert werden. Bei der Bemessung der Kontrollfrequenz sind Persönlichkeit und Bildungsniveau des Mitarbeiters angemessen zu berücksichtigen.

Engmaschige Kontrollen von Ergebnissen und Projektfortschritt können ebenso auf Unternehmensebene (z. B. gegenüber Unterauftragnehmern) erforderlich sein. Beispielsweise sichert das Projektmanagement eines Flughafenprojekts im Oman die Erreichung von Meilensteinen dadurch ab, dass es sich wichtige Informationen rechtzeitig selbst beschafft (z. B. durch die Überprüfung, ob sich der Bagger rechtzeitig in der Nähe der geplanten Baugrube befindet).[43]

17.2.6.2   Frühzeitiges Vereinbaren der Kontrollroutinen

Mit den betreffenden Mitarbeitern sollten geplante Kontrollzyklen und -prozeduren von Anfang an besprochen bzw. vereinbart werden. Auf diese Weise können sich die Mitarbeiter auf die Kontrollen einstellen und interpretieren enge Kontrollzyklen nicht als nachträgliches Misstrauen bzw. als Bloßstellung ihrer Person. Die Kontrollroutinen soll-

---

[40] Sredic (2012).
[41] Vgl. Vermeer (2007).
[42] Vgl. ebd.
[43] Kuger (2013).

ten im positiven Sinne als „gemeinsame Überprüfungen der Arbeitsergebnisse" bezeichnet werden.

Für die Ergebniskontrollen ist im Vorfeld eindeutig festzulegen, ob die zu kontrollierende Arbeitseinheit das Individuum („Modell des rational handelnden Individuums") oder die Gruppe („Modell der sozialen Gruppe") ist.[44] Beispielsweise wird im Japan eher die Gruppe und in westlichen Kulturen eher das Individuum kontrolliert.[45]

17.2.6.3   Anpassen des Feedbacks

Wie oben beschrieben, kann die Äußerung von Kritik in vielen Kulturen dazu führen, dass der kritisierte Mitarbeiter „sein Gesicht verliert" und das Vertrauensverhältnis zwischen Vorgesetztem und Mitarbeiter schweren Schaden nimmt oder sogar irreparabel zerstört wird. Entsprechend bedeutsam ist es, Kritik in angemessener Weise vorzubringen. Dazu sollte . . .

- . . . die Kritik niemals vor der Gruppe, sondern stets unter vier Augen geäußert werden,
- . . . die Kritik immer respektvoll, einfühlsam und kulturadäquat formuliert werden (z. B. indirekt und höflich wie etwa nach anfänglichem Lob guter Teilergebnisse),
- . . . nicht die Person, sondern nur das Ergebnis kritisiert werden. Die Trennung von Person und Sache kann allerdings in bestimmten Kulturkreisen (z. B. in Frankreich) erhebliches diplomatisches Geschick erfordern (siehe oben).[46]

Eine spezielle Technik zur diplomatischen Anbringung von Kritik ist die „Sandwich-Technik": Dabei werden zunächst die guten gemeinsamen Beziehungen betont, dann diplomatisch die eigentliche Kritik vorgebracht und zum Abschluss noch einmal ein Statement zu den guten Beziehungen abgegeben.[47]

Abschließend sei auch in diesem Zusammenhang an die „Ich-Botschaften" (Abschn. 15.2.2.4) erinnert, welche den Blickwinkel vom „Versagen des Empfängers" zum „Problem des Senders" verlagern und dadurch beiden Seiten den Weg zu einer konstruktiven Lösung ebnen.

---

[44] Bergemann und Sourisseaux (2003).
[45] Vgl. ebd.
[46] Dahan-Feucht (2009).
[47] Hasenfratz und Alban (2012).

17.3   Werkzeuge

17.3.1   Checkliste: Anforderungen an Manager in internationalen Projekten[48]

Checkliste: Anforderungen an Manager in internationalen Projekten
Allgemeine Anforderungen
☐ Verfügt der Mitarbeiter über die nötigen Fremdsprachenkenntnisse?
☐ Hat der Mitarbeiter die erforderliche Auslandserfahrung?
☐ Ist der Mitarbeiter in der Lage, unsichere und mehrdeutige Situationen zu ertragen?
☐ Verfügt der Mitarbeiter über ein ausreichendes Maß an Verhaltensflexibilität?
☐ Verfügt der Mitarbeiter über ein ausreichendes Maß an Kreativität?
Anforderungen an Haltung und Motivation
☐ Ist der Mitarbeiter ernsthaft an einem Auslandseinsatz interessiert?
☐ Ist der Mitarbeiter nicht ausschließlich durch Karriereambitionen motiviert?
☐ Ist der Mitarbeiter tolerant und unvoreingenommen gegenüber anderen Kulturen?
☐ Ist der Mitarbeiter aufgeschlossen für neue Erfahrungen?
Sozial-kommunikative Anforderungen
☐ Ist der Mitarbeiter fähig und bereit zur Vermittlung von Wertschätzung und Respekt?
☐ Ist der Mitarbeiter bereit und in der Lage zum Aufbau sozialer Beziehungen?
☐ Verfügt der Mitarbeiter über Sensibilität und Einfühlungsvermögen?
☐ Ist der Mitarbeiter in der Lage, selbstbeherrscht und besonnen zu reagieren?
☐ Verfügt der Mitarbeiter über ein ausreichendes Maß an diplomatischem Geschick?
☐ Ist der Mitarbeiter in der Lage, Konflikte situationsadäquat zu lösen?

---

[48] Abgeleitet aus: Stahl (1998).

17.3.2   Checkliste: Vorbereitungen internationaler Projekte

Checkliste: Vorbereitung auf ein internationales Projekt

Ausbau von Kenntnissen und Fähigkeiten

- ☐ Wurden die erforderlichen Sprachkenntnisse erworben?

- ☐ Wurden relevante Verhaltenssituationen in ausreichendem Maße trainiert?

- ☐ Wurden zu folgenden Aspekten ausreichende Kenntnisse erworben:

  - ☐ Geschichte, Politik und kulturelle Errungenschaften des Landes?

  - ☐ relevante Religionen und Morallehren?

  - ☐ wichtige Feste und Feiertage?

  - ☐ wichtige Kommunikations- und Umgangsformen?

  - ☐ relevante soziale Strukturen und Netzwerke?

  - ☐ Statistische Daten (Wirtschaft, Klima, Politik, Geographie usw.)?

Sonstige Vorbereitungen

- ☐ Wurden alle familiären Belange (z. B. Beschulung der Kinder) geklärt?

- ☐ Liegen alle gültigen Dokumente (Visa, Pässe, internationaler Führerschein ...) vor?

- ☐ Wurden nachfolgende Maßnahmen zur gesundheitlichen Versorgung getroffen:

  - ☐ Rechtzeitige Impfungen vor der Reise?

  - ☐ Klärung der Verfügbarkeit von Medikamenten und Impfstoffen?

  - ☐ Klärung der Erreichbarkeit qualifizierter Ärzte und Krankenhäuser?

- ☐ Ist die persönliche Sicherheit (z. B. bei politischen Unruhen) gewährleistet?

- ☐ Wurden erforderliche Versicherungen abgeschlossen?

- ☐ Ist die ausreichende Versorgung mit der betreffenden Währung gesichert?

- ☐ Ist die Adresse und Erreichbarkeit der deutschen Botschaft geklärt?

- ☐ Sind soziale Anlaufpunkte (internationale Clubs, Expatriate-Treffen usw.) geklärt?

17.3.3 Checkliste: Vorbereitung internationaler Besprechungen

Checkliste: Vorbereitung internationaler Besprechungen
☐ Wurden bei der Wahl des Besprechungstermins beachtet:
☐ lokale Feiertage und Feste?
☐ klimatische Verhältnisse vor Ort?
☐ abweichende Zeitzonen (bei Video-/Telefonkonferenz)?
☐ Wurden angemessene Gastgeschenke in ausreichender Anzahl besorgt?
☐ Ist das lokale Begrüßungsritual (z. B. Beachtung von Reihenfolgen) bekannt?
☐ Wurde zum „Small Talk" ...
☐ ... ein angemessener Zeitbedarf eingeplant?
☐ ... in Erfahrung gebracht, welche Themen zu vermeiden sind?
☐ Ist geklärt, ob wichtige Entscheidungsträger der anderen Seite ...
☐ ... an der Besprechung teilnehmen?
☐ ... als solche zu erkennen sein werden - und wenn ja, woran?
☐ Wurde eine Agenda (ggf. als Diskussionsgrundlage oder „Plan B") erstellt?
☐ Ist die landesübliche Gesprächsstruktur/Verhandlungsstrategie bekannt?
☐ Wurden nachfolgende Maßnahmen zur Übersetzung geprüft/durchgeführt:
☐ Klärung typischer Übersetzungsrisiken?
☐ Beauftragung eines eigenen qualifizierten (Kultur-) Dolmetschers?
☐ Informieren des (Kultur-) Dolmetschers über die Besprechungsziele?
☐ Übersetzung wichtiger Teilnehmerunterlagen (z. B. Präsentationshandouts)?
☐ Ist die erforderliche Technik (Beamer, Laptop, Drucker) organisiert?

17.4   Lernerfolgskontrolle

1. Welche Problemfelder internationaler Projektarbeit kennen Sie?
2. Was versteht man unter dem Begriff „Kultur"?
3. Was erklärt das Eisbergmodell im Hinblick auf die Zusammenarbeit mit Menschen aus unterschiedlichen Kulturen?
4. Welche Kulturdimensionen sind nach Hall zu unterscheiden?
5. Welche Kulturdimensionen sind nach Hofstede zu unterscheiden?
6. Welche Kulturdimensionen sind nach der GLOBE-Study zu unterscheiden?
7. Welche Kulturdimensionen sind nach Trompenaars zu unterscheiden?
8. Inwiefern können Kulturdimensionen dem Projektmanager Informationen über andere Kulturen liefern?
9. Welche Einwände lassen sich gegen Kulturdimensionen und ihren Einsatz in der internationalen Projektarbeit vorbringen?
10. Welche Vorbereitungen der Arbeit in internationalen Projekten sollten grundsätzlich getroffen werden?
11. Welche Bedeutung haben vertrauensvolle Beziehungen für die Zusammenarbeit in internationalen Projekten – insbesondere in Südeuropa, Asien und Südamerika?
12. Wie lassen sich vertrauensvolle Beziehungen grundsätzlich auf- und ausbauen?
13. Mit welchen konkreten Maßnahmen kann man Missverständnisse unter Mitarbeitern unterschiedlicher Kulturen vorbeugen?
14. Erläutern Sie den Zielkonflikt zwischen Flexibilität und Managementdisziplin der Projektleitung in der Zusammenarbeit mit anderen Kulturen.
15. Wie lassen sich Flexibilität und Managementdisziplin in der internationalen Projektarbeit ausbalancieren?
16. Welche Ursachen können einer geringen Verbindlichkeit von Mitarbeitern anderer Kulturen zu Grunde liegen?
17. Wie lässt sich die Verbindlichkeit von Zusagen der Mitarbeiter anderer Kulturen erhöhen?
18. Inwiefern sollten Ergebniskontrollen an Mitarbeiter unterschiedlicher Kulturen angepasst werden?

Autoren

Dipl.-Ing. Roland Felkai, geboren 1936 in Schweden, aufgewachsen in Budapest/Ungarn. Nach Werkzeugmacherlehre und Abendpolytechnikum folgte ein Maschinenbaustudium an der Technischen Universität Budapest, Abschluss als Diplom-Ingenieur der Fachrichtung Schiffbau. Zeitgleich Studium der Philosophie an der Universität Budapest. 1962 bis 1964: Schiffbauleiter der größten ungarischen Werft in Budapest für Seeschiffe und verantwortlich für die Herstellung von Schwimmkränen für den gesamten Warschauer Pakt. 1965 bis 1966: Konstrukteur von Schiffen und Schwimmkränen in Budapest. 1966 bis 1968: Schiffprojektingenieur bei der Schiffswerft AG Weser in Bremen, verantwortlich für statische Berechnung, Projektierung von Öl- und Gastankern mit bis zu 400.000 BRT, die größte Tankerklasse ihrer Zeit. 1969 bis 1994: Entwicklungsingenieur für strukturmechanische Auslegung von Satelliten und Plattformen bei der ERNO Raumfahrttechnik (später: EADS ASTRIUM Space Infrastucture) in Bremen, Funktion als Projektleiter für innovative, internationale Projekte sowie als Abteilungsleiter für die Entwicklung von Raumfahrtkomponenten. Seit 1995 bis heute: Freiberuflicher Berater für technische Entwicklungsaufgaben und Leiter von Seminaren bei großen und mittelständischen Unternehmen im In- und Ausland zum Thema Projektmanagement. Lehrbeauftragter der Universität Bremen für Regelvorlesungen zum Projektmanagement. Zahlreiche Veröffentlichungen und Patente.

Dipl.-Ök. Arndt Beiderwieden, geboren 1962 in Lingen/Ems, aufgewachsen in Sulingen und Oldenburg (Niedersachsen). 1984 bis 1986 Ausbildung zum Tischler, 1986 bis 1991 Studium der Wirtschaftswissenschaften an den Universitäten Oldenburg und Hannover, 1991 Ablegen des Diploms an der Universität Hannover. 1989 bis 1993 Produkt- und Projektmanagement in der chemischen Industrie. 1993 bis 1996 freiberufliche Tätigkeit im Veranstaltungsmanagement. Seit 1999 bis heute: Freiberuflicher Trainer und Berater für Projektmanagement in Wirtschaft und Verwaltung. Seit 1997 bis heute: Autor prozessorientierter Fachbücher der Betriebswirtschaft. Seit 2004 bis heute: Lehrbeauftragter der Fachhochschule Dortmund und der Universität Bonn zum Thema Projektmanagement.

© Springer Fachmedien Wiesbaden 2015
R. Felkai, A. Beiderwieden, *Projektmanagement für technische Projekte*,
DOI 10.1007/978-3-658-10752-9

Literatur

Apfelthaler, G.: Interkulturelles Management. Manz Verlag, Wien (2000)

Bannys, F.: Interkulturelles Management – Konzepte und Werkzeuge für die Praxis. Wiley, Weinheim (2013)

Bergemann, N., Sourisseaux, L.J. (Hrsg.): Interkulturelles Management, 3. vollst. überarb. u. erw. Aufl. Springer, Berlin (2003)

Berne, E.: Spiele der Erwachsenen, 11. Aufl. Rohwolt, Reinbek bei Hamburg (2002)

Brockhaus (Hrsg.): dtv-Lexikon, 4. Aufl. dtv, München (1995)

Bundesministeriums der Justiz: Verordnung PR Nr. 30/53 über die Preise bei öffentlichen Aufträgen (VPöA). Bonn: 21. November 1953, Stand 25.11.2003

Burghardt, M.: Einführung in Projektmanagement, 5. überarb. u. erw. Aufl. Publicis Corporate Publishing, Erlangen (2007)

Dahan-Feucht, D.: Im Nachbarland das Projekt ohne „Fauxpas" meistern. In: ProjektManagement aktuell, Bd. 4, Verlag TÜV Media, Köln (2009)

Department of Defense: Direktive 5010.19. In: Madauss, B.J. (Hrsg.) Handbuch Projektmanagement, 6. Aufl. Schäffer-Poeschel, Stuttgart (2000)

Descartes, R.: Philosophische Werke (deutsche Ausgabe). Verlag der Dürr'schen Buchhandlung, Leipzig (1870)

Deutsches Institut für Normung, D.I.N. (Hrsg.): DIN-Taschenbücher. DIN-Taschenbuch 472. Beuth, Berlin (2009)

Dworatschek, S., Gläss, S. et al.: Netzplantechnik, 2. Aufl. VDI, Düsseldorf (1972)

Ehebrecht Klein, H.-P.V., Krenitz, M.: Finanzierung und Investition, 5. Aufl. Bildungsverlag Eins, Troisdorf (2009)

Felkai, R.: Der Reden-Berater – Checkliste Besprechungen. Norman Rentrop, Bonn (1993)

Greßler, U., Göppel, R.: Qualitätsmanagement, 6. Aufl. Bildungsverlag Eins, Troisdorf (2008)

Hall, E.T., Hall, M.R.: Understanding Cultural Differences. Intercultural Press, Boston (1990)

Hanisch, D.A.: Managementtraining in China. Verlag Peter Lang, Frankfurt am Main (2003)

Harris, T.A.: Ich bin o.k. Du bist o.k., 43. Aufl. Rohwolt, Reinbek bei Hamburg (2010)

Hasenfratz, M., Alban, G.M.: Geschäftskultur Brasilien. Conbook Verlag, Meerbusch (2012)

Hoehne, J.: Projektphasen und Lebenszyklus. In: Projektmanagement Fachmann, 9. Aufl. RKW, Eschborn (2008)

Hoffmann, H.E.: Interkulturelle Zusammenarbeit in der Praxis. In: ProjektManagement aktuell, Bd. 3, Verlag TÜV Media, Köln (2004)

Hofstede, G. (Hrsg.): Lokales Denken, globales Handeln, 5. Aufl. Deutscher Taschenbuch Verlag, München (2011)

Hofstede, G.: Cultural Consequences. Sage, Thousand Oaks (2001)

Hösl, G.: Mediation – die erfolgreiche Konfliktlösung. Kösel, München (2002)

House, R.J. et al.: Culture, Leadership and Organisations – The GLOBE Study of 62 Societies. Sage, Thousand Oaks (2004)

Consulting, J.P.B.: Dialog unter Gehörlosen. Manager Magazin **5** (1993)

Kasper, H., Mayhofer, W. (Hrsg.): Personalmanagement, Führung, Organisation, 4. Aufl. Linde, Wien (2009)

Kealey, D.J.: A study of cross-cultural effectiveness: Theoretical issues, practical applications. International Journal of Intercultural Relations **13** (1989)

Kellner, H.: Konferenzen, Sitzungen, Workshops effizient gestalten. Hanser, München (2000)

Kuger, I.: 2.000 Mitarbeiter werden am „Tag X" perfekt zusammenarbeiten. In: ProjektManagement aktuell, Bd. 1. Verlag TÜV Media, Köln (2013)

Kuster, J. et al.: Handbuch Projektmanagement, 2. überarb. Aufl. Springer, Heidelberg (2008)

Kutschker, M., Schmid, S.: Internationales Management, 7. überarb. u. akt. Aufl. Oldenbourg Verlag, München (2011)

Kuzmina, R.: Autoritärer Führungsstil aus Sicht einer russischen Managerin. In: Interkulturell Führen. Gabal Verlag, Offenbach (2009)

Madauss, B.J.: Handbuch Projektmanagement, 6. überarb. u. erw. Aufl. Schäffer-Poeschel Verlag, Stuttgart (2000)

Mehrabian, A., Ferris, S.R.: Inference of Attitudes from Nonverbal Communication in Two Channels. The Journal of Consulting Psychology **31** (1967)

Mentzel, W.: Rhetorik. STS-Haufe, Gräfelfink (1997)

Moran, R.T., Harris, P.R., Moran, S.V.: Managing Cultural Differences, 8. Aufl. Butterworth-Heinemann, Oxford (2011)

Olfert, K., Steinbruch, P.A.: Personalwirtschaft, 13. verbesserte u. akt. Aufl. Kiehl, Ludwigshafen (Rhein) (2008)

Robinson, P.: Zuhören ist alles. In: Interkulturell Führen. Gabal Verlag, Offenbach (2009)

Rothlauf, J.: Interkulturelles Management, 2. vollst. überarb. u. erw. Aufl. Oldenbourg, München (2006)

Rüsberg, K.H.: Die Praxis des Projektmanagements. GPM Verlag, München (1971). zitiert nach Schelle, H. u. a.: Projektmanager. München: GPM-IPMA, 2. Aufl. 2005

Saynisch, M., Bürgers, H.: Konfigurations- und Änderungsmanagement. In: Projektmanagement Fachmann, 9. Aufl. RKW, Eschborn (2008)

Schaefer, R.: Weshalb Chinesen nur schwer „Nein!" sagen können. In: ProjektManagement aktuell, Bd. 4. Verlag TÜV Media, Köln (2008)

Schelle, H.: Projekte und Projektmanagement. In: Projektmanagement Fachmann, 9. Aufl. RKW, Eschborn (2008)

Schelle, H.: Projekte zum Erfolg führen, 6. überarb. Aufl. Beck, München (2010)

Schelle, H., Ottmann, R., Pfeiffer, A.: Projektmanager, 2. Aufl. GPM-IPMA, München (2005)

Hoffmann, H.-E.: Internationales Projektmanagement. Beck, München (2004). Darin zitiert: Scherer, O.

Schmidt, A.: Kostenrechnung. Kohlhammer, Stuttgart (2005)

von Schulz Thun, F.: Miteinander Reden. Rohwolt, Reinbek/Hamburg (1994)

Seifert, J.W.: Visualisieren, Präsentieren, Moderieren, 23. Aufl. Gabal, Offenbach (2009)

Sredic, V.: Wo Kopfschütteln „Ja!" heißen kann – oder auch nicht … In: ProjektManagement aktuell. Verlag TÜV Media, Köln (2012)

Stahl, G.K.: Internationaler Einsatz von Führungskräften. Oldenbourg Verlag, München (1998)

Stavemann, H.H.: Emotionale Turbulenzen, 2. überarb. Aufl. Beltz, Weinheim (1999)

Trompenaars, F.: Handbuch globales Managen. Econ Verlag, Düsseldorf (1993)

Trompenaars, F., Hampden-Turner, C.: Riding on the waves of Culture – Understanding Cultural Diversity in Business, 2. Aufl. Nicolas Brealey Publishing, London (1997)

Ueno, S., Sekaran, U.: The influence of culture on budget control practises in the USA and Japan: An empirical study. Journal of International Business Studies **23**(4) (1992)

VDMA (Hrsg.): *Projektcontrolling bei Anlagegeschäften.* Frankfurt (1982) (zitiert nach: Wolf, M.L.J. u. a.: *Projektmanagement live.*, 6., überarbeitete Auflage. Renningen: Expert (2006)

Vermeer, M., Neumann, C.: Praxishandbuch Indien. Gabler, Wiesbaden (2008)

Vermeer, M.: China.de, 2. Aufl. Gabler, Wiesbaden (2007)

Weber, K.E.: In: Projektmanagement Fachmann, 9. Aufl. RKW, Eschborn (2008)

Wolf, M.L.J., et al.: Projektmanagement live, überarbeitete Auflage. Expert, Renningen (2006)

Internet-Veröffentlichungen
http://www.controllingportal.de/Fachinfo/Grundlagen/Kennzahlen/liqui2.html. Zugegriffen: 06. Mai 2010

http://de.wikipedia.org/wiki/Aktives_Zuhören. Version 26. Februar 2010, Datum 03. Mai 2010

http://de.wikipedia.org/wiki/Stakeholder. Version 18. Februar 2010, Datum 31. März 2009

http://en.wikipedia.org/wiki/Specification. Version 3. Mai 2010, Datum 09. Mai 2010

http://en.wikipedia.org/wiki/Statement_of_work. Version 18. März 2010, Datum 09. Mai 2010

http://wirtschaftslexikon.gabler.de/Definition/geschaeftsprozess.html. Datum 16. April 2010

http://www.wirtschaftslexikon.gabler.de/Definition/ziel.html/. Datum 17. August 2013

Weiterführende Literatur
Beiderwieden, A.: Kosten- und Leistungsrechnung. Bildungsverlag Eins, Troisdorf (2009)

Beiderwieden, A., Pürling, E.: Projektmanagement für IT-Berufe, 3. Aufl. Troisdorf (2007)

Felkai, R.: Strukturmechanik. In: Hallmann, Ley, (Hrsg.) Handbuch der Raumfahrttechnik, 2. Aufl. Hanser, München (1999)

Felkai R.: Die speziellen Anforderungen an Raumfahrtmechanismen. Dreiteilige Veröffentlichung, erschienen in der „Luft und Raumfahrt" Heft 2, April–Juni, Heft 3 Juli–September, Heft 4 Oktober–Dezember, Oberhaching: Aviatic (1994)

GPM Deutsche Gesellschaft für Projektmanagement e.V. (Hrsg.): ICB – IPMA Competence Baseline – in der Fassung als *Deutsche NCB – National Competence Baseline Version 3.0* der PM-ZERT Zertifizierungsstelle der GPM e.V. Verlag: GPM (2009)

GPM, Gessler, M. (Hrsg.): Kompetenzbasiertes Projektmanagement (PM3). Handbuch für die Projektarbeit, Qualifizierung und Zertifizierung, auf Basis der IPMA Baseline Vers. 3.0. GPM, Nürnberg (2009)

IPMA (Hrsg.): ICB – IPMA International Project Management Association: Competence Baseline – Version 3.0. IPMA, Nijkerk (2006)

RKW, GPM: Projektmanagement Fachmann, 9. Aufl. RKW, Eschborn (2008)

Sachverzeichnis